中国国家标准汇编

2013年修订-15

中国标准出版社　编

中国标准出版社
北　京

图书在版编目(CIP)数据

中国国家标准汇编:2013 年修订.15/中国标准出版社编.—北京:中国标准出版社,2014.9
ISBN 978-7-5066-7634-2

Ⅰ.①中… Ⅱ.①中… Ⅲ.①国家标准-汇编-中国-2013 Ⅳ.①T-652.1

中国版本图书馆 CIP 数据核字(2014)第 187408 号

中国标准出版社出版发行
北京市朝阳区和平里西街甲 2 号(100029)
北京市西城区三里河北街 16 号(100045)

网址 www.spc.net.cn
总编室:(010)64275323 发行中心:(010)51780235
读者服务部:(010)68523946

中国标准出版社秦皇岛印刷厂印刷
各地新华书店经销

*

开本 880×1230 1/16 印张 33.5 字数 1 037 千字
2014 年 9 月第一版 2014 年 9 月第一次印刷

*

定价 220.00 元

出 版 说 明

1.《中国国家标准汇编》是一部大型综合性国家标准全集。自1983年起，按国家标准顺序号以精装本、平装本两种装帧形式陆续分册汇编出版。它在一定程度上反映了我国建国以来标准化事业发展的基本情况和主要成就，是各级标准化管理机构，工矿企事业单位，农林牧副渔系统，科研、设计、教学等部门必不可少的工具书。

2.《中国国家标准汇编》收入我国每年正式发布的全部国家标准，分为“制定”卷和“修订”卷两种编辑版本。

“制定”卷收入上一年度我国发布的、新制定的国家标准，顺延前年度标准编号分成若干分册，封面和书脊上注明“20××年制定”字样及分册号，分册号一直连续。各分册中的标准是按照标准编号顺序连续排列的，如有标准顺序号缺号的，除特殊情况注明外，暂为空号。

“修订”卷收入上一年度我国发布的、被修订的国家标准，视篇幅分设若干分册，但与“制定”卷分册号无关联，仅在封面和书脊上注明“20××年修订-1，-2，-3，……”字样。“修订”卷各分册中的标准，仍按标准编号顺序排列（但不连续）；如有遗漏的，均在当年最后一分册中补齐。需提请读者注意的是，个别非顺延前年度标准编号的新制定的国家标准没有收入在“制定”卷中，而是收入在“修订”卷中。

读者配套购买《中国国家标准汇编》“制定”卷和“修订”卷则可收齐由我社出版的上一年度我国制定和修订的全部国家标准。

3. 由于读者需求的变化，自1996年起，《中国国家标准汇编》仅出版精装本。

4. 2013年我国制修订国家标准共1 979项。本分册为“2013年修订-15”，收入新制修订的国家标准26项。

中国标准出版社
2014年8月

目　　录

ICS 61.060
Y 78

中华人民共和国国家标准

GB/T 15107—2013
代替 GB/T 15107—2005

旅游鞋

Athletic shoes

2013-10-10 发布　　　　2014-06-01 实施

中华人民共和国国家质量监督检验检疫总局
中国国家标准化管理委员会　发布

前言

本标准按照 GB/T 1.1—2009 给出的规则起草。

本标准代替 GB/T 15107—2005《旅游鞋》，本标准与 GB/T 15107—2005 的主要差异：

——修改了标准的适用范围；

——修改了产品分类；

——删除了主要部位的厚度推荐值；

——增删和修改了感官质量检验项目；

——修改了剥离试验方法；

——修改了粘合性能试验方法；

——修改了其他物理机械性能的指标；

——增加了限量物质的限量要求；

——修改了产品判定；

——检验规则及标志、包装、运输、贮存直接引用鞋类行业标准 QB/T 1187《鞋类　检验规则及标志、包装、运输、贮存》。

请注意本文件的某些内容可能涉及专利。本文件的发布机构不承担识别这些专利的责任。

本标准由中国轻工业联合会提出。

本标准由全国制鞋标准化技术委员会(SAC/TC 305)归口。

本标准起草单位：中国皮革和制鞋工业研究院、李宁(中国)体育用品有限公司、安踏(中国)有限公司、青岛双星集团技术开发中心、特步(中国)有限公司、泉州寰球鞋服有限公司、德尔惠(中国)有限公司、耐克体育(中国)有限公司、茂泰(福建)鞋材有限公司、福建泉州匹克体育用品有限公司。

本标准主要起草人：戚晓霞、张伟娟、黄杰、李苏、沙淑芬、彭立明、陈永培、丁明炉、高志方、丁思恩、戴建辉。

本标准所代替标准的历次版本发布情况为：

——GB/T 15107—2005；

——GB/T 15107—1994。

旅 游 鞋

1 范围

本标准规定了旅游鞋的产品分类、技术要求、试验方法、检验规则及标志、包装、运输、贮存。

本标准适用于一般穿用的运动鞋、练习鞋、健身鞋、散步鞋、慢跑鞋等,不包括竞技运动鞋。

2 规范性引用文件

下列文件对于本文件的应用是必不可少的。凡是注日期的引用文件,仅注日期的版本适用于本文件。凡是不注日期的引用文件,其最新版本(包括所有的修改单)适用于本文件。

GB/T 251 纺织品 色牢度试验 评定沾色用灰色样卡

GB/T 2703 鞋类 术语

GB/T 2912.1—2009 纺织品 甲醛的测定 第1部分:游离水解的甲醛(水萃取法)

GB/T 3293 中国鞋楦系列

GB/T 3293.1 鞋号

GB/T 3903.1—2008 鞋类 通用试验方法 耐折性能

GB/T 3903.2—2008 鞋类 通用试验方法 耐磨性能

GB/T 3903.3—2011 鞋类 整鞋试验方法 剥离强度

GB/T 3903.5—2011 鞋类 整鞋试验方法 感官质量

GB/T 17592—2011 纺织品 禁用偶氮染料的测定

GB/T 19941—2005 皮革和毛皮 化学试验 甲醛含量的测定

GB/T 19942—2005 皮革和毛皮 化学试验 禁用偶氮染料的测定

GB 20400 皮革和毛皮 有害物质限量

QB/T 1187 鞋类 检验规则及标志、包装、运输、贮存

QB/T 2224 2012 鞋类 帮面低温耐折性能要求

QB/T 2673 鞋类产品标识

QB/T 2882—2007 鞋类 帮面、衬里和内垫试验方法 摩擦色牢度

QB/T 2886—2007 鞋类 整鞋试验方法 帮底粘合强度

QB/T 4108—2010 鞋类金属饰、扣件

3 术语和定义

GB/T 2703 界定的及下列术语和定义适用于本文件。

3.1

主要部位 primary parts

一般情况下为帮面外侧、前部、主跟和包头部位。

3.2

次要部位 subsidiary parts

一般情况下为帮面内侧、后部。

3.3

低帮鞋　low upper footwear

鞋帮低于踝骨的鞋。

4　产品分类

4.1　按帮面材料分类

按帮面材料分为以下四类：

a)　天然皮(含头层和剖层皮)革面旅游鞋；

b)　合成(人造)革面旅游鞋；

c)　织物面旅游鞋；

d)　多种材料混用面旅游鞋。

4.2　按穿用对象分类

按穿用对象分为以下两类：

a)　男式旅游鞋；

b)　女式旅游鞋。

5　技术要求

5.1　通用要求

5.1.1　鞋号应符合 GB/T 3293.1 的要求。

5.1.2　鞋楦尺寸应符合 GB/T 3293 的要求。对明示符合 GB/T 3293 的鞋类产品视为符合本款的规定。

注：企业合理应用 GB/T 3293，如不符合则不能明示符合该标准。一般情况下，质检机构不承担识别该标准符合性的责任。

5.1.3　标识应符合 QB/T 2673 的要求。

5.1.4　鞋用材料应符合相应产品标准的要求。如皮革和毛皮应符合 GB 20400 的要求；配件应符合 QB/T 4108—2010 的要求。

5.1.5　旅游鞋不得出现影响穿用的缺陷。

5.2　感官质量

感官质量应符合表 1 的要求，其中序号 1～4 项和严重缺陷项为主要项目，其余为次要项目。

表 1　感官质量

序号	项目		优等品	合格品
1	整体外观		整鞋端正、平服；内垫平服，对称；鞋内外清洁；帮底(底墙)结合处无缺胶、开胶；无明显可见缺陷	
2	帮面、衬里和内垫	皮革、人造革和合成革	同双鞋对应部位的色泽、厚度、花纹、绒毛粗细基本一致(特殊设计风格除外)；无裂面、裂浆、涂饰层脱落、脱色，不应有伤残、露帮脚，允许轻微缺陷，无明显松面	同双鞋对应部位的色泽、厚度、花纹、绒毛粗细次要部位允许稍有差异(特殊设计风格除外)；无裂面、裂浆、涂饰层脱落、脱色，不应有伤残、露帮脚，允许轻微缺陷，主要部位应无明显松面

表 1（续）

序号	项目		优等品	合格品
2	帮面、衬里和内垫	织物面	同双鞋对应部位的色泽、花纹基本一致（特殊设计风格除外），不允许有乱纱、跳纱和明显污迹；次要部位允许每只有 3 mm² 以下疵点两处	同双鞋对应部位的色泽、花纹基本一致（特殊设计风格除外），不允许有乱纱、跳纱和明显污迹；次要部位允许每只有 10 mm² 以下疵点两处
3	鞋底		表面光洁，同双鞋底对应部位的花纹、色泽、软硬、厚度、底墙斜度基本一致（特殊设计风格除外），允许有轻微缺陷	
4	装饰件		装配牢固，基本对称（特殊设计风格除外），感官无明显缺陷	
5	同双鞋对应部位尺寸	前帮长度	相差≤3.0 mm	相差≤5.0 mm
		后帮高度	低帮鞋相差≤3.0 mm，其他类型鞋相差≤4.0 mm	低帮鞋相差≤4.0 mm，其他类型鞋相差≤6.0 mm
		鞋底	实芯底长度相差≤1.5 mm，宽度相差≤1.0 mm，厚度相差≤0.5 mm 发泡底长度相差≤3.0 mm，宽度相差≤2.0 mm，厚度相差≤1.0 mm	实芯底长度相差≤2.5 mm，宽度相差≤2.0 mm，厚度相差≤0.5 mm 发泡底长度相差≤4.0 mm，宽度相差≤3.0 mm，厚度相差≤1.0 mm
6	后缝歪斜		低帮≤3.0 mm 其他类型≤4.0 mm	低帮≤4.0 mm 其他类型≤5.0 mm
7	缝线		线道整齐，针码均匀；底面线松紧一致；不允许有跳线、重针、断线、翻线、开线	线道整齐，针码均匀；底面线松紧一致；主要部位不允许有跳线、重针、断线、翻线、开线；次要部位允许跳线、重针一针，每只鞋不得超过两处

注 1：同双鞋实芯底长度相差超过 4.0 mm，宽度相差超过 3.0 mm，厚度相差超过 1.0 mm，属于严重缺陷。
同双鞋发泡底长度相差超过 6.0 mm，宽度相差超过 4.0 mm，厚度相差超过 2.0 mm，属于严重缺陷。

注 2：同双鞋前帮长度允差超过 6.5 mm，低帮鞋后帮高度相差超过 5.5 mm，其他类型鞋后帮高度相差超过 7.5 mm，属于严重缺陷。

5.3 物理机械性能要求

5.3.1 帮底剥离强度或底墙与帮面剥离强度

5.3.1.1 缝制、粘缝旅游鞋不测剥离强度。

5.3.1.2 帮底剥离强度或底墙与帮面剥离强度的性能指标见表 2。

表 2 帮底剥离强度或底墙与帮面剥离强度

单位为牛顿每厘米

项目	优等品	合格品
帮底剥离强度	≥60	≥45
底墙与帮面剥离强度	≥90	≥70

注：在剥离试验中若材料撕裂而剥离层未开时，剥离强度≥20 N/cm 判合格。

5.3.2 **成鞋耐折性能**

5.3.2.1 鞋号小于230 mm及鞋底屈挠部位厚度超过25 mm的旅游鞋不测耐折性能。

5.3.2.2 成鞋耐折性能指标见表3。

表3 耐折性能指标

项目	优等品	合格品
耐折性能	折后不得出现帮面裂面;底墙、帮底、鞋底开胶≤5.0 mm;折后外底不得出现裂纹;外底不得出现涂色脱落;有气(液)垫的鞋折后气(液)垫不应出现漏气(液)、瘪塌现象	折后不得出现帮面裂面;底墙、帮底、鞋底开胶≤5.0 mm;折后鞋底出现裂纹不得超过3处,且最长裂纹长度≤5.0 mm;鞋底不得出现涂色脱落;有气(液)垫的鞋折后气(液)垫不应出现漏气(液)、瘪塌现象

5.3.3 **外底耐磨性能**

耐磨性能指标见表4。

表4 外底耐磨性能指标

单位为毫米

项目	优等品	合格品
磨痕长度	≤10.0	≤12.0

5.3.4 **外底与外中底粘合强度**

外底与外中底粘合强度≥20 N/cm,发泡材料撕裂而粘合层不开时≥15 N/cm。

5.3.5 **帮面材料低温屈挠指标**

帮面材料低温屈挠指标应符合QB/T 2224的要求。

5.3.6 **衬里和内垫耐摩擦色牢度**

衬里和内垫摩擦色牢度技术指标:沾色≥2-3级,灰色样卡符合GB/T 251中规定。

5.4 **限量物质指标**

5.4.1 **可分解致癌芳香胺染料**

可分解致癌芳香胺染料含量指标见表5。

表5 可分解致癌芳香胺染料含量指标

单位为毫克每千克

项 目	含量指标
纺织品[a]	≤20
皮革[a]	≤30
[a] 在还原条件下,染料中不允许分解出的致癌芳香胺清单见附录A。	

5.4.2 游离或可部分水解的甲醛

5.4.2.1 直接与脚接触的材料定为B类；不与脚直接接触的材料定为C类。

5.4.2.2 游离或可部分水解甲醛含量指标见表6。

表6 游离或可部分水解甲醛含量指标

单位为毫克每千克

项目	含量指标
B类	≤75
C类	≤300

5.5 售后质量判定

参见附录B。

6 试验方法

6.1 感官质量

按GB/T 3903.5—2011进行检验。

6.2 剥离强度

按GB/T 3903.3—2011进行检验，刀口宽度10 mm。在试验时测量前尖或后跟部位。当前尖、后跟部位无法进行剥离时，改测鞋侧面，如都无法检测时，不做此项目。

6.3 成鞋耐折性能

按GB/T 3903.1—2008进行检验，不割口连续屈挠4万次。

6.4 外底耐磨性能

按GB/T 3903.2—2008进行检验，连续磨耗时间20 min，外底为单一材料的测符合标准要求的任意部位，外底为两种材料（或两种以上）的测接触地面的着力部位。

6.5 外底与外中底粘合强度

按QB/T 2886—2007进行检验。

6.6 低温屈挠性能

取与帮面相同的材料按QB/T 2224—2012的规定进行检验。

6.7 衬里和内垫耐摩擦色牢度

按QB/T 2882—2007中方法A，湿擦50次进行检验。取衬里和内垫材料作为试样。如果没有衬里，帮面与脚的接触面作为衬里进行试验。

6.8 纺织品中可分解致癌芳香胺染料含量检验

6.8.1 衬里和帮面分开检测；不同的材料也分开检测。如果衬里和帮面不能分开时，衬里和帮面一起检测，检测方法按衬里材料进行试验。

6.8.2 纺织品按 GB/T 17592—2011 进行检验，检出限为 5 mg/kg。

6.9 皮革中可分解致癌芳香胺染料含量检验

试样制备同 6.8.1。按 GB/T 19942—2005 的规定检验皮革中的可分解有害芳香胺染料，检出限为 30 mg/kg。

6.10 纺织品中游离或可部分水解甲醛含量检验

试样制备同 6.8.1 条，按 GB/T 2912.1—2009 检验。

6.11 皮革中游离或可部分水解甲醛含量检验

试样制备同 6.8.1 条，按 GB/T 19941—2005 检验。

7 检验项目及合格判定

7.1 检验项目应符合表 7 的规定。

表 7 检验项目

检验项目	型式检验项目	出厂检验项目		性能要求	试验方法章条编号
		每双	抽检		
通用要求	●	○	○	5.1	无
感官质量	●	●	●	5.2	6.1
帮底剥离强度	●	—	●	5.3.1	6.2
底墙与帮面剥离强度	●	—	●	5.3.1	6.2
成鞋耐折性能	●	—	●	5.3.2	6.3
外底耐磨性能	●	—	●	5.3.3	6.4
外底与外中底粘合强度	●	—	●	5.3.4	6.5
帮面材料低温屈挠指标	○	—	○	5.3.5	6.6
衬里和内垫耐摩擦色牢度	●	—	●	5.3.6	6.7
可分解致癌芳香胺染料含量(纺织品)	●	—	●	5.4.1	6.8
可分解致癌芳香胺染料含量(皮革)	●	—	●	5.4.1	6.9
甲醛含量(纺织品)	●	—	●	5.4.2	6.10
甲醛含量(皮革)	●	—	●	5.4.2	6.11
注：●为必检项目，○为选检项目，—为不检项目					

7.2 判定

7.2.1 物理机械性能达到优等品要求和通用要求、限量物质要求符合本标准要求以及感官质量的主要项目符合优等品要求和次要项目达到合格品及以上要求，则判该双产品为优等品；

7.2.2 通用要求、物理机械性能达到合格品或以上要求，感官质量主要项目符合合格品或以上要求，次要项目不超过两项不符合合格品要求，限量物质要求符合本标准要求则判该双产品为合格品；

7.2.3 通用要求、物理机械性能有一项或以上不合格，或感官质量中有一项或以上主要项目不合格，或超过两项次要项目不合格，或限量物质要求有一项或以上不符合本标准要求即判该产品为不合格品。

8 检验规则、标志、包装、运输、贮存

检验规则、标志、包装、运输、贮存应符合 QB/T 1187 的要求。

附 录 A
（规范性附录）
致癌芳香胺清单

表 A.1 致癌芳香胺清单

序号	中文名称	英文名称	化学文摘编号
1	4-氨基联苯	4-aminobiphenyl	[92-67-1]
2	联苯胺	benzidine	[92-87-5]
3	4-氯-邻甲基苯胺	4-chloro-o-toluidine	[95-69-2]
4	2-萘胺	2-naphthylamnine	[91-59-8]
5	邻氨基偶氮甲苯	*o*-aminoazotoluene	[97-56-3]
6	2-氨基-4-硝基甲苯	2-amino-4-nitrotoluene	[99-55-8]
7	对氯苯胺	*p*-chloroaniline	[106-47-8]
8	2,4-二氨基苯甲醚	2,4-diaminoanisole	[615-05-4]
9	4,4′-二氨基二苯甲烷	4,4′-diaminobiphenymethane	[101-77-9]
10	3,3′-二氯联苯胺	3,3′-dichlorobenzidine	[91-94-1]
11	3,3′-二甲氧基联苯胺	3,3′-dimethoxybenzidine	[119-90-4]
12	3,3′-二甲基联苯胺	3,3′-dimethylbenzidine	[119-93-7]
13	3,3′-二甲基-4,4′-二氨基二苯甲烷	3,3′-dimethyl-4,4′-diaminobiphenylmthane	[838-88-0]
14	2-甲氧基-5-甲基苯胺	*p*-cresidine	[120-71-8]
15	4,4′-亚甲基-二-(2-氯苯胺)	4,4′-methylene-bis-(2-chloroaniline)	[101-14-4]
16	4,4′-二氨基二苯醚	4,4′-oxydianiline	[101-80-4]
17	4,4′-二氨基二苯硫醚	4,4′-thiodianiline	[139-65-1]
18	邻甲苯胺	*o*-toluidine	[95-53-4]
19	2,4-二氨基甲苯	2,4-toluylendiamine	[95-80-7]
20	2,4,5-三甲基苯胺	2,4,5-trimethylaniline	[137-17-7]
21	邻甲氧基苯胺	*o*-anisidine	[90-04-0]
22	2,4-二甲基苯胺	2,4-xylidine	[95-68-1]
23	2,6-二甲基苯胺	2,6-xylidine	[87-62-7]
24	4-氨基偶氮苯	4-aminoazobenzene	[60-09-3]

附 录 B
（资料性附录）
售后服务质量判定

B.1 售后服务期限

可由厂商按产品档次确定，并在售后服务规定中明确声明。

B.2 质量问题的判定

在售后服务期限内正常穿用的情况下，出现以下问题可判为质量问题：

a) 不符合产品标准中的质量要求；

b) 帮面裂、帮脚裂，严重泛硝，明显变色，涂饰层脱落或龟裂；

c) 开线、开胶；

d) 外底或内底断裂或凹凸不平影响穿用；

e) 鞋内不平服影响穿用；

f) 气（液）垫等出现漏气（液）、瘪塌等现象。

B.3 检验方法

B.3.1 感官检验按 GB/T 3903.5—2011 的规定进行检验。

B.3.2 脱色：以吸透清水（以手指压不滴水为准）的白色脱脂棉或纱布，在帮面内侧 10 cm 长度内用手轻压往复摩擦 10 次，观察脱脂棉或纱布，不得有明显污染。

B.4 处理方法

可按厂商约定的明示售后服务规定办理，或按销售单位所在地的统一规定办理。

ICS 35.240.15
L 64

中华人民共和国国家标准

GB/T 15120.1—2013/ISO/IEC 7811-1:2002
代替 GB/T 15120.1—1994,GB/T 15120.3—1994

识别卡 记录技术 第1部分:凸印

Identification cards—Recording technique—Part 1:Embossing

(ISO/IEC 7811-1:2002,IDT)

2013-12-31 发布 2014-07-15 实施

中华人民共和国国家质量监督检验检疫总局
中国国家标准化管理委员会 发布

前　言

GB/T 15120《识别卡　记录技术》分为3个部分：

——第1部分：凸印；

——第2部分：磁条　低矫顽力；

——第6部分：磁条　高矫顽力。

本部分为GB/T 15120的第1部分。

本部分按照GB/T 1.1—2009给出的规则起草。

本部分代替GB/T 15120.1—1994《识别卡　记录技术　第1部分：凸印》和GB/T 15120.3—1994《识别卡　记录技术　第3部分：ID-1型卡上凸印字符的位置》。

本部分与GB/T 15120.1—1994相比，主要变化如下：

——本修订版包含了GB/T 15120.3—1994中给出的要求；

——原来在ISO/IEC 7810:1995中描述的凸印的特殊物理特性被转移到本部分中；

——增加了一个资料性附录用于描述凸印性能的测试方法。

本部分使用翻译法等同采用ISO/IEC 7811-1:2002《识别卡　记录技术　第1部分：凸印》。

与本部分中规范性引用的国际文件有一致性对应关系的我国文件如下：

——GB/T 12053　光学识别用字母数字字符集　第1部分：OCR-A字符集印刷图像的形状和尺寸(GB/T 12053—1989,idt ISO 1073-1:1976)

——GB/T 12508　光学识别用字母数字字符集　第2部分：OCR-B字符集印刷图像的形状和尺寸(GB/T 12508—1990,eqv ISO 1073-2:1976)

——GB/T 14916　识别卡　物理特性(GB/T 14916—2006,ISO/IEC 7810:2003,IDT)

——GB/T 15694.1　识别卡　发卡者标识　第1部分：编号体系(GB/T 15694.1—1995,idt ISO/IEC 7812-1:1993)

——GB/T 15694.2　识别卡　发卡者标识　第2部分：申请和注册规程(GB/T 15694.2—2002,ISO/IEC 7812-2:2000,NEQ)

——GB/T 17554.1　识别卡　测试方法　第1部分：一般特性测试(GB/T 17554.1—2006,ISO/IEC 10373-1:1998,MOD)

——SJ/Z 9079　用于光学字符识别的印刷规范(SJ/Z 9079—1987,idt ISO 1831:1980)

本部分与ISO/IEC 7811-1:2002相比，存在如下少量编辑性修改：

——删除了国际标准的前言；

——删除了文本中的英制单位。

请注意本文件的某些内容可能涉及专利。本文件的发布机构不承担识别这些专利的责任。

本部分由全国信息技术标准化技术委员会(SAC/TC 28)提出并归口。

本部分起草单位：中国电子技术标准化研究院。

本部分主要起草人：金倩、冯敬、乔申杰、耿力。

本部分所代替标准的历次版本发布情况为：

——GB/T 15120.1—1994；

——GB/T 15120.3—1994。

识别卡　记录技术　第1部分:凸印

1　范围

GB/T 15120的本部分规定了识别卡上凸印字符的要求。凸印字符用于数据传送,传送既可以用压印机,也可以用目视或机读的方式。本部分考虑了人和机器两个方面的因素并阐明了最小要求。

本部分的目的是提供一个卡应遵循的准则。在本部分中并没有考虑使用数量,若有,则是根据以前卡测试的经验。不符合规定准则时应在涉及到的双方中进行协商。

ISO/IEC 10373-1规定了测试规程用于检验卡是否符合本部分中规定的参数。

注:在本部分中用到的国际单位制和/或英制测量体系中的数值可能已经被换算,因而相互间并不完全相等。两种制式都可能被使用,但两者不宜被混杂或再被转换。最初的设计是使用英制测量体系。

2　符合性

符合本部分的一个先决条件是符合ISO/IEC 7810中关于ID-1型卡的要求。如果识别卡符合本部分规定的所有必达要求,则其是符合本部分的。如果没有其他规定,请使用默认值。

3　规范性引用文件

下列文件对于本文件的应用是必不可少的。凡是注日期的引用文件,仅注日期的版本适用于本文件。凡是不注日期的引用文件,其最新版本(包括所有的修改单)适用于本文件。

ISO 1073-1　光学识别用字母数字字符集　第1部分:OCR-A字符集　印刷图像的形状和尺寸(Alphanumeric character sets for optical recognition—Part 1: Character set OCR-A—Shapes and dimensions of the printed image)

ISO 1073-2　光学识别用字母数字字符集　第2部分:OCR-B字符集　印刷图像的形状和尺寸(Alphanumeric character sets for optical recognition—Part 2: Character set OCR-B—Shapes and dimensions of the printed image)

ISO 1831　用于光学字符识别的印刷规范(Printing specifications for optical character recognition)

ISO/IEC 7810　识别卡　物理特性(Identification cards—Physical characteristics)

ISO/IEC 7812-1　识别卡　发卡者标识　第1部分:编号体系(Identification cards—Identification of issuers—Part 1: Numbering system)

ISO/IEC 7812-2　识别卡　发卡者标识　第2部分:申请和注册规程(Identification cards—Identification of issuers—Part 2: Application and registration procedures)

ISO/IEC 10373-1　识别卡　测试方法　第1部分:一般特性测试(Identification cards—Test methods—Part 1: General characteristics tests)

4　术语和定义

ISO/IEC 7810界定的术语和定义以及下列术语和定义适用于本文件。

4.1

凸印　embossing

使字符从卡的正面显著地凸起。

4.2

未使用的卡　unused card

按其预定用途凸印了所需要的所有字符、但尚未发行的卡。

4.3

返回的卡　returned card

已发行给持卡人，为了测试目的而返回的带凸印的卡。

4.4

标识号　identification number

标识持卡人的号码。

5　卡特性

应特别注意卡材料的特性，它会影响卡是否适用于凸印，尤其是在压印机上操作时，凸印部分抗破碎和抗坍塌的能力很关键。

卡应由 PVC(聚氯乙烯)和/或 PVCA(醋酸聚氯乙烯)或具有同等性能或更优性能的材料制造，例如，聚酯、聚乙烯和聚碳酸酯等材料。

注：关于为获得凸印字符起伏高度符合本部分的要求而对卡结构提出的要求可以参考机器制造商的使用指南。目前尚未有统一的测试方法可以验证卡结构对凸印的适应性。参见附录 C。

5.1　卡翘曲

对于发行前的带凸印的卡，将凸起面放在平坦坚硬的表面时，从平坦坚硬表面到凸起面任何未凸印部分的最大值应不超过 2.5 mm(包括卡的厚度)。

注：卡翘曲的总量取决于卡的材料和使用的凸印技术。

5.2　表面变形

卡上区域 *A* 的正面(如图 1 所示)不应有超过 0.51 mm 的凸起部分。

5.3　卡的宽和高

制做完成的凸印卡，其边沿上所有各点，除圆角部分外，均应介于两个同一中心、同样对齐的矩形之间；这两个矩形分别具有图 1 定义的最大高度和宽度及最小高度和宽度。

此处给出的卡的宽和高的容差有别于 ISO/IEC 7810 中给出的，这是由于考虑了凸印导致的卡尺寸的变化。

所有的识别卡标准均采用卡的上边沿作为尺寸参考边；但本凸印标准除外，由于历史原因，它采用卡的下边沿作为尺寸参考边。

单位为毫米

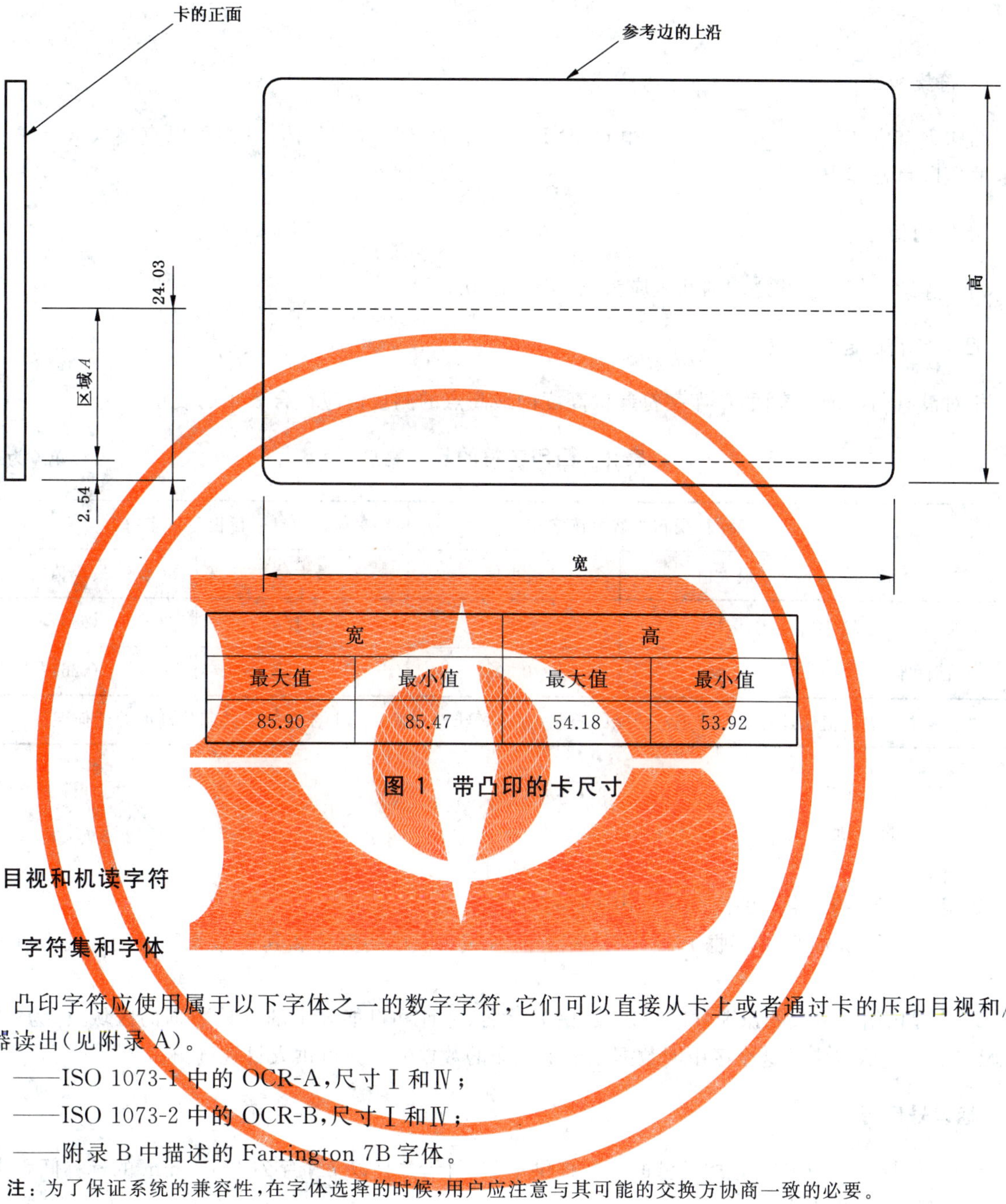

宽		高	
最大值	最小值	最大值	最小值
85.90	85.47	54.18	53.92

图1 带凸印的卡尺寸

6 目视和机读字符

6.1 字符集和字体

凸印字符应使用属于以下字体之一的数字字符，它们可以直接从卡上或者通过卡的压印目视和/或机器读出(见附录A)。

——ISO 1073-1中的OCR-A，尺寸Ⅰ和Ⅳ；

——ISO 1073-2中的OCR-B，尺寸Ⅰ和Ⅳ；

——附录B中描述的Farrington 7B字体。

注：为了保证系统的兼容性，在字体选择的时候，用户应注意与其可能的交换方协商一致的必要。

印刷规范在ISO 1831中给出。

6.2 字符间距

两个连续字符中心线之间的间距应为3.63 mm±0.15 mm。

6.3 字符高度

包括中心线歪斜和字符高低不齐等因素在内，凸印字符在印刷表面上的最大高度应为4.32 mm。

6.4 凸印字符的起伏高度

相对没有凸印的卡表面，凸印字符起伏高度的最高点的测量值应符合表1的规定。

7 目视可读字符

7.1 字符集和字体

凸印字符应使用诸如 ISO 1073-2 中 OCR-B 尺寸Ⅰ的字母数字字体，它们可以直接从卡上或者通过卡的压印目视读出。

7.2 字符间距

两个连续字符中心线之间的间距应为 2.54 mm±0.15 mm。

7.3 凸印字符的起伏高度

相对没有凸印的卡表面，凸印字符起伏高度的最高点的测量值应符合表 1 的规定。

表 1 凸印字符的起伏高度

单位为毫米

	目视和机器可读字符		目视可读字符	
	最大值	最小值	最大值	最小值
未使用的卡	0.48	0.40	0.46	0.36
返回的卡	0.48	0.30	0.46	0.26
注：表中给出的值仅是对卡保持正常功能的限制，并不意味着对发行的卡在有效期内起伏高度的任何保证。				

8 凸印区域的分配

如图 2 所示，指定卡上的两个区域用于凸印。

1 区：留给标识号码行(根据 ISO/IEC 7812)的区域。该区的字符和其压印既可供人目视也可用于机读。

2 区：提供给持卡人的识别数据的区域，诸如姓名、地址和可能要求的其他数据的区域，称为“姓名和地址区”。包含在卡的这个区中的数据或卡上压印的数据通常只可供人目视读出。

8.1 标识号码行

标识号码行为 6.1 中规定的类型的字符提供单独一行，并且以 7 个字符/25.4 mm 的标称间距由最多 19 个字符位置构成。

可使用(凸印)字符位置的实际数量取决于应用的要求。凸印字符的位置和容差应符合图 2 的要求。

注：当设计一个新系统时，建议为使用提供最大的灵活性，即：

——把凸印的标识号码向左边对齐；

——允许标识号码具有最大长度；

——对于金融应用，如果一个字符位置是可用的，推荐在标识号码的发卡方标识符和个人账户标识符(见 ISO/IEC 7812)之间插入一个空格。

单位为毫米

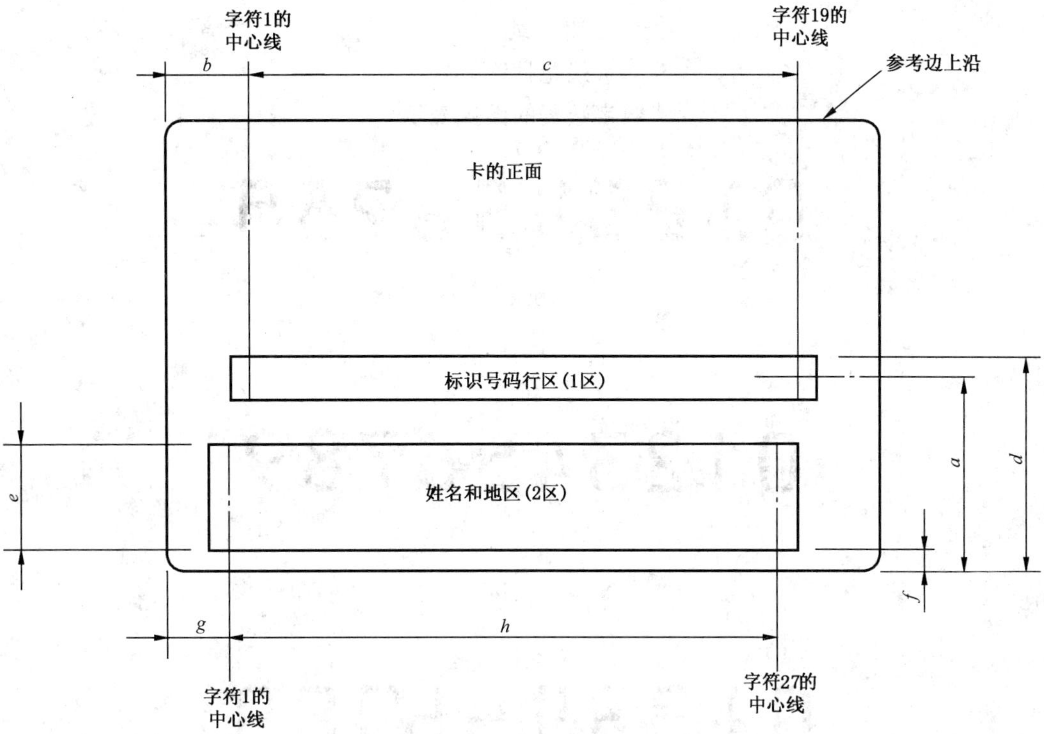

标识号码行区(1 区)		姓名和地址区(2 区)	
a	21.42±0.12	e	最大值 14.53
b	10.18±0.25	f	最小值 2.54 最大值 3.30
c	65.31±0.76	g	7.65±0.25
d	最大值 24.03	h	66.04±0.76

图 2　分配的凸印区域位置和容差

8.2　姓名和地址区

姓名和地址区为四行 7.1 中规定的类型的字符提供空间,每行有 27 个字符,标称间距是 10 个字符/25.4 mm。在姓名和地址区凸印的任何信息最好尽可能远离标识号码。

凸印字符的位置和容差应符合图 2 的要求。

警告:要求凸印 4 行姓名和地址的那些发卡方应该认识到,由于某些类型的 OCR 阅读设备对 OCR 清晰区有要求,由其卡上产生的压印文件在交换环境中可能不被接受。

姓名和地址区的第一个字符无需向左对齐。但是 27 个字符位置的使用是基于距离卡的边沿 7.65 mm,如图 2 中所示。

附　录　A
（规范性附录）
数字数据的图像表示

0123456789

OCR-A

0123456789

OCR-B

0123456789

Farrington 7B

附 录 B
（规范性附录）
Farrington 7B 印刷规范

B.1 字符集

Farrington 7B 字体由 0～9 的数字字符构成。

B.2 字符尺寸和容差——印刷图像

字符的印刷图像如图 B.1～图 B.10 所示。对所有字符普遍使用的尺寸和容差如表 B.1 中所示。如字符在文件上显示的效果是印刷的，则无须凸印。

表 B.1 Farrington 7B 字体的字符尺寸

单位为毫米

属　性	尺寸/容差
全部字符的高度	通常为 4.32
全部字符的宽度	通常为 2.54
所有字符的笔划宽度	0.51±0.25
所有字符的圆弧半径	0.13±0.13
所有字符中心线尺寸容差	±0.08

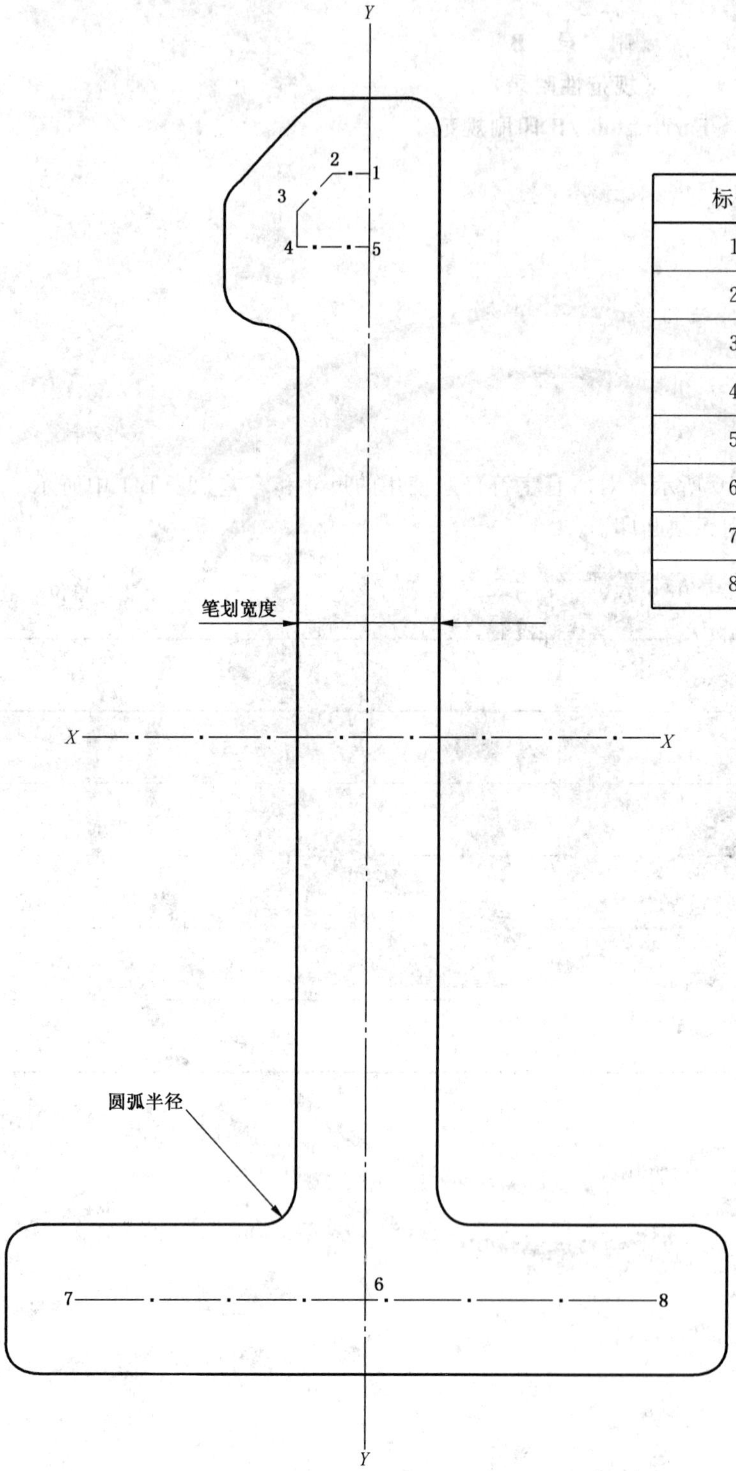

单位为毫米

标号	X 值	Y 值
1	0.00	+1.91
2	−0.76	+1.91
3	−0.25	+1.73
4	−0.25	+1.65
5	0.00	+1.65
6	0.00	−1.91
7	−2.032	−1.91
8	+2.032	−1.91

图 B.1 Farrington 7B 字体-1 的打印图像

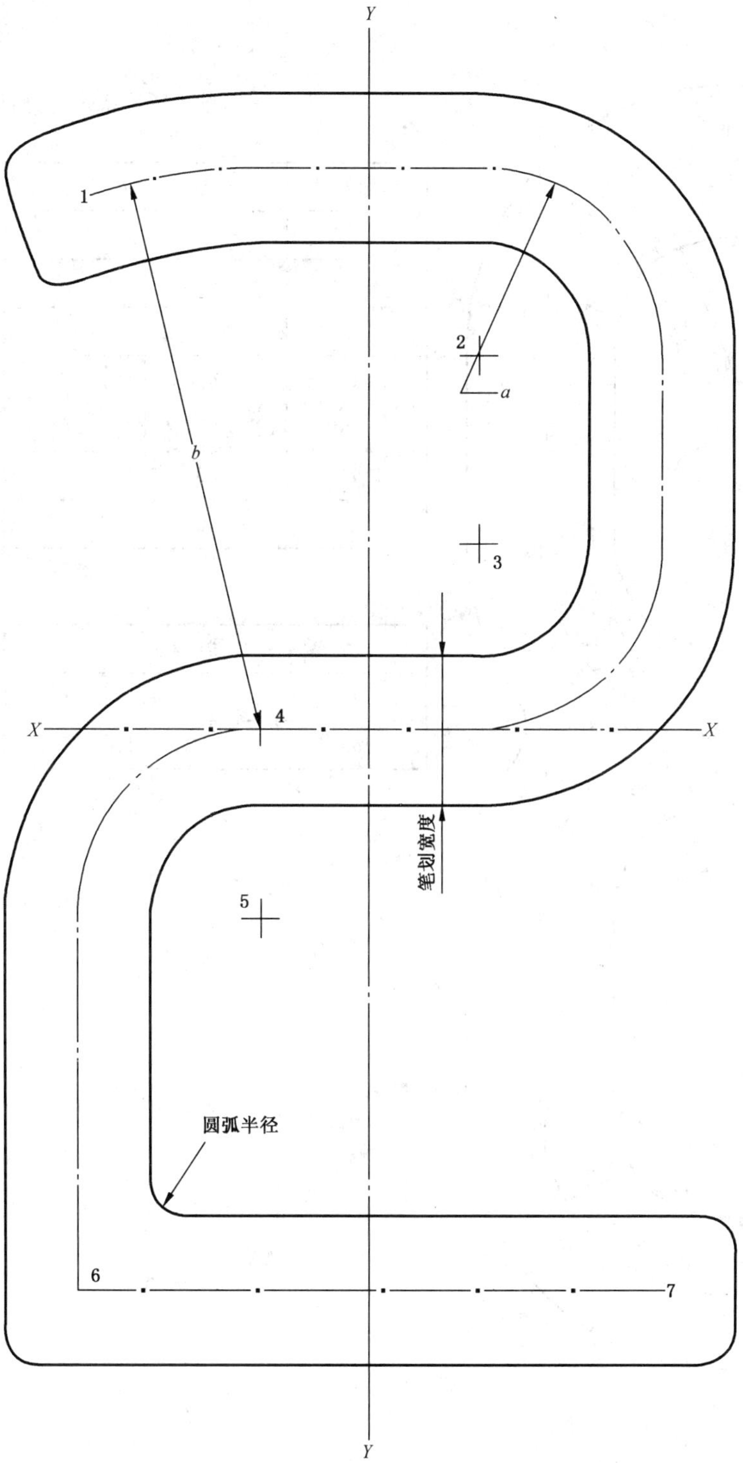

单位为毫米

标号	X 值	Y 值
1	−0.98	—
2	+0.38	+1.27
3	+0.38	+0.64
4	−0.38	0.00
5	−0.38	−0.64
6	−1.02	−1.91
7	+1.02	−1.91

中心线半径	
a	0.64
b	1.91

图 B.2 Farrington 7B 字体-2 的打印图像

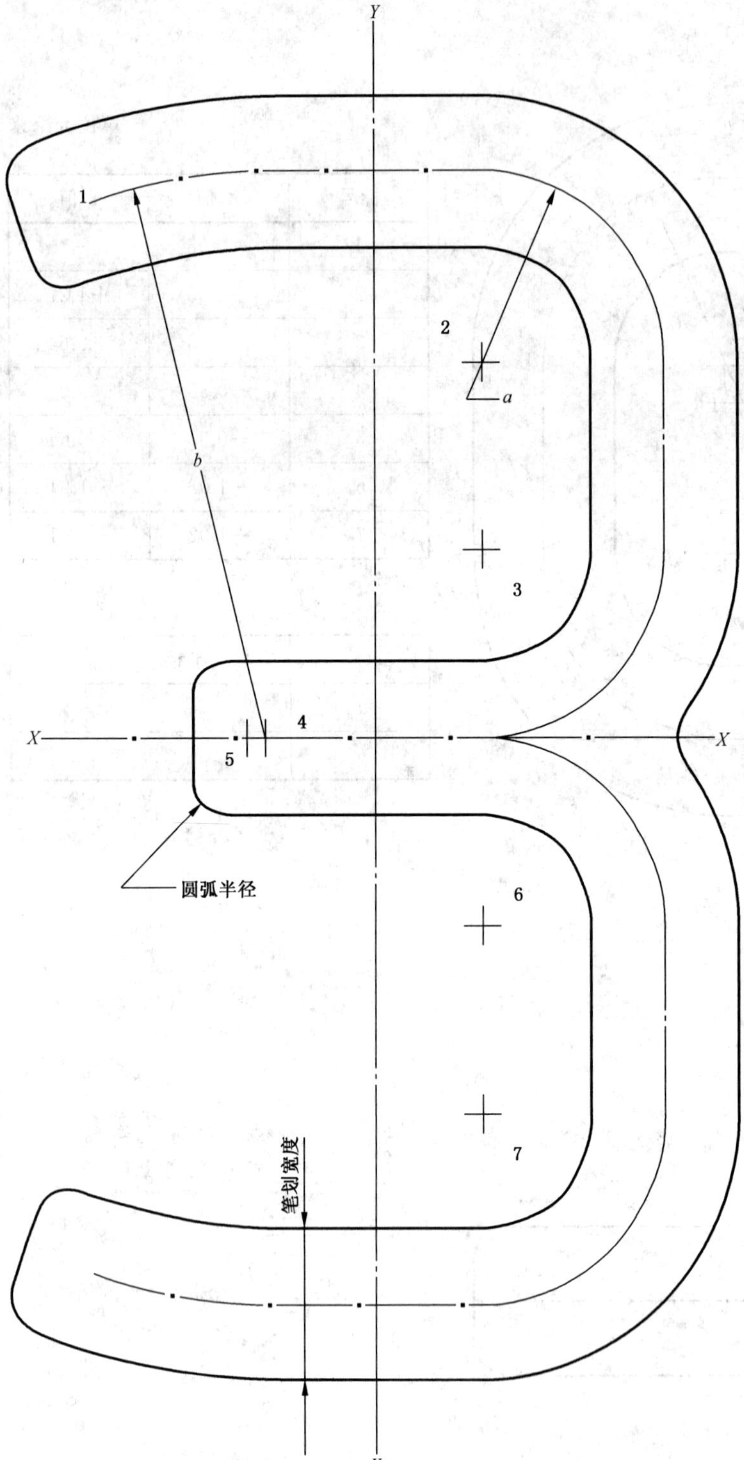

单位为毫米

标号	X 值	Y 值
1	−0.98	—
2	+0.38	+1.27
3	+0.38	+0.64
4	−0.38	0.00
5	−0.51	0.00
6	+0.38	−0.64
7	+0.38	−1.27

中心线半径	
a	0.64,4 处
b	1.91,2 处

图 B.3　Farrington 7B 字体-3 的打印图像

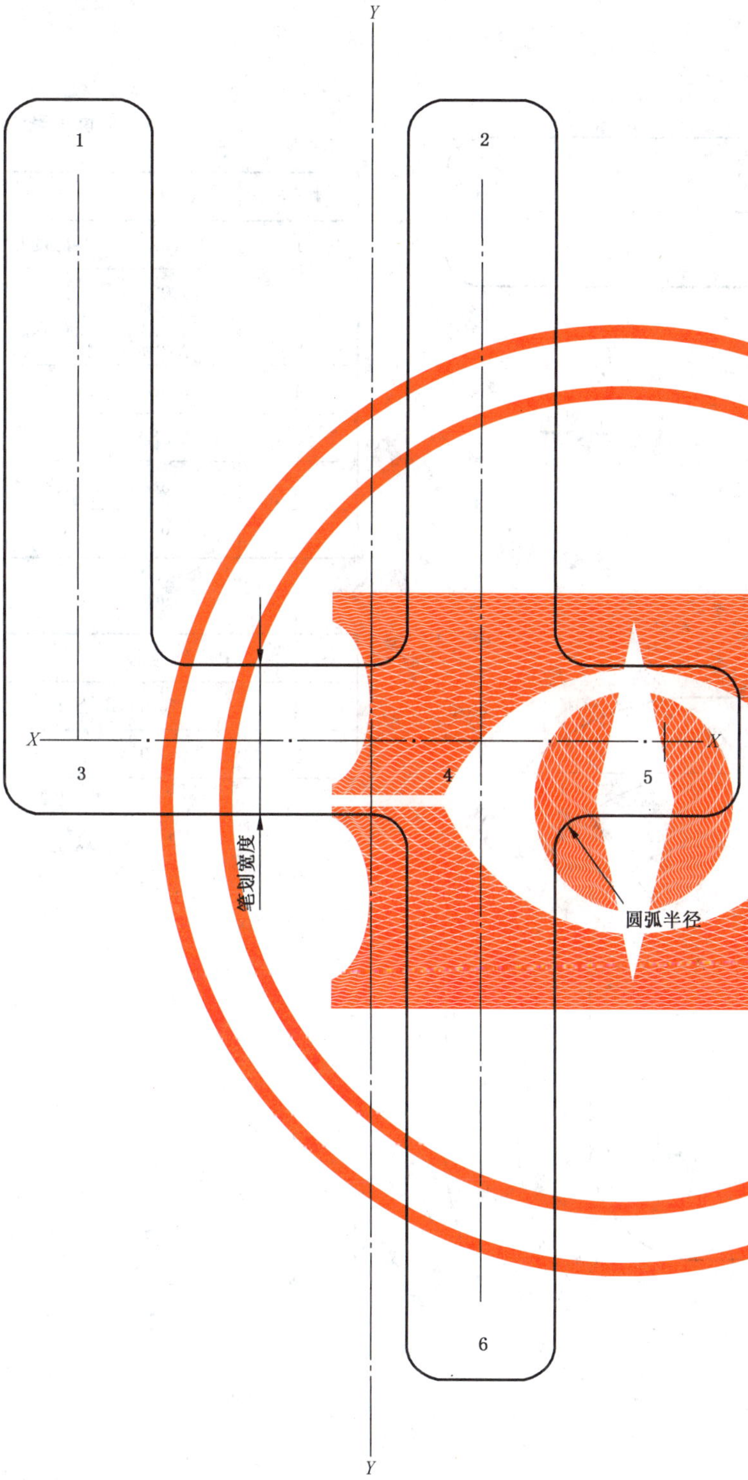

单位为毫米

标号	X 值	Y 值
1	−1.02	+1.91
2	+0.38	+1.91
3	−1.02	0.00
4	+0.38	0.00
5	+1.02	0.00
6	+0.38	+1.91

图 B.4 Farrington 7B 字体-4 的打印图像

单位为毫米

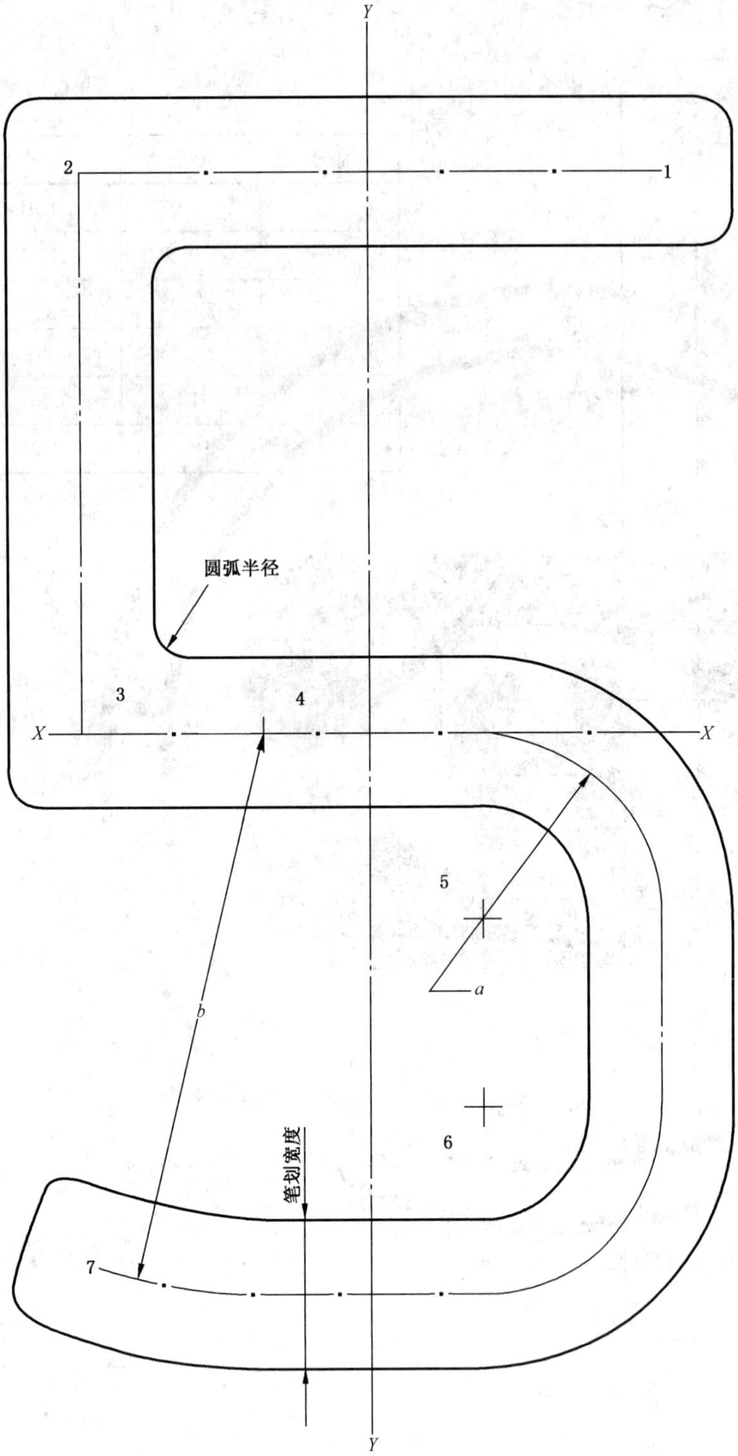

标号	X 值	Y 值
1	+1.02	+1.91
2	−1.02	+1.91
3	−1.02	0.00
4	−0.38	0.00
5	+0.38	−0.64
6	+0.38	−1.27
7	−0.98	—

中心线半径	
a	0.64,2 处
b	1.91,1 处

图 B.5　Farrington 7B 字体-5 的打印图像

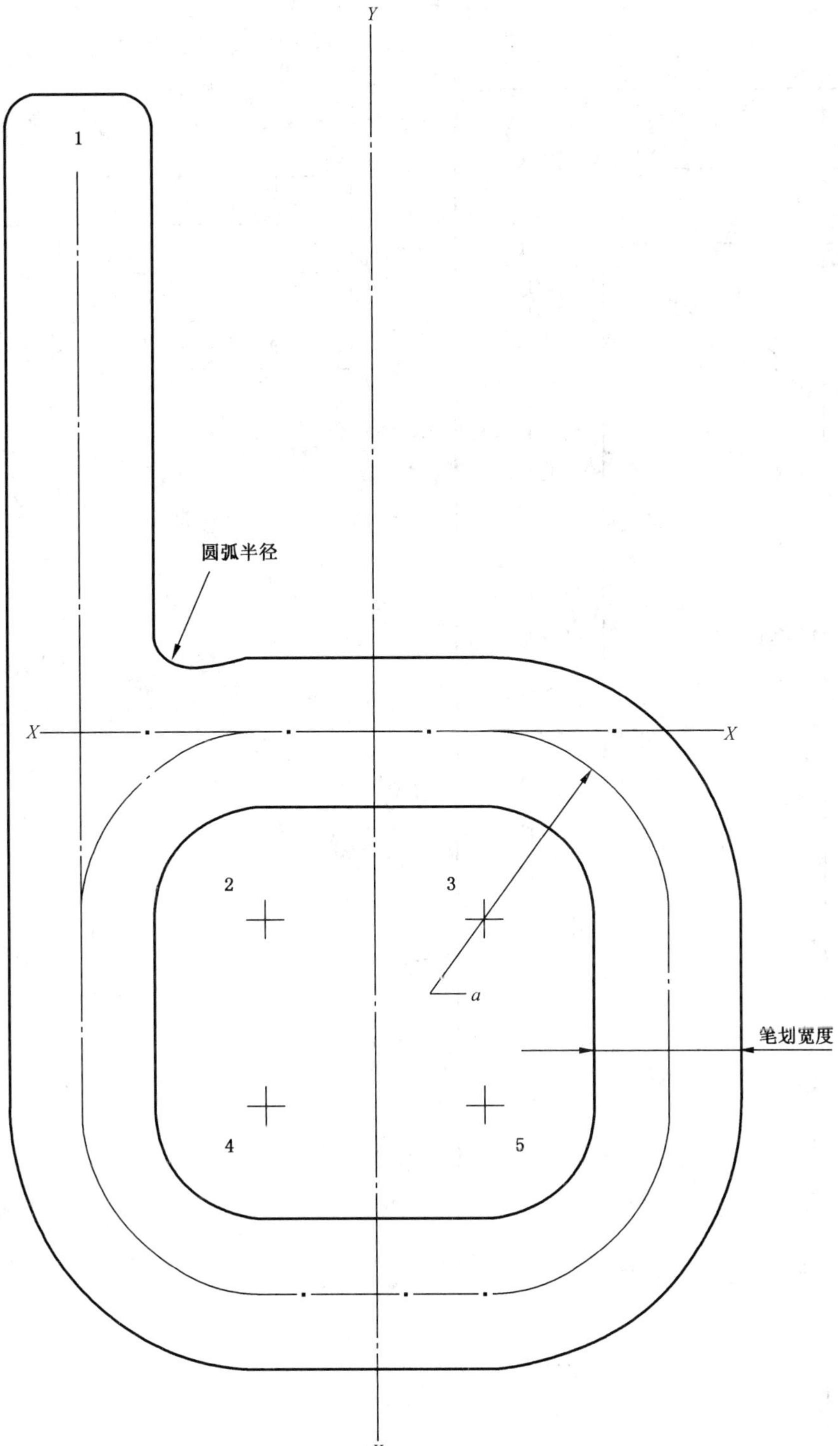

单位为毫米

标号	X 值	Y 值
1	−1.02	+1.91
2	−0.38	−0.64
3	+0.38	−0.64
4	−0.38	−1.27
5	+0.38	−1.27

中心线半径	
a	0.64,4 处

图 B.6　Farrington 7B 字体-6 的打印图像

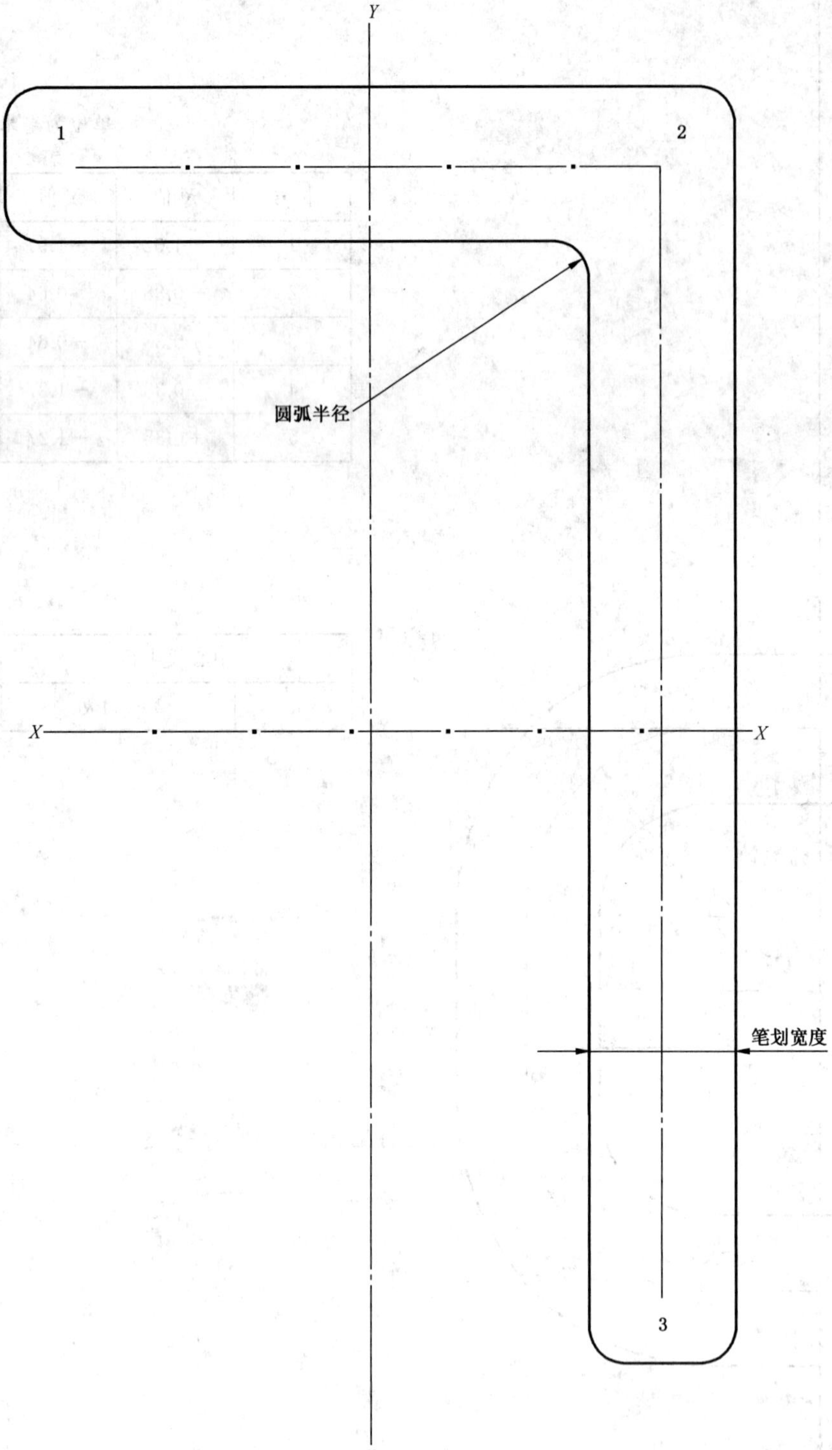

单位为毫米

标号	X 值	Y 值
1	−1.02	+1.91
2	+1.02	+1.91
3	+1.02	−1.91

图 B.7 Farrington 7B 字体-7 的打印图像

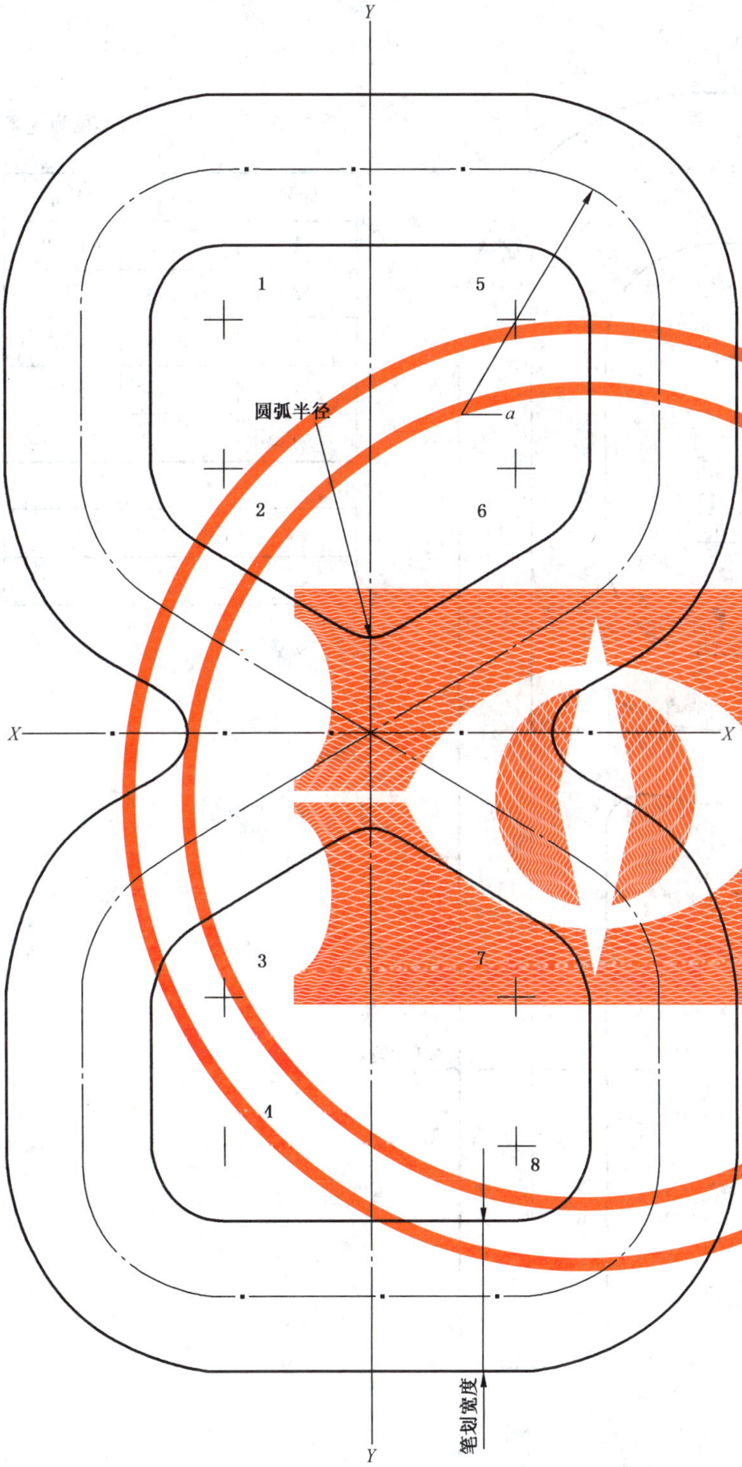

单位为毫米

标号	X 值	Y 值
1	−0.51	+1.35
2	−0.51	+0.88
3	−0.51	−0.88
4	−0.51	−1.35
5	+0.51	+1.35
6	+0.51	+0.88
7	+0.51	−0.88
8	+0.51	−1.35

中心线半径	
a	0.51,8 处

图 B.8 Farrington 7B 字体-8 的打印图像

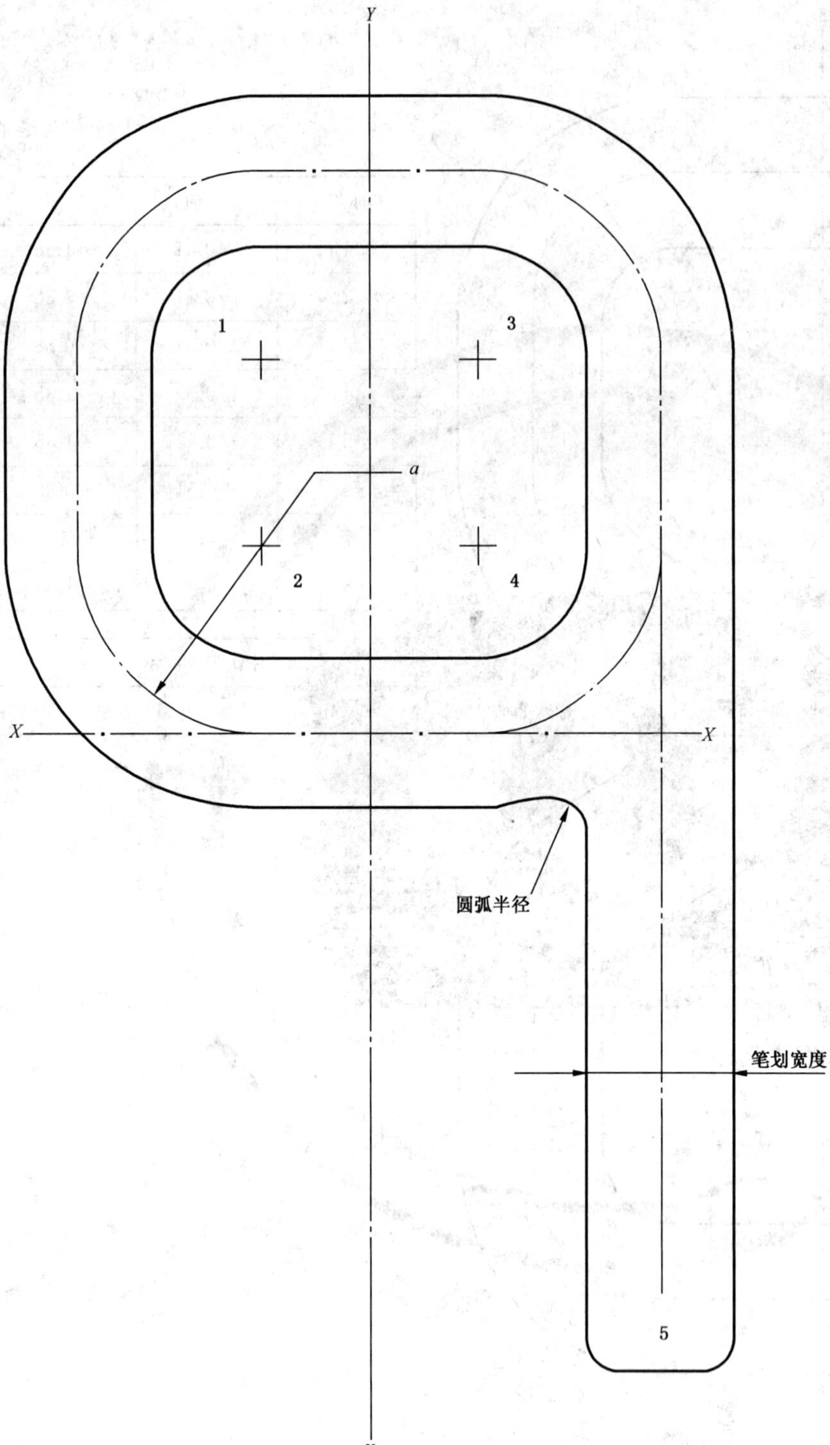

单位为毫米

标号	X 值	Y 值
1	−0.38	+1.27
2	−0.38	+0.64
3	+0.38	+1.27
4	+0.38	+0.64
5	+1.02	−1.91

中心线半径	
a	0.64

图 B.9 Farrington 7B 字体-9 的打印图像

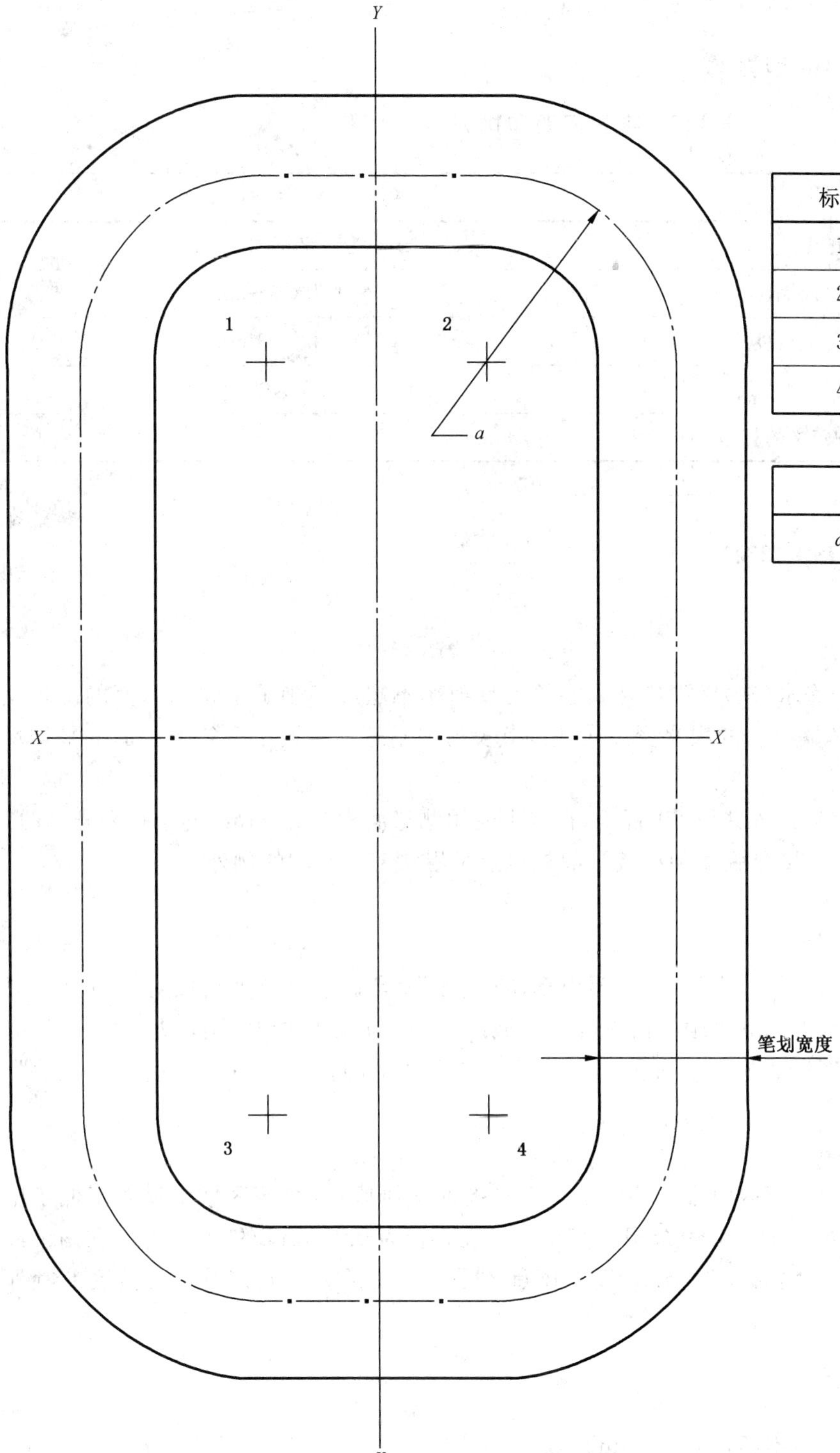

单位为毫米

标号	X 值	Y 值
1	−0.38	+1.27
2	+0.38	+1.27
3	+0.38	−1.27
4	−0.38	−1.27

中心线半径	
a	0.64

图 B.10 Farrington 7B 字体-0 的打印图像

B.3 字符间距和排列

字符间距和排列应符合表 B.2 的规定。

表 B.2 字符间距和排列

项　目	要　求
字符间距	最小为 7 字符/25.4 mm
相邻字符间的水平间隔	最小为 0.38 mm
相邻字符间的垂直不成行度	最大为 2.03 mm
字符歪斜度	最大为 3°
累计行歪斜应不超过第 8 章中定义的打印区限制	

B.4 印迹格式的印刷特性(见 ISO 1831)

B.4.1 墨水密度

欲使性能最佳,印刷字符的墨水(碳)密度应达到字符的反射率不超过印刷了字符的卡面的平均反射率的 20%。在最坏情况下,印刷字符的墨水密度应达到其反射率不超过印刷了字符的卡面的平均反射率的 60%。

反射率是以相对卡表面 45°入射光并以 90°视角,在卡上使用测量面积 0.20 mm^2 的小孔来测量的。

在 B.4.2 和 B.4.3 中规定的可接受脱墨和可接受额外斑点是墨水密度要求的例外。

B.4.2 脱墨

脱墨是指在印刷字符的最大笔划宽度尺寸中,反射率超过卡面上印刷字符的平均反射率 60%。只要脱墨区域完全包含在直径为 0.25 mm 的圆内、在脱墨区域中心到中心之间的最小间隔为 0.71 mm,并且只要实际最小有效笔划宽度尺寸不小于 0.20 mm,脱墨才是可接受的。不允许有不可接受的脱墨。

B.4.3 额外斑点

额外斑点是指在印刷区或无字符区但不在印刷字符笔划上的任何斑点,在该区域中反射率低于出现斑点的卡面的平均反射率的 60%。只要额外斑点完全包含在直径为 0.25 mm 的圆内、并且在两个额外斑点中心到中心之间的最小间隔为 0.71 mm,额外斑点才是可接受的。不允许有不可接受的额外斑点。

B.4.4 打印

由打印引起的卡表面的变形应不超过 0.13 mm。

附 录 C
（资料性附录）
凸印性能

C.1 范围

本测试的目的是确定卡材料是否适用于凸印。卡的凸印性能取决于卡结构使用的材料的特性。一些卡材料不太适用于凸印，例如凸印字符上或周边易破裂，或达不到凸印的高度。

C.2 装置

冲击装置如图C.1所示，它由以下部分构成：

a) 放置在坚硬沉重基座上的由钢制成的支持卡的砧座。在砧座的底部留有至少5 mm直径的通风孔用来在冲击时的放气；

b) 由轴承支撑的钢制圆柱形镖；

c) 在摩擦力不大于0.45 N的导向轴承中支撑的钢制冲击块；

d) 接触卡的装置部分应具有Rc＝50～55（Hv＝513～595）（Hb＝481～560）的硬度和 *Ra* 为0.2 μm±0.06 μm的表面粗糙度；

e) 高度测量精确到0.01 mm，测量探头表面面积至少为50 mm^2。

C.3 规程

测试前将样卡在ISO/IEC 10373-1中4.1规定的测试环境中预置24 h。测试在10373-1中4.1规定的测试环境中进行。

将测试卡置于圆柱形镖下方，圆柱形镖中心线要离样品边缘或之前的冲击测试区至少20 mm。将冲击重量升至基础标准中规定的高度。当圆柱形镖压在样品卡上时将冲击重量施加到圆柱形镖上。检查冲击区域是否有破裂，它们通常会显示在沉降区的肩脊处。至少进行2次冲击，以确定测试区是否有破裂发生。

测试卡放置在平坦的硬质表面，变形一面朝上，在变形的上方施加一个4.5 N±0.5 N的力，引起卡相对硬质表面变平。

使用高度计，测量变形区相对于卡表面的高度。

C.4 测试报告

测试报告应声明下降高度、变形高度，以及是否产生任何破裂。

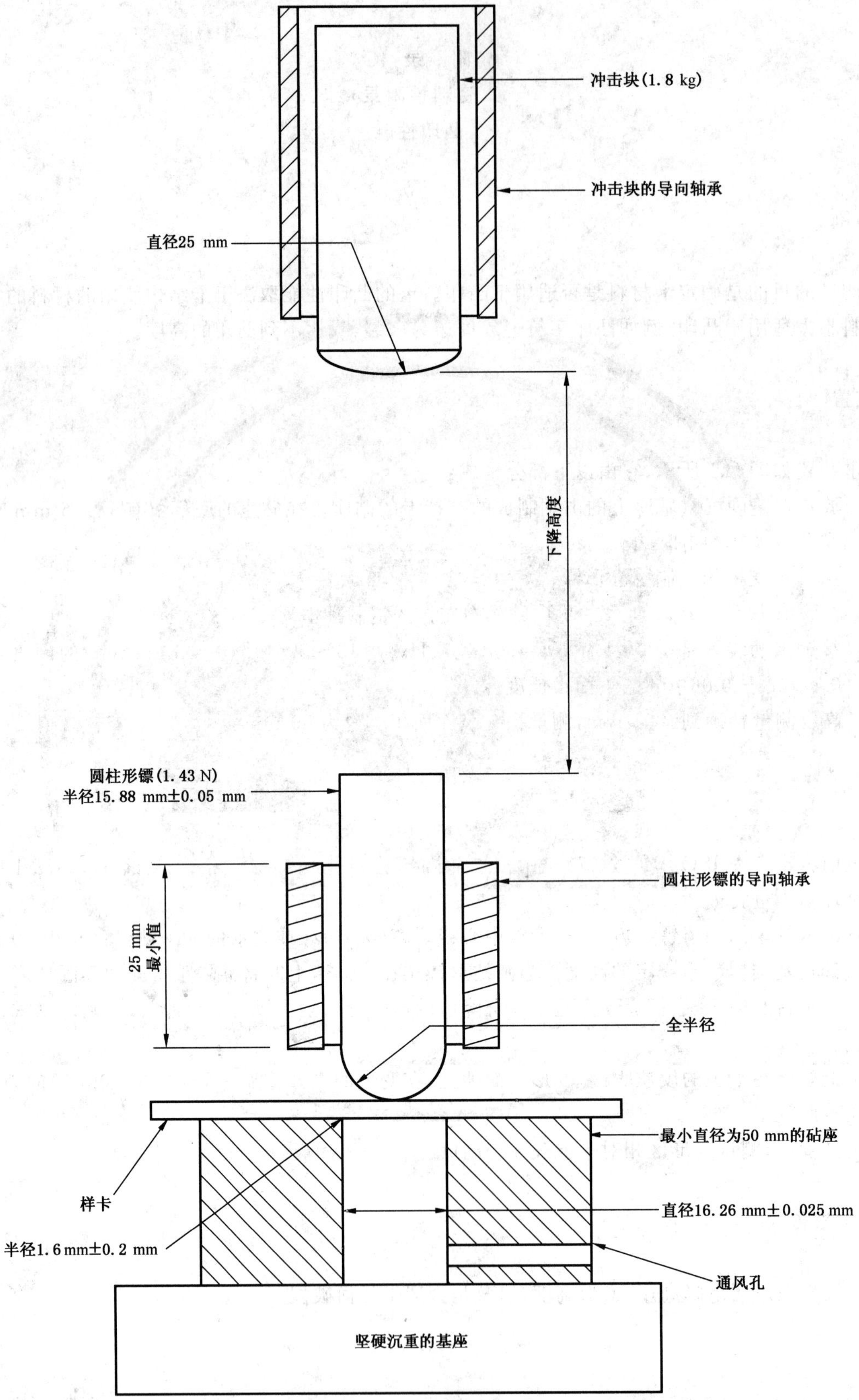

图 C.1　凸印性能测试装置

ICS 17.160
J 04

中华人民共和国国家标准

GB/T 15168—2013
代替 GB/T 15168—1994

振动与冲击隔离器静、动态性能测试方法

Vibration and shock isolators measuring method for its static and dynamic characteristics

2013-09-18 发布　　2014-06-01 实施

中华人民共和国国家质量监督检验检疫总局
中国国家标准化管理委员会　发布

前　言

本标准按照 GB/T 1.1—2009 给出的规则起草。

本标准代替 GB/T 15168—1994《振动与冲击隔离器性能测试方法》。

本标准与 GB/T 15168—1994 相比，主要技术变化如下：

——修改标准名称为《振动与冲击隔离器静动态性能测试方法》；

——增加了“术语和定义”章节(见第 3 章)；

——增加了“静态性能测试”中隔离器布置形式的描述(见 5.3)；

——修订了静态性能测试时加载速度及额定载荷静变形测试方法(见 5.4.2)；

——修订了静载荷-静变形曲线测试方法(见 5.4.3)；

——增加了“静态性能测试”中的“蠕变测试”(见 5.4.5)；

——增加了“椭圆法”中分别用传递力和输入力求动刚度的测试方法(见 6.4.1.3)；

——合并了“动态性能测试”中基础激振、恒定载荷激振及变载荷激振法为“激振扫描法”(见 6.4.2)；

——修订了“动态性能测试”中“锤击法”改为“自振衰减法”(见 6.4.3)；

——增加了隔离器“动态性能测试”中的“机械阻抗测试”(见 6.4.4)；

——增加了冲击刚度及冲击损耗因子性能参数及其测试方法(见 7.4.3 及 7.4.5)；

——增加了冲击特性的非线性描述及其测试方法(见 7.4.7)；

——增加了“阻抗测试原理”(见附录 A.2)；

——修订了“冲击性能测试原理”(见附录 B)。

本标准由全国机械振动、冲击与状态监测标准化技术委员会(SAC/TC 53)归口。

本标准起草单位：中国船舶重工集团公司第七〇四研究所。

本标准主要起草人：管月英、郭云松、潘国培、冯海军。

本标准所替代标准的历次版本发布情况为：

——GB/T 15168—1994。

振动与冲击隔离器静、动态性能测试方法

1 范围

本标准规定了振动与冲击隔离器的静态性能、动态性能，测试分类与原理及冲击性能的测试方法。

本标准适用于各种材质、类型及用途的线性和非线性隔离器的性能测试。

2 规范性引用文件

下列文件对于本文件的应用是必不可少的。凡是注日期的引用文件，仅注日期的版本适用于本文件。凡是不注日期的引用文件，其最新版本（包括所有的修改单）适用于本文件。

GB/T 5170.13—2005 电工电子产品环境试验设备基本参数检定方法 振动（正弦）试验用机械振动台

GB/T 5170.14—2009 电工电子产品环境试验设备基本参数检定方法 振动（正弦）试验用电动振动台

GB/T 5170.15—2009 电工电子产品环境试验设备基本参数检定方法 振动（正弦）试验用液压振动台

GB/T 6592 电工和电子测量设备性能表示

3 术语和定义

下列术语和定义适用于本文件。

3.1

复刚度 complex stiffness

由弹性力和其成正交的结构阻尼力合成的隔离器动态传递力与相应位移之比。

3.2

动刚度 dynamic stiffness

作用在隔离器上的动态弹性力与相应的位移之比。

3.3

损耗刚度 loss of stiffness

作用在隔离器上的与位移成正比、与速度相位相反的结构阻尼力与相应位移之比。隔离器损耗刚度即为隔离器结构阻尼系数。

3.4

损耗因子 loss factor

损耗刚度与弹性刚度之比，即隔离器结构阻尼系数与弹性刚度的之比。

3.5

冲击刚度 shock stiffness

隔离器冲击弹性力与其冲击位移之比。

4 测试分类与原理

4.1 测试分类

隔离器的性能测试包含：

a) 静态性能测试；

b) 动态性能测试；

c) 冲击性能测试。

4.2 测试原理

根据达郎贝尔原理，在弹性系统中惯性力、阻尼力、弹性力与外力平衡，假定弹性系统中刚度为复刚度、阻尼为结构阻尼、输入为简谐信号的条件下建立力平衡方程式并求解，从而可求出静、动及冲击状态下隔离器性能参数。静态性能测试中惯性力为零，作用力与弹性力相等；冲击性能测试中，输入力为瞬态值，隔离器的冲击弹性力是冲击变形（或速度）的函数。隔离器的动态及冲击性能测试原理详见附录A及附录B。

4.3 测试环境条件

对温度敏感的隔离器，应放置在25 ℃±5 ℃环境温度内，直至隔离器与试验环境温度一致后，方可进行静、动态性能测试。

5 静态性能测试

5.1 静态性能参数

隔离器静态性能包含：

a) 额定载荷静变形；

b) 额定载荷静刚度；

c) 静载荷与静变形关系曲线；

d) 蠕变量。

5.2 测试设备及仪器

测试设备及仪器包含：

a) 加载装置——能均匀加载的装置（最大载荷应满足试验载荷需求）或加载砝码；

b) 测力装置——测量误差±1％；

c) 位移测量仪——测量误差±1％。

5.3 隔离器试验布置形式

隔离器安装方式通常为平置、侧挂、吊挂及斜置等，隔离器静、动态刚度性能参数测试时施加的静态载荷（或预紧力）方向应与使用状态保持一致。隔离器通常有三向静、动态性能参数，方向如图1所示。除常用平置安装外，在承载方向及非承载方向（垂直承载方向）试验工夹具参见图2a)～图2c)所示。对非承载方向进行动态性能测试时[如图2c)]，应在承载方向预加额定（或使用）静载荷使其产生预紧变形，激振力施加在非承载刚度方向上。

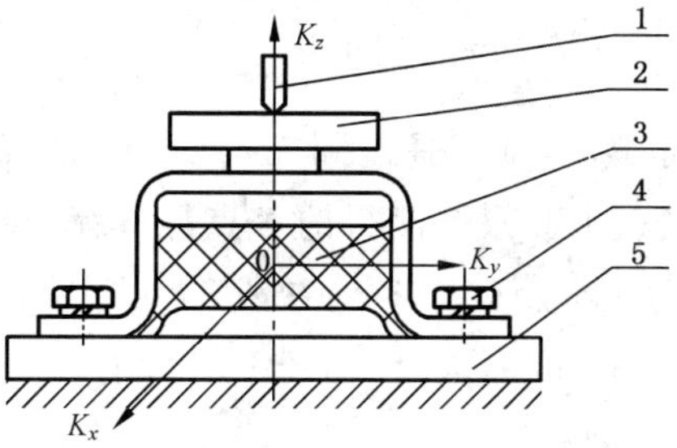

说明：

1——力杆；

2——力板；

3——隔离器；

4——连接螺栓；

5——基础。

图 1 平置式隔离器试验安装示图

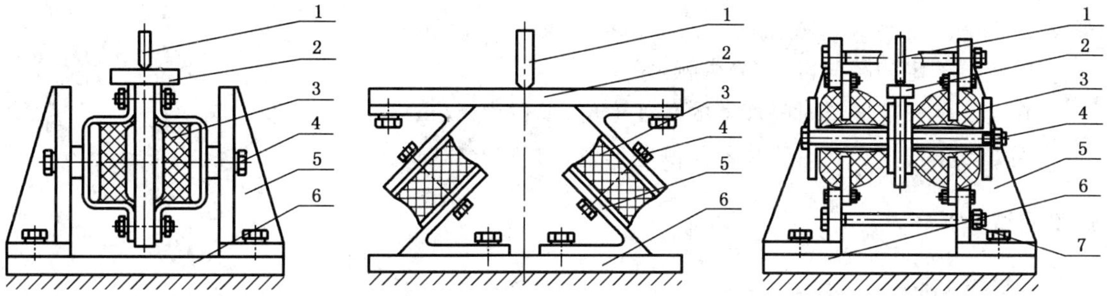

a） 侧挂式 b） 斜置式 c） 非承载方向动态试验

说明：

1——力杆；

2——力板；

3——隔离器；

4——连接螺栓；

5——三角架；

6——基础；

7——预紧螺栓。

图 2 隔离器试验工夹具示图

5.4 测试程序

5.4.1 预加载

隔离器在测试方向上重复进行三次预加载、卸载，载荷范围从零加至额定载荷的 1.25 倍后保持 30 s，再逐步卸载至零，隔离器变形速度应均匀。

5.4.2 额定载荷静变形测试

隔离器从零加载至额定载荷，当变形量≤5 mm 时，加载速度≤1 mm/min；当变形量＞5 mm 时，加载速度≤5 mm/min。隔离器额定载荷下变形值即为隔离器额定载荷静变形。

5.4.3 静载荷与静变形关系曲线

隔离器从零加载至1.25倍额定载荷，加载速度同5.4.2，同时记录各点(最少10点，其中含0.9倍、1倍及1.1倍额定载荷)加载时的变形值。根据测得的各点静载荷 P_i 及加载时的静变形值 X_i，绘制静载荷-静变形关系曲线。

5.4.4 静刚度计算

第 i 点静刚度 K_j^i 按式(1)计算：

$$K_j^i = \frac{P_{i+1} - P_{i-1}}{X_{i+1} - X_{i-1}} \quad \cdots\cdots(1)$$

式中：

P_{i-1}、P_{i+1}——分别为 P_i 点前、后的静载荷，单位为牛顿(N)；

X_{i-1}、X_{i+1}——分别为 P_i 点前、后对应的静变形值，单位为米(m)。

当 $P_i = P_0$ 时隔离器额定载荷静刚度 K_j 按式(2)计算：

$$K_j = \frac{1.1P_0 - 0.9P_0}{X_{1.1} - X_{0.9}} \quad \cdots\cdots(2)$$

式中：

P_0 ——隔离器额定静载荷，单位为牛顿(N)；

$X_{1.1}$——在1.1倍额定载荷时隔离器的静变形值，单位为米(m)；

$X_{0.9}$——在0.9倍额定载荷时隔离器的静变形值，单位为米(m)。

5.4.5 蠕变测试

5.4.5.1 测试程序

隔离器加载前测量原始高度，将隔离器加载至额定载荷并保持，初始6 h中每隔1 h测量一次蠕变值和环境温度，6 h以后每24 h测量一次蠕变值和环境温度，至少持续10 d。

5.4.5.2 测试结果计算

测试结果计算如下：

a) 蠕变量

隔离器蠕变量 Δ 按式(3)计算：

$$\Delta = \Delta_2 - \Delta_1 \quad \cdots\cdots(3)$$

式中：

Δ_1——加载1 h时隔离器变形量，单位为毫米(mm)；

Δ_2——加载10 d时隔离器变形量(一般10 d后变形量应趋于稳定)，单位为毫米(mm)。

b) 绘制蠕变曲线

取时间(h)为横坐标，变形量(mm)为纵坐标，绘制蠕变曲线。

6 动态性能测试

6.1 动态性能参数

隔离器动态性能包含：

a) 线性隔离器动刚度；

b) 损耗因子;

c) 额定载荷下固有频率;

d) 传递率或幅-频特性;

e) 非线性隔离器动刚度与静载荷、振幅的关系曲线;

f) 机械阻抗特性。

6.2 动态性能测试方法

本标准规定隔离器动态性能参数测试方法参见附录A动态测试原理,其中包括椭圆法、激振扫描法、自振衰减法和机械阻抗法等四种方法。

6.3 测试系统及被试系统安装通用要求

6.3.1 激振装置

激振装置应采用能产生变频简谐激励或白噪声激励的振动试验机、电磁激振器或振动台等,为避免与被试系统发生耦合效应,装置的上限激振频率应大于4倍的被试系统固有频率。激振扫描法中通过激振器或基础台面进行激振时,激振设备工作下限频率应低于测试系统共振频率的1/3。

通过机械阻抗法确定隔离器动态性能参数,需在专用的隔离器机械阻抗检测装置上进行。

6.3.2 激励波形

激励设备提供的正弦波形失真度、频率及位移指示等基本参数,应符合GB/T 5170.13—2005、GB/T 5170.14—2009、GB/T 5170.15—2005附录B的相关规定。台面均匀度、横向振动分量、白噪声激励的平直度等应控制在5%以内。

6.3.3 测量系统

测量系统包含加速度(或速度、位移)传感器、力传感器、电荷放大器和测试分析仪等。为尽量减少测量系统各通道间的相位差,应分别采用一致性较好的传感器、放大器和分析仪等。测量仪器的频率范围、频率响应非线性及精度应符合GB/T 6592的规定。

6.3.4 测试系统标定

测量前需对传感器灵敏度、导线、电荷放大器及测试分析仪组成的测量通道进行系统标定,测试频段内非线性度应≤3%。

6.3.5 测试设备定期检验

测试设备及测量仪器应经国家认可的计量部门定期标定、具有计量合格证书,并在计量有效使用期内使用。

6.3.6 隔离器的安装

隔离器安装状态应保证激振力方向与隔离器被试方向一致,并在被试方向上产生单一平动位移,而不应耦合其他方向的位移与转动。隔离器应根据额定载荷或使用载荷在承受静载荷方向上施加预紧变形。被试系统各部件之间应紧固连接并采用防松措施。

6.3.7 传感器的固定和安装

测量振动的传感器应靠近系统质量、台面中心线附近,测量传递力的力传感器一端固定在隔离器的输出端中心线方向上(若不能满足,可多点布置),另一端固定在速度趋近零的刚性基础上。传感器与各部件之间紧固连接。

6.4 测试程序及测试结果计算

6.4.1 椭圆法

6.4.1.1 被试系统安装

椭圆法是利用振动试验机在低频激振时,通过测量隔离器传递力及变形时域波形求隔离器的动态参数。当采用输入力求隔离器动刚度时,为忽略被试系统惯性力的影响,必须采用低频激振。

根据隔离器使用安装状态,确定承载方向,选择试验工夹具。根据振动试验机具体使用方法,安装布置传感器。当测量传递力时,力传感器布置在隔离器输出端,并与基础固定,如图 3a)所示。当测量输入力时,力传感器布置在隔离器输入端,如图 3b)所示。在接近激振力作用点和输出点处布置加速度(或速度、位移)传感器,使输入力作用中心、被试弹性元件刚度中心及力传感器中心共线。

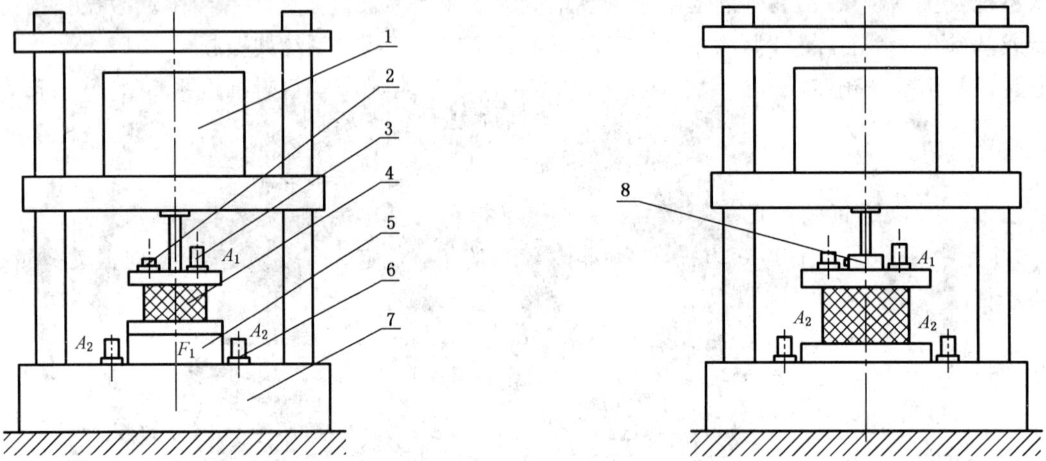

a) 传递力法测试　　　　b) 输入力法测试

说明:

1——振动试验机;

2——位移传感器;

3——加速度传感器(输入端);

4——隔离器;

5——力传感器(输出端);

6——加速度传感器;

7——台体;

8——力传感器(输入端)。

图 3 振动试验机示图

6.4.1.2 测试程序

6.4.1.2.1 试验前检查

检查力和加速度测试系统各通道信号是否正常,如有干扰需排除,待正常后记录输入点环境背景结构噪声 A_{n1}。

6.4.1.2.2 施加静载荷

为减小隔离器残余变形，应按 5.4.1 进行预加载后，对隔离器施加额定（或使用）载荷，同时记录最后一次加载时隔离器静变形。

6.4.1.2.3 施加激振力

激振幅值参考表 1。当利用传递力-变形迟滞回线求隔离器的动态参数时，由于系统在低频下刚度特性占主导，激励频率采用低频。当利用输入力-变形迟滞回线求隔离器的动态参数时，必须使激振频率小于被试系统共振频率的十分之一，若找不到系统共振点，可使激振频率小于上限激振频率的十分之一，则此时传递力近似等于输入力。

表 1 激振振幅参考值

激振频率/Hz	参考幅值	
	位移/mm	加速度/(m/s^2)
<8	>1	—
8～15	0.7±0.3	—
15～25	0.3±0.1	—
>25	—	5±0.5

6.4.1.2.4 检查基础刚性

若 $A_1/A_2 \geqslant 10$，则测量有效，否则应提高激振力幅值。A_1 为输入端加速度值，A_2 为输出端（即台面）加速度值。

6.4.1.2.5 绘制迟滞回线

记录传递力及位移时域波形，以位移 X 为横坐标、传递力 F 为纵坐标，绘制传递力 位移迟滞回线，如图 4 所示。图中最大弹性力 F_T 发生在隔离器最大变形为 X_0 时刻，最大阻尼力 F_D 发生在隔离器速度最大（即位移为零）时刻。

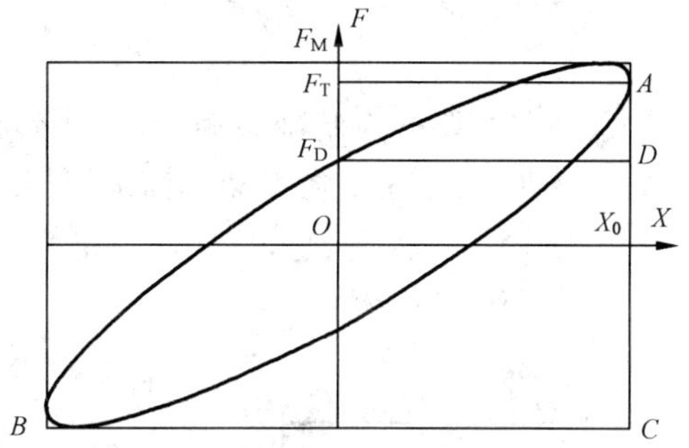

图 4 传递力-位移迟滞回线

6.4.1.3 测试结果计算

测试结果计算如下：

a) 隔离器动刚度

隔离器动刚度按式(4)计算：

$$K_d = 1\,000F_T/X_0 \quad \cdots\cdots(4)$$

式中：

K_d ——隔离器动刚度，单位为牛顿每米(N/m)；

X_0 ——位移幅值，即椭圆曲线在 X 坐标中最大值，作垂直于 OX 轴且与椭圆相切于 A 点的直线 AC，AC 与 OX 轴交于 X_0，单位为毫米(mm)；

F_T ——弹性力幅值，即位移为最大值 X_0 时对应的传递力，可在椭圆曲线中直接读出，单位为牛顿(N)。

当隔离器自身质量效应可以忽略不计时，可通过输入力按式(5)求动刚度：

$$K_d = 1\,000F_1/X_0 \quad \cdots\cdots(5)$$

式中：

F_1——输入力幅值，由输入端力传感器直接测出，单位为牛顿(N)。

b) 额定载荷固有频率

隔离器在额定载荷下固有频率 f_n 按式(6)计算：

$$f_n = \frac{1}{2\pi}\sqrt{\frac{K_d}{m}} \quad \cdots\cdots(6)$$

式中：

f_n ——隔离器在额定载荷下固有频率，单位为赫兹(Hz)；

m ——隔离器额定载荷质量，单位为千克(kg)。

c) 损耗因子

采用椭圆中的弹性力、阻尼力按式(7)计算损耗因子：

$$\eta = F_D/F_T \quad \cdots\cdots(7)$$

式中：

F_D——阻尼力最大值，即位移为0时对应的传递力，可在椭圆曲线中直接读出，单位为牛顿(N)。

等效黏性阻尼比 ξ 按式(8)计算：

$$\xi = \eta/2 \quad \cdots\cdots(8)$$

6.4.2 激振扫描法

6.4.2.1 被试系统安装

激振扫描法根据测试设备及加载方式主要分为基础激振、恒定载荷激振与变载荷激振法。采用基础激振时，由隔离器及质量块构成的 M-K 系统固定在振动台面上[见图5a)]；采用恒定载荷及变载荷激振时，M-K 系统固定在刚性基础上[见图5b)、图5c)]，按6.3中相关要求检查试验装置及被试系统，满足要求后在承载方向上施加额定(或使用)静载荷。

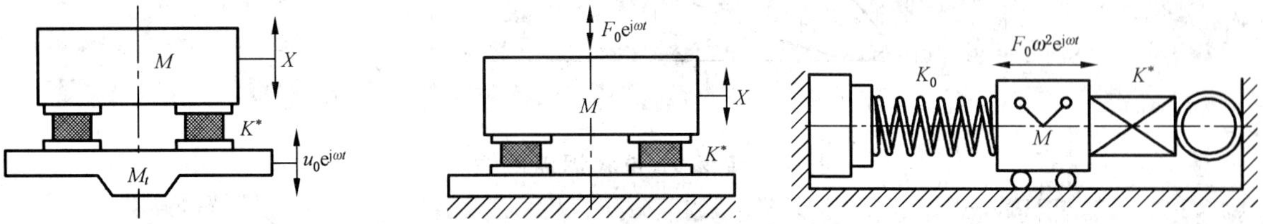

a) 基础激振 b) 恒定载荷激振 c) 变载荷激振

图5 激振扫描法力学模型

6.4.2.2 测试程序

测试程序如下：

a) 根据不同激振设备，激振力施加在振动台面或系统质量上，激振频率从1/4至4倍于被试系统共振频率的范围内进行正弦扫描或白噪声激振扫描，激振振幅参考表1；

b) 记录基础激振时台面输入和质量响应在各频率下的位移(或速度、加速度)值，经处理后得到无因次绝对位移响应系数曲线 T_A 如图6所示；

c) 恒定载荷和变载荷激振时的输入力作用在质量 M 上，记录质量 M 在各频率下的位移响应，经处理后得到无因次绝对位移响应系数曲线 T_R 如图6所示；

d) 当共振频率接近设备最高工作频率时，无法获取无因次位移响应系数曲线的情况下，记录系统质量绝对位移随频率变化曲线，分别读取共振点、半功率点对应的频率值，如图7所示；

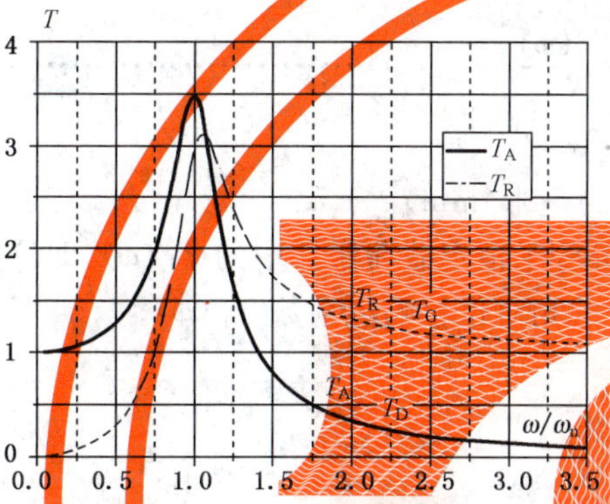

图6 相对、绝对位移传递系数曲线

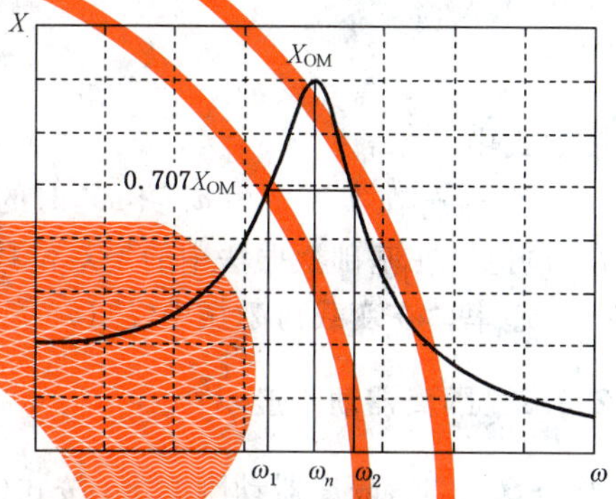

图7 系统绝对位移响应曲线

e) 对于非线性隔离器动态特性应分别测出不同静载荷及位移幅值与动刚度(或固有频率)的关系曲线。静载荷及振幅变化如下：

1) 激振振幅不变情况下改变静载荷，以额定载荷的60%为起点，按20%递增至140%的不同静载荷进行激振，重复进行6.4.2.2的a)～d)程序；

2) 隔离器在额定载荷下改变激振幅值，以6.4.2.2.b)中位移幅值的60%为起点，按20%递增至160%的不同振幅进行激振，重复6.4.2.2的a)～d)程序。

6.4.2.3 测试结果计算

6.4.2.3.1 位移响应系数曲线

a) 在基础激振法中，测出系统质量在各频率下绝对位移响应幅值 X_0(以下简称位移)与基础输入位移幅值 u_0 之比 T_A 按式(9)计算：

$$T_A(\omega)=\frac{X_0(\omega)}{u_0(\omega)} \qquad \cdots\cdots(9)$$

式中：

$T_A(\omega)$——绝对位移响应系数；

$X_0(\omega)$——各圆频率下系统质量的绝对位移幅值，单位为毫米(mm)；

$u_0(\omega)$——各圆频率下基础输入绝对位移幅值，单位为毫米(mm)。

系统质量相对台面位移 δ_0 与台面输入位移 u_0 之比 T_R 按式(10)计算：

$$T_R(\omega)=\frac{\delta_0(\omega)}{u_0(\omega)} \qquad \cdots\cdots(10)$$

式中：

$T_R(\omega)$——相对位移响应系数。

$\delta_0(\omega)$ ——各圆频率下系统质量的相对位移幅值，单位为毫米(mm)。

b) 在恒定载荷激振中，测出各频率下系统质量位移 X_0 及 $\omega \leqslant 0.25\omega_{sn}$ 处的位移 X_D，其比值 T_D 按式(11)计算：

$$T_D(\omega)=\frac{X_0(\omega)}{X_D} \quad \cdots\cdots(11)$$

式中：

ω_{sn}——被试系统共振圆频率，单位为弧度每秒(rad/s)；

X_D——在实测中用 $\omega \leqslant 0.25\omega_{sn}$ 点处位移替代，单位为毫米(mm)。

c) 在变载荷激振中，测出各频率下系统质量位移 X_0 及 $\omega_G \geqslant 4\omega_{sn}$ 处位移 X_G(若 X_G 点频率不满足 $\omega_G \geqslant 4\omega_{sn}$ 时，则不宜采用此法求取隔离器性能参数)之比，T_G 按式(12)计算：

$$T_G(\omega)=\frac{X_0(\omega)}{X_G} \quad \cdots\cdots(12)$$

式中：

X_G——在实测中用 $\omega_G \geqslant 4\omega_{sn}$ 时的位移替代，单位为毫米(mm)。

可见，在基础激振法中的绝对位移响应系数 $T_A(\omega)$ 等于恒定载荷激振中的 $T_D(\omega)$，即等于力传递率。在变载荷激振中 $T_G(\omega)$ 等于基础激振法中的相对位移响应系数 $T_R(\omega)$。

6.4.2.3.2 隔离器动刚度

当 $\eta \leqslant 0.2$ 时，隔离器动刚度 K_d 按式(13)计算：

$$K_d=M(2\pi f_{sn})^2-K_0 \quad \cdots\cdots(13)$$

式中：

M——被试系统质量，单位为千克(kg)；

f_{sn}——被试系统共振频率，单位为赫兹(Hz)；

K_0——激振系统中除被试隔离器外其他弹性元件动刚度总和(通常 $K_0=0$，在变载荷激振中 $K_0 \neq 0$)，单位为牛每米(N/m)。

当 $\eta > 0.2$ 时，

a) 基础激振及恒定载荷激振，隔离器动刚度 K_d 按式(14)计算：

$$K_d=M\left(2\pi f_n/\sqrt{1-\eta^2/2}\right)^2-K_0 \quad \cdots\cdots(14)$$

b) 变载荷激振，隔离器动刚度 K_d 按式(15)计算：

$$K_d=M\left(2\pi f_n\sqrt{1-\eta^2/2}\right)^2-K_0 \quad \cdots\cdots(15)$$

6.4.2.3.3 额定载荷固有频率

隔离器在额定载荷下固有频率 f_n 按式(6)计算。

6.4.2.3.4 损耗因子

a) 利用共振点放大倍率求损耗因子。

在基础激振与恒定载荷激振法中，损耗因子 η，按式(16)计算：

$$\left.\begin{aligned}\eta&=\frac{1}{\sqrt{T_{Amax}^2-1}}\\ \eta&=\frac{1}{\sqrt{T_{Dmax}^2-1}}\end{aligned}\right\} \quad \cdots\cdots(16)$$

在基础激振中,利用相对位移相应系数 $T_R(\omega)$;在变载荷激振中,用相对位移响应系数 $T_G(\omega)$ 表示时,η 按式(17)计算:

$$\left.\begin{array}{l}\eta=1/T_{Rmax}\\ \eta=1/T_{Gmax}\end{array}\right\} \quad \cdots\cdots(17)$$

式中:

T_{Amax}——共振时绝对位移响应系数最大值,$T_{Amax}=T_{Dmax}$;

T_{Rmax}——相对位移响应系数最大值,$T_{Rmax}=T_{Gmax}$。

b) 利用半功率点求损耗因子。

半功率点法仅适用于小阻尼(相对共振点共振峰近似呈对称状)隔离器。在恒定载荷或变载荷激振中,当系统激振频率不满足 $\omega \leqslant 0.25\omega_n$ 或变载荷(与 ω^2 成正比)激振中,高频段不满足 $\omega_G \geqslant 4\omega_n$ 时,可用半功率点法求损耗因子,按式(18)求解:

$$\eta=(\omega_2-\omega_1)/\omega_n \quad \cdots\cdots(18)$$

式中:

ω_1、ω_2——分别为半功率点对应的圆频率如图7,单位为弧度每秒(rad/s)。

6.4.3 自振衰减法

6.4.3.1 测试程序

测试程序如下:

a) 建立 M-K 弹性系统,使隔离器按额定(或使用)载荷加载,被试系统安装按6.3中相关要求;

b) 通过系统质量中心作用一瞬态力,采用锤击法(瞬态冲击力)或初始变形瞬态释放法,使系统自振衰减,衰减波形从第二个周期算起不得少于3个,否则无效;

c) 记录系统质量中心的自振衰减位移波形曲线,参见图8所示。

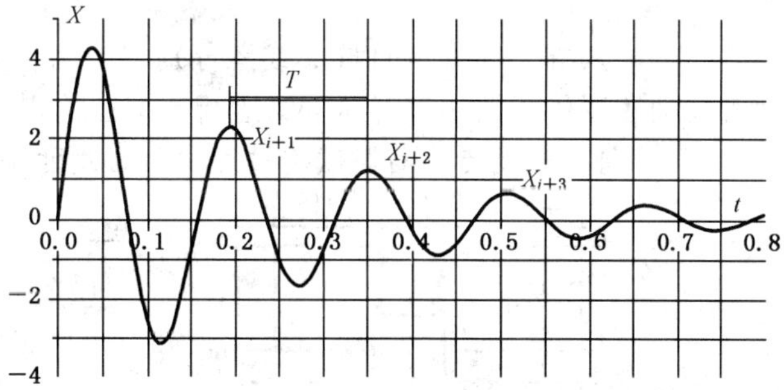

图8 自振衰减波形

6.4.3.2 测试结果计算

6.4.3.2.1 动刚度

动刚度按式(19)计算:

$$K_d=M(2\pi/T)^2/N \quad \cdots\cdots(19)$$

式中:

M——被试系统质量,单位为千克(kg);

T——自振衰减波形周期,单位为秒(s);

N——自振系统中被试隔离器数量。

6.4.3.2.2 额定载荷固有频率

额定载荷下的固有频率 f_n 按式(6)计算。

6.4.3.2.3 损耗因子

损耗因子按式(20)计算：

$$\eta=\ln(x_i/x_{i+n})/(n\pi) \qquad \cdots\cdots(20)$$

式中：

x_i、x_{i+n}——分别为第 i 个和第 $i+n$ 个波峰的位移幅值；

n ——自振衰减波形个数。

6.4.4 机械阻抗测试

6.4.4.1 被试系统安装

6.4.4.1.1 隔离器安装

阻抗试验台通过加载弹簧及附加板质量施加静态载荷，对隔离器按额定(或使用)载荷施加预紧变形，参见图9。隔离器输出端与安装在阻抗测试台上的测力板或力传感器相连，其各构件中心线应共线。

6.4.4.1.2 激振器安装

激振器采用悬吊安装，使激振系统安装频率为测试下限频率0.3倍以下，激振力作用在隔离器输入端的中心点上。

6.4.4.1.3 传感器安装

在激振器桡性杆末端与隔离器输入端之间安装阻抗头或者分别安装力传感器和加速度传感器，同时在隔离器输入端的水平向安装加速度传感器用以对激振力进行一维性检查。在隔离器输出端除安装力传感器或测力板外，在阻抗台面垂向上安装传感器对试验过程中台面速度进行测量。

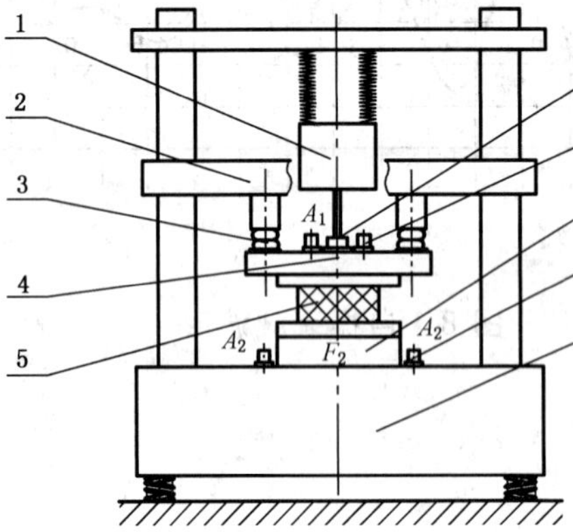

说明：

1——激振器；
2——压力计；
3——加载弹簧；
4——附加质量；
5——隔离器；
6——台体；
7——加速度计(输出端)；
8——力传感器(输出端)；
9——加速度计(输入端)；
10——阻抗头。

图9 阻抗试验台示图

6.4.4.2 测量程序及数据处理

6.4.4.2.1 施加静态载荷

按 5.4.1 进行预加载，用以减小隔离器残余变形。对隔离器施加额定(或使用)静载荷后，记录最后一次载荷下的隔离器静变形。

6.4.4.2.2 施加激振力

激振力幅值应满足信噪比要求。激振力类型优先选取白噪声激励，频率范围应满足隔离器阻抗测量频率范围，否则采用正弦激励。

6.4.4.2.3 检查信噪比和台面刚性

信噪比 R 通过输入点垂向加速度 A_1 及此点环境背景噪声 A_n 计算，当 $R=A_1/A_n\geqslant 3.16$ 时，认为加速度信号测量结果有效，否则应提高激振力量值。台面输出点加速度响应为 A_2，隔离器输入端横向加速度为 A_y，当 $A_1/A_2>10$ 及 $A_1/A_y>10$ 时，力信号测量结果有效。

6.4.4.2.4 记录稳态信号并处理

当信号进入稳定状态后，正式记录各通道力及加速度时域波形 $F_1(t)$、$F_2(t)$、$A_1(t)$、$A_2(t)$。按照图 10 所示进行数据处理，分别得到自谱及互功率谱。

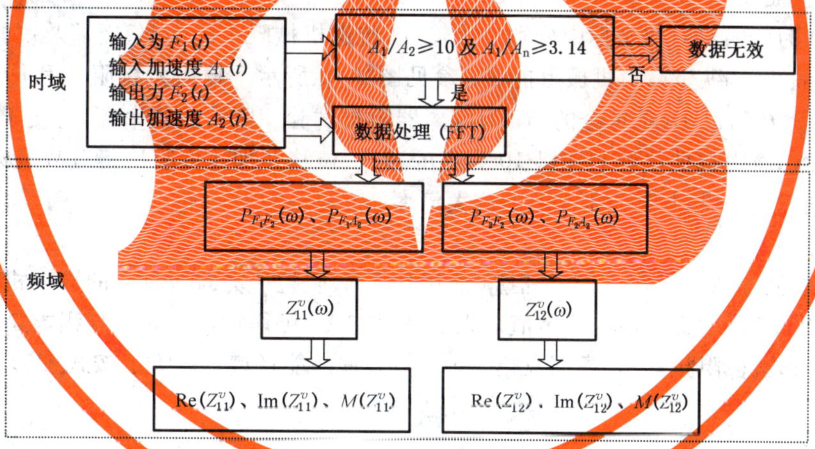

图 10 阻抗试验数据处理框图

图中：

$P_{F_1F_1}(\omega)$——输入力 F_1 自功率谱，单位为二次方牛顿(N^2)；

$P_{F_1A_1}(\omega)$——输入力 F_1 与输入加速度 A_1 的互功率谱，单位为牛顿米每二次方秒($N\cdot m/s^2$)；

$P_{F_2F_2}(\omega)$——输出力(即传递力)F_2 自功率谱，单位为牛顿平方(N^2)；

$P_{F_2A_1}(\omega)$——输出力 F_2 与输入加速度 A_1 的互功率谱，单位为牛顿米每二次方秒($N\cdot m/s^2$)。

6.4.4.3 阻抗参数计算

测试结果计算如下：

a) 隔离器输入机械阻抗按式(21)计算：

$$Z_{11}^{v}(\omega)=\mathrm{j}\omega\frac{P_{F_1F_1}(\omega)}{P_{F_1A_1}(\omega)}-\mathrm{j}\left(m_0\omega-\frac{K_0}{\omega}\right) \qquad \cdots\cdots(21)$$

式中：

m_0 ——输入端附加件质量，如传感器、输入端过渡板、连接件及附件等的总质量，单位为千克(kg)；

K_0 ——加载弹簧刚度，如果 $K_0<K/10$ 则加载弹簧刚度可忽略不计，单位为牛每米(N/m)；

$Z_{11}^{v}(\omega)$——输入机械阻抗，单位为牛秒每米(N·s/m)。

b) 隔离器输入机械阻抗的模按式(22)计算：

$$|Z_{11}^{v}(\omega)|=\sqrt{\mathrm{Re}^2[Z_{11}^{v}(\omega)]+\mathrm{Im}^2[Z_{11}^{v}(\omega)]} \quad \cdots\cdots(22)$$

式中：

$|Z_{11}^{v}(\omega)|$——输入机械阻抗的模，单位为牛秒每米(N·s/m)。

c) 隔离器传递机械阻抗按式(23)计算：

$$Z_{12}^{v}(\omega)=\mathrm{j}\omega\frac{P_{F_2F_2}(\omega)}{P_{F_2A_1}(\omega)} \quad \cdots\cdots(23)$$

式中：

$Z_{12}^{v}(\omega)$——传递机械阻抗，单位为牛秒每米(N·s/m)。

d) 隔离器传递机械阻抗的模按式(24)计算：

$$|Z_{12}^{v}(\omega)|=\sqrt{\mathrm{Re}^2[Z_{12}^{v}(\omega)]+\mathrm{Im}^2[Z_{12}^{v}(\omega)]} \quad \cdots\cdots(24)$$

式中：

$|Z_{12}^{v}(\omega)|$——传递机械阻抗的模，单位为牛秒每米(N·s/m)。

e) 绘制阻抗曲线

在以10为底的双对数坐标中分别绘出输入、传递机械阻抗的实部、虚部及模的阻抗曲线图，横坐标为频率 f，纵坐标为机械阻抗 Z^{v}，参见图A.2所示。输入机械阻抗和传递机械阻抗的模在低频段 $f\leqslant f_{sn}/10$ 是重合的(f_{sn}为隔离器阻抗试验一阶共振频率)。为便于识别隔离器动态性能参数，将阻抗曲线绘制在以10为底的速度、位移及加速度阻抗三对数坐标中，参见图A.3所示，图中 Q 值即为隔离器共振点放大倍率。

f) 输出阻抗表

阻抗表参见表A.1，频率取1/3倍频程中心频率，阻抗值为对应频率的输入机械阻抗及传递机械阻抗的实部、虚部及模的线谱值。根据测试需要，可增加按1/3倍频程能量谱值给出相应的输入、传递机械阻抗的实、虚部及模。1/3倍频程的能量谱计算方法按式(25)计算：

$$|Z(f_N^{1/3})|=\left\{\sum_{i=1}^{n}|Z(f_i)|^2\right\}^{1/2} \quad \cdots\cdots(25)$$

式中：

$|Z(f_N^{1/3})|$——中心频率为 $f_N^{1/3}$ 的1/3倍频程带宽内阻抗模的能量和，单位为牛秒每米(N·s/m)；

$|Z(f_i)|$ ——1/3倍频程带宽内 f_i 频率点对应的阻抗模，单位为牛秒每米(N·s/m)；

f_i ——1/3倍频程带宽内第 i 个线谱频率值，单位为赫兹(Hz)；

n ——1/3倍频程带内包含的线谱频率点数。

6.4.4.4 隔离器动刚度及损耗因子

6.4.4.4.1 隔离器动刚度

隔离器复刚度 K^* 等于传递位移阻抗，按式(26)计算：

$$K^*=\mathrm{j}\omega Z_{12}^{v}(\omega)=-\omega^2\frac{P_{F_2F_2}(\omega)}{P_{F_2A_1}(\omega)}=K_d(1+\mathrm{j}\eta) \quad \cdots\cdots(26)$$

动刚度 K_d 为传递位移阻抗的实部，即弹性力与位移之比。

6.4.4.4.2 隔离器损耗因子

当系统处于共振点时，对数坐标中输入机械阻抗模与传递机械阻抗模的差值为放大倍数 Q，则损耗因子按式(27)计算：

$$\eta=\frac{1}{Q}=\frac{1}{\ln\left|Z_{12}^{v}(\omega_{sn})\right|-\ln\left|Z_{11}^{v}(\omega_{sn})\right|} \qquad \cdots\cdots(27)$$

7 冲击性能测试

7.1 冲击性能参数

隔离器冲击性能参数包含：

a) 冲击变形；

b) 冲击刚度；

c) 冲击损耗因子；

d) 冲击传递率；

e) 隔离器冲击弹性力-变形曲线。

7.2 冲击测试设备及仪器

7.2.1 冲击试验装置

冲击试验装置可选用单脉冲或双向不等脉宽脉冲并具有简单波形的冲击试验装置，主要包括基础输入(跌落式、冲击机等)及落锤式冲击试验装置，如图 11 所示。跌落式冲击试验装置冲击输入由装置台面(即被试系统的基础)自由落体后与基础碰撞产生，冲击力由下向上传递至被试系统，输出端为自由状态[如图 11a)]；落锤式冲击试验装置，通过落锤自由落体产生的冲击力，直接作用在被试系统质量上，输入力由上至下传递，输出端被钳制[如图 11b)]输出速度趋近于零，输出为传递力。

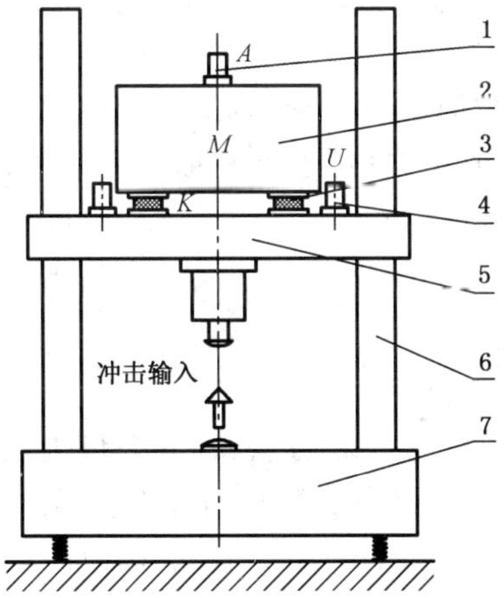

说明：

1——加速度传感器(输出)；

2——系统质量；

3——隔离器；

4——加速度传感器(输入)；

5——冲击台面；

6——导向轴；

7——基础。

a) 跌落式冲击试验系统

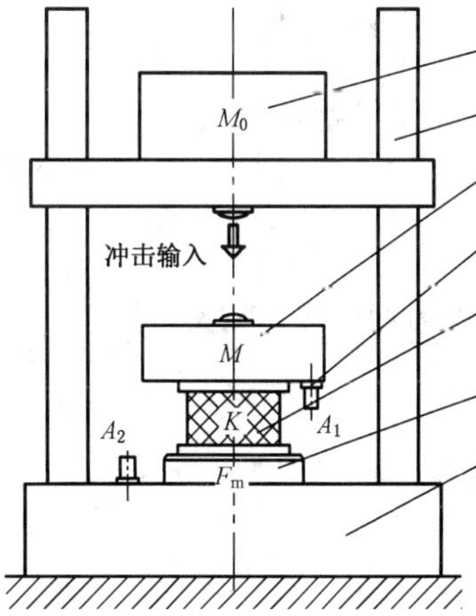

说明：

1——落锤质量；

2——导向轴；

3——系统质量；

4——加速度传感器(输入)；

5——隔离器；

6——力传感器(输出)；

7——基础。

b) 落锤式冲击试验系统

图 11 冲击试验装置示图

7.2.2 测量仪器

测量仪器要求如下：

a) 冲击测量通用要求

测量仪器、隔离器及传感器的安装要求参见6.3.3～6.3.7。

b) 冲击测量系统

冲击测量系统包含位移或加速度测量系统及动态力测量系统，隔离器冲击变形也可通过对加速度信号二次积分获得，或采用激光位移计或数字式高速摄影仪获得。

c) 机械滤波器

为降低加速度计测试时产生回零误差，传感器通过机械滤波器与台面或系统质量相连，应对含滤波器测试系统进行频响线性度检查，系统的工作频率上限不低于1 kHz。

d) 力与加速度传感器

测量冲击力及冲击加速度用传感器采用冲击型传感器，测试系统（包括机械滤波器）频响范围应满足测试要求，系统非线性度应≤2%；传感器横向与轴向灵敏度比≤3%。

e) 传感器固定

传感器采用连接螺栓固定，在每次冲击前、后检查螺栓是否松动。防止传感器导线冲击过程中剧烈抖动，导线需与冲击台面或被测物固牢。

7.3 测试程序

7.3.1 冲击输入

冲击输入根据隔离器使用要求确定，通常隔离器应在不同冲击速度下（推荐试验冲击输入速度从0.5 m/s～5 m/s，按0.5 m/s递增或取不少于6个点均匀测试）进行多次冲击。

7.3.2 测试信号数据处理

记录被试系统输入、输出加速度和传递力时域波形，在读取时域波形前需滤波处理，消除干扰及局部高频。对于输入加速度信号，推荐采用2 Hz～1 000 Hz带通滤波；对于响应加速度信号，推荐采用2 Hz～200 Hz带通滤波。若输出点速度趋于零时[如图11b)试验装置]应输出传递力时域波形。

7.3.3 隔离器冲击变形测量

隔离器冲击变形测量选择下列方法：

a) 绝对位移通过输入和输出点的加速度时域波形进行二次数字积分获得，其差值为隔离器相对变形。当输出点被钳制即速度趋近于零时，输入点绝对位移即为隔离器冲击变形。

b) 利用激光位移计或数字高速摄影仪分别记录输入和输出点绝对位移时间变化曲线，其差值为隔离器相对变形值。

7.4 测试结果

7.4.1 隔离器冲击变形

7.4.1.1 当采用跌落式冲击试验装置时，冲击最大变形 X_{ch} 按式(28)计算：

$$X_{ch}=\max\left|U(t)-A(t)\right| \qquad (28)$$

式中：

$U(t)$——为台面冲击输入的绝对位移，当用加速度计测量时 $U(t)=\iint \ddot{U}(t)\mathrm{d}t$，单位为米(m)；

$A(t)$——为系统质块输出的绝对位移，当用加速度计测量时 $A(t)=\iint \ddot{A}(t)\mathrm{d}t$，单位为米(m)；

$\ddot{U}$、$\ddot{A}$——分别为台面冲击输入及系统质块输出绝对加速度，由实测得到，单位为米每二次方秒(m/s²)。

7.4.1.2 当采用落锤式冲击试验装置时，冲击最大变形按式(29)计算：

$$X_{ch}=\max|A(t)| \quad\cdots\cdots(29)$$

7.4.2 等效冲击刚度

等效冲击刚度通过冲击传递力-变形迟滞回线计算得出：

a) 冲击传递力

1) 当采用基础输入(如跌落式冲击机、双波式冲击机等)时，最大冲击传递力 F_m 即为弹性系统质量惯性力，按式(30)计算；

$$F_m=M\ddot{A}_m \quad\cdots\cdots(30)$$

式中：

F_m——最大冲击传递力，单位为牛顿(N)。

2) 当采用落锤式冲击试验装置时，冲击传递力 F_m 由隔离器输出端的力传感器直接测出。

b) 绘制冲击传递力-变形迟滞回线

曲线横坐标为试验系统隔离器冲击变形瞬态测试值，纵坐标为试验系统传递力瞬态测试值。由于冲击大变形引起的非线性和冲击响应过程呈自振衰减状态，故冲击传递力-变形迟滞回线如图12所示呈现不对称性，图中最大冲击位移 X_{ch} 点对应的力为最大冲击弹性力 F_t，F_m 为最大传递力。同样地利用动态试验中的椭圆法计算冲击刚度及冲击损耗因子。

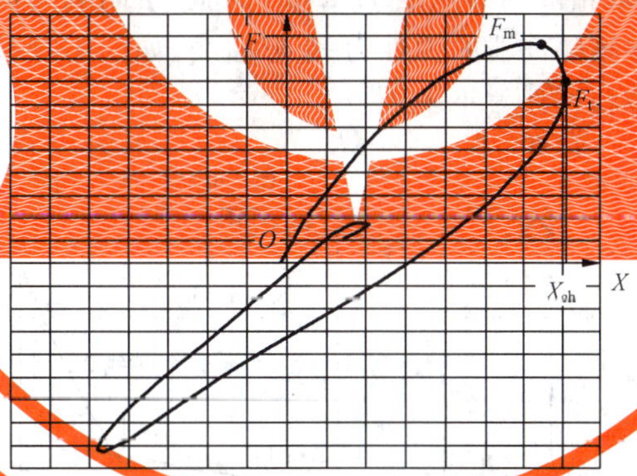

说明：

F_m ——最大传递力；

F_t ——最大弹性力；

X_{ch}——最大冲击位移。

图12 冲击传递力-变形迟滞回线

c) 等效冲击刚度

等效冲击刚度由式(31)表示：

$$K_{ch}=F_t/X_{ch} \quad\cdots\cdots(31)$$

式中：

K_{ch}——隔离器等效冲击刚度，单位为牛每米(N/m)；

F_t ——最大冲击弹性力，由图12冲击传递力-变形迟滞回线中直接读出，即最大冲击变形对应的传递力，单位为牛顿(N)。

7.4.3 冲击损耗因子

由图 12 所示，从冲击传递力-变形迟滞回线中，直接读出最大传递力 F_m 及最大弹性力 F_t，冲击损耗因子按式(32)计算：

$$\eta_{ch} \approx \sqrt{F_m^2 - F_t^2}/F_t \qquad (32)$$

式中：

η_{ch}——冲击损耗因子。

7.4.4 冲击传递率

7.4.4.1 当采用跌落式冲击试验装置时，冲击传递率按式(33)计算：

$$T_A = M\ddot{A}/M\ddot{U} = \ddot{A}/\ddot{U} \qquad (33)$$

7.4.4.2 当采用落锤式冲击试验装置时，冲击传递率按式(34)计算：

$$T_A \approx F_m/(M + m_0)\ddot{A} \qquad (34)$$

式中：

m_0——落锤质量，单位为千克(kg)。

7.4.5 隔离器冲击弹性力-变形曲线

隔离器冲击弹性力-变形曲线绘制程序如下：

a) 冲击速度由低至高对隔离器进行冲击测试，试验冲击输入速度按 7.3.1(隔离器发生物理损坏时试验终止)，获取每次冲击最大变形及其对应的弹性力值。

b) 对多只(至少 3 只)同规格隔离器重复 7.4.5a)试验，绘制隔离器的弹性力-变形曲线并进行平均，平均后曲线即为该型隔离器的弹性力-变形曲线，如图 13 所示，同时拟合出弹性力-变形曲线的函数表达式，推荐拟合误差小于 15％ 。

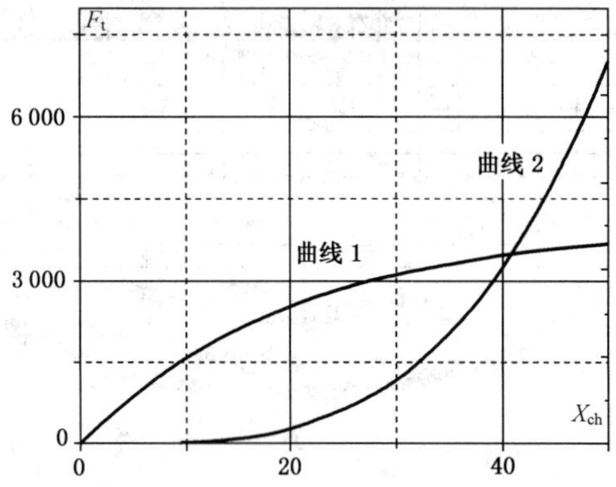

图 13 隔离器弹性力-变形曲线示例

附　录　A
（资料性附录）
动态测试原理

A.1　动态性能测试原理

根据单自由度弹性系统中惯性力、弹性力、阻尼力及外力平衡原理确定隔离器动态性能参数。当系统假定为结构阻尼、刚度为线性复刚度及输入为简谐力时，不同的激振法其力学模型如图5所示，在刚性基础情况下，M-K 弹性系统运动方程式按式（A.1）确定：

$$M\ddot{X}+KX(1+\mathrm{j}\eta)=F_0\mathrm{e}^{\mathrm{j}\omega t} \qquad \cdots\cdots(A.1)$$

式中：

M ——系统中运动物体质量，单位为千克（kg）；

K ——弹性元件动刚度，单位为牛每米（N/m）；

η ——结构阻尼的损耗因子；

X ——运动物体的绝对位移，单位为米（m）；

$\ddot{X}$ ——运动物体的绝对加速度，单位为米每二次方秒（m/s^2）；

F_0 ——激振力幅值，单位为牛顿（N）；

ω ——激振圆频率，单位为弧度每秒（rad/s）。

A.1.1　基础激振

A.1.1.1　位移响应幅值

位移响应幅值如下：

a) 当式（A.1）中 $F_0=0$、台面位移为 $u-u_0\mathrm{e}^{\mathrm{j}\omega t}$ 时为基础激振，力学模型如图5a）所示，运动方程式转化为式（A.2）：

$$M\ddot{X}+KX(1+\mathrm{j}\eta)=K(1+\mathrm{j}\eta)u_0\mathrm{e}^{\mathrm{j}\omega t} \qquad \cdots\cdots(A.2)$$

解运动方程式（A.2），得到任意频率绝对位移响应幅值 X_0 及绝对位移共振幅值 $X_{0\max}$ 分别由式（A.3）及式（A.4）表示：

$$X_0=u_0\frac{\sqrt{1+\eta^2}}{\sqrt{[1-(\omega/\omega_n)^2]^2+\eta^2}} \qquad \cdots\cdots(A.3)$$

$$X_{0\max}=u_0\sqrt{1+\frac{1}{\eta^2}} \qquad \cdots\cdots(A.4)$$

b) 当式（A.1）中 $F_0=0$、$\ddot{u}=\ddot{u}_0\mathrm{e}^{\mathrm{j}\omega t}$ 时，运动方程式转化为式（A.5）：

$$M(\ddot{X}-\ddot{u})+K(X-u)(1+\mathrm{j}\eta)=-M\ddot{u}\mathrm{e}^{\mathrm{j}\omega t} \qquad \cdots\cdots(A.5)$$

解运动方程式（A.5），得到任意频率相对位移响应幅值 X_0 及相对位移共振幅值 $X_{0\max}$ 分别由式（A.6）及式（A.7）表示：

$$\delta_0=u_0\frac{(\omega/\omega_n)^2}{\sqrt{[1-(\omega/\omega_n)^2]^2+\eta^2}} \qquad \cdots\cdots(A.6)$$

$$\delta_{0\max}=u_0/\eta \qquad \cdots\cdots(A.7)$$

式中：

u_0 　为基础激振位移幅值，单位为米（m）；

δ_0——质量 M 相对台面位移幅值，$\delta_0=(X_0-u_0)$，单位为米(m)；

$\ddot{u}_0$——为基础激振加速度幅值，单位为米每二次方秒(m/s^2)；

ω_n——系统共振圆频率，单位为弧度每秒(rad/s)。

A.1.1.2 动刚度

众所周知，当激振 M-K 弹性系统位移共振时，激振力等于阻尼力、惯性力等于弹性力，于是动刚度可按式(A.8)计算：

$$K_d=M\left(2\pi\cdot f_n/\sqrt{1-\frac{\eta^2}{2}}\right)^2 \qquad \text{(A.8)}$$

A.1.1.3 位移响应系数

位移响应系数如下：

a) 任意频率及其共振频率下的绝对位移响应系数分别按式(A.9)及式(A.10)计算：

$$T_A=\frac{X_0}{u_0}=\sqrt{\frac{1+\eta^2}{[1-(\omega/\omega_n)^2]^2+\eta^2}} \qquad \text{(A.9)}$$

$$T_{Amax}=\frac{X_{0max}}{u_0}=\sqrt{1+1/\eta^2} \qquad \text{(A.10)}$$

b) 任意频率及其共振频率下的相对位移响应系数分别按式(A.11)及式(A.12)计算：

$$T_R=\frac{\omega^2/\omega_n^2}{\sqrt{[1-(\omega/\omega_n)^2]^2+\eta^2}} \qquad \text{(A.11)}$$

$$T_{Rmax}=\frac{\delta_{0max}}{u_0}=\frac{1}{\eta} \qquad \text{(A.12)}$$

A.1.1.4 损耗因子

a) 利用绝对位移共振响应系数求损耗因子 η 按式(A.13)计算：

$$\eta=\sqrt{\frac{1}{T_{Amax}^2-1}} \qquad \text{(A.13)}$$

b) 利用相对位移共振响应系数求损耗因子 η 按式(A.14)计算：

$$\eta=\frac{1}{T_{Rmax}} \qquad \text{(A.14)}$$

A.1.2 恒定载荷激振

A.1.2.1 位移响应幅值

当式(A.5)中 $u=0$ 恒定载荷激振，力学模型如图 5b)所示，运动方程式化为式(A.15)：

$$M\ddot{X}+KX(1+j\eta)=F_0e^{j\omega t} \qquad \text{(A.15)}$$

解运动方程式(A.15)，得到任意频率位移响应幅值 X_0 及共振频率位移幅值 X_{0max} 分别由式(A.16)及式(A.17)表示：

$$X_0=\frac{F_0/K}{\sqrt{[1-(\omega/\omega_n)^2]^2+\eta^2}} \qquad \text{(A.16)}$$

$$X_{0max}=F_0/(K\eta) \qquad \text{(A.17)}$$

A.1.2.2 动刚度

动刚度 K_d 可按式(A.8)计算。

A.1.2.3 绝对位移响应系数

当式(A.16)中$(\omega/\omega_n)^2 \to 0$时，位移幅值$X_D$为一恒定值，由式(A.18)表示：

$$X_D = F_0/(K\sqrt{1+\eta^2}) \qquad \cdots\cdots(\text{A.18})$$

任意频率下绝对位移响应幅值X_0与X_D之比T_A按式(A.19)计算：

$$T_A = \frac{X_0}{X_D} = \sqrt{\frac{1+\eta^2}{[1-(\omega/\omega_n)^2]^2+\eta^2}} \qquad \cdots\cdots(\text{A.19})$$

当系统共振时，最大绝对位移响应系数按式(A.17)计算：

$$T_{\text{Amax}} = \sqrt{1+\frac{1}{\eta^2}} \qquad \cdots\cdots(\text{A.20})$$

A.1.2.4 力传递率

传递力F_T按式(A.21)计算：

$$F_T = KX\sqrt{1+\eta^2} \qquad \cdots\cdots(\text{A.21})$$

力传递率T_F按式(A.22)计算：

$$T_F = \frac{F_T}{F_0} = \sqrt{\frac{1+\eta^2}{[1-(\omega/\omega_n)^2]^2+\eta^2}} \qquad \cdots\cdots(\text{A.22})$$

A.1.2.5 损耗因子

利用绝对位移共振响应系数求损耗因子η，按式(A.23)计算：

$$\eta = 1/\sqrt{T_{\text{Amax}}^{\ 2}-1} \qquad \cdots\cdots(\text{A.23})$$

A.1.3 变载荷激振法

A.1.3.1 位移响应幅值

当式(A.5)中$u=0$，激振力为$\omega^2 F_0 e^{j\omega t}$时即为变载荷激振法，力学模型如图5c)所示。运动方程按式(A.24)计算：

$$M\ddot{X} + KX(1+j\eta) = F_0(\omega^2)e^{j\omega t} \qquad \cdots\cdots(\text{A.24})$$

解运动方程式(A.24)，得到任意频率下位移响应幅值X_0及共振频率下位移响应幅值$X_{0\max}$分别由式(A.25)及式(A.26)表示：

$$X_0 = \frac{F_0\omega^2/K}{\sqrt{[1-(\omega/\omega_n)^2]^2+\eta^2}} \qquad \cdots\cdots(\text{A.25})$$

$$X_{0\max} = F_0/(M\eta) \qquad \cdots\cdots(\text{A.26})$$

A.1.3.2 动刚度

动刚度K_d按式(A.27)计算：

$$K_d = M\left(2\pi \cdot f_n\sqrt{1-\frac{\eta^2}{2}}\right)^2 \qquad \cdots\cdots(\text{A.27})$$

A.1.3.3 位移响应系数

当式(A.25)中$(\omega/\omega_n)^2 \to \infty$时，位移响应幅值$X_G$为一恒定值，由式(A.28)表示：

$$X_G = F_0/M \qquad \cdots\cdots(\text{A.28})$$

任意频率下位移响应幅值X_0与X_G之比为位移响应系数T_G，按式(A.29)计算：

$$T_G = \frac{X_0}{X_G} = \frac{\omega^2/\omega_n^2}{\sqrt{[1-(\omega/\omega_n)^2]^2+\eta^2}} \quad \cdots\cdots(A.29)$$

共振频率下位移响应幅值 X_{0max} 与 X_G 之比按式(A.29)计算：

$$T_{Rmax} = X_{0max}/X_G = 1/\eta \quad \cdots\cdots(A.30)$$

由上述可见，在基础激振和恒定载荷激振中绝对位移响应系数 T_A 等于力传递率 T_F。在变载荷激振中位移响应系数 T_G 等于基础激振法中的相对位移响应系数 T_R。

A.1.3.4 损耗因子

其损耗因子 η 按式(A.31)计算：

$$\eta = 1/T_{Rmax} \quad \cdots\cdots(A.31)$$

A.1.4 利用半功率点求损耗因子

在小阻尼的情况下，也可用半功率点求损耗因子，适用于任意激振方式。以任意频率位移响应如式(A.19)为例，半功率点位移响应系数如式(A.32)所示：

$$0.707T_{Amax} = T_A \quad \cdots\cdots(A.32)$$

将式(A.19)及式(A.20)代入式(A.32)中，得到半功率点处频率方程式(A.33)：

$$(\omega/\omega_n)^4 - 2(\omega/\omega_n)^2 + 1 - \eta^2 = 0 \quad \cdots\cdots(A.33)$$

损耗因子 η 由(A.34)表示：

$$\eta = (\omega_2^2 - \omega_1^2)/(2\omega_n^2) = \Delta\omega/\omega_n \quad \cdots\cdots(A.34)$$

式中：

ω_1、ω_2——分别为半功率点处所对应的圆频率，单位为弧度每秒(rad/s)；

$\Delta\omega = \omega_2 - \omega_1$；

$\omega_n = (\omega_1 + \omega_2)/2$ 。

A.1.5 自振衰减法

当式(A.5)中 $u=0$、$F_0=0$ 且初始振幅为 X_0 时，即为自振衰减法，时域波形如图7所示。运动方程如式(A.35)所示：

$$M\ddot{X} + KX(1+j\eta) = 0 \quad \cdots\cdots(A.35)$$

A.1.5.1 瞬态位移响应幅值

第 i 及 $(i+n)$ 个波形的瞬态位移幅值，分别用式(A.36)及式(A.37)表示：

$$X_i = X_0 e^{-\frac{\eta}{2}\omega_n t_i} \quad \cdots\cdots(A.36)$$

$$X_{i+n} = X_0 e^{-\frac{\eta}{2}\omega_n (t_i + n\frac{2\pi}{\omega_d})} \quad \cdots\cdots(A.37)$$

式中：

ω_d——有阻尼固有圆频率，$\omega_d = \omega_n\sqrt{1-(\eta/2)^2}$，单位为弧度每秒(rad/s)。

A.1.5.2 动刚度

试验系统固有频率根据位移波形的周期，按式(A.38)计算：

$$f_n = \frac{1}{T}\frac{1}{\sqrt{1-(\eta/2)^2}} \quad \cdots\cdots(A.38)$$

动刚度 K_d 按式(A.39)计算：

$$K_d = M_s(2\pi f_n)^2/N \quad \cdots\cdots(A.39)$$

式中：

M_s ——试验系统中加载质量，单位为千克(kg)；

N ——试验系统中隔振器的个数。

A.1.5.3 损耗因子

自由振动衰减中 n 个波形的对数衰减率按式(A.40)计算：

$$\ln(X_i/X_{i+n})=\frac{\eta n\pi}{\sqrt{1-\eta^2/4}} \qquad \cdots\cdots(\text{A.40})$$

当 $\ln(X_i/X_{i+n})<<2n\pi$ 时，得到等效损耗因子 η 表达式如式(A.41)计算：

$$\eta=\ln(X_i/X_{i+n})/(n\pi) \qquad \cdots\cdots(\text{A.41})$$

A.1.6 椭圆法

A.1.6.1 动刚度

从式(A.1)中可见，传递力由弹性力和与其正交的阻尼力合成，当位移为最大值 X_0 时对应的传递力 F_m 等于弹性力 KX_0，从传递力-变形迟滞回线(如图4所示)中可直接得到动刚度 K_d，如式(A.42)所示：

$$K_d=F_m/X_0=AC/BC \qquad \cdots\cdots(\text{A.42})$$

式中：

AC ——2倍弹性力，单位为牛顿(N)；

BC ——2倍最大位移，单位为米(m)。

A.1.6.2 损耗因子

在一个循环中弹性力、阻尼力相位差为90°，当位移 $X=0$ 时，阻尼力达最大值，此时传递力等于阻尼力，由图4可知，椭圆与 Y 轴相交点即为最大阻尼值。

根据定义，损耗因子按式(A.43)计算：

$$\eta=F_d/F_t=DE/AC \qquad \cdots\cdots(\text{A.43})$$

式中：

F_d ——最大阻尼力，单位为牛顿(N)；

DE——2倍阻尼力，单位为牛顿(N)。

A.2 机械阻抗测试原理

通过建立 M、K 元件和系统四端参数，求隔离器输入、输出与其固有特性之间的关系，主要优点如下：

a) 系统四端参数由系统本身的动态特性决定，与系统外结构无关；

b) 四端参数阻抗测试法不仅适用于简单元件组合，也适用于质量分布元件及复杂的结构系统；

c) 便于解决弹性元件中的驻波效应、机脚刚性不足及非刚性基础等振动中的难点问题。

A.2.1 弹性系统力学模型

弹性系统力学模型如图A.1所示，假设：输入为简谐力 $F_1e^{j\omega t}$，系统由质量 M 和具有复刚度 K^* 的弹性元件组成，其中图A.1(a)激振力 $F_1e^{j\omega t}$ 作用在质量上，输出速度 $V_2=0$；图A.1(b)激振力 $F_2e^{j\omega t}$ 作用在质量 M_2 上，输出力 $F_1=0$。

图 A.1 弹性系统力学模型

A.2.2 元件并联系统

a) 系统四端参数

图 A.1a)为并联系统，则并联系统四端参数方程按式(A.44)计算：

$$\begin{bmatrix}F_1\\V_1\end{bmatrix}=\begin{bmatrix}1 & j\omega m\\0 & 1\end{bmatrix}\begin{bmatrix}1 & 0\\\dfrac{j\omega}{K^*} & 1\end{bmatrix}\begin{bmatrix}F_2\\V_2\end{bmatrix}=\begin{bmatrix}1-\dfrac{\omega^2 m}{K^*} & j\omega m\\\dfrac{j\omega}{K^*} & 1\end{bmatrix}\begin{bmatrix}F_2\\V_2\end{bmatrix}\quad\cdots\cdots(\text{A}.44)$$

b) 系统输入机械阻抗

因图 A.1a)中输出点 F_2、V_2 连接在质量无限大的基础上，所以 $V_2=0$(或者满足 $V_1/V_2\geqslant 10$)，则式(A.44)简化为式(A.45)：

$$\left.\begin{aligned}F_1&=\left[1-\frac{\omega^2 m}{K(1+j\eta)}\right]F_2\\V_1&=\frac{j\omega}{K^*}F_2\end{aligned}\right\}\quad\cdots\cdots(\text{A}.45)$$

系统输入机械阻抗按式(A.46)计算：

$$Z_{11}^{v}=\frac{F_1}{V_1}=\frac{K(1+j\eta)}{j\omega}+j\omega m\quad\cdots\cdots(\text{A}.46)$$

上式复数形式的输入机械阻抗分别以实部 R_e 和虚部 I_m 表示，则式(A.46)转换成式(A.47)：

$$Z_{11}^{v}=\frac{K}{\omega}\eta+j\left(\omega m-\frac{K}{\omega}\right)\quad\cdots\cdots(\text{A}.47)$$

系统输入机械阻抗的模按式(A.48)计算：

$$|Z_{11}^{v}|=\sqrt{\left(\omega m-\frac{K}{\omega}\right)^2+\left(\frac{K\eta}{\omega}\right)^2}=\frac{K}{\omega}\sqrt{\left(\frac{\omega^2}{\omega_n^2}-1\right)^2+\eta^2}\quad\cdots\cdots(\text{A}.48)$$

c) 系统传递机械阻抗

传递机械阻抗按式(A.49)计算：

$$Z_{21}^{v}=\frac{F_2}{V_1}=\frac{K^*}{j\omega}=\frac{K}{\omega}\eta-j\frac{K}{\omega}\quad\cdots\cdots(\text{A}.49)$$

传递机械阻抗的模按式(A.50)计算：

$$|Z_{21}^{v}|=\frac{K}{\omega}\sqrt{1+\eta^2}\quad\cdots\cdots(\text{A}.50)$$

在并联系统中，系统输入机械阻抗等于各元件阻抗之和。输入力等于系统的惯性力、弹性力及阻尼力之和。

d) 绘制阻抗曲线

在以 10 为底双对数坐标中分别绘制输入机械阻抗、传递机械阻抗的实部、虚部及模的阻抗曲线图，横坐标为频率 f，纵坐标为机械阻抗 Z^v 如图 A.2 所示，输入阻抗和传递阻抗的模在低频段 $f \leqslant f_{sn}/10$ 重合（f_{sn} 为隔离器阻抗试验一阶共振频率）。为便于识别隔离器动态性能参数在以 10 为底的三对数坐标中分别绘出速度、位移及加速度阻抗坐标如图 A.3 所示，当速度阻抗坐标顺时针旋转 45°时为位移阻抗坐标；当速度阻抗坐标逆时针旋转 45°时为加速度阻抗坐标，在 ω=1 000(rad/s)时，速度阻抗、位移阻抗及加速度阻抗相交于一点。图 A.2 及图 A.3 中的 Q 值即为隔离器共振点放大倍率。

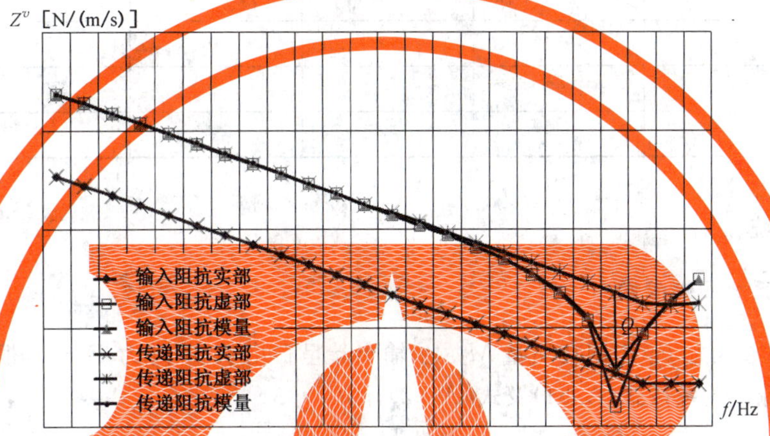

图 A.2 输入速度阻抗及传递阻抗曲线示例

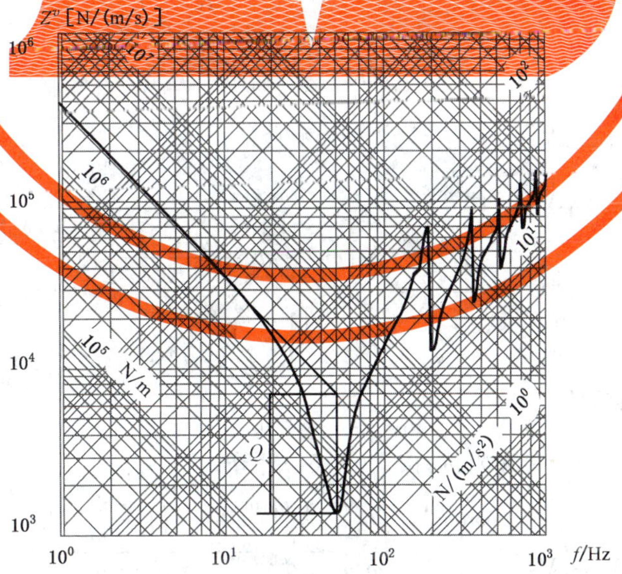

图 A.3 阻抗诺谟曲线示例

e) 输出阻抗表

阻抗表如表 A.1 所示，频率按 1/3 倍频程中心频率，阻抗值根据测试需要，可给出对应频率的线谱值或按1/3倍频程能量谱值给出输入速度阻抗、传递速度阻抗的实部、虚部及模。1/3倍频程的能量谱计算方法如式(25)所示。

表 A.1 隔离器输入及传递速度阻抗值表

频率 Hz	输入速度阻抗 $Z_{11}^{v}(\omega)$/(N·s/m)			传递速度阻抗 $Z_{12}^{v}(\omega)$/(N·s/m)		
	实部	虚部	模	实部	虚部	模
f_N	$\mathrm{Re}(Z_{11}^{v})$	$\mathrm{Im}(Z_{11}^{v})$	$\sqrt{\mathrm{Re}^2+\mathrm{Im}^2}$	$\mathrm{Re}(Z_{12}^{v})$	$\mathrm{Im}(Z_{12}^{v})$	$\sqrt{\mathrm{Re}^2+\mathrm{Im}^2}$
5						
6.3						
8						
…	…	…	…	…	…	…
800						
1 000						

A.2.3 双质量系统

A.2.3.1 双质量系统四端参数

图A.1(b)中,输入力 F_2 作用在质量 M_2 上,输出端呈自由状态,外力 $F_1=0$,根据互易原则,系统四端参数与输入、输出关系按式(A.51)及式(A.52)计算:

$$\begin{bmatrix}F_2\\V_2\end{bmatrix}=\begin{bmatrix}1 & \mathrm{j}\omega m_2\\0 & 1\end{bmatrix}\begin{bmatrix}1 & 0\\\frac{\mathrm{j}\omega}{K^*} & 1\end{bmatrix}\begin{bmatrix}1 & \mathrm{j}\omega m_1\\0 & 1\end{bmatrix}\begin{bmatrix}F_1\\V_1\end{bmatrix} \quad \cdots\cdots\cdots(\mathrm{A}.51)$$

$$\left.\begin{aligned}F_2&=\mathrm{j}\omega V_1\left(m_1+m_2-\frac{m_1m_2\omega^2}{K^*}\right)\\V_2&=\left(1-\frac{\omega^2m_1}{K^*}\right)V_1\end{aligned}\right\} \quad \cdots\cdots\cdots(\mathrm{A}.52)$$

A.2.3.2 系统输入机械阻抗

系统输入机械阻抗按式(A.53)计算:

$$Z_{22}^{v}=\frac{F_2}{V_2}=\frac{\mathrm{j}\omega\left(m_1+m_2-\frac{m_1m_2\omega^2}{K^*}\right)}{\left(1-\frac{\omega^2m_1}{K^*}\right)} \quad \cdots\cdots\cdots(\mathrm{A}.53)$$

A.2.3.3 系统传递机械阻抗

由(A.52)可以推导出系统传递阻抗,按式(A.54)计算:

$$Z_{12}^{v}=\frac{F_2}{V_1-V_2}=\frac{\mathrm{j}\omega\left(m_1+m_2-\frac{m_1m_2\omega^2}{K^*}\right)}{\frac{\omega^2m_1}{K^*}}=\frac{\mathrm{j}\left(1+\frac{m_2}{m_1}\right)K^*}{\omega}-\mathrm{j}\omega m_2 \quad \cdots\cdots\cdots(\mathrm{A}.54)$$

在双质量系统的输入机械阻抗式中,当频率 $\omega=\sqrt{\frac{K^*}{m_1}}$ 时出现反共振点,当频率 $\omega=\sqrt{K^*/\left(\frac{m_1m_2}{m_1+m_2}\right)}$ 时出现共振点。

A.2.3.4 系统速度点导纳

元件串联情况下，利用系统速度点导纳等于各元件导纳之和的原则求动态性能参数更方便，则输入速度导纳按式(A.55)～式(A.58)计算：

$$Y_{22}^{v}=\frac{V_2}{F_2}=\frac{1}{\mathrm{j}\omega m_1}+\frac{1}{\mathrm{j}\omega m_2}+\frac{\mathrm{j}\omega}{K(1+j\eta)}=\frac{\omega\eta}{K(1+\eta^2)}+\mathrm{j}[\frac{\omega}{K(1+\eta^2)}-\frac{1}{\omega}(\frac{1}{m_1}+\frac{1}{m_2})] \quad \cdots(\text{A.55})$$

$$\mathrm{Re}(Y_{22}^{v})=\frac{\omega\eta}{K(1+\eta^2)} \quad \cdots\cdots(\text{A.56})$$

$$\mathrm{Im}(Y_{22}^{v})=\mathrm{j}[\frac{\omega}{K(1+\eta^2)}-\frac{1}{\omega}(\frac{1}{m_1}+\frac{1}{m_2})] \quad \cdots\cdots(\text{A.57})$$

$$|Y_{22}^{v}|=\{[\mathrm{Re}(Y_{22}^{v})]^2+[\mathrm{Im}(Y_{22}^{v})]^2\}^{0.5}=\{(\frac{\omega\eta}{K(1+\eta^2)})^2+[\frac{\omega}{K(1+\eta^2)}-\frac{1}{\omega}(\frac{1}{m_1}+\frac{1}{m_2})]^2\}^{0.5} \quad \cdots\cdots(\text{A.58})$$

式中：

$\mathrm{Re}(Y_{22}^{v})$——速度点导纳实部；

$\mathrm{Im}(Y_{22}^{v})$——速度点导纳虚部；

$|Y_{22}^{v}|$ ——速度点导纳模。

系统速度点导纳曲线模见图 A.4 所示。

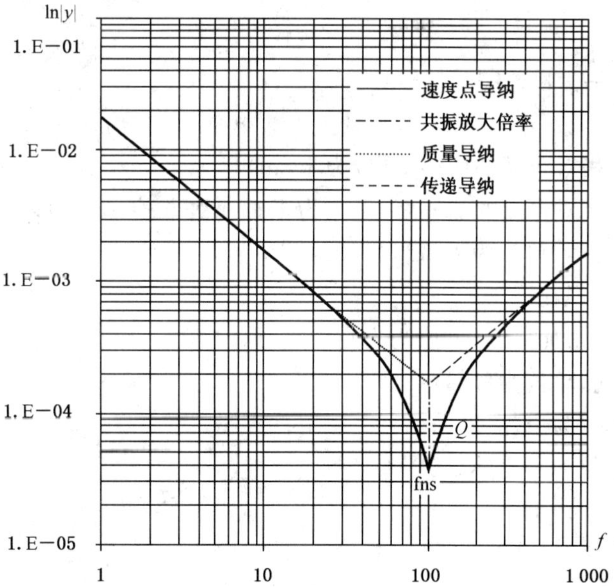

图 A.4 速度点导纳

附 录 B
（资料性附录）
冲击测试原理

B.1 冲击运动方程及其解

跌落式冲击试验系统如图 11a)所示，力平衡方程按式(B.1)计算：

$$M\ddot{X} + K_{ch}X(1 + j\eta_{ch}) = \begin{cases} -M\ddot{u} & (0 < t \leqslant \tau) \\ 0 & (0 > \tau) \end{cases} \quad \cdots\cdots\cdots\cdots\cdots\cdots(\text{B.1})$$

落锤式冲击试验系统如图 11b)所示，力平衡方程按式(B.2)计算：

$$M\ddot{X} + K_{ch}X(1 + j\eta_{ch}) = \begin{cases} -m_0\ddot{X} & (t \leqslant \tau) \\ 0 & (0 > \tau) \end{cases} \quad \cdots\cdots\cdots\cdots\cdots(\text{B.2})$$

当初始条件时 $t=0$ 时，$x(0)=\dot{x}(0)=0$，将其代入式(B.1)、式(B.2)中，得到：

$$X(t) = -\frac{1}{\omega_d}\int_0^t \ddot{u}_m \sin\frac{\pi}{T}\tau \cdot e^{-\frac{\eta}{2}\omega_n(t-\tau)} \sin\omega_d(t-\tau)\,d\tau \quad \cdots\cdots\cdots\cdots\cdots\cdots(\text{B.3})$$

对式(B.3)进行积分，并整理简化后得到位移响应，即隔离器变形：

$$\begin{cases} X(t) = x_{01}\sin(\frac{\pi}{T}\tau - \varphi_1) + x_{02}e^{-\xi\omega_0 t}\sin(\omega_d t - \varphi_2) & (0 \leqslant t \leqslant \tau) \\ X(t) = x_0 e^{-\xi\omega_0 t}\sin(\omega_d t - \varphi_0) & (t > \tau) \end{cases} \quad \cdots\cdots\cdots(\text{B.4})$$

式中：

X ——系统质量 M 相对台面的位移，单位为米(m)；
$\ddot{X}$ ——系统质量 M 相对台面的加速度，单位为米每二次方秒(m/s^2)；
K_{ch}——隔离器冲击刚度，单位为牛每米(N/m)；
η_{ch} ——隔离器的冲击损耗因子；
$\ddot{u}_m$ ——台面的绝对冲击加速度，单位为米每二次秒(m/s^2)；
τ ——脉冲作用时间，单位为秒(s)；
m_0 ——落锤质量，单位为千克(kg)；
M ——系统质量，单位为千克(kg)。

B.2 隔离器冲击传递力

冲击输入脉宽远小于隔离器的自由振动周期，隔离器最大位移及最大传递力均发生在($t>\tau$)的时刻。

跌落式冲击试验系统中，冲击力由台面输入，通过隔离器传递至系统质量，传递力等于惯性力，同时等于阻尼力与弹性力矢量和。

落锤式冲击试验系统中，冲击力由落锤作用在系统质量上，再通过隔离器传递至刚性基础，传递力通过隔离器输出端的力传感器直接测得。

B.3 隔离器冲击刚度和损耗因子

隔离器冲击刚度和损耗因子在冲击传递力-变形迟滞回线(图 12)中求出。

a) 冲击刚度

根据冲击刚度定义，位移最大时刻对应的传递力为弹性力，冲击刚度由式(B.5)表示：

$$K_{ch} = \frac{F_t}{X_{ch}} \quad \cdots\cdots(B.5)$$

当系统冲击输入由台面产生时，如图 11a)所示，最大传递力按式(B.6)计算：

$$F_m = M\ddot{A}_m \quad \cdots\cdots(B.6)$$

当系统冲击输入作用在质量上或隔离器输入端时，如图 11b)所示，传递力由隔离器输出端的力传感器直接测出。

式中：

X_{ch}——最大冲击位移，单位为米(m)；

F_t ——最大冲击位移时对应的传递力即最大弹性力，可由冲击传递力-变形迟滞回线直接读出，单位为牛顿(N)；

F_m——最大冲击传递力，可由冲击传递力-变形迟滞回线直接读出，单位为牛顿(N)。

b) 损耗因子

损耗因子按(B.7)计算：

$$\eta = \frac{F_d}{F_t} = \frac{\sqrt{F_m^2 - F_t^2}}{F_t} \quad \cdots\cdots(B.7)$$

式中：

F_d——阻尼力，单位为牛顿(N)。

B.4 冲击传递率

B.4.1 当冲击输入由台面产生时，冲击传递率按式(B.8)计算：

$$T_A = M\ddot{A}/M\ddot{U} = \ddot{A}/\ddot{U} \quad \cdots\cdots(B.8)$$

B.4.2 当冲击输入由落锤产生作用在弹性系统质量上时，冲击传递率按式(B.9)计算：

$$T_A \approx F_m/[(M+m)A] \quad \cdots\cdots(B.9)$$

当冲击输入由落锤直接作用在隔离器输入端时，$M=0$。

ICS 13.310
A 91

中华人民共和国国家标准

GB/T 15211—2013
代替 GB/T 15211—1994

安全防范报警设备 环境适应性要求和试验方法

Security alarm equipments—Environmental adaptability requirements and test methods

(IEC 62599-1:2010,Alarm systems—Part 1:Environmental test methods,MOD)

2013-12-31 发布　　2015-03-01 实施

中华人民共和国国家质量监督检验检疫总局
中国国家标准化管理委员会 发布

前　言

本标准按照 GB/T 1.1—2009 给出的规则起草。

本标准代替 GB/T 15211—1994《报警系统环境试验》，与之相比，主要变化如下：

——删除了术语“误报警”、“漏报警”、“故障状态”(见 1994 年版第 3 章)；

——删除了“总则”（见 1994 年版第 4 章)；

——删除了“电源电压变化试验”(见 1994 年版 5.8)；

——删除了“散射光试验”(见 1994 年版 5.9)；

——删除了“气流试验”(见 1994 年版 5.11)；

——删除了“随机振动”(见 1994 年版 5.5)；

——删除了“随机振动”加速试验(见 1994 年版 6.5.3)；

——增加了术语“公众求助系统”、“固定式设备”、“可移动式设备”、“便携式设备”、“预处理”、“条件试验”、“恢复”(见第 3 章)；

——增加了“环境类别”(见第 4 章)；

——增加了“标准试验条件”(见第 5 章)；

——增加了“允差范围”(见第 6 章)；

——增加了“相关产品标准应包含的信息”(见第 7 章)；

——增加了“温度变化试验”(见第 11 章)；

——增加了“盐雾循环耐久性试验”(见第 18 章)；

——增加了“低气压试验”(见第 19 章)；

——增加了“模拟太阳辐射和温升试验(工作状态)”(见第 25 章)；

——增加了“模拟太阳辐射和表面老化试验(耐久性)”(见第 26 章)；

——修改了前言；

——修改了范围(见第 1 章，1994 年版的第 1 章)；

——修改了高温试验(工作状态)的严酷等级(见 8.3.4，1994 年版 5.1.3)；

——修改了高温试验(耐久性)的严酷等级(见 9.3.4，1994 年版 6.1.3)；

——修改了低温试验(工作状态)的严酷等级(见 10.3.4，1994 年版 5.2.3)；

——修改了恒定湿热试验(工作状态)的严酷等级(见 12.3.4，1994 年版 5.6.3)；

——修改了恒定湿热试验(耐久性)的严酷等级(见 13.3.4，1994 年版 6.2.3)；

——修改了交变湿热试验(工作状态)的严酷等级(见 14.3.4，1994 年版 5.7.3)；

——修改了交变湿热(耐久性) 的严酷等级(见 15.3.4，1994 年版 6.3.3)；

——将“外壳防护试验”调整为“防水试验”和“防尘试验”并修改了严酷等级(见 16.3.2、27.3.2，1994 年版 5.13.3)；

——修改了二氧化硫腐蚀耐久性试验的严酷等级(见 17.3.4，1994 年版 6.6.3)；

——修改了冲击试验(工作状态)的严酷等级(见 20.3.4，1994 年版 5.6.3)；

——修改了锤击试验(工作状态) (见第 21 章，1994 年版 5.10)；

——修改了自由跌落试验(工作状态)的严酷等级(见 22.3.4，1994 年版 5.12.3)；

——修改了正弦振动试验(工作状态)的严酷等级(见 23.3.4，1994 年版 5.4.3)；

——修改了正弦振动试验(耐久性)的严酷等级(见 24.3.4，1994 年版 6.4.3)。

本标准使用重新起草法修改采用 IEC 62599-1:2010《报警系统　第 1 部分:环境试验方法》。

本标准与 IEC 62599-1:2010 相比在结构上有较多的调整,附录 A 中列出了本标准与 IEC 62599-1:2010 的章条编号对照一览表。

本标准与 IEC 62599-1:2010 相比存在技术性差异,附录 B 中给出了相应技术性差异及其原因的一览表。

本标准做了下列编辑性修改:

——将标准名称修改为《安全防范报警设备 环境适应性要求和试验方法》;

——删除了 IEC 62599-1:2010 的前言;

——增加了前言;

——“IEC 62599-1 的本部分”一词改为“本标准”;

——用小数点“.”代替作为小数点的逗号“,”。

请注意本文件的某些内容可能涉及专利。本文件的发布机构不承担识别这些专利的责任。

本标准由全国安全防范报警系统标准化技术委员会(SAC/TC 100)归口。

本标准主要起草单位:公安部安全与警用电子产品质量检测中心、北京中盾安全技术开发公司、公安部安全防范报警系统产品质量监督检验中心、霍尼韦尔(中国)有限公司、深圳市中安测标准技术有限公司。

本标准主要起草人:卢玉华、金巍、陶磊、张文弘、李秀林、韩峰、刘荐轩、吴雷、刘少娟、张毅。

本标准所代替标准的历次版本发布情况为:

——GB/T 15211—1994。

安全防范报警设备 环境适应性要求和试验方法

1 范围

本标准规定了安全防范报警设备环境适应性的试验目的、试验方式、试验设备和试验程序。

本标准适用于以下安全防范报警系统中的设备：

a) 入侵报警系统；

b) 视频监控系统；

c) 出入口控制系统(包括楼宇对讲系统、电子巡查系统、停车场(库)安全管理系统等)；

d) 公众求助系统；

e) 远程接收和/或监控中心；

f) a)～e)各子系统的组合和/或集成系统；

g) 含有电子装置的实体防护设备；

h) 人体生物特征识别应用设备。

2 规范性引用文件

下列文件对于本文件的应用是必不可少的。凡是注日期的引用文件，仅注日期的版本适用于本文件。凡是不注日期的引用文件，其最新版本(包括所有的修改单)适用于本文件。

GB/T 2421.1—2008 电工电子产品环境试验 第1部分：概述和指南(IEC 60068-1:1988,IDT)

GB/T 2423.1 电工电子产品环境试验 第2部分：试验方法 试验A：低温(GB/T 2423.1—2008，IEC 60068-2-1:2007,IDT)

GB/T 2423.2 电工电子产品环境试验 第2部分：试验方法 试验B：高温(GB/T 2423.2—2008,IEC 60068-2-2:2007,IDT)

GB/T 2423.3 电工电子产品环境试验 第2部分：试验方法 试验Cab：恒定湿热方法(GB/T 2423.3—2006，60068-2-78:2001,IDT)

GB/T 2423.4 电工电子产品环境试验 第2部分：试验方法 试验Db 交变湿热(12 h+12 h循环)(GB/T 2423.4—2008,IEC 60068-2-30:2005,IDT)

GB/T 2423.18 环境试验 第2部分：试验方法 试验Kb：盐雾，交变(氯化钠溶液)(GB/T 2423.18—2012,IEC 60068-2-52:1996,IDT)

GB/T 2423.21 电工电子产品环境试验 第2部分：试验方法 试验M：低气压(GB/T 2423.21—2008,IEC 60068-2-13:1983,IDT)

GB/T 2423.24—1995 电工电子产品环境试验 第2部分：试验方法 试验Sa：模拟地面上的太阳辐射(IEC 60068-2-5:1975,IDT)

GB/T 2423.38 电工电子产品环境试验 第2部分：试验方法 试验R：水试验方法和导则(GB/T 2423.38—2008，IEC 60068-2-18:2000,IDT)

GB/T 2423.55 电工电子产品环境试验 第2部分：环境测试 试验Eh：锤击试验(GB/T 2423.55—2008,IEC 60068-2-75:1997,IDT)

GB 4208—2008 外壳防护等级(IP代码)(IEC 60529:1989,IDT)

GB/T 20138 电器设备外壳对外界机械碰撞的防护等级(IK 代码)(GB/T 20138—2006, IEC 62262:2002,IDT)

IEC 60068-2-6:2007 环境试验 第2-6部分:试验 试验Fc:振动试验,正弦方式(Environmental testing—Part 2-6:Tests—Test Fc:Vibration,sinusoidal)

IEC 60068-2-14:2009 环境试验 第2-14部分:试验 试验N:温度变化(Environmental testing—Part 2-14:Tests—Test N:Change of temperature)

IEC 60068-2-27:2008 环境试验 第2-27部分:试验 试验Ea和导则:冲击(Environmental testing—Part 2-27:Tests—Test Ea and Guidance:Shock)

IEC 60068-2-31:2008 环境试验 第2-31部分:试验Ec 设备类样品暴力操作冲击(Environmental testing—Part 2-31: Tests—Test Ec: Rough handling shocks, primarily for equipment-type specimens)

IEC 60068-2-42:2003 环境试验 第2-42部分:试验Kc 接触或连接部分二氧化硫腐蚀试验(Environmental testing—Part 2-42: Tests—Test Kc: Sulphur dioxide test for contacts and connections)

3 术语和定义

下列术语和定义适用于本文件。

3.1

公众求助系统 social alarm system

为公众在危险情况下提供呼叫求助的报警系统。

3.2

固定式设备 fixed equipment

固定或安装于特定位置的设备,或者无法提供提手且其质量大、很难移动的设备。(例如,用螺栓固定于墙面的入侵报警系统的控制面板)

3.3

可移动式设备 movable equipment

非固定式设备并且在位置被改变时通常不处于工作状态的设备。(例如,置于桌面上的公众求助系统的一个本地单元或控制器)

3.4

便携式设备 portable equipment

在移动情况下可正常使用的设备。(例如,出入口控制"智能卡",电子钥匙,由用户携带的公众求助系统触发设备)

3.5

预处理 preconditioning

为消除或部分抵消试验样品以前经历的各种效应,在条件试验前对试验样品所作的处理。

3.6

条件试验 conditioning

把试验样品暴露在试验环境中,以确定这些条件对试验样品的影响。

3.7

恢复 recovery

在条件试验之后对试验样品的处理,以确保在测试前试验样品性能的稳定。

4 设备类型与环境类别

4.1 设备类型

安全防范报警设备分为固定式、可移动式和便携式三种类型。

4.2 环境类别

环境类别分为以下四种：

a) Ⅰ：包括但不仅限于居住或办公环境的室内(例如，客厅、办公室、机房等)；

b) Ⅱ：包括但不仅限于室内公共区域(例如，购物区域、商店、餐厅、楼梯、工厂生产装配间，入口和储藏室等)；

c) Ⅲ：包括但不仅限于有直接淋雨防护和日晒防护的室外，或者极端环境条件的室内(例如，车库、阁楼、仓库和进料台等)；

d) Ⅳ：一般意义上的室外。

类别Ⅰ、Ⅱ、Ⅲ、Ⅳ的条件试验严酷等级依次递增，适于环境类别Ⅳ的设备可被用于环境类别Ⅲ的应用中。

针对特殊高温环境条件(如干热地区)，在Ⅳ类后加后缀A；除了高温(工作状态)条件试验，类别ⅣA的其他试验与类别Ⅳ相同(见8.3.4)。

针对特殊低温环境条件(如高寒地区)，在Ⅲ、Ⅳ类后加后缀B；除了低温(工作状态)和温度变化(工作状态)的条件试验，类别ⅢB和类别ⅣB的其他试验与类别Ⅲ和类别Ⅳ相同(见10.3.4和11.3.4)。

5 标准试验条件

除非另有规定，用于测量和试验的试验室大气条件应在GB/T 2421.1—2008中5.3.1规定的下列标准大气条件中进行：

——温度：15 ℃～35 ℃；

——相对湿度：25%～75%；

——大气压：86 kPa～106 kPa。

当这些参数对测量和试验有明显的影响时，将参数变化控制在最小的范围内。

6 允差范围

除非另有规定，环境试验参数的允差范围应符合各试验相关引用标准的相关规定，例如，GB/T 2423的相关部分中。

7 相关产品标准应包含的信息

当安全防范报警设备相关产品标准引用本标准时，还应列出以下内容：

a) 设备类型(固定式设备、可移动式设备或便携式设备)；

b) 试验样品安装要求；

c) 与规定的试验程序或严酷等级的任何偏离；

d) 在条件试验前的任何初始测试或检查(例如,功能检测);
e) 在条件试验期间对样品状态的要求(例如,配置和运行状态);
f) 需要进行条件试验时,在条件试验期间对样品的任何检查和测量或监控(例如,可能需要的功能检测);
g) 条件试验之后的任何最终测试或检查(例如,功能测试和目视检查)和在测试之前的任何特殊恢复条件要求;
h) 合格/不合格判定准则;
i) 试验计划,给出每项试验对样品的安排。

在产品标准引用本标准时,应考虑以下内容:

——上述 a)~i)的信息,可能因不同的试验而有所不同(例如,运行试验和耐久性试验);
——对有些类型的设备,由于对设备的限制(例如,将设备置于环境试验室/箱内)条件试验期间可能无法进行常规的功能试验。或在其他试验当中,由于条件的跳跃或变化性,在条件试验期间无法进行功能试验。因此,有必要进行减少功能试验或省去条件试验期间的功能试验;
——产品标准应指明在耐久性试验中是否需要持续连接保证存储所需的备用电源,如需连接还应指明记忆内容是否继续保存。

8 高温试验(工作状态)

8.1 试验目的

检验设备在预期使用环境中可能出现的短时间高温环境下的正常运行能力。

8.2 试验方式

试验样品在高温条件下放置足够长时间以达到温度稳定,实施功能测试和/或监测。通过模拟自由空气条件使散热试验样品产生自加热效应。

8.3 试验设备和试验程序

8.3.1 一般要求

试验设备和试验程序一般应按照 GB/T 2423.2 中的规定进行。

试验应采用温度渐变方式。对散热试验样品应采用试验 Bd(在 GB/T 2423.2 中规定),对非散热试验样品应采用试验 Bb。

在进行完高温试验(工作状态)后可连续进行高温试验(耐久性),中间可省去恢复试验、功能试验和高温试验(耐久性)初始检测。

8.3.2 初始检测

在条件试验前,按照相关产品标准对样品进行初始检测。

8.3.3 条件试验期间样品的状态

按相关产品标准的规定进行样品安装及配置,并使其处于工作状态。

8.3.4 条件试验

条件试验的严酷等级规定见表 1。

表 1

设备类型	试验参数	环境类别		
		Ⅰ	Ⅱ、Ⅲ	Ⅳ
固定式设备、可移动式设备和便携式设备	温度/℃	40	55	70(85[a])或 55[b]
	持续时间/h[c]	2/8/16	2/8/16	2/8/16

[a] 对于环境类别ⅣA 此温度为 85 ℃(见第 4 章)。

[b] 简单意义上，70 ℃的高温试验包含了模拟太阳热辐射效果。如认为这个方法不适当，可实施 55 ℃高温试验和模拟太阳辐射和温升试验(工作状态)来代替(见第 25 章)。

[c] 制定产品标准时可根据产品的特点，选择持续时间。

8.3.5 条件试验期间检测

在试验期间观察样品，检查状态的变化。在试验的最后 30 min，完成相关产品标准规定的后续测试。

8.3.6 最后检测

在标准试验条件下至少恢复 1 h 后，按相关产品标准的要求对试验样品进行最后检测。

9 高温试验(耐久性)

9.1 试验目的

检验设备抵抗长期老化效应的能力。

9.2 试验方式

将试验样品长期置于高温环境中以进行加速老化的试验。

9.3 试验设备和试验程序

9.3.1 一般要求

试验设备和试验程序一般应按照 GB/T 2423.2 的规定进行，采用试验 Bb。

在进行完高温试验(工作状态)后可连续进行高温试验(耐久性)，中间可省去恢复试验、功能试验和高温试验(耐久性)初始检测。

9.3.2 初始检测

在条件试验前，按照相关产品标准要求对样品进行初始检测。

9.3.3 条件试验期间样品的状态

将样品按照相关产品标准的要求安装配置。在条件试验期间样品不通电。

9.3.4 条件试验

条件试验的严酷等级规定见表 2。

表 2

设备类型	试验参数	环境类别	
		Ⅰ、Ⅱ、Ⅲ	Ⅳ
固定式设备、可移动式设备和便携式设备	温度/℃	不要求测试	55
	持续时间/d		21

9.3.5 最后检测

在标准试验条件下至少恢复 1h 后，按相关产品标准的要求对试验样品进行最后检测。

10 低温试验(工作状态)

10.1 试验目的

检验设备在预期的低温使用环境下正常运行的能力。

10.2 试验方式

试验样品在低温下放置足够长时间以使温度达到稳定，实施功能测试和/或监测。模拟自由空气条件是考虑到散热试验样品自加热效应。

10.3 试验设备和试验程序

10.3.1 一般要求

试验设备和试验程序一般应按照 GB/T 2423.1 的规定进行。

应采用温度渐变的试验方法，对于散热试验样品(详见 GB/T 2423.1)应采用试验方法 Ad，对于非散热试验样品应采用试验方法 Ab。

10.3.2 初始检测

在条件试验之前，应按相关产品标准对试验样品进行初始检测。

10.3.3 条件试验期间试验样品的状态

按相关产品标准的规定进行样品安装及配置，并使其处于工作状态。

10.3.4 条件试验

条件试验的严酷等级规定见表 3。

表 3

设备类型	试验参数	环境类别		
		Ⅰ	Ⅱ	Ⅲ、Ⅳ
固定式设备、可移动式设备和便携式设备	温度/℃	+5	−10	−25(−40[a])
	持续时间/h[b]	2/8/16	2/8/16	2/8/16

[a] 对于环境类别ⅢB和ⅣB此温度为−40 ℃(见第4章)。

[b] 制定产品标准时可根据产品的特点,选择持续时间。

10.3.5 条件试验期间检测

在试验期间观察样品,检查状态的变化。在试验的最后30 min,完成相关产品标准规定的后续测试。

10.3.6 最后检测

在标准试验条件下至少恢复1h后,按相关产品标准的要求对试验样品进行最后检测。

11 温度变化试验(工作状态)

11.1 试验目的

检验便携式设备在正常环境和低温环境下往复搬运受到温度骤变时设备正常运行的能力。

11.2 试验方式

将试验样品置于温度不断变化的环境中。将试验样品从一个试验箱(室)移到另一个试验箱(室)。

11.3 试验设备和试验程序

11.3.1 一般要求

试验设备和试验程序一般应按照IEC 60068-2-14的规定进行。试验采用Na,包括温度快速变化和规定转换时间。

11.3.2 初始检测

在条件试验之前,应按相关产品标准对试验样品进行初始检测。

11.3.3 条件试验期间试验样品的状态

按相关产品标准的规定进行样品安装及配置,并使其处于工作状态。

11.3.4 条件试验

条件试验的严酷等级规定见表4。

表 4

设备类型	试验参数	环境类别		
		Ⅰ	Ⅱ	Ⅲ、Ⅳ
便携式设备	最低温度 T_A/℃	+5	−10	−25[a]
	最高温度 T_B/℃	+30	+30	+30
	暴露时间 t_1/h	1	1	1
	转换时间 t_2/min	2～3	2～3	2～3
	循环次数	4	4	4

[a] 对于环境类别ⅢB和ⅣB此温度为−40 ℃(见第4章)。

11.3.5 条件试验期间测试

在试验期间观察样品，检查状态的变化。在试验的最后一个高温和低温循环条件试验期间的最初10 min，完成相关产品标准规定的后续测试。

11.3.6 最后检测

在标准试验条件下至少恢复1 h后，按相关产品标准的要求对试验样品进行最后检测。

12 恒定湿热试验(工作状态)

12.1 试验目的

检验设备在可能发生的短期高相对湿度并且无水气凝结的使用环境中正常运行的能力。

12.2 试验方式

将试验样品置于恒温和高相对湿度的环境中，在试验时应避免试验样品表面形成凝露。

试验样品暴露在湿热环境的时长选择以允许其表面有水雾吸附现象(但不能凝露)为准则。

12.3 试验设备和试验程序

12.3.1 一般要求

试验设备和试验程序一般应按照GB/T 2423.3的规定进行。

在进行完恒定湿热试验(工作状态)后可连续进行恒定湿热试验(耐久性)，中间可省去恢复试验、功能试验和恒定湿热试验(耐久性)初始检测。

12.3.2 初始检测

在条件试验之前，应按相关产品标准对试验样品进行初始检测。

12.3.3 条件试验期间试验样品的状态

按相关产品标准的规定进行样品安装及配置，并使其处于工作状态。

12.3.4 条件试验

条件试验的严酷等级规定见表5。

表5

设备类型	试验参数	环境类别	
		Ⅰ	Ⅱ、Ⅲ、Ⅳ
固定式设备、可移动式设备和便携式设备	温度/℃	40	不要求测试[a]
	相对湿度/%	93	
	持续时间/d[b]	2/4	

[a] 当相关标准规定进行交变湿热试验时，环境类别Ⅱ、Ⅲ和Ⅳ可不要求，如果不实施交变湿热试验，则环境类别II、III和IV的条件与环境类别I的条件相同。

[b] 制定产品标准时可根据产品的特点，选择持续时间。

12.3.5 条件试验期间测试

在试验期间观察样品，检查状态的变化。在试验的最后30 min，完成相关产品标准规定的后续测试。

12.3.6 最后检测

在标准试验条件下至少恢复1h后，按相关产品标准的要求对试验样品进行最后检测。

13 恒定湿热试验(耐久性)

13.1 试验目的

检验设备在使用环境中耐受长期的湿度影响的能力(例如：潮湿、电化腐蚀等化学反应或者吸附作用致使电气属性变化)。

13.2 试验方式

将试验样品置于恒温和高相对湿度的环境中，在试验时应避免试验样品表面形成凝露。暴露时间的选择，允许水汽吸收和化学变化产生。

13.3 试验设备和试验程序

13.3.1 一般要求

试验设备和试验程序一般应按照GB/T 2423.3的规定进行。

在进行完恒定湿热试验(工作状态)试验后可连续进行恒定湿热试验(耐久性)，中间可省去恢复试验、功能试验和恒定湿热试验(耐久性)初始检测。

13.3.2 初始检测

在条件试验之前，应按相关产品标准对试验样品进行初始检测。

13.3.3 条件试验期间试验样品的状态

按相关产品标准规定安装试验样品，条件试验期间试验样品处于不通电状态。

13.3.4 条件试验

条件试验的严酷等级规定见表6。

表6

设备类型	试验参数	环境类别
		Ⅰ、Ⅱ、Ⅲ、Ⅳ
固定式设备、可移动式设备和便携式设备	温度/℃	40
	相对湿度/%	93
	持续时间/d	21

13.3.5 最后检测

在标准试验条件下至少恢复1 h后，按相关产品标准的要求对试验样品进行最后检测。

14 交变湿热试验(工作状态)

14.1 试验目的

检验设备在高相对湿度，产品表面产生凝露的环境条件下的适应性。

14.2 试验方式

将试验样品置于25 ℃与适当的温度上限(40 ℃或55 ℃)之间循环变化的环境中，在温度上限阶段相对湿度保持在(93±3)%，在温度下限和温度变化阶段相对湿度保持在80%以上。设定温度增长的速率使试验样品表面产生凝露。

14.3 试验设备和试验程序

14.3.1 一般要求

试验设备和试验程序一般应按照GB/T 2423.4的规定进行，试验采用试验循环方法2(如图1)和受控条件下的恢复(如图2)。

在进行完交变湿热试验(工作状态)试验后可连续进行交变湿热试验(耐久性)，中间可省去恢复试验、功能试验和交变湿热试验(耐久性)初始检测。

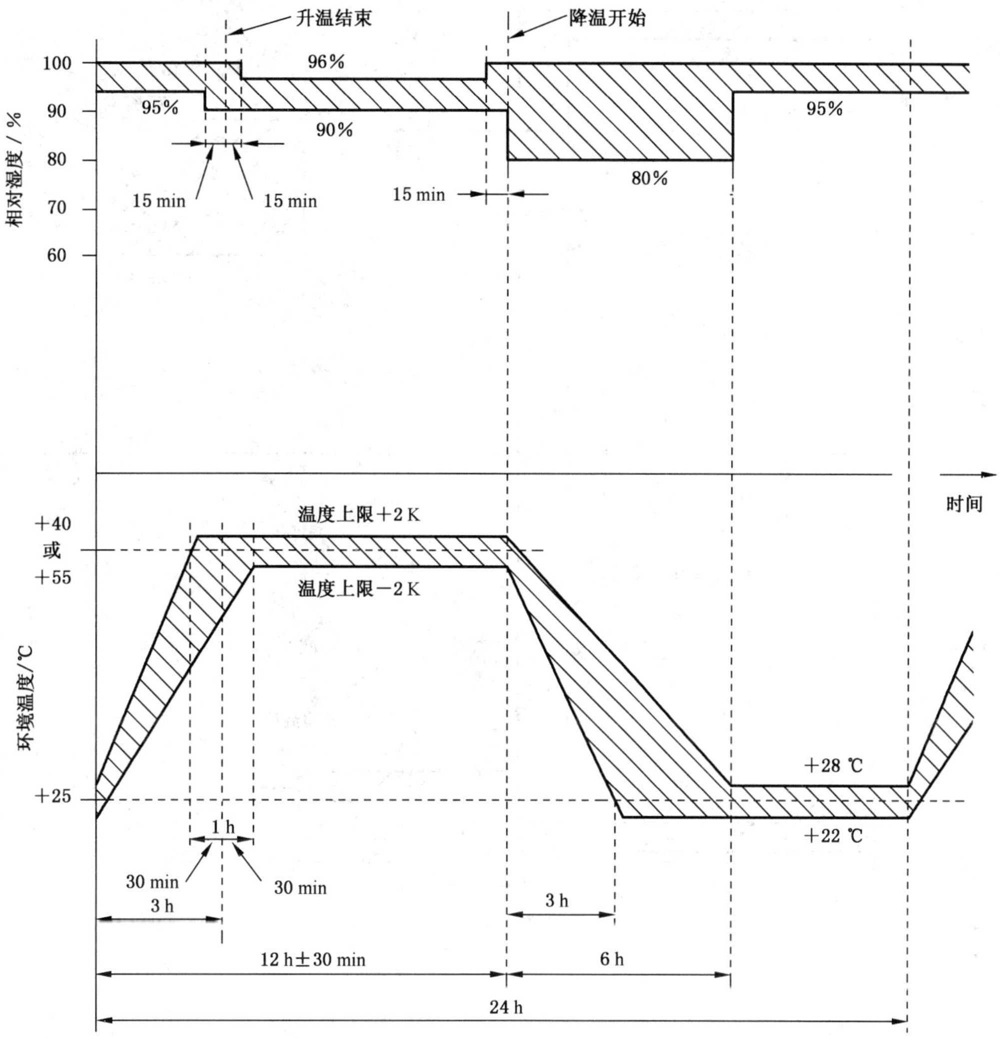

图 1 试验 Db——试验循环——方法 2

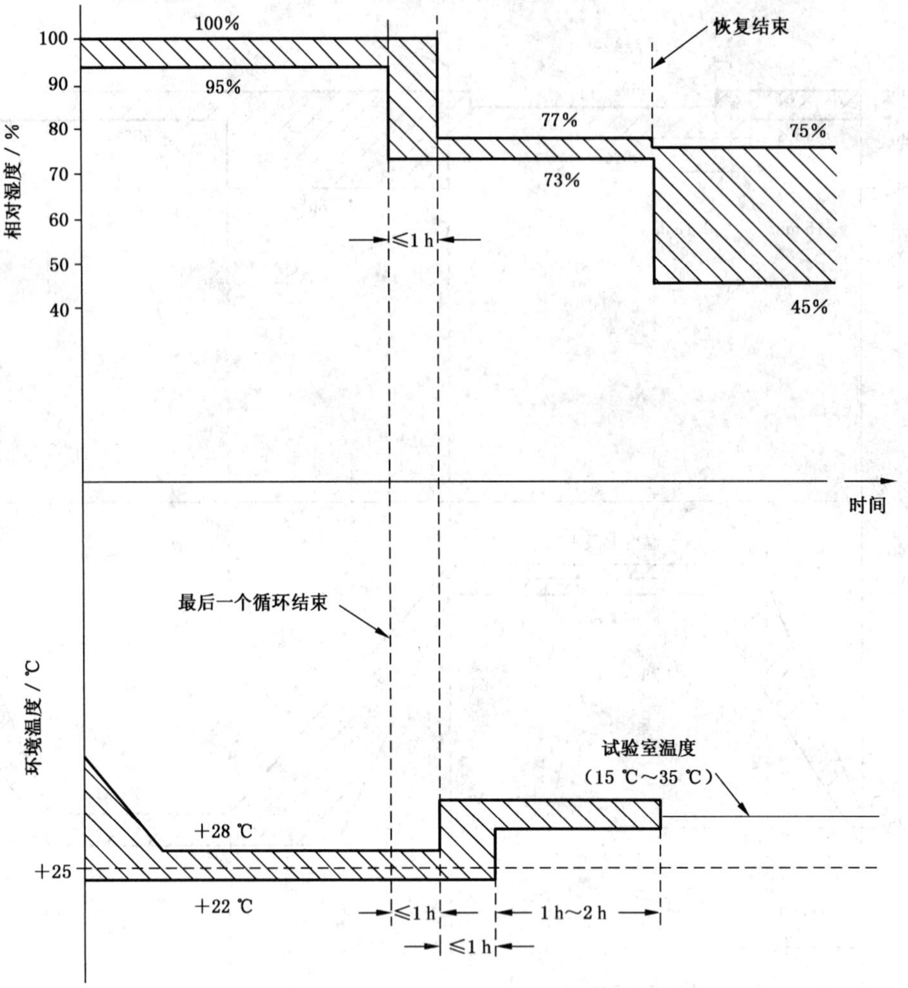

图 2 试验 Db——受试条件下的恢复

14.3.2 初始检测

在条件试验之前,应按相关产品标准对试验样品进行初始检测。

14.3.3 条件试验期间试验样品的状态

按相关产品标准的规定进行样品安装及配置,并使其处于工作状态。

14.3.4 条件试验

条件试验的严酷等级规定见表 7。

表 7

设备类型	试验参数	环境类别		
		Ⅰ	Ⅱ	Ⅲ、Ⅳ
固定式设备、可移动式设备和便携式设备	上限温度/℃	不要求测试	40	55
	循环		2	2

14.3.5 条件试验期间测试

在试验期间观察样品，检查状态的变化。在试验的最后一个循环的高温阶段的最后 30 min，完成相关产品标准规定的后续测试。

14.3.6 最后检测

在恢复之后，按相关产品标准的要求对试验样品进行最后检测。

15 交变湿热试验(耐久性)

15.1 试验目的

检验设备耐受长期的高相对湿度、表面产生凝露的环境下影响的能力。

15.2 试验方式

将试验样品暴露在 25 ℃与 55 ℃之间循环变化的环境条件下，在温度上限阶段相对湿度保持在(93±3)%，在温度下限和温度变化阶段相对湿度保持在 80%以上。设定温度增长的速率使试验样品表面产生凝露。

15.3 试验设备和试验程序

15.3.1 一般要求

试验设备和试验程序一般应按照 GB/T 2423.4 的规定进行，试验采用试验循环方法 2(如图 1)和受控条件下的恢复(如图 2)。

在进行完交变湿热试验(工作状态)试验后可连续进行交变湿热试验(耐久性)，中间可省去恢复试验、功能试验和交变湿热试验(耐久性)初始检测。

15.3.2 初始检测

在条件试验之前，应按相关产品标准对试验样品进行初始检测。

15.3.3 条件试验期间试验样品的状态

按相关产品标准规定安装试验样品，条件试验期间试验样品处于不通电状态。

15.3.4 条件试验

条件试验的严酷等级规定见表 8。

表 8

设备类型	试验参数	环境类别	
		Ⅰ、Ⅱ	Ⅲ、Ⅳ
固定式设备、可移动式设备和便携式设备	上限温度/℃	不要求测试	55
	循环周期(如图 1),循环次数		6

15.3.5　**最后检测**

在恢复之后,按相关产品标准的要求对试验样品进行最后检测。

16　防水试验

16.1　试验目的

检验设备对水侵蚀的防御能力。

16.2　试验方式

按防护类型要求将试验样品暴露在不同方式的水侵蚀条件下(例如以与垂面成 15°角向下滴水,以所有可能方向向样品喷水,或者对于厂商说明书中标明防浸水的便携式设备,选择完全浸水)。

16.3　试验设备和试验程序

16.3.1　一般要求

试验设备和试验程序一般应按照 GB/T 2423.38 的规定进行。试验程序对试验 Ra2 应选择滴水,对试验 Rb1.1、Rb1.2 或 Rb2 应选择喷水,对试验 Rc1 应选择完全浸水。

16.3.2　初始检测

在条件试验之前,应按相关产品标准对试验样品进行初始检测。

16.3.3　条件试验期间试验样品的状态

按相关产品标准的规定进行样品安装及配置,并使其处于工作状态。将样品按厂商安装说明要求进行安装,并使用任何提供的气候保护附件、使用适当的电缆及电缆密封管等。

16.3.4　条件试验

条件试验的严酷等级规定见表 9 或表 10。

表 9

设备类型	试验参数	环境类别							
		Ⅰ、Ⅱ	Ⅲ			Ⅳ			
固定式设备和可移动式设备	试验步骤	不要求测试	Ra2	Rb1.1 或 Rb1.2		Rb1.1 或 Rb1.2		Rb2	
	样品倾斜角度,α/(°)		15						
	强度/mm·h^{-1}		180 (+30,−0)						
	水滴落高度/m		0.2						
	管子类型			2		2			
	滴嘴角度,α/(°)			±90	±60[a]	±90	±180[a]		
	管子摆动角度,β/(°)			±60		±180			
	每个孔中水流量/dm^3·min^{-1}			0.07 (1±5%)		0.07 (1±5%)			
	喷嘴孔径/mm			0.40		0.40		6.3	12.5
	喷水速率/dm^3·min^{-1}				10 (1±5%)		10 (1±5%)	12.5 (1±5%)	100 (1±5%)
	持续时间/min		10	10	15[b]	10	15[b]	3[c]	3[c]
	按 GB 4208—2008 分级[d]		IPX2	IPX3		IPX4		IPX5	IPX6

[a] 在无遮盖物的状态下,进行各个方向喷水试验。

[b] 以 3 min/m^2 的速率对表面试验,至少进行 15 min。

[c] 以 1 min/m^2 的速率对表面试验,至少进行 3 min。

[d] 制定相关产品标准时,根据产品的特点选择可接受的条件。

16.3.5 条件试验期间测试

在试验期间观察样品,检查状态的变化。

16.3.6 最后检测

试验结束后,应按相关产品标准对样品进行最后检测,并检查其损坏或者进水的情况。

在最后检测前,依据相关产品标准中规定施行任何恢复条件(例如:烘干样品)。产品标准同样可标明是否允许样品进水。未注明则厂家标明是否允许进水。

表 10

设备类型	试验参数	环境类别			
		Ⅰ、Ⅱ	Ⅲ、Ⅳ		可选[a]
便携式设备	试验步骤	Ra2	Rb1.1 或 Rb1.2		Rc1
	样品倾斜角度,α/(°)	15			
	强度/mm·h^{-1}	180(+30,−0)			
	水滴落高度/m	0.2			
	管子类型				
	喷水角度,α/(°)		±90	±180[b]	
	管子摆动角度,β/(°)		±180		
	喷嘴出水流量/dm^3·min^{-1}		0.07(1±5%)		
	喷嘴孔径/mm		0.40		
	喷水速率/dm^3·min^{-1}			10(1±5%)	
	水的前端/m				0.40
	持续时间/min	10	10	15[c]	30
	按 GB 4208—2008 分级	IPX2	IPX4		IPX7

[a] 对于厂商说明书中标明防浸水的设备应选择此严酷等级。

[b] 在无遮盖物的状态下,进行各个方向喷水试验。

[c] 以 3 min/m^2 的速率对表面试验,至少进行 15 min。

17 二氧化硫腐蚀耐久性试验

17.1 试验目的

检验设备在二氧化硫污染的大气环境下的抗腐蚀能力。

17.2 试验方式

将试验样品置于恒温、高相对湿度并含有二氧化硫的试验大气环境中。试验温度宜保持在使样品表面不产生凝露。但样品表面的吸湿材料或形成的腐蚀性产物可能导致凝露现象。

17.3 试验设备和试验程序

17.3.1 一般要求

试验设备和试验程序一般应按照 IEC 60068-2-42 的规定进行,除了试验环境的相对湿度应用(93±3)% 代替(75±5)%。

17.3.2 初始检测

在试验开始前,应按照相关产品标准对样品进行测试。

17.3.3 条件试验期间样品的状态

按相关产品标准的规定对样品进行安装。在试验过程中试验样品不通电，并使用适当直径、无镀锡的铜线连接实现产品功能所需的足够的终端，在条件试验结束后，不再增加连线直接进行功能测试。

17.3.4 条件试验

条件试验的严酷等级规定见表 11。

表 11

设备类型	试验参数	环境类别			
		Ⅰ	Ⅱ	Ⅲ	Ⅳ
固定式设备、可移动式设备和便携式设备	二氧化硫浓度/$\times 10^{-6}$[a]	不要求测试	25	25	25
	温度/℃		25	25	25
	相对湿度/%		93	93	93
	持续时间/d		4	10	21

[a] 体积浓度。

17.3.5 最后检测

试验结束后，立即将样品置于相对湿度小于等于 50%、温度 40 ℃的环境中烘干 16 h，在此之后再在标准试验条件下恢复 1 h。再依据相关产品标准对样品进行最后检测。并检查样品内部及外部的可见的永久性损伤。

18 盐雾循环耐久性试验

18.1 试验目的

将设备暴露在盐雾(氯化钠)环境中，确定设备的抗腐蚀等级。

注：该试验仅用于被认为盐雾进入会导致严重后果而特殊处理外壳的产品。

18.2 试验方式

将试验样品按正常安装位置装配好后，暴露在环境中，对其喷射指定次数的盐雾，在每次喷完后将样品贮存于潮湿环境中。

18.3 试验设备和试验程序

18.3.1 一般要求

试验设备和试验程序应按照 GB/T 2423.18 的规定进行。

18.3.2 初始检测

在试验开始前，应按照相关产品标准对样品进行初始检测。

18.3.3 条件试验期间试验样品的状态

将试验样品按厂商安装说明要求按预定方位进行安装，并将气候保护连接附件连接、使用适当的电缆及电缆密封管等。

在试验过程中试验样品不通电，并使用适当直径、无镀锡的铜线连接实现产品功能所需的足够的终端，在条件试验结束后，不再增加连线直接进行功能测试。

18.3.4 条件试验

条件试验的严酷等级规定见表 12。

表 12

设备类型	试验参数		环境类别	
			Ⅰ、Ⅱ、Ⅲ	Ⅳ
固定式设备、可移动式设备和便携式设备	总持续时间/d[a]		不要求测试	3/28
	循环次数[a]			3/4
	盐雾环境	盐(氯化钠)浓度/%[b]		5
		盐溶液 pH 值		6.5～7.2
		温度/℃		15～35
		每个循环持续时间/h		2
	潮热环境	温度/℃		40
		相对湿度/%		93
		每个循环持续时间/h[a]		22/166

[a] 可根据产品的特点选择总持续时间(d)、循环次数、每个循环持续时间(h)。

[b] 质量浓度。

18.3.5 最后检测

试验结束后，允许样品在标准试验条件下冷却 1 h～2 h。再依据相关产品标准对样品进行最后检测。并检查样品内部及外部的永久性损伤。

在最后检测前，任何特定的清洁程序，例如干燥样品，宜在产品标准中明确规定。

19 低温低气压试验

19.1 试验目的

检验设备在低温和低气压综合环境使用的适应性。

19.2 试验方式

将试验样品放入试验箱，试验样品在低温下放置足够长时间以使温度达到稳定，如果试验过程中试验样品要工作，则要对其实施功能测试和/或监测，以保证试验样品能够正常工作。然后在温度保持规定值的情况下，将箱内气压降低到相关规范规定的值，并保持规定持续时间的试验。

19.3 试验设备和试验程序

19.3.1 一般要求

试验设备和试验程序一般应按照 GB/T 2423.1 试验 Ab 或试验 Ad 和 GB/T 2423.21 试验 M 的规

定进行。

19.3.2 初始检测

在试验开始前，应按照相关产品标准对样品进行测试。

19.3.3 条件试验期间样品的状态

按相关产品标准的规定进行样品安装及配置，并使其处于工作状态。

19.3.4 条件试验

条件试验的严酷等级规定见表 13。

表 13

设备类型	试验参数	环境类别		
		Ⅰ	Ⅱ	Ⅲ、Ⅳ
固定式设备、可移动式设备和便携式设备	温度/℃	+5	−10	−25
	气压/kPa[a]	70[a]		
	持续时间/h	2		
[a] 适用于海拔 1 000 m～3 000 m 的高海拔地区，若海拔高度为 3 000 m～4 850 m，此气压值为 55 kPa。				

19.3.5 条件试验期间测试

在试验期间观察样品，检查状态的变化。在试验的最后 30 min，完成相关产品标准规定的后续测试。

19.3.6 最后检测

试验结束后，样品在标准试验条件下恢复 1 h。按相关产品标准的要求对样品进行最后检测。

20 冲击试验（工作状态）

20.1 试验目的

检验设备在实际使用环境中对可能出现的机械冲击的承受能力。

20.2 试验方式

通过正常安装点对试验样品施加一定数量的冲击脉冲。冲击脉冲参数由最大加速幅度、持续时间及加速度与时间的关系决定。在实际使用中单一型式的理想冲击波形（例：半正弦波）不太可能发生，在此提供了一种可复制的模拟更为实际的冲击效果的方法。

冲击幅度（峰值加速度）如图 3 所示。

20.3 试验设备和试验程序

20.3.1 一般要求

试验设备和试验程序要求应按照 IEC 60068-2-27 的规定，对于半正弦波脉冲，峰值加速度与试验样品质量的关系如表14所示。

20.3.2 初始检测

在条件试验开始前,应按照相关产品标准要求对样品进行初始检测。

20.3.3 条件试验期间试验样品的状态

按相关产品标准的规定进行样品安装及配置,并使其处于工作状态。

20.3.4 条件试验

条件试验的严酷等级规定见表14。

表 14

设备类型	试验参数		环境类别
			Ⅰ、Ⅱ、Ⅲ、Ⅳ
固定式设备、可移动式设备[a]和便携式设备[a]	脉冲持续时间/ms		6
	峰值加速度 $\hat{A}$/ms^{-2} 试验样品质量 m/kg[b]	$M<4.75$	$\hat{A}=1\ 000-200\times M$
		$M\geqslant4.75$	不要求测试
	冲击轴向数		6[c]
	每轴向上的脉冲次数		3

[a] 对于可移动式设备和便携式设备,若自由跌落试验中误报警不能接受,则可不进行此试验。

[b] 见图3。

[c] 三相互垂直轴向(X、Y、Z)每轴向都为(+、-)两个方向。

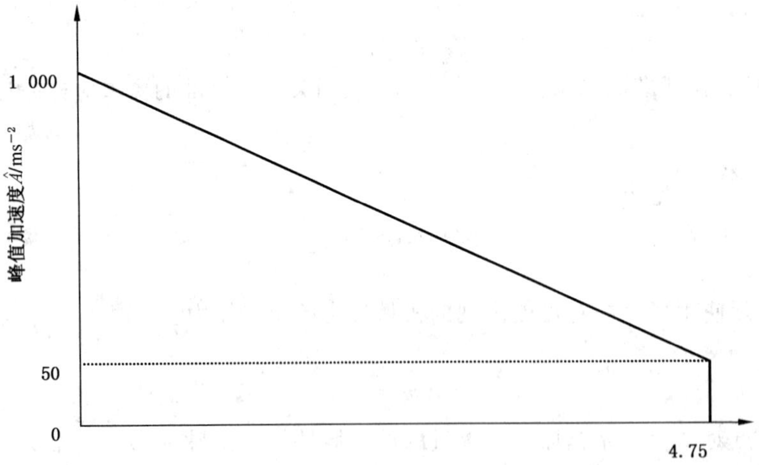

图 3 峰值加速度与试验样品质量的关系

20.3.5 条件试验期间测试

在试验期间观察样品,检查状态的变化。

20.3.6 最后检测

条件试验之后，再依据相关产品标准对样品进行最后检测。并检查样品内部及外部的可见永久性损伤。

21 锤击试验(工作状态)

21.1 试验目的

检验固定式设备或可移动式设备在实际使用环境中可承受的施加在其表面的合理预期的机械撞击的承受能力。

21.2 试验方式

试验样品的所有裸露表面均应承受撞击。这种撞击来自于一个半球面的小锤。

21.3 试验设备和试验程序

21.3.1 一般要求

对 Ehb 试验，试验设备和试验程序应按照 GB/T 2423.55 的规定。

应对样品所有可触及面进行撞击试验，除非在相关产品标准中另有规定。

对某些设备，其产品标准可能有必要对撞击表面进行限定。

在所有可触及表面上对可能导致样品破坏或者工作损伤的任意点进行试验，每个点进行三次撞击应确保三次撞击的结果对随后的撞击没有影响，如果担心现有的撞击试验会受到影响，可对新样品同一位置实施三次撞击试验。

21.3.2 初始检测

在条件试验开始前，应按照相关产品标准要求对样品进行初始测试。

21.3.3 条件试验期间试验样品的状态

按相关产品标准的规定进行样品安装及配置，并使其处于工作状态。

21.3.4 条件试验

条件试验的严酷等级规定见表 15。

表 15

设备类型	试验参数	环境类别	
		Ⅰ、Ⅱ、Ⅲ	Ⅳ
固定式设备和可移动式设备	撞击能量/J	0.5	1.0
	每个点上的撞击次数	3	3
	按 GB/T 20138 分级	IK04	IK06

21.3.5 条件试验期间测试

在试验期间观察样品，检查状态的变化。

21.3.6 最后检测

试验结束后，再依据相关产品标准对样品进行最后测试。并检查样品内部及外部的可见永久性损伤。

22 自由跌落试验(工作状态)

22.1 试验目的

检验可移动式设备或便携式设备在实际使用环境中可承受的对施加在其表面的合理预期的机械冲击的抗扰性。

22.2 试验方式

将样品从指定高度自由跌落到混凝土或者钢铁材料的平面上。

22.3 试验设备和试验程序

22.3.1 一般要求

试验设备和试验程序的要求应符合 IEC 60068-2-31 中的规定。

试验样品应在使用运行状态下允许自由跌落。

22.3.2 初始检测

在试验开始前，应按照相关产品标准要求对样品进行初始测试。

22.3.3 条件试验期间试验样品的状态

按相关产品标准的规定进行样品安装及配置，并使其处于工作状态。

22.3.4 条件试验

条件试验的严酷等级规定见表 16。

表 16

设备类型	试验参数	环境类别
		Ⅰ、Ⅱ、Ⅲ、Ⅳ
可移动式设备	高度/m	0.5[a]
	几何面数	6
	各个面跌落次数	1
便携式设备	高度/m	1.5
	几何面数	6
	各个面跌落次数	2

[a] 依据产品用途和产品跌落可能性考虑试验的严酷性(例：在普通房子中，对社会报警系统的本地传输单元，0.5 m 是指地面到桌面上的电话下面的距离)，在可控情况下，可以选择低严酷等级或者不进行试验。

22.3.5 条件试验期间测试

在试验期间观察样品，检查状态的变化。

22.3.6 最后检测

试验结束后，再依据相关产品标准对样品进行最后检测，并检查样品内部及外部的可见永久性损伤。

23 正弦振动试验(工作状态)

23.1 试验目的

检验设备对适于使用环境的振动的承受能力。

23.2 试验方式

试验样品在适用于使用环境的试验等级和频率范围上进行正弦振动。

试验样品在试验频率范围内进行扫频[这个扫频周期应为试验频率范围内的双向扫频(也就是由最小频率到最大频率，再到最小频率)]，试验期间设备应处于其各主要的工作状态(比如休眠状态、报警状态和错误警告状态)，试验应分别作用于样品的三个互相垂直的轴向上。

23.3 试验设备和试验程序

23.3.1 一般要求

试验设备和试验程序应符合 IEC 60068-2-6 中的规定。

振动试验应依次施加在试验样品的三个互相垂直的轴向上，任何一个轴向应垂直于试验样品的标准安装面。

工作状态振动试验可以与耐久性振动试验相结合进行，故而试验样品可以在每个轴向上做工作状态振动试验后接着做耐久性振动试验。

23.3.2 初始检测

在条件试验开始前，应按照相关产品标准要求对样品进行初始测试。

23.3.3 条件试验期间试验样品的状态

按相关产品标准的规定进行样品安装及配置，并使其处于工作状态。

23.3.4 条件试验

条件试验的严酷等级规定见表 17。

表 17

设备类型	试验参数	环境类别	
		Ⅰ	Ⅱ、Ⅲ、Ⅳ
固定式设备、可移动式设备和便携式设备	频率范围/Hz	10～150	10～150
	加速度/(m/s^2)	2	5
	轴向数目	3	3
	扫频速率/(oct/min)	1	1
	扫频周期的数目/轴向/工作状态	1	1

出现共振时，在共振出现的轴向，进行共振保持试验，持续时间由相关产品标准规定。

23.3.5 条件试验期间测试

监控试验样品在试验期间的任何变化。

23.3.6 最后检测

在三个轴向试验完毕后，依据相关产品标准进行最后检测，并检查设备外观和内部的机械损伤。

24 正弦振动试验(耐久性)

24.1 试验目的

检验设备在对应等级环境中抵抗长时间振动的能力。

24.2 试验方式

对试验样品在适合工作环境的频率范围内进行正弦振动扫描，并递增试验级别去加剧振动对样品的影响。

24.3 试验设备和试验程序

24.3.1 一般要求

试验设备和试验程序一般地应符合 IEC 60068-2-6 中关于耐久性扫频振动的规定。

振动试验应依次作用在三个互相垂直的轴向上，任何一个轴向应垂直于试验样品的常规安装面。

耐久性振动试验可以和工作状态振动试验相结合做，故而试验样品可以依次在每个轴向上做工作状态振动试验后接着做耐久性振动试验。

24.3.2 初始检测

在试验开始之前，试验样品应按照相关产品标准或说明书进行初始检测。

24.3.3 条件试验期间试验样品的状态

按相关产品标准的规定进行样品安装，并使其处于不通电状态。

24.3.4 条件试验

条件试验的严酷等级规定见表 18。

表 18

设备类型	试验参数	环境类别	
		Ⅰ	Ⅱ、Ⅲ、Ⅳ
固定式设备、可移动式设备和便携式设备	频率范围/Hz	10～150	10～150
	加速度/(m/s^2)	5	10
	轴向数目	3	3
	扫频速率/(oct/min)	1	1
	扫频周期的数目/轴向	20	20

24.3.5 最后检测

在全部三个轴向试验完毕后，依据相关产品标准进行最后检测，并检查设备外观和内部的机械损伤。

25 模拟太阳辐射和温升试验(工作状态)

25.1 试验目的

检验试验样品暴露在地球表面典型太阳辐射的环境下正常工作的能力。

注：本试验可被第 8 章类别 Ⅳ 的高温 70 ℃试验(工作状态)替代。通常高温试验能够充分模拟太阳热辐射影响，如果认为高温试验不能适当的模拟太阳热辐射对试验样品的影响(例如试验样品具有太阳辐射防护装置)，则采用本试验。

25.2 试验方式

将试验样品放置在辐照度为 1 120 W/m^2 的辐射下，并且环境温度逐级改变，昼夜循环进行试验。试验的目的仅关系到太阳辐射的热效应。如果对试验样品的吸收因数进行校正，任何辐射源的光谱分布均可用。

25.3 试验设备和试验程序

25.3.1 一般要求

试验设备和试验程序应符合 GB/T 2423.24—1995 中程序 A 和关于太阳辐射热效应的描述。

25.3.2 初始测试

在试验开始之前，试验样品应按照相关产品标准或说明书进行初始测试。

25.3.3 条件试验期间试验样品的状态

将试验样品按照相关产品说明书正确安装，并使试验样品处于正常工作状态。

25.3.4 条件试验

试验期间的温度-辐射-时间的关系应与 GB/T 2423.24—1995 中图 1 一致。当露天最高温度为 40 ℃ 时，应执行 2 个 24 h 的试验周期。

条件试验的严酷等级规定见表19。

表19

设备类型	试验参数	环境类别	
		Ⅰ、Ⅱ、Ⅲ	Ⅳ
固定式设备、可移动式设备和便携式设备	试验温度/℃	不要求测试	40
	持续时间/h		2×24

25.3.5 条件试验期间测试

监控试验样品在试验期间的任何变化。任何根据产品标准要求的更进一步的测试，应在试验最后的30 min照射内进行并完成。

25.3.6 最后检测

在标准试验条件下至少恢复1 h后，按相关产品标准的要求进行最后检测。

26 模拟太阳辐射和表面老化试验(耐久性)

26.1 试验目的

检验试验样品外壳抵抗在室外的环境下太阳辐射对设备外壳的老化影响的能力。

注：这个试验仅被用于因太阳辐射对元器件和材料造成老化并影响性能的产品的检验。

26.2 试验方式

试验样品置于辐照度为1 120 W/m^2 的环境光下，试验中应采取氙辐射源。该试验可以采用试验样品或样品表面的一部分做试验。

26.3 试验设备和试验程序

26.3.1 一般要求

试验设备和试验程序应符合GB/T 2423.24—1995中程序C所述。

26.3.2 初始检测

在试验开始之前，试验样品应按照相关产品标准进行初始检测。

26.3.3 条件试验期间试验样品状态

将试验样品按照相关产品标准正确安装，试验期间试验样品处于非工作状态。

26.3.4 条件试验

辐射源产生与入射方向成90°的直线辐射，并对试验样品发出强度为1 120 W/m^2 的垂直照射。试验期间的温度-辐射-时间的关系应与GB/T 2423.24—1995中图1一致。

条件试验的严酷等级规定见表20。

表 20

<table>
<tr><th rowspan="2">设备类型</th><th rowspan="2">试验参数</th><th colspan="2">环境类别</th></tr>
<tr><th>Ⅰ、Ⅱ、Ⅲ</th><th>Ⅳ</th></tr>
<tr><td rowspan="2">固定式设备、可移动式设备和便携式设备</td><td>试验温度/℃</td><td rowspan="2">不要求测试</td><td>40</td></tr>
<tr><td>持续时间/d</td><td>10</td></tr>
</table>

26.3.5 最后检测

在标准试验条件下至少恢复 1 h 后，按相关产品标准的要求进行最后检测。

27 防尘试验(耐久性)

27.1 试验目的

检验试验样品的特殊处理外壳能够防止细微的尘土进入的能力。该试验并不适用于模拟自然或人为的环境。

注：该试验仅用于被认为尘土进入会导致严重后果而特殊处理外壳的产品。

27.2 试验方式

该试验是试验样品受到空气中充满大量的未研磨的指定大小的粉尘颗粒的入侵。指定种类的试验样品内部应低于外部环境的大气压，以使粉尘进入样品内部。

定量的粉尘使尘土密度非常高且均匀。粉尘可以使用滑石粉，其最大直径为 75 μm。

27.3 试验设备和试验程序

27.3.1 一般要求

试验设备和试验程序应符合 GB 4208—2008 中表 2，关于粉尘试验中第一特征数字中 5 和 6 的描述。

27.3.2 初始检测

在试验开始之前，试验样品应按照相关产品标准进行初始检测。

27.3.3 条件试验期间试验样品的状态

将试验样品按照产品标准正确安装，试验期间试验样品正常情况下处于非工作状态。相关说明书可能要求在试验期间打开试验样品的电源开关，和/或进行操作。

确保生产厂指定的产品密封和其他意义上的防尘保护措施处于防护状态。这将决定试验样品属于 1 类或 2 类产品：

a) 1 类产品，试验样品由于间歇性的工作或温度的变化导致内部气压低于环境气压；

b) 2 类产品，试验样品内部气压不会低于环境气压。

27.3.4 条件试验

条件试验的严酷等级规定见表 21 或表 22。

1 类产品使用气泵使得样品内部气压在试验期间低于外部环境气压。

表 21

设备类型	试验参数	环境类别
		（Ⅰ、Ⅱ、Ⅲ、Ⅳ）[a]
固定式设备、可移动式设备和便携式设备	气压降低/(容积/h) 持续时间/h	40 或 60 2
	最大低气压/kPa 持续时间/h	2 8
	按 GB 4208—2008 分级	(IP5X 或 IP6X)[b]

[a] 该试验适用于任何环境类别的产品，但是仅适用于被认为尘土进入会导致严重后果而特殊处理外壳的产品。

[b] 制定相关产品标准时，根据产品的特点选择可接受的条件。

2 类产品试验设备不接气泵。

表 22

设备类型	试验参数	环境类别
		（Ⅰ、Ⅱ、Ⅲ、Ⅳ）[a]
固定式设备、可移动式设备和便携式设备	持续时间/h	8
	按 GB 4208—2008 分级	(IP5X 或 IP6X)[b]

[a] 该试验适用于任何环境类别的产品，但是仅适用于被认为尘土进入会导致严重后果而特殊处理外壳的产品。

[b] 依据产品标准选择可接受条件。

27.3.5 最后检测

在标准试验条件下至少恢复 1 h 后，按相关产品标准的要求进行最后检测。

附 录 A
（资料性附录）
本标准与 IEC 62599-1:2010 相比的结构变化情况

本标准与 IEC 62599-1:2010 相比，章条号发生了变化，具体对照情况见表 A.1。

表 A.1 本标准与 IEC 62599-1:2010 的章条编号对照表

本标准章条编号	对应 IEC 62599-1:2010 章条编号
3.1	3.3
3.2	3.4
3.3	3.5
3.4	3.6
3.5	3.7
3.6	3.8
3.7	3.9
20	19
20.1	19.1
20.2	19.2
20.3	19.3
20.3.1	19.3.1
20.3.2	19.3.2
20.3.3	19.3.3
20.3.4	19.3.4
20.3.5	19.3.5
20.3.6	19.3.6
21	20
21.1	20.1
21.2	20.2
21.3	20.3
21.3.1	20.3.1
21.3.2	20.3.2
21.3.3	20.3.3
21.3.4	20.3.4
21.3.5	20.3.5
21.3.6	20.3.6
22	21
22.1	21.1

表 A.1（续）

本标准章条编号	对应 IEC 62599-1:2010 章条编号
22.2	21.2
22.3	21.3
22.3.1	21.3.1
22.3.2	21.3.2
22.3.3	21.3.3
22.3.4	21.3.4
22.3.5	21.3.5
22.3.6	21.3.6
23	22
23.1	22.1
23.2	22.2
23.3	22.3
23.3.1	22.3.1
23.3.2	22.3.2
23.3.3	22.3.3
23.3.4	22.3.4
23.3.5	22.3.5
23.3.6	22.3.6
24	23
24.1	23.1
24.2	23.2
24.3	23.3
24.3.1	23.3.1
24.3.2	23.3.2
24.3.3	23.3.3
24.3.4	23.3.4
24.3.5	23.3.5
24.3.6	23.3.6
25	24
25.1	24.1
25.2	24.2
25.3	24.3
25.3.1	24.3.1
25.3.2	24.3.2

表 A.1（续）

本标准章条编号	对应 IEC 62599-1:2010 章条编号
25.3.3	24.3.3
25.3.4	24.3.4
25.3.5	24.3.5
25.3.6	24.3.6
26	25
26.1	25.1
26.2	25.2
26.3	25.3
26.3.1	25.3.1
26.3.2	25.3.2
26.3.3	25.3.3
26.3.4	25.3.4
26.3.5	25.3.5
26.3.6	25.3.6
27	26
27.1	26.1
27.2	26.2
27.3	26.3
27.3.1	26.3.1
27.3.2	26.3.2
27.3.3	26.3.3
27.3.4	26.3.4
27.3.5	26.3.5
27.3.6	26.3.6

附　录　B
（资料性附录）
本标准与 IEC 62599-1:2010 的技术性差异及其原因

表 B.1 给出了本标准与 IEC 62599-1:2010 的技术性差异及其原因。

表 B.1　本标准与 IEC 62599-1:2010 的技术性差异及其原因

本标准的章条编号	技术性差异	原因
1	按我国标准编写格式要求修改了范围，将"出入口控制系统"改为"出入口控制系统（包括楼宇对讲系统、电子巡查系统、停车场（库）安全管理系统等）"	根据我国"出入口控制系统"的实际情况进行修改
2	关于规范性引用文件，本标准做了具有技术性差异的调整，以适应我国的技术条件，调整的情况集中反映在第 2 章"规范性引用文件"中；具体调整如下： ● 用等同采用国际标准的 GB/T 2421—2008 代替 IEC 68-1:1988； ● 用等同采用国际标准的 GB/T 2423.1—2008 代替 IEC 60068-2-1:2007； ● 用等同采用国际标准的 GB/T 2423.2—2008 代替 IEC 60068-2-2:2007； ● 用等同采用国际标准的 GB/T 2423.24—1995 代替 IEC 68-2-5:1975； ● 用等同采用国际标准的 GB/T 2423.38—2008 代替 IEC 60068-2-18:2000； ● 用等同采用国际标准的 GB/T 2423.4—2008 代替 IEC 60068-2-30:2005； ● 用等同采用国际标准的 GB/T 2423.18—2000 代替 IEC 60068-2-52:1996； ● 用等同采用国际标准的 GB/T 2423.55—2006 代替 IEC 60068-2-75:1997； ● 用等同采用国际标准的 GB/T 2423.3—2006 代替 IEC 60068-2-78:2001； ● 用等同采用国际标准的 GB 4208—2008 代替 IEC 60529:2001； ● 用等同采用国际标准的 GB/T 20138—2006 代替 IEC 62262:2002； ● 增加引用了 GB/ T 2423.21（见 19）	适应我国技术条件
3	删除了术语"入侵报警系统"、"紧急报警系统"和缩略语	
4	第 4 章第 7 段修改为： 针对特殊高温环境条件（如干热地区），在Ⅳ类后加后缀 A；除了高温（工作状态）条件试验，类别ⅣA 的其他试验与类别Ⅳ相同（见 8.3.4） 针对特殊低温环境条件（如高寒地区），在Ⅲ、Ⅳ类后加后缀 B；除了低温（工作状态）和温度变化（工作状态）的条件试验，类别ⅢB 和类别ⅣB 的其他试验与类别Ⅲ和类别Ⅳ相同（见 10.3.4 和 11.3.4） 增加了 4.1"设备类型"	适应我国特殊高温环境条件和特殊低温环境条件
8	将高温试验（工作状态）的严酷等级Ⅳ的温度由"70 ℃"改为"70 ℃（85 ℃）或 55 ℃"	根据 EN 50130-5—2011 版标准的变化。85 ℃针对我国特殊高温环境条件（如干热地区）

表 B.1（续）

本标准的章条编号	技术性差异	原因
8	将高温试验(工作状态)的严酷等级的持续时间增加“2 h/8 h”的选项	考虑试验周期、试验成本,并参考 GB/T 2423 系列标准中的严酷等级,选择其中一个档次
9	将高温试验(耐久性)的严酷等级Ⅳ的温度由“70 ℃”改为“55 ℃”	根据 EN 50130-5—2011 版标准的变化
10	将低温试验(工作状态)的严酷等级的持续时间增加“2 h/8 h”的选项	考虑试验周期、试验成本,并参考 GB/T 2423 系列标准中的严酷等级,选择其中一个档次
12	将恒定湿热试验(工作状态)严酷等级的持续时间增加了“2 天”的选项	考虑试验周期、试验成本,并参考 GB/T 2423 系列标准中的严酷等级,选择其中一个档次
14	增加了“试验循环方法 2”和“受控条件下的恢复”图	为方便使用本标准
16	防水试验增加了严酷等级选项	考虑我国实际情况
19	增加了“低温低气压试验”	考虑我国实际情况

参 考 文 献

［1］ IEC 60068-3 (all parts) 环境试验 第3部分:背景资料(所有部分)(Environmental testing—Part 3:Background information)

［2］ BS EN 50130-5:2011 报警系统 第5部分:环境试验方法(Alarm systems—Part 5: Environmental test methods)

ICS 71.040.40
G 04

中华人民共和国国家标准

GB/T 15244—2013
代替 GB/T 15244—2002

微束分析　硅酸盐玻璃的定量分析 波谱法及能谱法

Microbeam analysis —Quantitative analysis of silicate glass by wavelength dispersive X-ray spectrometry and energy dispersive X-ray spectrometry

2013-07-19 发布　　2014-03-01 实施

中华人民共和国国家质量监督检验检疫总局
中国国家标准化管理委员会　发布

前　言

本标准按照 GB/T 1.1—2009 给出的规则起草。

本标准代替 GB/T 15244—2002《玻璃的电子探针定量分析方法》

本标准与 GB/T 15244—2002 相比主要内容变化如下：

——增加了标准样品的选择原则(见 5 .1 和 5.2)；

——删除 5.3 中 (K-44)和(K-45)；

——增加了试样制备后的要求(见 6.1)；

——修改了试样和标准样品蒸镀导电膜的具体要求(见 6.3)；

——修改了仪器定量分析前开机时间的要求(见 7.1.1)；

——增加了“分析区域较大时，也可以用电子探针的同轴光学显微镜确定分析部位”(见 7.14)；

——加速电压选择中增加了过压比的要求，修改了不同原子序数的加速电压选择方法(见 7.2.1)；

——增加了硅漂移能谱仪(SDD)的束流选择方法(见 7.2.2)；

——增加了用电子束扫描的方法分析不稳定玻璃(见 7.2.3)；

——修改了 X 射线线系的原子序数选择范围(见 7.2.4)；

——增加了 SDD 能谱仪的测量条件(见 7.3.3)；

——增加了 X 射线强度在测量时间内变化量小于 1%的要求(见 7.3.5)；

——增加了轻元素的差值法测量(见 8.2)；

——增加了无标样 EDS 定量分析方法(见 8.4)。

本标准由全国微束分析标准化技术委员会(SAC/TC 38)提出并归口。

本标准起草单位：中国科学院上海硅酸盐研究所。

本标准主要起草人：李香庭、曾毅、吴伟。

本标准所代替标准的历次版本发布情况为：

——GB/T 15244—2002。

微束分析　硅酸盐玻璃的定量分析　波谱法及能谱法

1　范围

本标准规定了电子探针仪(EPMA)和扫描电子显微镜(SEM)的X射线波谱仪(WDS)和能谱仪(EDS)对硅酸盐玻璃的定量分析方法。

本标准适用于硅酸盐玻璃试样(包括碱金属的硅酸盐玻璃)的波谱法(WDX)和能谱法(EDX)的定量分析。

2　规范性引用文件

下列文件对于本文件的应用是必不可少的。凡是注日期的引用文件,仅注日期的版本适用于本文件。凡是不注日期的引用文件,其最新版本(包括所有的修改单)适用于本文件。

GB/T 4930—2008　电子探针分析标准样品技术条件导则

GB/T 17359—2012　微束分析　能谱法定量分析

GB/T 17366　矿物岩石的电子探针分析试样的制备方法

GB/T 28634—2012　微束分析　电子探针显微分析　块状试样波谱法定量点分析

3　术语和定义

下列术语和定义适用于本文件。

3.1

场致迁移　field-induced migration

在绝缘体中由电子或离子轰击造成的内部电场使原子发生迁移的效应。

3.2

硅酸盐玻璃　silicate glass

以二氧化硅为主要成分的玻璃。最常用的有钠钙硅酸盐玻璃、钠铝硅酸盐玻璃、钠硼硅酸盐玻璃、建筑玻璃、日用玻璃、大部分光学玻璃、玻璃纤维等。

3.3

离子迁移　ion migration

在电子束照射下,试样中某些元素的离子向电子束轰击点移动的现象。

3.4

迁移组分　migration composition

在电子束照射下,试样中发生离子迁移的元素。

3.5

动态测量　dynamic measurement

在测量试样X射线强度的同时,移动试样台或者电子束照射点的方法。

3.6

辐射敏感度　radiation sensitivity

材料在电子轰击下发生质量损失、离子迁移、分子键破坏、颜色改变等类型的损伤程度。

4　仪器设备及材料

4.1　电子探针仪及配备能谱仪或者波谱仪的扫描电子显微镜。

4.2　真空镀膜仪。

4.3　超声波清洗设备。

4.4　液体导电胶或者双面导电胶带。

4.5　试样研磨及抛光设备。

4.6　光学显微镜。

4.7　镀膜碳棒或者碳纤维。

5　标准样品

5.1　优先选择有证参考物质(标准样品)。尚若无合适的国家标准样品,可按 GB/T 4930—2008 关于标准样品的要求,选择行业标准样品或者标准物质。

5.2　选择的标准样品或者标准物质的化学成分及含量,宜与待测玻璃试样的化学成分及含量相同或者相近的玻璃。无合适的玻璃标准物质时,可选择纯氧化物、矿物及单晶标准物质。

5.3　在选择的测量条件下,含碱金属(钠、钾等)的标准样品应该保持稳定,其 X 射线计数率不随测量时间而变化。$Ba_2NaNb_5O_{15}$ 和 $KNbO_3$ 是较理想的 Na 和 K 标准样品。用钠长石和钾长石作为 Na 和 K 的标准样品时,需在选择的定量分析条件下,确认其 Na 和 K 的 X 射线强度不随测量时间而明显变化。

常用的含碱金属 (例如 Na, K 等) 的标准物质和分析的玻璃试样中, Na、K 离子在聚焦电子束轰击下会发生迁移,在分析这类玻璃时,标准物质和玻璃试样都应该用相同条件的散焦电子束或者微区扫描的方法进行分析。

6　试样

6.1　试样的制备方法可按 GB/T 17366 矿物的电子探针试样的制备方法。试样制备后要用超声波清洗设备进行清洗。

6.2　试样表面应平整、光洁,试样分析区域无划痕和其他缺陷。

6.3　试样和标准样品宜同时在真空镀膜仪内蒸镀厚度约 20 nm 的碳膜。如果不能同时在真空镀膜仪内蒸镀,要确保试样和标样的镀膜厚度均在 20 nm 左右。

注:20 nm 左右的碳膜厚度可以用测厚仪器直接测量,也可以通过真空镀膜仪内试样附近的抛光黄铜样品的镀膜颜色确认,如果黄铜表面的颜色为蓝紫色,则试样和黄铜表面的镀碳膜厚度约为 20 nm。

6.4　应用导电胶或者双面导电胶带将蒸镀碳膜的玻璃试样表面与样品座连接,以免分析过程中产生荷电。

7　分析步骤

7.1　仪器准备

7.1.1　仪器(EPMA、SEM 及 EDS 等)开机 30 min 以上，使其工作状态稳定。

7.1.2 电子光学系统合轴良好，确保束流稳定。

7.1.3 流气式计数器的 P-10 气体开 1 h 以上。

7.1.4 用电子探针或者扫描电镜的二次电子像及背散射电子像确定分析部位。分析区域较大时，也可以用电子探针的同轴光学显微镜确定分析部位。

7.2 测量条件

7.2.1 加速电压

加速电压的选择应该确保有足够的过压比，并避免电子穿透试样过深因吸收增加而损失 X 射线强度。入射电子的能量必须大于被测元素 X 射线的临界激发能，试样中产生的特征 X 射线要有较高的强度，并有较高的峰背比(P/B)，每个元素的过压比 $U=V_0/V_e=2\sim3$，其中 V_0 为加速电压，V_e 为所分析元素的临界激发能。如果试样中含有元素种类较多，加速电压无法使每个元素都能满足过压比 $U=2\sim3$ 时，入射电子的能量应该超过大部分所分析元素的 X 射线临界激发能的 1.5 倍，应符合 GB/T 28634—2012 规定。

当分析元素的原子序数 Z 为 11～30 时，推荐使用加速电压 15 kV～20 kV；所含元素的原子序数 $Z\geqslant30$ 时，推荐使用 20 kV～25 kV；分析原子序数 $Z\leqslant11$ 的轻元素时，加速电压一般选用 10 kV 左右，此加速电压不能用 K 线分析 $Z=24$(Cr) 到 $Z=29$ (Cu)的元素，因为 10 kV 时这些元素的 K 线不能被充分激发，这些元素可以选择 L 线。轻元素用较低加速电压可以减小 X 射线吸收，增加 X 射线强度。

因为 20 kV 可以激发周期表中所有被分析元素的较强 X 射线，所以定性分析通常选择 20 kV，以确保被分析元素至少有一条 X 射线被激发。

对于小颗粒、薄膜及微米区域的成分定性分析，可以选择 7 kV～10 kV 的低加速电压，虽然该范围的加速电压也可以激发周期表中所有被分析元素的 X 射线，但无法获得所有分析元素的高强度 X 射线。

7.2.2 束流

用电子探针波谱仪或者扫描电镜波谱仪附件分析时，束流通常用 1×10^{-8} A～5×10^{-8} A，如果在玻璃中有质量分数小于 1% 的元素时，则可选用 1×10^{-7} A。对含有碱金属(钠、钾等)的玻璃试样，束流一般不大于 1×10^{-8} A。

用 Si(Li)能谱仪分析时，通常选择 0.5×10^{-9} A～2×10^{-9} A。对稳定的玻璃试样，可以在较大束流(10^{-8} A 量级)下同时进行波谱仪和硅漂移能谱仪(SDD)分析，但电子束直径要扩大或者用电子束扫描的方法分析。

为了在小束流时也能获得较高的 X 射线计数率，应优先选用大面积探测晶体的 SDD 能谱仪，例如探测晶体有效面积为 50 mm²、80 mm² 或者更大晶体面积的探测器。大面积探测器晶体的 SDD 能谱仪在小束流、低加速电压时也能获得高计数率，更适合于玻璃的定性、定量分析。

7.2.3 电子束直径

在电子束轰击下不发生离子迁移的玻璃，电子束直径可选用小于 20 μm，对分析辐射敏感度高的玻璃时，例如，含可迁移离子组分(Na^+、K^+、Ag^+ 等)的玻璃，或者低熔点玻璃，会产生场致迁移及局部融化，推荐选用 20 μm ～50 μm 的电子束直径。对无法选择电子束直径的扫描电镜，可以选择不同放大倍率的区域扫描方式确定分析区域的大小。如果成像显示屏的尺寸为 100 mm×100 mm，在 5 000 倍的放大倍率时，电子束在试样上的扫描范围为 20 μm×20 μm；在 2 000 倍的放大倍率时，电子束扫描范围为 50 μm×50 μm。

对稳定的高熔点玻璃，选用定点分析方法，即电子束固定在试样的分析点上进行的定性或定量分析。有时也可以用入射电子束在试样表面一个很小区域进行扫描分析，选择的电子束扫描范围，可以通过扩大分析区域时的X射线相对强度不发生变化来确定。对无法用定点分析的扫描电镜，可用大于5 000倍的放大倍率进行扫描的方法选择分析区域。

标样和试样的X射线强度要在相同的电子束直径或者相同的放大倍率下测量。

7.2.4 特征X射线

分析元素的原子序数 Z 为11～30时，通常选用K线系。

分析元素的原子序数 Z 为29～71时，通常选用L线系。

分析元素的原子序数 Z 为72～92时，通常选用M线系。

当分析的轻元素Kα线与某些重元素的L线或M线互相重叠时，或者其他分析元素的线系之间的谱峰重叠时，可选用互相不重叠的其他线进行分析。

注：特征X射线的选择见GB/T 17359—2012。

7.3 测量步骤

7.3.1 试样表面要垂直于入射电子束。

7.3.2 确定试样的分析部位后，首先用波谱仪或者能谱仪对试样进行定性分析，然后根据定性分析结果确定定量分析的元素。

7.3.3 根据7.2测量条件的要求，选择加速电压、束流、电子束直径和特征X射线线系。EDS定量分析的X射线总计数应该达到250 000左右，应符合GB/T 17359—2012规定，以减小X射线计数的统计误差。

7.3.4 波谱仪谱峰测量时间可根据所分析元素的X射线计数率选择，被分析的主元素的X射线强度通常在 10^3 CPS ～ 10^4 CPS范围内，测量时间一般用5 s～10 s，背底的测量时间约为3 s～5 s。能谱仪的测量活时间应根据能谱仪输出计数率确定，输出计数率为2 500 CPS～5 000 CPS时，活时间一般用50 s～100 s。大面积SDD能谱仪的输出计数率较高，测量时间一般用10 s～50 s。

7.3.5 波谱仪X射线测量过程中，要优先测量 Na^+、K^+、Ag^+ 等可迁移离子组分。

7.3.6 在选定的分析条件下，测量含碱金属的玻璃试样和标样时，应该确认X射线强度在测量时间内变化量小于1%，否则，要改变加速电压、束流、电子束直径等测量条件，使X射线强度随测量时间的变化量小于1%。

7.3.7 对某些不稳定玻璃试样，在改变测量条件后，X射线强度随测量时间的变化量仍超过1%时，则必须进行动态测量，即在X射线测量过程中同时移动样品台。样品台的移动速度及每次移动的距离，要根据所测量的试样大小和所测量的X射线强度不随时间有明显变化的要求来确定。一般情况下，可选用20 μm/s的速度移动样品台。

7.3.8 对有明显离子迁移的玻璃试样，可用X射线收集效率明显高于WDS的EDS进行分析。为了避免离子迁移或者为了得到某个区域的元素平均值，用微区面扫描的方式进行定量分析。在不产生离子迁移的条件下，扫描面积要尽量小。标样测量时，也必须用相同的条件进行扫描分析。

8 X射线强度测量和校正计算方法

8.1 硅酸盐玻璃的定量分析时，根据仪器自带的定量分析软件不同，可调用Bence-Albee定量校正计算程序（简称B-A法）、$\phi(\rho z)$、ZAF氧化物定量校正程序或者XPP化学计量法（不直接测量氧，根据所测得的其他元素含量按化学计量配氧）等定量校正程序，分别测定试样和标准样品中各元素的特征X射线强度和背底强度进行定量校正计算。

8.2 根据所选择的定量校正程序，对测得的标准样品和试样的X射线强度自动进行死时间校正、背底扣除及基体校正，并计算出玻璃中各元素的氧化物定量分析结果。

对玻璃中只含一个不能测量或者不适合测量的已知轻元素氧化物(例如 Li_2O)时，可不直接测量该轻元素的氧化物，而是用差值法计算，即从100％减去所测定的其他元素氧化物含量之和获得。差值法不适合于痕量元素分析。

8.3　有标样定量分析的总量误差不超过±3％。

8.4　当无合适的标样、分析不平玻璃表面、玻璃粉体以及玻璃断口时，要选取尽量平坦的微区采用无标样 EDS 定量分析方法，分析时一般用微区扫描的方法。无标样定量多用数据库方法，该方法中的标样X射线强度不直接测量，是从仪器数据库中调用。分析前可用一个纯金属，例如金属钴(Co)进行数据库校正，称数据库优化。无标样定量结果是采用归一化的定量结果，归一化时要确认没有漏测元素。

无标样的测量条件(加速电压、束流、束径及X射线选择等)的设定方法，与有标样 EDS 测量条件设定方法相同。根据不同厂家自带的 EDS 无标样定量分析程序进行分析。

9　分析结果的发布

定量分析结果的报告至少包含如下信息：

a)　分析报告的唯一编号；
b)　分析报告的页码；
c)　实验室名称与地址；
d)　送样人名称与地址；
e)　分析报告的日期与名称；
f)　试样的接受日期；
g)　试样原编号、分析编号及必要的描述；
h)　分析报告负责人签名；
i)　分析所依据的标准方法；
j)　分析测量结果；
k)　分析仪器及其实验条件、所用的标准样品和校正方法。

参 考 文 献

［1］ 李香庭,钱伟君,高建华.玻璃的EPMA定量分析.电子显微学报,1989,8(4).

［2］ 李香庭.不稳定样品的EPMA分析.电子显微学报,1994,13(1).

［3］ 李香庭,钱伟君,高建华. SiO_2-PbO玻璃的EPMA定量分析方法.电子显微学报,1995,14(5).

［4］ J Matousek, V Hulinsky, R Metselaar, J Corish. Quantitative Analysis of Multicomponent Silicate Glass by Electron Microprobe. Pure & Appl Chem. 1990,62.

ICS 17.220
L 85

中华人民共和国国家标准

GB/T 15289—2013
代替 GB/T 15289—1994

数字存储示波器通用规范

General specification for digital storage oscilloscope

2013-12-31 发布　　2014-07-15 实施

中华人民共和国国家质量监督检验检疫总局
中国国家标准化管理委员会　发布

前　言

本标准按照 GB/T 1.1—2009 给出的规则起草。

本标准代替 GB/T 15289—1994《数字存储示波器通用技术条件和测试方法》。

本标准与 GB/T 15289—1994 相比，主要变化如下：

——更正了部分术语名词，并增加了数字三维示波器、通道耦合、高分辨率模式、快速模式、波形捕获率、波形强度、余辉显示等术语定义。

——增加了数字余辉显示、波形捕获率等参数的试验方法。

请注意本文件的某些内容可能涉及专利。本文件的发布机构不承担识别这些专利的责任。

本标准由中华人民共和国工业和信息化部提出。

本标准由全国电子测量仪器标准化技术委员会(SAC/TC 153)归口。

本标准起草单位：电子科技大学、北京普源精电科技有限公司、江苏绿扬电子仪器集团公司、工业和信息化部电子工业标准化研究院。

本标准主要起草人：田书林、叶芃、王铁军、王悦、韩谷成、黄建国、陈振宇、黄英华、曹玲、冯锦法、潘卉青。

本标准所代替标准的历次版本发布情况为：

——GB/T 15289—1994。

数字存储示波器通用规范

1 范围

本标准规定了数字存储示波器(以下简称"示波器")的术语和定义、要求、试验方法、检验规则、标志、包装、运输和贮存等。

本标准适用于数字存储示波器。

2 规范性引用文件

下列文件对于本文件的应用是必不可少的,凡是注日期的引用文件,仅注日期的版本适用于本文件。凡是不注日期的引用文件,其最新版本(包括所有的修改单)适用于本文件。

GB/T 191 包装储运图示标志

GB 4793.1—2007 测量、控制和实验室用电气设备的安全要求 第1部分:通用要求

GB/T 6587—2012 电子测量仪器通用规范

GB/T 6592—2010 电工和电子测量设备性能表示

GB/T 11463—1989 电子测量仪器可靠性试验

GB/T 11464 电子测量仪器术语

3 术语和定义

GB/T 11464 界定的以及下列术语和定义适用于本文件。

3.1

数字存储示波器 digital storage oscilloscope

将被测电信号进行模数转换、存储、处理后,再进行显示的一种示波器。

数字存储示波器一般应包括:

——输入通道;

——采集控制与数据存储;

——显示装置;

——输出接口、适配器等附件。

3.2

数字三维示波器 digital three-dimensional oscilloscope

不仅能捕获和显示信号的时间-幅度(事件)信息,而且能够以不同的辉度或颜色等级显示不同事件出现概率的数字存储示波器,它通常具有较高的波形捕获率。

3.3 输入通道

3.3.1

通道耦合 channel coupling

一种决定示波器观测信号何种成分的预处理方式。使用通道耦合可以决定信号的何种分量被传送到示波器,通道耦合一般有 AC(交流)耦合、DC(直流)耦合和 GND(接地)耦合。

3.3.2

通道间延迟偏差 channel to channel delay

不同通道间的时间偏差。

3.3.3

通道间隔离度 channel to channel isolation

示波器任意两通道间信号相互影响程度的量。如式(1):

$$\frac{K_1A_1}{K_2A_2} \quad 或 \quad 20\lg\frac{K_1A_1}{K_2A_2} \qquad \cdots\cdots(1)$$

式中:

K_1——干扰通道的灵敏度,单位为伏每格(V/div);

K_2——被干扰通道的灵敏度,单位为伏每格(V/div);

A_1——干扰通道的显示幅度,单位为格(div);

A_2——被干扰通道的显示幅度,单位为格(div)。

3.3.4

垂直灵敏度 vertical sensitivity

单位输入电压变化所产生的垂直方向上显示值的变化。

注: 通常以垂直方向上单位显示长度(一格)所代表的电压值(V/div)来表示。

3.3.5

偏置范围 offset range

示波器通过叠加一个直流电压的调节范围,用于对超出显示范围的信号进行观察。

3.3.6

垂直位移 vertical displacement

示波器使观察波形上下移动的能力。

3.4 采样

3.4.1

实时采样 real-time sampling

一次采集信号上的若干采样点,并基于采样点的时间顺序显示被测波形的方法。

3.4.2

等效采样 repetitive sampling

对于周期(重复)信号,每次在一个信号周期采集一定数量的采样点,经过对多个信号周期进行多次采集,积累足够的采样点数量,并基于多次采集之间的时间关系,对采样点重新排列,进而显示出被测波形。

3.4.3

采样率 sampling rate

单位时间内对信号进行采样的次数(Sa/s 或 SPS)。为区分实时采样和等效采样,通常将基于实时采样的采样率称为实时采样率,基于等效采样的采样率称为等效采样率。

3.4.4

垂直分辨率 vertical resolution

垂直方向的电压分辨能力。

注: 通常以模拟-数字转换器(ADC)位数表示。

3.4.5

存储深度 storage depth

表示示波器在最高实时采样率下连续采集并存储采样点的能力。

注: 通常用采样点数(pts)表示。

3.4.6

记录长度　record length

表示示波器本机采集并存储采样点的能力。

注：通常用采样点数(pts)表示。

3.5 带宽

3.5.1

输入带宽　bandwidth

示波器输入不同频率的等幅正弦信号时，显示屏上对应基准频率的显示幅度随频率变化而下降3dB时，其下限到上限频率的范围。

注：对于实时示波器，其输入带宽就是指实时带宽；对于等效示波器，输入带宽通常就是指等效带宽。

3.5.2

单次/实时带宽　single shot bandwidth

示波器单次采集时能够正确观测波形条件下的最大输入信号带宽，它取决于最高采样率和所采用的显示技术。

3.5.3

重复/等效带宽　repetitive bandwidth

示波器能够正确观测周期信号的最大带宽。重复带宽一般等于输入带宽。

3.5.4

带宽限制　bandwidth limit

限制输入通道的带宽，通常用于衰减信号的高频成分。

3.6 时基

3.6.1

时基　time base

示波器的水平刻度。

注：通常以水平方向上单位显示长度(一格)所代表的时间(s/div)来表示。

3.6.2

时基扩展　time base extension

按设定的窗口，选定信号波形中的一部分，以相对更快的时基显示，以观察当前窗口内波形细节的一种方式。

3.6.3

双时基　dual time base

示波器具有两套不同的时基刻度。用于对同一信号的概貌和细节同时进行观察。

3.6.4

水平分辨率　horizontal resolution

水平方向所能分辨的最小时间间隔。

3.7 获取

3.7.1

获取模式　acquisition mode

示波器对信号进行采样、存储和处理的不同方式。

3.7.2

峰值检测模式　peak detection mode

在两个相邻水平显示像素所代表的时间间隔内，获取并显示信号的最大值和最小值的一种获取模式。

3.7.3

平均模式　average mode

采集多幅波形，对其所有相对触发点为同一时刻的采样点计算并显示平均值的一种获取模式。

3.7.4

包络模式　envelope mode

采集多幅波形，对其所有相对触发点为同一时刻的采样点计算，并显示其最大值和最小值的一种获取模式。一般包络模式对每次单独的采集使用峰值检测模式。

3.7.5

高分辨率模式　high resolution mode

在两个相邻水平显示像素所代表的时间间隔内获取信号的平均值，以减小信号的随机噪声并提高垂直分辨率的一种获取模式。

3.7.6

快速模式　fast mode

只采集显示所需最小采样点数进行处理和显示的一种获取模式。该模式可缩短波形采集之间的停滞时间，实现高波形捕获速率。

3.7.7

趋势模式　trend mode

在较长时间段内捕获波形趋势的一种获取模式。

3.7.8

内存分段模式　memory segments mode

将一个较大的内存分为多段，每段采集和存储满足触发条件的事件，以增强对目标信号的捕获能力，并减小两次触发事件死区时间。

3.7.9

正弦内插　sinx/x type interpolation

对采样点采用 $\sin x/x$ 函数进行插补，以重建信号显示。

3.7.10

脉冲内插　pulse interpolation

对采样点采用直线进行插补，以重建信号显示。

3.8 触发

3.8.1

正常触发　normal trigger

当触发事件产生时，示波器进行一次采集、处理与显示，然后等待下一次触发。

3.8.2

自动触发　auto trigger

在一个预置时间间隔内，如果没有出现触发事件，将自动产生一个触发事件。

3.8.3

单次触发　single trigger

当触发事件产生时，示波器进行一次采集、处理与显示，然后停止。

3.8.4

强制触发　force trigger

由人为控制引起的触发事件。

3.8.5

触发释抑　trigger holdoff

在一个预置时间间隔(或事件数)内,抑制触发事件。

3.8.6

预触发/延迟触发　pre-trigger/delay-trigger

能够以触发点为参考,灵活移动波形存储和显示窗口的一种能力。

通常,预触发指能够观测触发点前的波形;延迟触发指能够观测触发点出现后延迟给定条件的(如采样点数、时间、事件)的波形。

3.8.7

交替触发　alternate trigger

对多路信号采用不同的触发源,用于同时稳定观察信号。

3.8.8　**触发类型**

3.8.8.1

边沿触发　edge trigger

按照边沿控制所定义的上升沿或下降沿触发。

边沿(edge)和触发电平(level)用于定义边沿触发。边沿确定示波器是在波形的上升沿和/或下降沿查找触发点;触发电平确定波形上发生触发的电压值。

3.8.8.2

脉冲宽度触发　pulse width trigger

基于指定脉冲宽度的相关条件来产生触发事件,如大于、小于、等于、不等于等条件。

3.8.8.3

视频触发　video trigger

以视频信号的行或场同步信号为条件产生的触发事件。

3.8.8.4

斜率触发　slope trigger

以指定斜率(时间-电压)为条件产生触发事件。

3.8.9

触发耦合　trigger coupling

决定信号的何种分量被传送到触发电路。触发耦合一般有交流(AC)、直流(DC)、低频抑制(LFR)和高频抑制(HFR)等。

3.8.10

触发灵敏度　trigger sensitivity

引起触发的最小触发条件。

3.8.11

电源触发　AC line trigger

以电源工频信号产生的触发事件。

3.9 显示

3.9.1

波形捕获率 waveform acquire rate

单位时间内示波器所能捕获并显示的波形幅数。

注：通常以波形幅数每秒(wfms/s)表示。

3.9.2

点显示 dot display

直接由采样点构成波形的一种显示方式。

3.9.3

矢量显示 vector display

用直线连接采样点构成波形的一种显示方式。

3.9.4

波形强度 waveform intensity

数字三维示波器中用于表征波形事件出现概率。

注：通常用灰度等方式表示。

3.9.5

余辉显示 waveform persistence

波形在屏幕上的保留时间可设定的一种显示方式。如可变余辉显示、无限余辉显示等。

3.9.6

***X-Y* 显示 *X-Y* display**

一种由两个通道的采样值组成的二维显示方式[李萨育(Lisajous)图形显示方式]，一个通道的电压确定点的 X 坐标(水平)，而另一个通道的电压确定 Y 坐标(垂直)。

3.9.7

滚动显示 rolling display

新数据出现在屏幕最右边，并从右向左连续推出，相当于观测窗口从左自右移动的一种显示方式。

3.9.8

扫描显示 scan display

屏幕上从左向右更新数据的一种显示方式，即新数据立刻被读出并显示出来，在屏幕上看到波形从左向右被刷新。通常用于观测低频波形的动态变化。

3.10 瞬态响应

3.10.1

上升时间 rise time

如图 1 所示，波形或选通区域的第一个脉冲的前导边沿从最终值的低值(通常为脉冲幅度的 10%)上升到高值(通常为脉冲幅度的 90%)所需的时间。

3.10.2

上冲 overshoot

脉冲前沿部分高于脉冲幅度顶部的最大值 vb 与脉冲幅度 A 的百分比(见图 1)。

3.10.3

阻尼 ringing

上冲结束后，在 10 倍上升时间内的衰减振荡最大幅度(c_1 和 c_2 中的较大值)与脉冲幅度 A 的百分比(见图 1)。

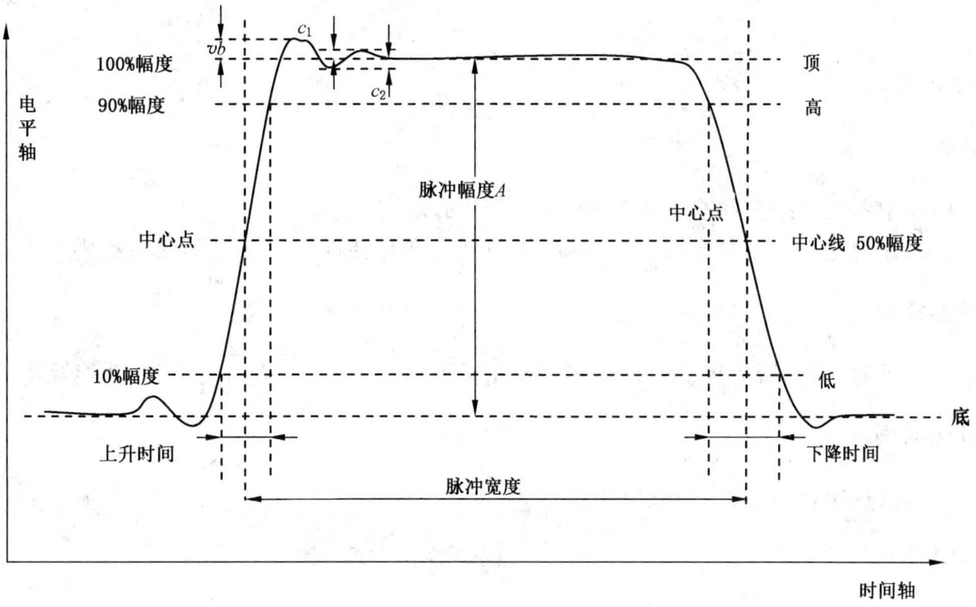

图 1

3.10.4

下垂 tilt

脉冲信号顶部或底部的倾斜幅度(d 和 d'中的较大值)与脉冲幅度 A 的百分比(见图 2)。

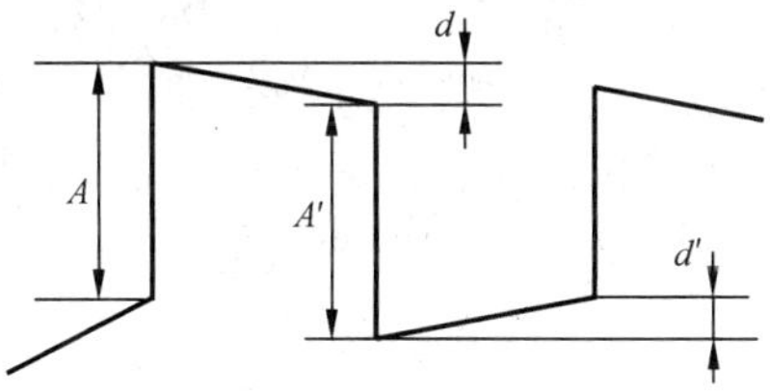

图 2

3.11 其他

3.11.1

毛刺 glitch

窄于规定的最小脉冲宽度的干扰信号。

3.11.2

探头(探极) probe

将被测信号连接到示波器的一种输入装置。

3.11.3

模板测试 template test

将被测波形和参考波形(模板)进行比较的一种测试方式。

4 要求

4.1 一般要求

4.1.1 误差

产品标准中各种误差应符合 GB/T 6592—2010 的规定。

本标准未作规定的技术要求,在产品标准中应结合产品特性给出必要的误差和要求。

4.1.2 数字接口

用户有要求时,示波器应提供一个或多个通用标准接口,并规定接口的类型、功能及传递的信息。

4.1.3 预热时间

由产品标准规定,预热时间一般应不超过 30 min。

4.2 供电电源

产品标准中应标明示波器适用的供电电源类型,并给出电源电压、频率范围以及最大消耗功率。

4.3 外形尺寸

由产品标准规定。

4.4 重量

由产品标准规定示波器整机的重量或主机、插入单元、附属装置等分别的重量。

4.5 外观与结构

示波器的结构应完整,外观无明显机械损伤和镀涂破坏现象;各控制件均须安装正确、牢固可靠、操作灵活。

4.6 安全性

用户有要求时,示波器的安全要求应符合 GB 4793.1—2007 的规定。产品标准中应规定示波器的安全类别。

除非另有规定,示波器应至少进行以下的安全试验:

——接触电流试验;

——介电强度试验;

——保护接地试验。

4.7 环境适应性

应符合 GB/T 6587—2012 中 4.7 及表 1 的规定。也可在产品标准中给出具体的环境条件。

4.8 电磁兼容性

除非另有规定,应符合 GB/T 6587—2012 中 4.9 的要求。

4.9 可靠性

应符合 GB/T 6587—2012 中 4.11 的要求。

4.10 功能正常性

由产品标准规定。

4.11 性能特性

4.11.1 输入通道数

由产品标准规定示波器输入通道数目。

4.11.2 垂直系统

4.11.2.1 输入耦合

由产品标准规定示波器的耦合方式。

4.11.2.2 输入阻抗

由产品标准规定输入电阻、电容值，同时给出其误差。

4.11.2.3 最大输入电压

由产品标准规定示波器能安全工作的最大输入电压。

4.11.2.4 偏置范围

由产品标准规定偏置范围、偏置误差。如有需要，也可按灵敏度范围分档级给出。

4.11.2.5 垂直位移

由产品标准规定垂直位移范围。

4.11.2.6 垂直灵敏度

垂直灵敏度档级应优先采用1-2-5进制，由产品标准规定范围和精度。

有微调范围装置时，由产品标准规定微调步进，微调范围应保证档级覆盖。

4.11.2.7 幅度精度(DC精度)

由产品标准规定直流输入条件下的幅度测量最大容许范围。有需要时，还应单独给出垂直灵敏度的幅度增益误差，通常表示为：±(垂直灵敏度误差＋偏置误差＋读数误差)。

4.11.2.8 幅度线性误差

由产品标准规定。

4.11.2.9 输入带宽

由产品标准规定输入带宽，或者给出实时(单次)带宽和/或等效带宽。

4.11.2.10 瞬态响应

由产品标准规定上升时间、上冲。

由产品标准规定阻尼、脉冲顶部不平度、下垂、直流特性。

注1：在产品标准中对所有的灵敏度档级可给出其对应的上升时间。

注2：不同输入阻抗的情况下，可给出所对应的上升时间。

4.11.2.11 通道间延迟

对多通道示波器，由产品标准规定通道间延迟。

4.11.2.12 通道间隔离度

在多通道示波器产品标准中应给出通道间隔离度，通常用倍数或分贝数(dB)表示。

4.11.2.13 漂移

由产品标准规定短期漂移和长期漂移。

4.11.2.14 噪声

由产品标准规定开路噪声和短路噪声。

4.11.2.15 共模抑制比

由产品标准规定差分输入和多通道示波器。

4.11.3 水平系统

4.11.3.1 水平位移范围

由产品标准规定水平位移范围。

4.11.3.2 时基范围

时基档级应优先采用1-2-5进制，由产品标准规定时基范围，包括：

a) 微调：有此装置应给出微调比，微调器应保证档级覆盖。

b) 扩展：如有此装置应给出扩展倍率值。

产品标准可给出最高实时采样率下不进行波形插值处理的时基档级。

4.11.3.3 时基精度

由产品标准规定时基精度。

4.11.3.4 双时基

如具有此功能，产品标准中应标明。

4.11.3.5 参考时钟输出

如具有此功能，由产品标准规定参考时钟信号的幅度与频率。

4.11.4 采集存储与处理系统

4.11.4.1 最高实时采样率

由产品标准规定最高实时采样率。

如单通道与多通道同时工作时的最高采样率有差别，应分别给出。

4.11.4.2 最高等效采样率

如有等效采样，由产品标准规定最高等效采样率。

4.11.4.3 垂直分辨率

由产品标准规定模拟-数字转换器(ADC)的位数。

4.11.4.4 存储深度

由产品标准规定存储深度。

如有其他存储器利用方式,应给出对应存储深度。

4.11.4.5 记录长度

由产品标准规定示波器记录波形数据的容量大小。

4.11.4.6 波形捕获率

由产品标准规定最高波形捕获率。

4.11.4.7 波形获取模式

4.11.4.7.1 实时

产品应具有此获取模式。

4.11.4.7.2 等效

如具有此获取模式,由产品标准规定等效采样率和等效带宽。

4.11.4.7.3 峰值检测

如具有此获取模式,由产品标准规定捕捉脉冲的最小时间宽度。

4.11.4.7.4 平均(功能)

如具有此获取模式,由产品标准规定可选的平均次数。

4.11.4.7.5 包络

如具有此获取模式,由产品标准规定具体要求。

4.11.4.7.6 高分辨率

如具有此获取模式,由产品标准规定具体要求。

4.11.4.7.7 快速

如具有此获取模式,由产品标准规定具体要求。

4.11.4.7.8 趋势

如具有此获取模式,由产品标准规定具体要求。

4.11.4.7.9 内存分段储存

如具有此获取模式,由产品标准规定具体要求。

4.11.5 显示

4.11.5.1 显示方式

由产品标准规定显示方式，如点显示、矢量显示等。

4.11.5.2 *X-Y* 显示

如具有此功能，由产品标准规定相应的指标和要求。

4.11.5.3 波形强度

如具有此功能，由产品标准规定具体要求。

4.11.5.4 余辉

如具有此功能，由产品标准规定具体要求。

4.11.5.5 滚动

如具有此功能，由产品标准规定具体要求。

4.11.5.6 扫描

如具有此功能，由产品标准规定具体要求。

4.11.5.7 显示器

由产品标准规定显示器的规格以及单位显示长度(一格)所占有的像素数。

4.11.6 触发

4.11.6.1 触发源

由产品标准规定触发源，如内触发、外触发等。

4.11.6.2 触发类型

由产品标准规定触发类型，如视频触发、边沿触发、脉宽触发等。

4.11.6.3 触发方式

由产品标准规定触发方式，如自动、单次、正常、强制等。

4.11.6.4 触发灵敏度

由产品标准规定触发灵敏度，可根据不同的输入信号频率范围和垂直灵敏度范围分档给出。

4.11.6.5 触发耦合方式

由产品标准规定。

4.11.6.6 触发释抑

如具有此功能，由产品标准规定触发释抑条件范围。

4.11.6.7 **预触发/延迟触发**

如具有此功能，由产品标准规定预触发或延迟触发条件、范围。

4.11.6.8 **触发电平范围**

由产品标准规定触发电平调节范围。

4.11.6.9 **触发抖动**

由产品标准规定波形抖动指标，如均方根值或最大值。

4.11.6.10 **交替触发**

如具有此功能，由产品标准规定具体要求。

4.11.6.11 **外触发特性**

如具有此功能，由产品标准规定外触发(同步)电压范围、外触发(同步)频率范围、频率和输入阻抗。产品标准中可给出衰减倍率选择。

4.11.7 **其他功能**

4.11.7.1 **自动设置**

由产品标准规定适用的条件和范围。

4.11.7.2 **模板测试**

如有此功能，由产品标准规定其具体功能和使用方法。

4.11.7.3 **光标测量**

如有此功能，由产品标准规定其具体功能和使用方法。

4.11.7.4 **参数自动测量**

如有此功能，由产品标准规定可测的所有参数。

4.11.7.5 **滤波功能**

如有此功能，由产品标准规定窗口函数或滤波函数。

4.11.7.6 **波形运算**

如有此功能，由产品标准规定进行波形运算的数学表达式。

4.11.7.7 **FFT 运算**

如有此功能，由产品标准规定 FFT 幅度值显示方式(如线性、对数)、FFT 点数等指标。

4.11.7.8 **波形反相**

如有此功能，由产品标准规定具体要求。

4.11.7.9 波形和设置储存

如有此功能，由产品标准规定可以保存的波形数和设置数。

4.11.8 记录输出

有此装置时，由产品标准规定记录输出格式。

4.11.9 接口

有此装置时，由产品标准规定接口类型。

4.11.10 探极调节辅助信号

由产品标准规定探极调节辅助信号的频率和幅度。

4.11.11 探头(探极)

有此装置时，由产品标准规定探极的规格和相应的指标。

5 试验方法

5.1 试验要求

5.1.1 对示波器的性能特性进行测试时，应按照产品标准规定的额定工作条件，并在不打开机箱的情况下进行，若有特殊要求应打开机箱才能测试时，应在产品标准中说明。

5.1.2 试验用的标准测试仪器和设备应经过计量部门检定合格，并处于有效期内。

5.1.3 测试的环境条件，若无特殊规定，应在下列试验用大气条件下进行：

a) 温度：15 ℃～35 ℃；

b) 相对湿度：25％～75％；

c) 气压：86 kPa～106 kPa。

5.1.4 供电电源电压、频率和功率试验：

a) 供电电源电压和频率试验：按 GB/T 6587—2012 中 5.12 的规定进行。

b) 电源消耗功率试验：在示波器的额定电源电压下测量其电流，求得最大消耗功率。测试方法由产品标准具体规定。

5.2 外形尺寸的检查

用相应准确度的量具测量示波器的外形尺寸。

5.3 重量检查

用相应准确度的衡器称量示波器的重量。

5.4 外观与结构检查

检查示波器的外观与结构时，采用观察法及手动操作法进行。

5.5 安全试验

按 GB/T 6587—2012 中 5.8 的规定进行。

5.6 环境条件适应性试验

按 GB/T 6587—2012 中 5.9 方法和试验顺序进行。

5.7 电磁兼容性试验

按 GB/T 6587—2012 中 5.11 的规定进行。

5.8 可靠性试验

按 GB/T 6587—2012 中 5.13 的规定进行。

5.9 功能正常性试验

5.9.1 功能正常检查

示波器接通电源，检查示波器是否能正常采集并显示信号；检查示波器按键旋钮等是否有效；检查示波器各菜单功能及显示是否正常等。

5.9.2 自诊断测试

具有开机自诊断功能的示波器应进行如下测试。

仪器接通电源后，应通过自诊断测试。若由于开机时外部干扰而引起的自诊断测试不通过，可按产品标准规定，再次启动自诊断测试，检查测试是否通过。

5.9.3 数字接口功能测试

具有数字接口功能的示波器可按产品标准规定进行接口类型、功能及传递的信息的测试。

5.10 预热时间

按照产品标准进行。

5.11 性能特性测试

5.11.1 输入通道数

用目测法观察示波器通道所有能够工作的输入通道和触发通道数量。

5.11.2 垂直系统

5.11.2.1 输入耦合

测试步骤：

a) 如图 3 所示，连接信号源输出到被测的示波器输入通道；
b) 设置信号源输出有直流偏置的正弦波形(在无特殊规定时，推荐信号源采用 1 kHz 正弦波)信号；
c) 设置示波器的输入耦合方式为“DC”，观察显示波形，如明显偏离屏幕垂直方向中心(显示具有直流偏置)，表明“DC”耦合功能正常；
d) 设置示波器的输入耦合方式为“AC”，观察显示波形，如波形位于屏幕垂直方向中心（显示无直流偏置)，表明“AC”耦合功能正常；
e) 设置示波器的输入耦合方式为“GND”，观察显示波形，如波形为屏幕垂直方向中心的一条直线(显示基线),表明“GND”耦合功能正常。

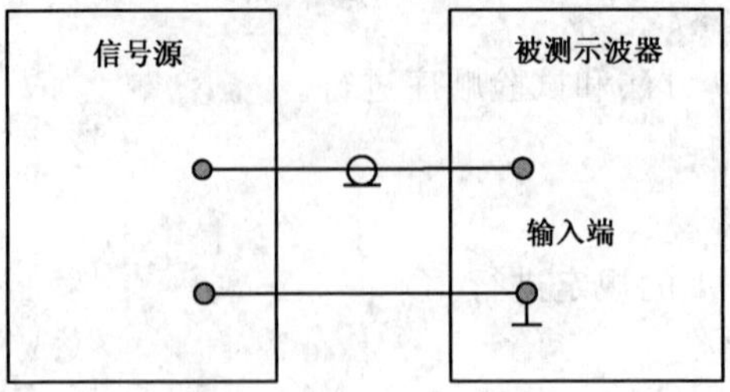

图 3

5.11.2.2 输入阻抗

测试步骤:

a) 如图 4 所示,连接满足测量精度的 LCR 测试仪(或其他阻抗测量仪器)输出到被测的示波器输入通道;
b) 设置示波器的垂直灵敏度于合适档级,对输入电阻和电容分别进行测试;
c) 高频输入阻抗的测试,应按产品标准中规定的频率要求进行。

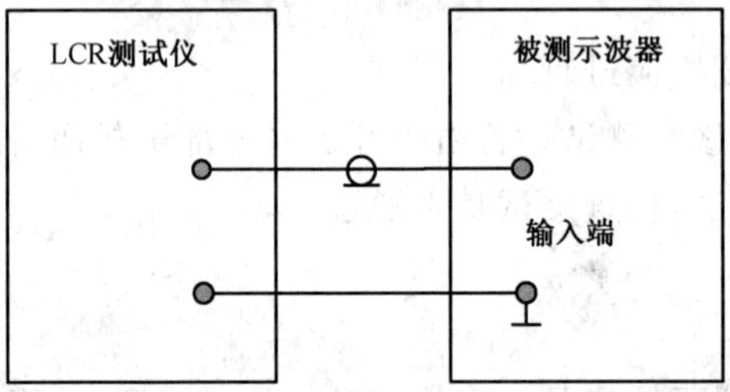

图 4

5.11.2.3 最大输入电压

测试步骤:

a) 同图 3 所示,连接信号源输出到被测的示波器输入通道;
b) 按产品标准中规定值设置信号源输出产品标准中规定的电压与频率;
c) 被测示波器处于工作状态,设置示波器耦合方式为“DC”,接通输入电压,并持续 1 min,断开输入电压,观察示波器是否正常工作。

5.11.2.4 偏置范围与误差

测试步骤:

a) 同图 3 所示,连接信号源输出到被测的示波器输入通道;
b) 设置信号源无输出(或输出为 0),调整示波器,使基线位于屏幕垂直方向中心;
c) 设置示波器耦合方式为“DC”,调整示波器至最大正偏置值,调整信号源的输出直流电压值,使基线再次居中稳定显示,读取此时信号源的输出电压幅度值,即为示波器实际最大正偏范围;
d) 按同样的方式,测试示波器实际最大负偏范围;
e) 与示波器给定的最大偏置比较,分别计算正偏置相对误差和负偏置相对误差,取二者较大值表示偏置精度;
f) 若示波器在不同通道、不同垂直灵敏度档级下有不同的偏置范围和偏置精度,应分别进行测量。

5.11.2.5 垂直位移

测试步骤：

a) 同图 3 所示，连接信号源输出到被测的示波器输入通道；

b) 设置信号源输出 1 kHz 正弦波；

c) 设置示波器耦合方式为“AC”，示波器的时基和垂直灵敏度于合适档级，调节信号发生器的输出电压，使波形高度达到波形有效显示区的满幅 100%，并居中稳定显示；

d) 调节示波器位移旋钮，分别读取上、下的最大可移动的幅度，即为位移范围。

5.11.2.6 垂直灵敏度范围与精度

测试步骤：

a) 同图 3 所示，连接信号源输出到被测的示波器输入通道；

b) 设置信号源(在无特殊规定时，信号源采用 1 kHz 方波)输出电压；

c) 设置示波器输入耦合方式为“DC”，调节示波器，使波形显示的幅度大于显示有效区域的 80%，根据读取的波形显示高度或长度(div)和相应的信号源输出电压值 V，则实际垂直灵敏度值可由式(2)求得：

$$\left.\begin{aligned} K_d &= \frac{V}{H_d} \\ \text{或} \quad K_d &= \frac{V}{l_d} \end{aligned}\right\} \qquad \cdots\cdots (2)$$

式中：

K_d ——垂直灵敏度的实测值，单位为伏每格(V/div)；

V ——标准电压发生器输出电压值，单位为伏(V)；

H_d(或 l_d)—— 垂直的显示高度(或长度)，单位为格(div)。

d) 与设定的示波器垂直灵敏度值比较，按式(3)可计算垂直灵敏度精度：

$$\left.\begin{aligned} E &= \frac{K_d - K_{d0}}{K_{d0}} \times 100\% \\ &= \frac{H_{d0} - H_d}{H_d} \times 100\% \\ \text{或} \quad E &= \frac{l_{d0} - l_d}{l_d} \times 100\% \end{aligned}\right\} \qquad \cdots\cdots (3)$$

式中：

E ——垂直灵敏度精度；

K_d ——垂直灵敏度的实测值，单位为伏每格(V/div)；

K_{d0} ——垂直灵敏度的额定值，单位为伏每格(V/div)；

H_{d0}(或 l_{d0})——垂直的额定显示高度(或长度)，单位为格(div)；

H_d(或 l_d) ——垂直的显示高度(或长度)，单位为格(div)。

e) 垂直灵敏度测试应在各垂直灵敏度档级上进行。

5.11.2.7 幅度精度

测试步骤：

a) 同图 3 所示，连接信号源输出到被测的示波器输入通道；

b) 设置示波器垂直灵敏度置于相应档，耦合方式为“DC”，时基置合适档；

c) 在产品标准规定的输入信号幅度动态范围内，设置信号源输出标定的直流电压 V_0。读取此时

测量显示的电压值 V_1，与设定的直流电压值比较，则幅度精度由式(4)求得：

$$E_H = \frac{V_1 - V_0}{V_0} \times 100\% \qquad \cdots\cdots(4)$$

式中：

E_H ——垂直灵敏度精度；

V_1 ——测量显示的电压值，单位为伏(V)；

V_0 ——标准电压发生器输出电压值，单位为伏(V)。

d) 幅度精度测试应在产品标准规定的各垂直灵敏度档级上进行。

5.11.2.8 幅度线性误差

测试步骤：

a) 同图3所示，连接信号源输出到被测的示波器输入通道；

b) 设置示波器垂直灵敏度置于规定档，耦合方式为“DC”，时基置合适档；

c) 调节信号源输出直流电压，调节示波器，使波形显示的幅度为显示有效区域的100%，读取此时的波形显示的电压值 V_0，然后将信号发生器的输出电压减小一倍，读取此时测量显示的电压值 V_1，则幅度线性误差由式(5)求得：

$$\left| \frac{V_0 - 2V_1}{2V_1} \right| \times 100\% \qquad \cdots\cdots(5)$$

式中：

V_0——原波形的测量显示电压值(一般为波形显示有效区高度的100%)，单位为伏(V)；

V_1——电压减小一倍时测量显示电压值，单位为伏(V)。

5.11.2.9 带宽测试

5.11.2.9.1 实时带宽测试

测试步骤：

a) 如图5所示，连接信号源输出到被测的示波器输入通道；

b) 设置示波器工作于“实时”采样模式(全实时示波器无此项操作)，触发方式工作于“自动”，垂直灵敏度置于合适档级，然后调节信号源的输出频率为产品标准中的基准频率(如果产品测试方法没有给出的，则选择上限频率的1/20为基准频率)，再调节信号源的输出幅度约为显示有效区域的80%(取整数格)，并保持信号源输出电压值不变，然后根据产品标准中的带宽范围(包括通道耦合方式)，分别扫频到上限和下限频率(无扫频测试仪器的也可选择有代表性的频率点进行测试)，要求在整个频带范围内的显示幅度应大于或等于基准频率幅度的0.707倍，此带宽即为符合产品标准的实时带宽；

c) 应对垂直灵敏度其他档级进行带宽测试，如果达不到全带宽要求，则应按档级给出带宽的技术指标。

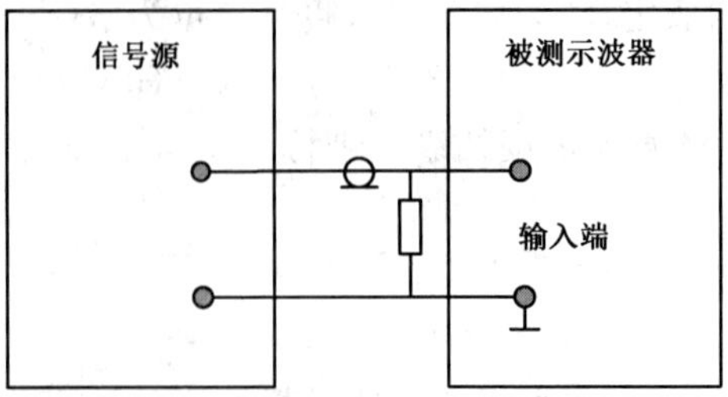

图5

5.11.2.9.2 等效带宽测试

测试步骤：

a) 同图5所示，连接信号源输出到被测的示波器输入通道；

b) 设置示波器工作于“等效”采样模式，测试方法同5.11.2.9.1。

5.11.2.10 瞬态响应

测试步骤：

a) 同图5所示，连接脉冲特性符合要求的矩形脉冲信号源输出到被测的示波器输入通道；

b) 设置示波器耦合方式为“DC”，垂直灵敏度置于最高带宽的最小档级，时基置于能观察到至少两个信号周期的时基档，调节信号源的输出电压，使波形显示的幅度约为显示有效区域的80%（取整数格），并居中稳定显示，然后再将时基置于最快档；如图6所示，上升时间应符合产品标准要求，其他参数在产品标准中有规定的则应符合其要求；

c) 如果对宽带示波器测试上升时间，而信号源的上升时间对示波器的上升时间的影响不能忽略时，可根据式(6)进行计算：

$$t_r = \sqrt{t_{r1}^2 - t_{r2}^2} \qquad \cdots\cdots(6)$$

式中：

t_r——示波器的实际上升时间；

t_{r1}——在示波器上读取的上升时间；

t_{r2}——信号源的上升时间。

d) 在各个时间参数测试中，如果使用“自动测量”出现某参数不符合产品的技术规格，允许人工读测；

e) 应对垂直灵敏度其他档级进行瞬态测试，如果达不到全带宽要求，则应按档级给出上升时间和上冲的技术指标；

f) 瞬态响应的各个时间参数，按图6进行读测和计算；

g) 从图6b)、图6d)中读取显示波形前沿幅度的10%～90%所对应的水平方向的时间 t_r，即为上升时间；

h) 从图6a)、图6c)中读取波形中的上冲量 vb 以及波形幅度 A，则上冲由式(7)求得：

$$\frac{vb}{A} \times 100\% \qquad \cdots\cdots(7)$$

式中：

vb——显示波形中的上冲量；

A——显示波形的幅度。

i) 从图6a)、图6c)中，分别读取在脉冲持续的10倍 t_r 时间范围内，波形中除上冲外最大幅度的正向阻尼量 c_1 或负向阻尼量 c_2，则其阻尼由式(8)、式(9)求得，取二者较大值；

$$\frac{c_1}{A} \times 100\% \qquad \cdots\cdots(8)$$

$$\frac{c_2}{A} \times 100\% \qquad \cdots\cdots(9)$$

式中：

c_1——正向阻尼量；

c_2——负向阻尼量；

A——显示波形的幅度。

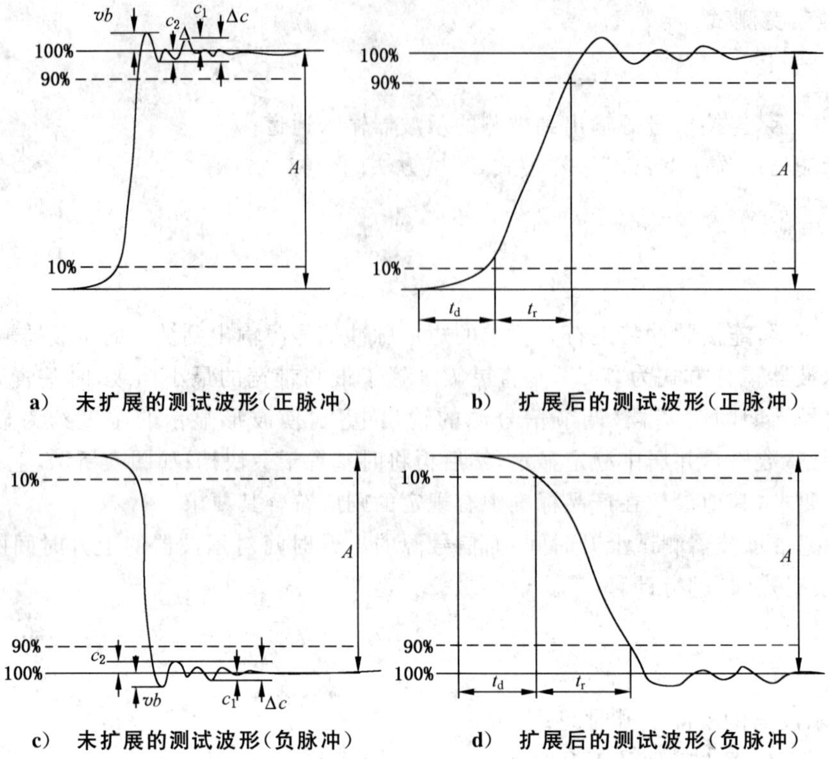

图 6

j） 从图 6a)、图 6c)中读取显示波形中除上冲外的最大起伏量 Δc，则其脉冲顶部不平度由式(10)求得：

$$\frac{\Delta c}{A} \times 100\% \qquad \cdots\cdots(10)$$

式中：

Δc ——除上冲外的最大起伏幅度；

A ——显示波形的幅度。

k） 改变时基与脉冲持续时间，获得如图 7a)、图 7b)所示波形，从图 7a)中读取显示波形中的下垂量 d 和 d'，其下垂由式(11)、式(12)求得，取二者较大值；

$$\frac{d}{A} \times 100\% \qquad \cdots\cdots(11)$$

$$\frac{d'}{A'} \times 100\% \qquad \cdots\cdots(12)$$

式中：

d ——正脉冲下垂量；

d'——负脉冲下垂量；

A ——显示正脉冲波形幅度；

A'——显示负脉冲波形幅度。

l） 从图 7b)中读取显示波形中的上斜量 e，其上斜由式(13)求得：

$$\frac{e}{A} \times 100\% \qquad \cdots\cdots(13)$$

式中：

e ——显示波形的上斜量；

A——显示波形的幅度。

m）当显示脉冲顶部斜率的变化尚未出现或进入近似恒定前，应改变时基与脉冲持续时间直至与图 6 相似；

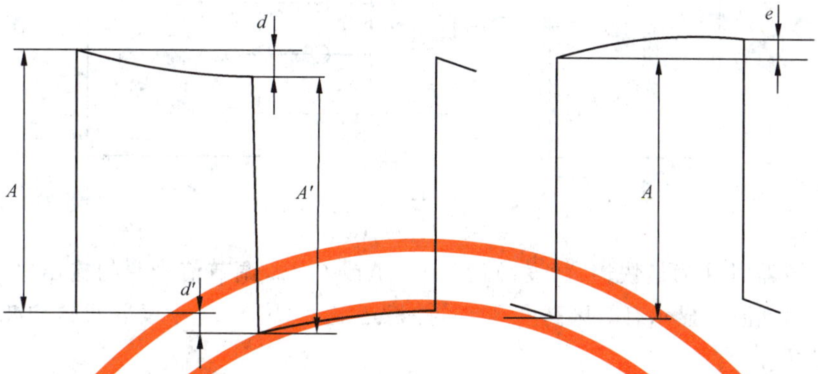

a）下垂波形　　　　b）上斜波形

图 7

注：本测试应分别在带宽的高、中、低频段进行。

n）设置示波器耦合方式为“DC”，调节信号源反复“通”“断”，获得图 8 所示波形，其直流特性由式(14)求得：

$$\left.\begin{array}{l}\dfrac{h}{A}\times 100\% \\ 或\quad \dfrac{g}{A}\times 100\%\end{array}\right\} \quad \cdots\cdots (14)$$

式中：

h——直流特性上翘的最大幅度；

g——直流特性下弯的最大幅度；

A——显示波形的幅度。

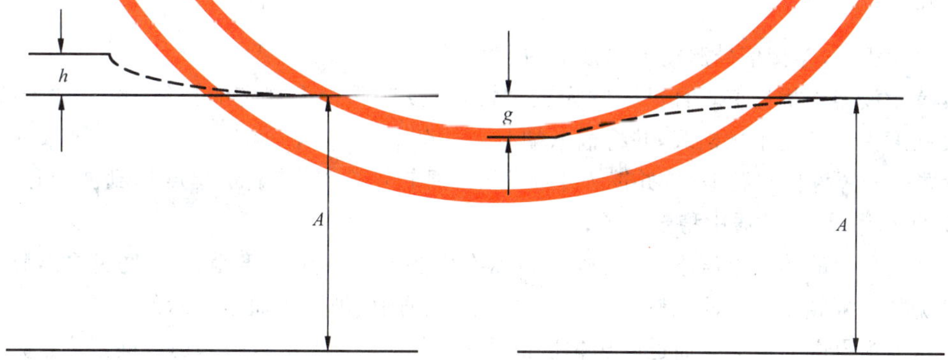

a）上移特性　　　　b）下移特性

图 8

5.11.2.11 通道间延迟

测试步骤：

a）如图 9 所示，连接信号源输出到被测的示波器输入通道；

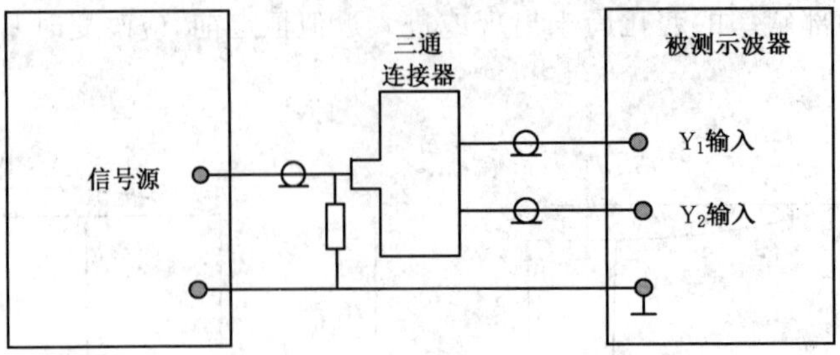

图 9

b) 设置示波器时基为最快档，触发源设为 CH1 或 CH2，调节信号源的输出电压，使示波器显示的波形达到波形显示有效区高度 80%，并稳定显示，从图 10 中读取两脉冲波形幅度 50%处的时间差 T_s；

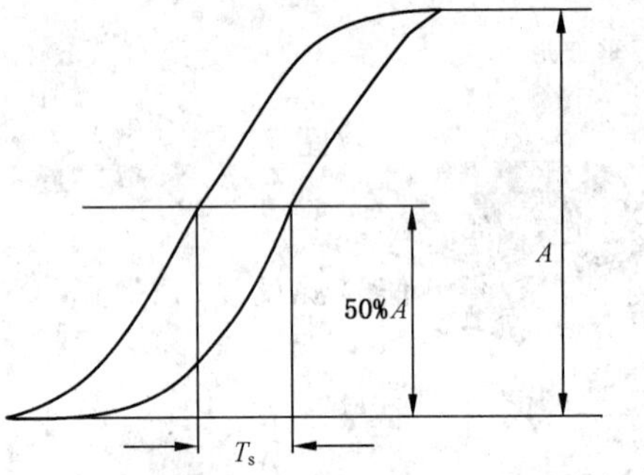

图 10

c) 三通连接器连接到 Y_1、Y_2 输入端的连接线的规格与长度应一致。如果示波器具有两个以上的通道应按上述方法分别测试。

5.11.2.12 通道间隔离度

测试步骤：

a) 同图 3 所示，连接信号源输出到被测的示波器输入通道；

b) 设置示波器干扰通道垂直灵敏度为较大档，或按产品标准规定的档级，设置被干扰通道垂直灵敏度为最易受干扰档级，并将输入端开路屏蔽；

c) 设置信号源输出正弦信号，并馈入干扰通道，调节其输出，使显示幅度达到波形显示有效区高度的 80%以上，并居中稳定显示；

d) 保持信号源的输出电压不变，或按产品标准中规定的频带宽度范围内改变输出频率(一般以带宽的上限频率作为测试频率)，分别读出干扰通道、被干扰通道显示的电压幅度值；

e) 计算干扰通道与被干扰通道电压幅度的比值(或用对数表示)，即为通道间隔离度。

5.11.2.13 漂移

测试步骤：

a) 将示波器输入端接地，经规定的预热时间将基线调整至屏幕居中位置后，记录在规定时间内，基线随时间在垂直(水平)偏移的位置，并从图 11 中所示的坐标刻度值中读取有关特性；

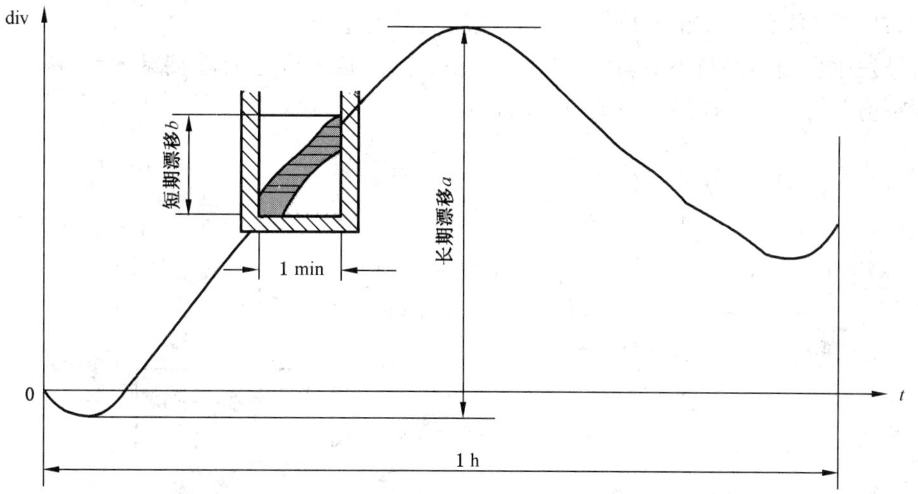

图 11

b） 本特性与环境温度突变、电网电压突变以及预热时间有关，应尽量避免外界的干扰信号，当有异议时，上述测试应在规定的基准条件下进行。对于多通道示波器的各个通道应分别进行测试。

5.11.2.14 噪声

将选定的示波器输入通道开路屏蔽或短路屏蔽，设置示波器采样方式为“正常”，触发方式为“自动”，垂直灵敏度置最小档，改变时基，读取示波器显示的最大信号幅值（以电压值表示），分别进行开路噪声测量或短路噪声测量。

5.11.2.15 共模抑制比

5.11.2.15.1 差分输入共模抑制比

测试步骤：

a） 如图12a）所示，连接信号源输出到被测的示波器输入通道；

b） 设置示波器垂直灵敏度于合适档，输入耦合方式为“DC”，按产品标准中规定的频率值，调节信号源的输出电压直至能清晰读出显示电压幅值 V_2；

c） 信号发生器输出保持不变，按如图12b）所示连接，选择合适的垂直灵敏度，读取此时的显示电压幅值 V_1，则共模抑制比由式（15）求得：

$$\frac{V_1}{V_2} \qquad \cdots\cdots(15)$$

式中：

V_1——单端输入时的电压值，单位为伏（V）；

V_2——双端输入时的电压值，单位为伏（V）。

d） 接到差分输入端的两连接线的规格与长度应一致。

5.11.2.15.2 多通道输入共模抑制比

测试步骤：

a） 如图12c）所示，连接信号源输出到选定的示波器输入通道；

b) 设置示波器二通道垂直灵敏度均置于合适档，输入耦合为“DC”，按产品标准中所规定的频率值，调节信号源的输出电压于合适值，读取双通道电压差（V_1-V_2）；

c) 信号发生器输出保持不变，按如图 12d)所示连接，选择合适的垂直灵敏度，读取此时的显示电压幅值 V_3，则共模抑制比由式(16)求得：

$$\frac{V_1-V_2}{V_3} \qquad \cdots\cdots(16)$$

式中：

V_1-V_2——双端输入时的电压差值，单位为伏(V)；

V_3 ——单端输入时的电压值，单位为伏(V)。

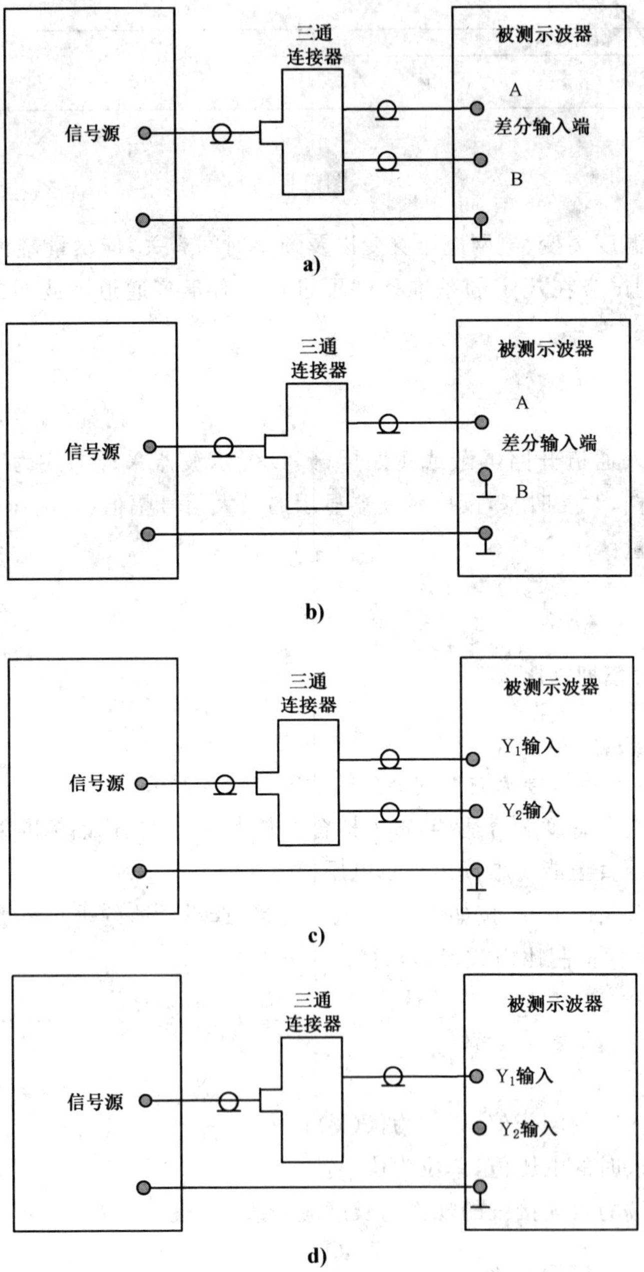

图 12

5.11.3 水平系统

5.11.3.1 水平位移范围

测试步骤：

a) 如图 13 所示，连接任意波信号发生器输出到被测的示波器输入通道；

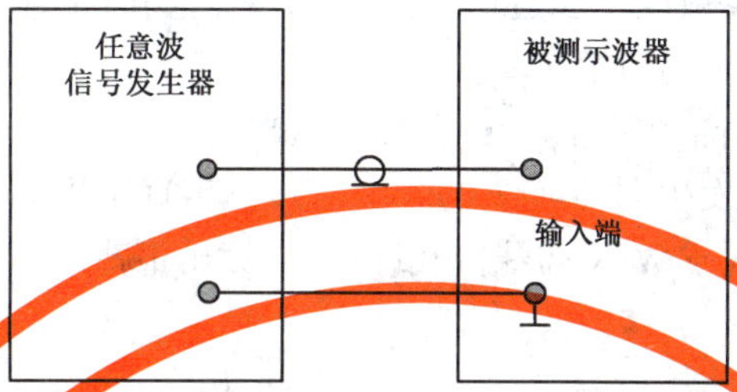

图 13

b) 设置示波器的触发方式为自动，触发类型为边沿，斜率为上升沿，触发耦合方式为“DC”，时基设置为合适档级，触发水平位置置于中心；

c) 调节信号发生器输出周期为 $2T$（T 为产品标准中给定的最大水平位移值）、占空比为 50% 的方波；

d) 波形稳定触发显示后，调节示波器的水平位移，直到水平移动到产品标准给定的最大水平位置处，此时若能在示波器波形显示区的中心观察到此方波信号的下降沿，则说明被测示波器的水平位移范围为 T。

5.11.3.2 时基范围

测试步骤：

a) 同图 13 所示，连接信号发生器输出到被测的示波器输入通道；

b) 设置示波器的触发方式为自动，触发耦合方式为“DC”，时基设置为最快时基档级。调节信号源的输出电压与频率，使波形显示的幅度大于显示有效区域的 80%，波形显示周期数不少于 1 个且不大于 5 个，读取信号周期 P，P 应与信号发生器输出的周期值一致；

c) 改变示波器时基为最慢时基档级，保持其他设置，调节信号源的输出频率，重复上述测量方法。

5.11.3.3 时基精度

如有时基输出，可用高精度频率计/计数器测量。

5.11.3.4 双时基

按产品标准的测试方法测试。

5.11.3.5 参考时钟输出

测试步骤：

a) 连接被测示波器时基信号输出到测量示波器输入通道；

b) 设置测量示波器垂直灵敏度于合适档，时基系统置于合适的工作状态，在产品标准规定的负载条件下，读出参考时钟的幅度、频率。

5.11.4 采集、存储与处理系统

5.11.4.1 最高实时采样率

测试步骤：

a) 同图13所示，连接信号发生器输出到被测示波器输入通道；

b) 调节信号发生器输出周期为 T 的正弦波；

c) 设置被测示波器垂直灵敏度于合适档，时基置于最高实时采样率且无插值档，触发方式设置为单次触发，显示方式设置为点显示；

d) 启动示波器采集功能，待采集结束后，观察示波器采集到的信号是否为整数倍周期，若不是整数倍周期，则改变信号发生器周期 T，重新启动采集，直至采集到整数倍周期信号；

e) 观测一个周期内的采样点数 N；根据式(17)可计算出最高实时采样率 f_{max}：

$$f_{max}=\frac{N}{T} \qquad \cdots\cdots(17)$$

式中：

f_{max}——最高实时采样率，单位为采样点每秒(Sa/s)；

N ——被测信号一个周期的采样点个数；

T ——被测信号的周期。

f) 若示波器具有接口功能，也可将采样数据传入计算机进行相同测试。

5.11.4.2 最高等效采样率

根据显示器的分辨率和示波器最快时基来计算，见式(18)：

$$f_e=\frac{N}{t} \qquad \cdots\cdots(18)$$

式中：

f_e ——最高等效采样率，单位为采样点每秒(Sa/s)；

N ——产品标准中给出的时基水平方向上每一格所包含像素的个数(pixel/div)；

t ——最小时基档级值，单位为秒每格(s/div)。

例如：示波器水平像素 $N=25$ pixel/div，最小时基 $t=5$ ns/div，则最高等效采样率为5 GSa/s。

5.11.4.3 垂直分辨率

测试步骤：

a) 同图13所示，连接信号发生器的输出到示波器的输入通道；

b) 调节示波器到相应时基和合适的垂直灵敏度档级；

c) 设置信号发生器输出锯齿波，并设置幅度为示波器垂直灵敏度档级对应的最大幅度，显示波形的周期数大于或等于一个信号周期；

d) 将采集到的波形数据输出到计算机，检测波形数据数值最大值是否等于或接近 2^N-1(N 为产品标准中给出的垂直分辨率的位数)，若数据中有满足条件的数值，则表明垂直分辨率为 N。

5.11.4.4 存储深度

5.11.4.4.1 存储深度测试方法一

测试步骤：

1) 同图13所示，连接信号发生器的输出到示波器的输入通道；

2） 由式(19)，根据产品标准中给出的最大存储深度和最高实时采样率，选定一个被测信号的周期 T，计算出被测信号周期数 N（N 为大于或等于 1 的整数）；

3） 设置信号发生器输出周期为 T 的正弦波；

4） 调节示波器垂直灵敏度于合适档，时基于最高实时采样率且无插值的最快档；触发方式为单次，点显示模式，启动采集，待采集结束后，在示波器中观测采集到的信号周期个数 N_1 应与通过式(19)计算出的周期数 N 一致。

$$N=\frac{D}{T\cdot f_{\max}} \qquad \cdots\cdots(19)$$

式中：

$f_{\max}$——产品标准中给出的最高实时采样率，单位为采样点每秒(Sa/s)；

D ——产品标准中给出的最大存储深度，单位为采样点数(pts)；

T ——被测信号的周期，单位为秒(s)；

N ——被测信号的周期个数（$N=1,2,3,\cdots\cdots$），N 可按照存储深度的大小遵循便于观测的原则自行选定。

5.11.4.4.2 存储深度测试方法二

如果示波器有接口功能，测试步骤：

1） 同图 13 所示，连接信号发生器的输出到示波器的输入通道；

2） 设置信号发生器输出周期为 T 的正弦波；

3） 调节示波器垂直灵敏度于合适档，时基于最高实时采样率且无插值的最快档；触发方式为单次，点显示模式，启动采集，待采集结束后，可将采集数据通过接口送入计算机分析、计算。

5.11.4.5 记录长度

测试步骤：

a） 同图 13 所示，连接信号发生器的输出到示波器的输入通道；

b） 设置示波器于适当的时基和合适的垂直灵敏度档级；

c） 设置信号发生器输出任意信号；

d） 启动采集，打开被测示波器的波形记录功能，当波形记录满时，停止记录功能，并将记录的波形数据输出，检测波形数据量是否满足要求。

5.11.4.6 波形捕获率

测试步骤：

a） 同图 13 所示，连接信号发生器的输出到示波器的输入通道。

b） 根据产品标准，设定被测示波器工作在最高捕获率的时基下，触发方式为正常，触发类型为边沿，斜率为上升沿，显示方式为无限余辉，调节到适当的幅度档级。

c） 设定信号发生器输出单次双脉冲测试信号。如图 14 所示，测试信号由一段较窄脉冲 W_1 和一段较宽脉冲 W_2 组成，两个脉冲的上升沿对应着波形的触发位置 t_1 和 t_2，t_1 和 t_2 之间的时间间隔 T_0 可调节。测试前先关闭信号发生器的输出。

d） 启动采集，待示波器进入等待触发状态后，打开信号发生器的输出开关，观察被测示波器波形显示区。

e） 首先设定较小的时间间隔 T_0，让示波器采集到的波形如图 15b)所示，即示波器波形显示区域中只有一个窄脉冲；然后调节信号发生器，逐渐增大 T_0，重新进行上述测试，直到采集到的信号正好如图 15a)所示，即示波器波形显示区域中有重叠在一起的两个脉冲。根据此时信号源

设定的时间间隔 T_0，由式(20)得到：

$$P=\frac{1}{T_0} \tag{20}$$

式中：

T_0——t_1 和 t_2 之间的时间间隔，单位为秒(s)；

P ——被测示波器的波形捕获率，单位为波形幅数每秒(wfms/s)。

f) 本方法测得的结果为示波器波形捕获率的瞬态值。

g) 对于具有触发输出的示波器，波形捕获率可以通过计数器对单位时间内的有效触发信号进行计数获得。

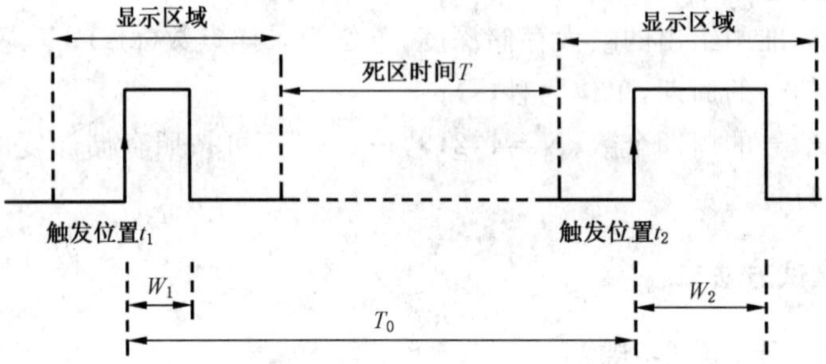

图 14

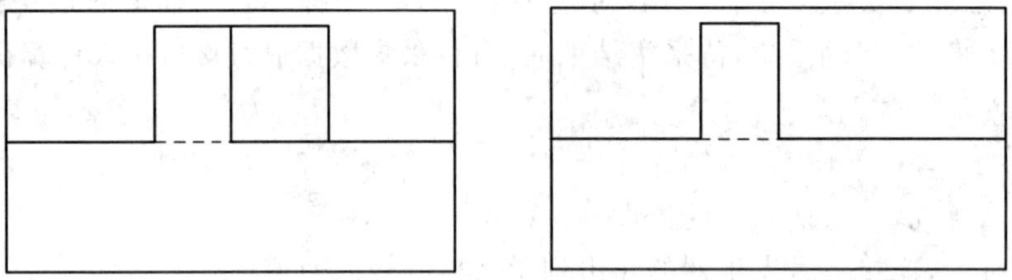

a) 触发点 1 和触发点 2 正常触发　　b) 死区时间屏蔽了触发点 2

图 15

5.11.4.7 波形获取模式

5.11.4.7.1 实时获取

测试步骤：

a) 同图 13 所示，连接信号发生器的输出到示波器的输入通道；

b) 设置示波器的获取方式为“实时”，触发方式为“单次”，调整时基档至合适的档级；

c) 设置信号发生器输出任意信号；

d) 观测被测示波器是否能够稳定有效地捕获到信号。

5.11.4.7.2 等效获取

测试步骤：

a) 同图 13 所示，连接信号发生器的输出到示波器的输入通道；

b) 设置示波器的获取方式为“等效”，触发方式为“正常”，调整时基档至合适的档级；

c) 设置信号发生器输出单次正弦波，观测被测示波器是否能够捕获到信号；如果不能，保持示波器状态不变，改变信号发生器输出为周期连续正弦波信号，若能稳定无失真地显示波形，则被测示波器具有“等效获取”方式。

5.11.4.7.3 **峰值获取**

测试步骤：

a) 同图13所示，连接信号发生器的输出到示波器的输入通道；

b) 设置示波器的获取方式为“峰值”，触发方式为“正常”，调整时基档至合适的档级；

c) 设置信号发生器输出被测示波器峰值检测所能捕获的最小脉冲宽度的脉冲信号；

d) 观测是否能够捕获到该脉冲。

5.11.4.7.4 **平均获取**

测试步骤：

a) 同图13所示，连接任意波形发生器输出到选定的示波器输入通道；

b) 设置示波器的获取方式为“平均”，触发方式为“正常”，调整时基档至合适的档级；

c) 设置任意波形发生器输出为叠加了噪声的正弦信号；

d) 观测显示波形的噪声是否明显减小。

5.11.4.7.5 **包络获取**

测试步骤：

a) 同图13所示，连接信号发生器的输出到示波器的输入通道；

b) 设置示波器的获取方式为“包络”，触发方式为“正常”，调整时基档至合适的档级；

c) 设置信号发生器输出调幅波；

d) 观测屏幕波形形状是否为信号包络。

5.11.4.7.6 **高分辨率获取**

测试步骤：

a) 同图13所示，连接信号发生器的输出到示波器的输入通道；

b) 设置示波器的获取方式为“实时”，调整时基档至合适的档级；

c) 设置信号发生器输出正弦波；

d) 观察屏幕中稳定显示的波形；改变示波器的获取方式为“高分辨率”；

e) 观察屏幕波形噪声是否明显降低(相对“实时”获取方式)。

5.11.4.7.7 **快速获取**

测试步骤：

a) 同图13所示，连接信号发生器的输出到示波器的输入通道；

b) 设置示波器的获取方式为“实时”，触发方式为“正常”，调整时基档至合适的档级；

c) 设置信号发生器输出调幅波，逐步提高调幅波载波、调制波频率(载波与调制波间的频率比保持为1∶10)，直至显示不稳定；

d) 改变示波器的获取方式为“快速”，观测此调幅波信号，如果能够稳定显示，则说明示波器具有此功能。

5.11.4.7.8 **趋势获取**

测试步骤：

a) 同图13所示，连接信号发生器的输出到示波器的输入通道；

b) 设置示波器的获取方式为“趋势”模式，调整时基档至合适的档级；

c) 在此功能下，应能在较长时间段内观察（记录）波形缓慢变化的趋势。

5.11.4.7.9 内存分段模式

按产品标准的方法进行测试。

5.11.5 显示系统特性的测试

5.11.5.1 显示方式

同图 13 所示，连接信号发生器的输出到示波器的输入通道。

设置示波器的显示方式为“点”或“矢量”，观测屏幕显示波形的方式是否改变。

5.11.5.2 *X-Y* 显示

如图 16 所示，连接信号发生器的输出到示波器的输入通道。

设置示波器的显示方式为“*X-Y* 显示”，观测是否正确显示李萨育图形。

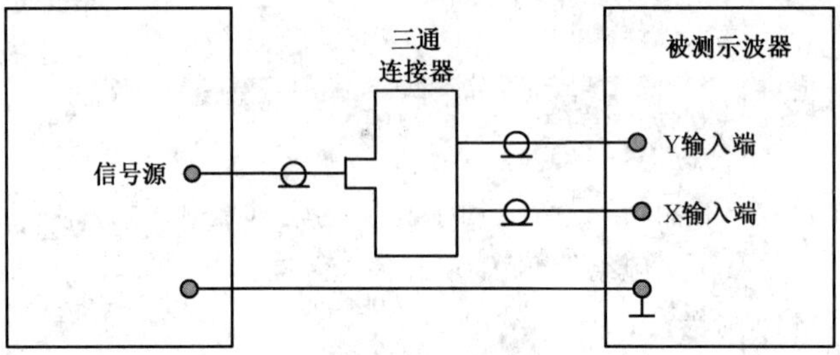

图 16

5.11.5.3 波形强度

测试步骤：

a) 同图 13 所示，连接信号发生器的输出到示波器的输入通道；

b) 设置示波器垂直灵敏度和时基于合适档级；

c) 设置信号发生器一般输出频率为 1 kHz 正弦波，输出电压占示波器波形显示有效区高度的 80%以上；

d) 调节示波器的波形强度，观察显示波形的灰度等是否随波形强度的变化而变化。

5.11.5.4 余辉

测试步骤：

a) 同图 13 所示，连接信号发生器的输出到示波器的输入通道；

b) 设置示波器显示方式为“余辉显示”，设置余辉显示时间为 t；

c) 设置信号发生器工作于“突发”模式，输出波形间隔时间为 t 的信号；

d) 此时被测示波器应稳定持续显示波形信号；再设置信号发生器输出波形间隔时间大于 t，此时被测示波器应断续显示波形信号。

5.11.5.5 滚动

测试步骤：

a) 同图 13 所示，连接信号发生器的输出到示波器的输入通道；

b） 设置示波器时基档级到“滚动”工作方式下；

c） 设置信号发生器输出慢速信号；

d） 观察示波器在滚动 $N(N>10)$屏数据后，调节信号发生器输出的波形周期，观测示波器的波形显示是否立即更新，再经过 $N(N>10)$屏数据后，停止采集，观测显示波形周期是否正确。

5.11.5.6 扫描

测试步骤：

a） 同图 13 所示，连接信号发生器的输出到示波器的输入通道；

b） 设置示波器时基档级到“扫描”工作方式下；

c） 设置信号发生器输出慢速信号；

d） 观察示波器在扫描 $N(N>10)$屏数据后，调节信号发生器输出的波形周期，观测示波器的波形显示是否立即更新，再经过 $N(N>10)$屏数据后，停止采集，观测显示波形周期是否正确。

5.11.5.7 显示器

按产品标准的方法测试。

5.11.6 触发

5.11.6.1 触发源

测试步骤：

a） 同图 13 所示，连接信号发生器的输出到示波器的输入通道；

b） 设置示波器垂直灵敏度和时基于合适档级，触发耦合于交流耦合，触发电平置于零电平；

c） 设置信号发生器一般输出频率为 1 kHz 正弦波，输出电压占示波器波形显示有效区高度的 80％以上；

d） 设置被测示波器的触发源，被测波形应能与相应触发源稳定触发。

5.11.6.2 触发类型

5.11.6.2.1 边沿触发

测试步骤：

a） 同图 13 所示，连接信号发生器的输出到示波器的输入通道；

b） 设置示波器垂直灵敏度和时基于合适档级，触发类型为“边沿”触发，触发耦合置于交流耦合，触发电平置于零电平；

c） 设置信号发生器一般输出频率为 1 kHz 正弦波，输出电压占示波器波形显示有效区高度的 80％以上；

d） 设置示波器触发极性为上升沿、下降沿触发，被测波形应随极性变化而相应变化；

e） 设置示波器触发电平，可观察到被测波形随触发电平上下移动而左右移动。

5.11.6.2.2 脉冲宽度触发

测试步骤：

a） 同图 13 所示，连接信号发生器的输出到示波器的输入通道；

b） 设置示波器垂直灵敏度和时基于合适档级，触发类型为“脉宽”触发，触发耦合置于交流耦合，触发电平置于零电平；

c） 设置信号发生器输出周期为 T，占空比为 80％的方波信号，输出电压占示波器波形显示有效区高度的 80%以上；

d) 设定示波器的触发条件为大于，触发极性为正脉宽触发，调节脉宽比较值 T_p，当 $T/2>T_p$ 时，被测波形应能稳定触发；

e) 先后改变触发条件为小于、等于、不等于，分别观察波形在 $T/2<T_p$，$T/2=T_p$，$T/2\neq T_p$ 时触发的状态。

5.11.6.2.3 **视频触发**

测试步骤：

a) 如图 17 所示，连接视频信号发生器的输出到示波器的输入通道；

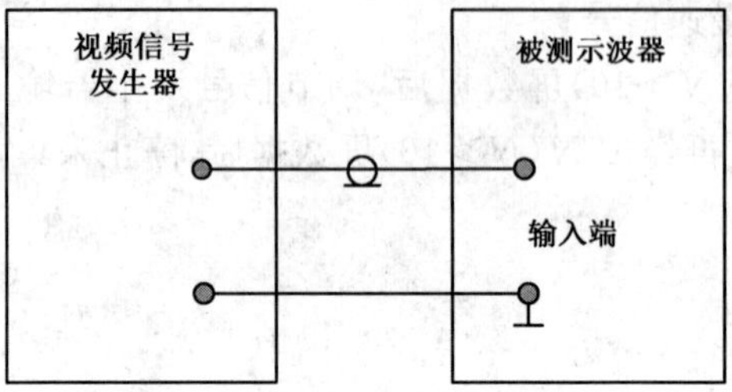

图 17

b) 设置示波器垂直灵敏度和时基于合适档级，触发类型为"视频"触发；

c) 设置视频信号发生器输出制式为 NTSC 的视频信号，示波器视频触发设置为对应的 NTSC 制式，输出电压占示波器波形显示有效区高度的 80%以上；

d) 分别设置示波器的触发方式为奇数场、偶数场、指定行等触发，观察显示波形，视频信号应能在不同触发方式下观察到相应的细节；

e) 改变视频信号发生器的输出制式，同时设置示波器视频触发为对应制式，重复上一步骤。

5.11.6.2.4 **斜率触发**

测试步骤：

a) 同图 13 所示，连接信号发生器的输出到示波器的输入通道；

b) 设置示波器垂直灵敏度和时基于合适档级，触发类型为"斜率"触发，触发耦合置于交流耦合；设置信号发生器输出周期为 T，斜率为 K 的锯齿波信号，输出电压占示波器波形显示有效区高度的 80%以上；

c) 设置示波器触发条件为等于，斜率极性为正极性，调节斜率窗口比较电压，然后调节斜率比较值，当 $K_c\approx K$ 时，被测波形应能稳定触发；

d) 其他触发条件可按相同步骤测试。

5.11.6.3 **触发方式**

测试步骤：

a) 同图 13 所示，连接信号发生器的输出到示波器的输入通道；

b) 设置示波器垂直灵敏度和时基于合适档级，触发耦合置于交流耦合，触发电平置于零电平；

c) 设置信号发生器一般输出频率为 1 kHz 正弦波，输出电压占示波器波形显示有效区高度的 80%以上；

d) 关闭信号发生器输出开关，设置示波器触发方式为"自动"，屏幕中波形显示为一条基线，且不断更新；打开信号发生器输出开关，屏幕中稳定显示不断刷新的正弦信号；

e) 关闭信号发生器输出开关，设置示波器触发方式为"正常"，屏幕中显示静止波形或波形不更新；打开信号发生器输出开关，屏幕中稳定显示不断刷新的正弦信号；

f) 关闭信号发生器输出开关，设置示波器触发方式为“单次”，屏幕中显示静止波形或波形不更新；打开信号发生器输出开关，屏幕中在触发点后显示正弦信号，并立即进入停止状态；

g) 设置示波器触发方式为“正常”，调节触发电平，使触发电平偏离波形显示范围，屏幕中显示静止波形或波形不更新，设置“强制”功能，每设置一次，示波器更新一次波形。

5.11.6.4 触发灵敏度

测试步骤：

a) 同图13所示，连接信号发生器的输出到示波器的输入通道；

b) 设置示波器输入耦合为“AC”，触发耦合方式为“AC”，将垂直灵敏度和时基置于合适档级；

c) 设置信号发生器输出某一确定频率正弦波，输出电压占示波器波形显示有效区高度的80%以上，在输出频率保持不变的情况下，改变信号输出幅度，调节触发电平，测出稳定显示时的最小显示高度(或电压)，即为示波器在该频率点上的触发灵敏度。根据产品标准的规定，改变信号发生器的输出频率，用上述方法得到示波器的在各个频率范围内触发灵敏度。

5.11.6.5 触发耦合方式

测试步骤：

a) 同图13所示，连接信号发生器的输出到示波器的输入通道；

b) 设置示波器垂直灵敏度和时基于合适档级，输入耦合方式为“DC”，触发电平置于零电平；

c) 设置信号发生器一般输出频率为1 kHz具有一定直流偏移量的正弦波，输出电压占示波器波形显示有效区高度的80%以上；

d) 设置示波器触发方式为“直流”，调节触发电平位置，触发有效范围应在波形幅度显示区域内；

e) 设置示波器触发耦合方式为“交流”，调节触发电平位置，触发有效范围应以基线为中心；

f) 设置示波器触发耦合方式为“高频抑制”，调整信号发生器的输出频率到产品标准中说明的高频抑制频率转折频率点，保持信号发生器输出信号幅度不变，增大信号发生器的输出信号频率，然后调节示波器触发电平位置，触发有效范围应随被测信号波形频率增大而减小；

g) 设置示波器触发耦合方式为“低频抑制”，调整信号发生器的输出频率到产品标准中说明的低频抑制频率转折点，保持信号发生器输出信号幅度不变，减小信号发生器的输出信号频率，然后调节示波器触发电平位置，触发有效范围应随被测信号波形频率减小而减小。

5.11.6.6 触发释抑

测试步骤：

a) 同图13所示，连接信号发生器的输出到示波器的输入通道；

b) 设置示波器垂直灵敏度置合适档级，时基置于仅能观察到小脉冲的合适档级，输入耦合方式为“DC”，触发方式为“上升沿触发”，触发电平置于合适位置；

c) 设置信号发生器输出为如图18所示组合周期信号，设该周期信号的周期为T，每个周期内脉冲持续时间为T_1，输出电压占示波器波形显示有效区高度的80%以上；

d) 调节示波器触发释抑时间t变化，当$t<T_1$时，不能稳定触发；当$T_1<t<T$时，应能稳定触发；当$(T+T_1)>t>T$时，不能稳定触发。

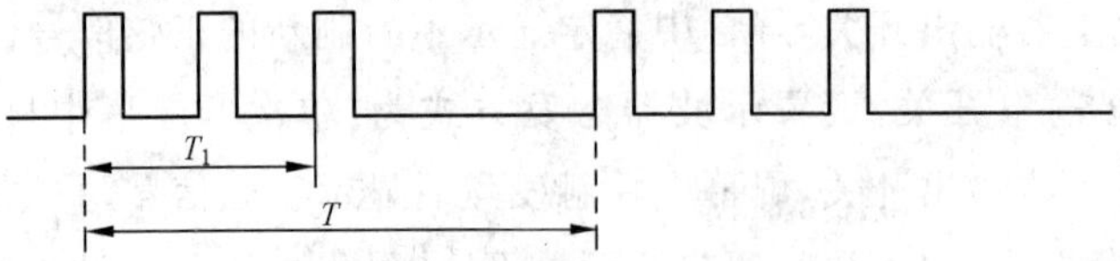

图 18

5.11.6.7 预触发/延迟触发

测试步骤：

a) 同图 13 所示，连接信号发生器的输出到示波器的输入通道；

b) 设置信号发生器输出频率为 1 kHz 正弦波，输出电压占示波器波形显示有效区高度的 80％以上，关闭信号发生器输出开关；

c) 设置示波器垂直灵敏度和时基于合适档级，触发类型为边沿，触发耦合为直流耦合，触发方式为单次，触发电平置于零电平，预触发置于最大位置；

d) 启动示波器采集功能，当示波器处于等待触发的状态后，打开信号发生器输出开关，采集结束后，观察示波器采集到的波形应在预触发位置之后，即可验证预触发范围满足产品标准要求；

e) 将示波器延迟触发置于最大位置，触发方式为正常，触发斜率为上升沿；

f) 调节信号发生器输出周期为 $2T$（T 为产品标准中给定的最大延迟触发）、占空比为 50％的方波；

g) 波形稳定触发显示后，此时若能在示波器波形显示区的中心观察到此方波信号的下降沿，则说明被测示波器的延迟触发范围为 T。

5.11.6.8 触发电平调节范围

测试步骤：

a) 同图 13 所示，连接信号发生器的输出到示波器的输入通道；

b) 设置示波器垂直灵敏度和时基于合适档级，触发耦合为交流耦合，触发电平置于零电平；

c) 设置信号发生器输出频率为 1 kHz 正弦波，输出电压大于或等于产品标准给出的触发电平的调节范围；

d) 调节示波器触发电平，使触发电平在全范围内变化，观察触发电平的调节过程中，波形应能够触发并稳定显示；

e) 改变信号发生器输出电压小于产品标准给出的触发电平的调节范围；

f) 调节示波器触发电平，使触发电平在全范围内变化，观察触发电平的调节过程中，当触发电平在输入信号电压范围外时，波形不能触发；当触发电平在输入信号电压范围内时，波形能够触发并稳定显示。

5.11.6.9 触发抖动

测试步骤：

a) 同图 13 所示，连接信号发生器的输出到示波器的输入通道；

b) 设置示波器垂直灵敏度于合适档级，时基置于最快档，触发耦合置于交流耦合，触发电平置于零电平，显示方式置于无限余辉方式；

c) 设置信号发生器一般输出频率为 1 MHz 快沿信号(信号源上升沿应优于被测示波器上升时间的 1～2 倍)，输出电压占示波器波形显示有效区高度的 80％以上；

d) 读出方波快沿的波形余辉显示在水平方向上抖动时的最大时间范围 T，即为触发抖动。

5.11.6.10　交替触发

按产品标准的方法测试。

5.11.6.11　外触发特性

5.11.6.11.1　范围

测试步骤：

a）如图 19 所示，连接信号源输出到选定的示波器的外触发输入通道；

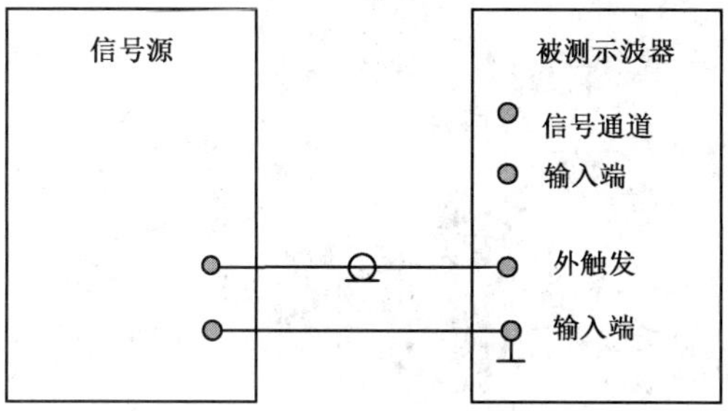

图 19

b）设置示波器触发耦合方式为交流耦合，选择触发源为外触发，设置触发电平为零电平；

c）设置信号源输出固定频率信号，并调节信号源使输出信号电压在产品给定范围内变化，检查在变化范围内是否有稳定触发。

5.11.6.11.2　频率

测试步骤：

a）同图 19 所示，连接信号源输出到选定的示波器外触发输入通道；

b）设置示波器触发耦合方式为交流耦合，选择触发源为外触发，设置触发电平为零电平；

c）设置信号源输出 TTL 电平信号，并调节信号源使输出信号频率在产品给定范围内变化，检查在变化范围内是否有稳定触发。

5.11.6.11.3　输入阻抗

测试步骤：

a）如图 20 所示，连接 LCR 测试仪输出到选定的示波器外触发输入通道；

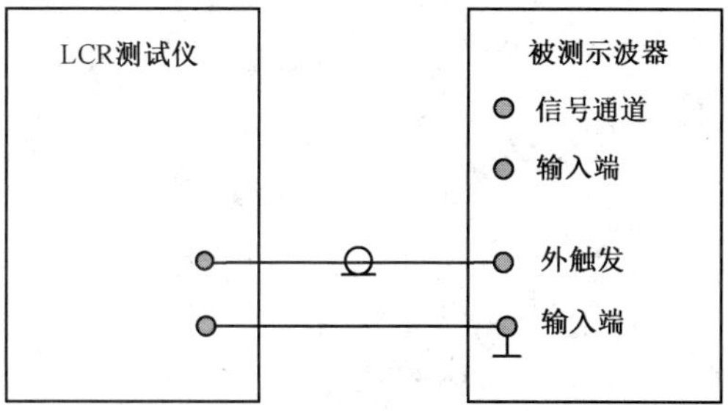

图 20

b）设置示波器触发耦合方式为直流耦合，选择触发源为外触发；

c）使用 LCR 测试仪分别测量外触发输入端的电阻值和电容值。

5.11.6.11.4 衰减

测试步骤：

a) 同图 19 所示，连接信号源输出到选定的示波器外触发输入通道；

b) 设置示波器触发耦合方式为交流耦合，触发源为外触发，触发电平为零电平；

c) 设置信号源输出 TTL 电平信号，设置示波器外触发为无衰减档，并调节示波器触发电平，记录下此时波形能稳定触发的触发电平有效范围 A；再切换示波器外触发为有衰减档，同样调节示波器触发电平，记录下此时波形能稳定触发的触发电平有效范围 B；计算 A/B，应大约等于外触发衰减倍率。

5.11.7 其他功能

5.11.7.1 自动设置

按产品标准的方法测试。

5.11.7.2 模板测试

按产品标准的方法测试。

5.11.7.3 光标测量

按产品标准的方法测试。

5.11.7.4 参数自动测量

按产品标准的方法测试。

5.11.7.5 滤波功能

按产品标准的方法测试。

5.11.7.6 波形运算

按产品标准的方法测试。

5.11.7.7 FFT 运算

按产品标准的方法测试。

5.11.7.8 波形反相

按产品标准的方法测试。

5.11.7.9 波形和设置存储

按产品标准的方法测试。

5.11.8 记录输出

按产品标准的方法测试。

5.11.9 接口

按产品标准的方法测试。

5.11.10 探极调节辅助信号

按产品标准的方法测试。

5.11.11 探头(探极)

按产品标准的方法测试。

6 检验规则

6.1 检验分类

本标准规定的检验分为鉴定检验和质量一致性检验。

6.2 检验条件

应符合 GB/T 6587—2012 中 5.2 的规定。

6.3 缺陷判定

应在产品标准中规定。

6.4 鉴定检验

6.4.1 鉴定检验项目和顺序

检验项目应符合表 1 规定,顺序应符合 GB/T 6587—2012 中表 9 的规定。

表 1 鉴定检验项目

序号	检验项目	鉴定检验分组											要求章条号	试验方法章条号
		A 组		B 组	C 组					D 组	E 组	F 组		
		工作前检验	主要性能特性测试	非主要性能特性测试	低温高温湿度	振动	机械冲击	电源	运输包装	电磁兼容	尺寸和重量	可靠性		
1	供电电源	—	○	—	—	—	—	●	—	—	—	○	4.2	5.1.5
2	外形尺寸	—	—	—	—	—	—	—	—	—	●	—	4.3	5.2
3	重量	—	—	—	—	—	—	—	—	—	●	—	4.4	5.3
4	外观与结构	●	—	—	●	●	●	—	●	—	—	○	4.5	5.4
5	安全性	●	—	—	—	—	—	—	—	—	—	—	4.6	5.5
6	环境适应性	—	—	—	●	●	●	—	—	—	—	—	4.7	5.6
7	电磁兼容性	—	—	—	—	—	—	—	—	●	—	—	4.8	5.7
8	可靠性	—	—	—	—	—	—	—	—	—	—	●	4.9	5.8
9	功能正常性	—	●	—	●	●	●	●	●	●	—	●	4.10	5.9
10	输入通道数	-	●	—	—	—	—	—	—	—	—	—	4.11.1	5.11.1
11	输入耦合	—		●	—	—	—	—	—	—	—	—	4.11.2.1	5.11.2.1

表 1（续）

序号	检验项目	鉴定检验分组											要求章条号	试验方法章条号
		A组		B组	C组					D组	E组	F组		
		工作前检验	主要性能特性测试	非主要性能特性测试	低温高温湿度	振动	机械冲击	电源	运输包装	电磁兼容	尺寸和重量	可靠性		
12	输入阻抗	—	—	●	○	—	—	○	—	—	—	—	4.11.2.2	5.11.2.2
13	最大输入电压	—	—	●	○	—	—	○	—	—	—	—	4.11.2.3	5.11.2.3
14	偏置范围	—	—	●	○	—	—	○	—	—	—	—	4.11.2.4	5.11.2.4
15	垂直位移	—	—	●	●	—	—	●	—	—	—	—	4.11.2.5	5.11.2.5
16	垂直灵敏度	—	●	—	●	○	○	●	—	—	—	○	4.11.2.6	5.11.2.6
17	幅度精度	—	●	—	●	○	○	●	—	—	—	—	4.11.2.7	5.11.2.7
18	幅度线性误差	—	—	●	○	—	—	○	—	—	—	—	4.11.2.8	5.11.2.8
19	输入带宽	—	●	—	●	○	○	○	—	—	—	○	4.11.2.9	5.11.2.9
20	上升时间	—	●	—	○	○	○	○	—	—	—	—	4.11.2.10	5.11.2.10
21	上冲	—	●	—	●	○	○	○	—	—	—	—	4.11.2.10	5.11.2.10
22	阻尼	—	—	●	○	○	○	○	—	—	—	—	4.11.2.10	5.11.2.10
23	脉冲顶部不平度	—	—	●	○	○	○	○	—	—	—	—	4.11.2.10	5.11.2.10
24	下垂	—	—	●	○	○	○	○	—	—	—	—	4.11.2.10	5.11.2.10
25	直流特性	—	—	●	○	○	○	○	—	—	—	○	4.11.2.10	5.11.2.10
26	通道间延迟	—	—	●	○	○	○	○	—	—	—	—	4.11.2.11	5.11.2.11
27	通道间隔离度	—	—	●	○	○	○	○	—	—	—	—	4.11.2.12	5.11.2.12
28	漂移	—	—	●	●	○	○	○	—	—	—	—	4.11.2.13	5.11.2.13
29	噪声	—	—	●	●	○	○	○	—	—	—	—	4.11.2.14	5.11.2.14
30	共模抑制比	—	—	●	○	○	○	○	—	—	—	—	4.11.2.15	5.11.2.15
31	水平位移范围	—	—	●	○	○	○	○	—	—	—	○	4.11.3.1	5.11.3.1
32	时基范围	—	●	—	●	○	○	○	—	—	—	○	4.11.3.2	5.11.3.2
33	时基精度	—	●	—	●	○	○	○	—	—	—	—	4.11.3.3	5.11.3.3
34	双时基	—	○	●	○	—	—	○	—	—	—	—	4.11.3.4	5.11.3.4
35	参考时钟输出	—	○	●	○	—	—	○	—	—	—	—	4.11.3.5	5.11.3.5
36	最高实时采样率	—	●	—	○	—	—	—	—	—	—	—	4.11.4.1	5.11.4.1
37	最高等效采样率	—	—	●	○	—	—	—	—	—	—	—	4.11.4.2	5.11.4.2
38	垂直分辨率	—	—	●	—	—	—	—	—	—	—	—	4.11.4.3	5.11.4.3
39	存储深度	—	●	—	○	—	—	—	—	—	—	—	4.11.4.4	5.11.4.4
40	记录长度	—	—	●	○	—	—	—	—	—	—	—	4.11.4.5	5.11.4.5
41	波形捕获率	—	●	—	○	—	—	—	—	—	—	—	4.11.4.6	5.11.4.6

表 1（续）

序号	检验项目	鉴定检验分组											要求章条号	试验方法章条号
		A组		B组	C组					D组	E组	F组		
		工作前检验	主要性能特性测试	非主要性能特性测试	低温高温湿度	振动	机械冲击	电源	运输包装	电磁兼容	尺寸和重量	可靠性		
42	实时	●	—	—	—	—	—	—	—	—	—	—	4.11.4.7.1	5.11.4.7.1
43	等效	●	—	—	—	—	—	—	—	—	—	—	4.11.4.7.2	5.11.4.7.2
44	峰值检测	●	—	—	—	—	—	—	—	—	—	—	4.11.4.7.3	5.11.4.7.3
45	平均(功能)	●	—	—	—	—	—	—	—	—	—	—	4.11.4.7.4	5.11.4.7.4
46	包络	●	—	—	—	—	—	—	—	—	—	—	4.11.4.7.5	5.11.4.7.5
47	高分辨率	●	—	—	—	—	—	—	—	—	—	—	4.11.4.7.6	5.11.4.7.6
48	快速	●	—	—	—	—	—	—	—	—	—	—	4.11.4.7.7	5.11.4.7.7
49	趋势	●	—	—	—	—	—	—	—	—	—	—	4.11.4.7.8	5.11.4.7.8
50	内存分段模式	●	—	—	—	—	—	—	—	—	—	—	4.11.4.7.9	5.11.4.7.9
51	显示方式	●	—	—	—	—	—	—	—	—	—	—	4.11.5.1	5.11.5.1
52	*X*-*Y* 显示	●	—	—	—	—	—	—	—	—	—	—	4.11.5.2	5.11.5.2
53	波形强度	●	—	○	○	○	○	—	—	—	—	—	4.11.5.3	5.11.5.3
54	余辉	●	—	○	○	○	○	—	—	—	—	—	4.11.5.4	5.11.5.4
55	滚动	●	—	○	○	—	—	—	—	—	—	—	4.11.5.5	5.11.5.5
56	扫描	●	—	○	○	—	—	—	—	—	—	—	4.11.5.6	5.11.5.6
57	显示器	●	—	—	—	—	—	—	—	—			4.11.5.7	5.11.5.7
58	触发源	●	—	○	○	—	—	—	—	—	—	—	4.11.6.1	5.11.6.1
59	触发类型	●	—	○	○	—	—	—	—	—	—	—	4.11.6.2	5.11.6.2
60	触发方式	●	—	○	○	—	—	—	—		—	—	4.11.6.3	5.11.6.3
61	触发灵敏度	—	●	○	●	○	○	○	—	—	—	○	4.11.6.4	5.11.6.4
62	触发耦合方式	●	—	○	○	—	—	—	—	—	—	—	4.11.6.5	5.11.6.5
63	触发释抑	—	—	●	○	—	—	—	—	—	—	—	4.11.6.6	5.11.6.6
64	预触发/延迟触发	—	—	●	○	—	—	—	—	—	—	—	4.11.6.7	5.11.6.7
65	触发电平调节范围	—	—	●	○	—	—	—	—	—	—	○	4.11.6.8	5.11.6.8
66	触发抖动	—	—	●	○	—	—	—	—	—	—	—	4.11.6.9	5.11.6.9
67	交替触发	●	—	—	○	—	—	—	—	—	—	—	4.11.6.10	5.11.6.10
68	外触发特性	●	—	○	○	—	—	—	—	—	—	—	4.11.6.11	5.11.6.11
69	自动设置	●	—	○	○	○	○	○	—	—	—	○	4.11.7.1	5.11.7.1
70	模板测试	●	—	—	—	—	—	—	—	—	—	—	4.11.7.2	5.11.7.2
71	光标测量	●	—	○	—	—	—	—	—	—	—	○	4.11.7.3	5.11.7.3

表 1（续）

序号	检验项目	鉴定检验分组											要求章条号	试验方法章条号
		A 组		B 组	C 组					D 组	E 组	F 组		
		工作前检验	主要性能特性测试	非主要性能特性测试	低温高温湿度	振动	机械冲击	电源	运输包装	电磁兼容	尺寸和重量	可靠性		
72	参数自动测量	—	●	—	—	—	—	—	—	—	—	○	4.11.7.4	5.11.7.4
73	滤波功能	●	—	—	—	—	—	—	—	—	—	—	4.11.7.5	5.11.7.5
74	波形运算	—	—	●	—	—	—	—	—	—	—	—	4.11.7.6	5.11.7.6
75	FFT 功能	—	—	●	—	—	—	—	—	—	—	—	4.11.7.7	5.11.7.7
76	波形反相	—	—	●	○	—	—	○	—	—	—	—	4.11.7.8	5.11.7.8
77	波形和设置存储	—	—	●	○	—	—	○	—	—	—	—	4.11.7.9	5.11.7.9
78	记录输出	—	—	●	○	—	—	○	—	—	—	—	4.11.8	5.11.8
79	接口	—	—	●	○	○	○	○	—	—	—	○	4.11.9	5.11.9
80	探极调节辅助信号	—	—	●	—	—	—	—	—	—	—	—	4.11.10	5.11.10
81	探头（探极）	—	—	●	—	—	—	—	—	—	—	—	4.11.11	5.11.11
注：●表示必检项目；○ 表示有要求时应检验的项目；—表示不检项目。														

6.4.2 鉴定检验抽样

6.4.2.1 A 组检验

随机抽取 5 台样品进行。

6.4.2.2 B 组检验

在已通过 A 组检验的 5 台样品中进行。

6.4.2.3 C 组检验

在已通过 A 组和 B 组检验的样品中抽取 3 台进行。

6.4.2.4 D 组检验

在已通过 A 组和 B 组检验的样品中抽取 1 台进行。

6.4.2.5 E 组检验

在已通过 A 组和 B 组检验的样品中抽取 1 台进行。

6.4.2.6 F 组检验

在已通过 A 组和 B 组检验的样品上至少抽取 2 台进行。

6.4.3 鉴定检验合格判据

应符合 GB/T 6587—2012 中 6.3.3 的规定。

6.5 质量一致性检验

6.5.1 检验项目和顺序

应按表 2 中规定项目进行，顺序应符合 GB/T 6587—2012 中表 9 的规定。

表 2 质量一致性检验项目

序号	检验项目	质量一致性检验分组											要求章条号	试验方法章条号
		A 组		B 组	C 组					D 组	E 组	F 组		
		工作前检验	主要性能特性测试	非主要性能特性测试	低温高温湿度	振动	机械冲击	电源	运输包装	电磁兼容	尺寸和重量	可靠性		
1	供电电源	—	○	—	—	—	—	○	—	—	—	○	4.2	5.1.5
2	外形尺寸	—	—	—	—	—	—	—	—	—	●	—	4.3	5.2
3	重量	—	—	—	—	—	—	—	—	—	●	—	4.4	5.3
4	外观与结构	●	—	—	●	●	●	—	●	—	—	○	4.5	5.4
5	安全性	●	—	—	—	—	—	—	—	—	—	—	4.6	5.5
6	环境条件适应性	—	—	—	●	●	●	—	—	—	—	—	4.7	5.6
7	电磁兼容性	—	—	—	—	—	—	—	—	○	—	—	4.8	5.7
8	可靠性	—	—	—	—	—	—	—	—	—	—	○	4.9	5.8
9	功能正常性	—	●	—	●	●	●	●	●	●	—	●	4.10	5.9
10	输入通道数	—	●	—	—	—	—	—	—	—	—	—	4.11.1	5.11.1
11	输入耦合	—	—	●	—	—	—	—	—	—	—	—	4.11.2.1	5.11.2.1
12	输入阻抗	—	—	●	○	—	—	○	—	—	—	—	4.11.2.2	5.11.2.2
13	最大输入电压	—	—	●	○	—	—	○	—	—	—	—	4.11.2.3	5.11.2.3
14	偏置范围	—	—	●	○	—	—	○	—	—	—	—	4.11.2.4	5.11.2.4
15	垂直位移	—	—	●	●	—	—	●	—	—	—	—	4.11.2.5	5.11.2.5
16	垂直灵敏度	—	●	—	●	○	○	●	—	—	—	○	4.11.2.6	5.11.2.6
17	幅度精度	—	●	—	●	○	○	●	—	—	—	—	4.11.2.7	5.11.2.7
18	幅度线性误差	—	—	●	○	—	—	○	—	—	—	—	4.11.2.8	5.11.2.8
19	输入带宽	—	●	—	●	○	○	○	—	—	—	○	4.11.2.9	5.11.2.9
20	上升时间	—	●	—	○	○	○	○	—	—	—	—	4.11.2.10	5.11.2.10
21	上冲	—	●	—	●	○	○	○	—	—	—	—	4.11.2.10	5.11.2.10
22	阻尼	—	—	●	○	○	○	○	—	—	—	—	4.11.2.10	5.11.2.10
23	脉冲顶部不平度	—	—	●	○	○	○	○	—	—	—	—	4.11.2.10	5.11.2.10
24	下垂	—	—	●	○	○	○	○	—	—	—	—	4.11.2.10	5.11.2.10
25	直流特性	—	—	●	○	○	○	○	—	—	—	○	4.11.2.10	5.11.2.10
26	通道间延迟	—	—	●	○	○	○	○	—	—	—	—	4.11.2.11	5.11.2.11

表 2（续）

序号	检验项目	质量一致性检验分组											要求章条号	试验方法章条号
		A组		B组	C组					D组	E组	F组		
		工作前检验	主要性能特性测试	非主要性能特性测试	低温高温湿度	振动	机械冲击	电源	运输包装	电磁兼容	尺寸和重量	可靠性		
27	通道间隔离度	—	—	●	○	○	○	○	—	—	—	—	4.11.2.12	5.11.2.12
28	漂移	—	—	●	●	○	○	○	—	—	—	—	4.11.2.13	5.11.2.13
29	噪声	—	—	●	●	○	○	○	—	—	—	—	4.11.2.14	5.11.2.14
30	共模抑制比	—	—	●	○	○	○	○	—	—	—	—	4.11.2.15	5.11.2.15
31	水平位移范围	—	—	●	○	○	○	○	—	—	—	○	4.11.3.1	5.11.3.1
32	时基范围	—	●	—	●	○	○	○	—	—	—	○	4.11.3.2	5.11.3.2
33	时基精度	—	●	—	●	○	○	○	—	—	—	—	4.11.3.3	5.11.3.3
34	双时基	—	○	●	○	—	—	○	—	—	—	—	4.11.3.4	5.11.3.4
35	参考时钟输出	—	○	●	○	—	—	○	—	—	—	—	4.11.3.5	5.11.3.5
36	最高实时采样率	—	—	○	○	—	—	—	—	—	—	—	4.11.4.1	5.11.4.1
37	最高等效采样率	—	—	○	—	—	—	—	—	—	—	—	4.11.4.2	5.11.4.2
38	垂直分辨率	—	○	○	○	—	—	—	—	—	—	—	4.11.4.3	5.11.4.3
39	存储深度	—	○	●	○	—	—	○	—	—	—	—	4.11.4.4	5.11.4.4
40	记录长度	—	—	○	○	—	—	—	—	—	—	—	4.11.4.5	5.11.4.5
41	波形捕获率	—	○	—	—	—	—	—	—	—	—	—	4.11.4.6	5.11.4.6
42	实时	●	—	—	—	—	—	—	—	—	—	—	4.11.4.7.1	5.11.4.7.1
43	等效	●	—	—	—	—	—	—	—	—	—	—	4.11.4.7.2	5.11.4.7.2
44	峰值检测	●	—	—	—	—	—	—	—	—	—	—	4.11.4.7.3	5.11.4.7.3
45	平均（功能）	●	—	—	—	—	—	—	—	—	—	—	4.11.4.7.4	5.11.4.7.4
46	包络	●	—	—	—	—	—	—	—	—	—	—	4.11.4.7.5	5.11.4.7.5
47	高分辨率	●	—	—	—	—	—	—	—	—	—	—	4.11.4.7.6	5.11.4.7.6
48	快速	●	—	—	—	—	—	—	—	—	—	—	4.11.4.7.7	5.11.4.7.7
49	趋势	●	—	—	—	—	—	—	—	—	—	—	4.11.4.7.8	5.11.4.7.8
50	内存分段模式	●	—	—	—	—	—	—	—	—	—	—	4.11.4.7.9	5.11.4.7.9
51	显示方式	●	—	—	—	—	—	—	—	—	—	—	4.11.5.1	5.11.5.1
52	*X-Y* 显示	●	—	—	—	—	—	—	—	—	—	—	4.11.5.2	5.11.5.2
53	波形强度	●	—	○	○	○	○	—	—	—	—	—	4.11.5.3	5.11.5.3
54	余辉	●	—	○	○	○	○	—	—	—	—	—	4.11.5.4	5.11.5.4
55	滚动	●	—	○	○	—	—	—	—	—	—	—	4.11.5.5	5.11.5.5
56	扫描	●	—	○	○	—	—	—	—	—	—	—	4.11.5.6	5.11.5.6

表 2（续）

序号	检验项目	质量一致性检验分组											要求章条号	试验方法章条号
		A 组		B 组	C 组					D 组	E 组	F 组		
		工作前检验	主要性能特性测试	非主要性能特性测试	低温高温湿度	振动	机械冲击	电源	运输包装	电磁兼容	尺寸和重量	可靠性		
57	显示器	●	—	—	—	—	—	—	—	—	—	—	4.11.5.7	5.11.5.7
58	触发源	●	●	○	○	—	—	—	—	—	—	—	4.11.6.1	5.11.6.1
59	触发类型	●	—	○	○	—	—	—	—	—	—	—	4.11.6.2	5.11.6.2
60	触发方式	●	—	○	○	—	—	—	—	—	—	—	4.11.6.3	5.11.6.3
61	触发灵敏度	—	●	○	●	○	○	○	—	—	—	○	4.11.6.4	5.11.6.4
62	触发耦合方式	●	—	○	○	—	—	—	—	—	—	—	4.11.6.5	5.11.6.5
63	触发释抑	—	—	●	○	—	—	—	—	—	—	—	4.11.6.6	5.11.6.6
64	预触发/延迟触发	—	—	●	○	—	—	—	—	—	—	—	4.11.6.7	5.11.6.7
65	触发电平调节范围	—	—	●	○	—	—	—	—	—	—	○	4.11.6.8	5.11.6.8
66	触发抖动	—	—	●	○	—	—	—	—	—	—	—	4.11.6.9	5.11.6.9
67	交替触发	●	—	—	○	—	—	—	—	—	—	—	4.11.6.10	5.11.6.10
68	外触发特性	●	—	○	○	—	—	—	—	—	—	—	4.11.6.11	5.11.6.11
69	自动设置	●	—	○	○	○	○	○	—	—	—	○	4.11.7.1	5.11.7.1
70	模板测试	●	—	—	—	—	—	—	—	—	—	—	4.11.7.2	5.11.7.2
71	光标测量	●	—	○	—	—	—	—	—	—	—	○	4.11.7.3	5.11.7.3
72	参数自动测量	—	●	—	—	—	—	—	—	—	—	○	4.11.7.4	5.11.7.4
73	滤波功能	●	—	—	—	—	—	—	—	—	—	—	4.11.7.5	5.11.7.5
74	波形运算	—	—	●	—	—	—	—	—	—	—	—	4.11.7.6	5.11.7.6
75	FFT 功能	—	—	●	—	—	—	—	—	—	—	—	4.11.7.7	5.11.7.7
76	波形反相	—	—	●	○	—	—	○	—	—	—	—	4.11.7.8	5.11.7.8
77	波形和设置存储	—	—	●	○	—	—	○	—	—	—	—	4.11.7.9	5.11.7.9
78	记录输出	—	—	●	○	—	—	○	—	—	—	—	4.11.8	5.11.8
79	接口	—	—	●	○	○	○	○	—	—	—	○	4.11.9	5.11.9
80	探极调节辅助信号	—	—	●	—	—	—	—	—	—	—	—	4.11.10	5.11.10
81	探头(探极)	—	—	●	—	—	—	—	—	—	—	—	4.11.11	5.11.11

注：●表示必检项目；○表示有要求时应检验的项目；—表示不检项目。

6.5.2 A 组检验

A 组检验是对检验批的全部产品进行的非破坏性试验，检查最易受工艺或生产技能变化影响的性能特性，以及对操作控制等的安全特性要求。

a) 抽样方案：

每批产品均应按表 2 和产品标准的规定逐台进行，产品标准中应规定允许的轻缺陷数和重缺陷数。

b) 合格判据：

根据检验结果，累计缺陷数不超过产品标准的规定值时，则判批产品 A 组检验合格；若检验中出现缺陷数累计超过产品标准的规定值时，拒收该批产品，允许修复后重新交付检验；不允许出现致命缺陷。

6.5.3 B 组检验

B 组检验是对产品非主要性能特性进行的抽样检验，其检验项目应在产品标准中规定。

a) 抽样方案：

应符合 GB/T 6587—2012 中 6.4.3 的规定。

b) 合格判据：

根据检验结果，按抽样方案判定，当缺陷数小于产品标准规定的不合格判定数时，则判 B 组检验合格，将批中不合格品修复后继续试验；当缺陷数等于或大于产品标准规定的不合格判定数时，判该批产品 B 组检验不合格。

6.5.4 C 组检验

C 组检验是对产品的环境和电源的试验。符合下列情况之一时，均应进行 C 组检验：批量生产的产品，其生产间断时间大于 6 个月时，每批应进行 C 组检验；连续生产的产品，每年应进行一次 C 组检验；改变主要设计、工艺、元器件及材料时需要进行 C 组检验。

a) 抽样方案：

应符合 GB/T 6587—2012 中 6.4.4 的规定。

b) 合格判据：

根据检验和试验结果，按抽样方案判明 C 组检验合格与否；当缺陷数小于产品标准规定的合格判定数时，判 C 组检验合格；允许将不合格品修复后进行试验；当缺陷数等于或大于产品标准规定的不合格判定数时，则判 C 组检验不合格。

6.5.5 D 组检验

有规定时，应进行 D 组检验。D 组检验是对产品进行电磁兼容性试验。

a) 抽样方案：

D 组检验样品应从已通过 A 组和 B 组检验的产品中随机抽取，除非产品标准另有规定，其抽样与 C 组样品抽取方法相同。

b) 合格判据：

1) 除非产品标准另有规定，与 C 组检验合格判据相同；

2) 电磁兼容性试验不合格应拒收该批产品。

6.5.6 E 组检验

E 组检验的样品应在通过 A 组和 B 组检验的产品中随机抽取。

a) 抽样方案：

应符合 GB/T 6587—2012 中 6.4.6 的规定。

b) 合格判据：

按产品标准中的规定，当缺陷不大于合格判定数时，则判 E 组检验合格。当缺陷数等于或大于合格判定数时，则判 E 组检验不合格。

6.5.7 F 组检验

有规定时，应按 GB/T 6587—2012 中 6.4.7 的规定进行可靠性试验。

a) 抽样方案：

试验样品应在已通过 A 组和 B 组检验的产品中随机抽取。产品标准应按 GB/T 11463—1989 中表 3 的规定选取样品数量。

b) 合格判据：

应符合 GB/T 11463—1989 中第 7 章和第 8 章的规定。

6.5.8 质量一致性检验合格判据

每一检验均应符合本标准和产品标准的要求，除非订购方另有许可，A 组～F 组检验均应合格，则质量一致性检验合格。

7 标志、包装、运输、贮存

7.1 标志

7.1.1 产品标志

产品标志起码应具有下列内容：

a) 厂名、商标；

b) 型号、名称及出厂编号。

7.1.2 外包装标志

包装箱上起码应标志下列内容：

a) 厂名、商标、厂址；

b) 型号、名称；

c) 装箱年、月；

d) 毛重及包装箱的外形尺寸；

e) “怕雨”“向上”和“堆码高度”等图示标志应符合 GB/T 191 的规定。

7.2 包装

7.2.1 示波器的包装应根据产品的具体情况，从普通包装、防雨包装、防潮包装、防震包装要求中，由产品标准规定一种包装方法或者兼有几种要求的包装方法。

7.2.2 产品标准应对内包装物和外包装箱的材料做出具体规定。

7.2.3 产品标准应对产品随机文件做出规定，应包括以下文件：

a) 产品合格证；

b) 产品使用说明书；

c) 装箱单；

d) 随机备附件清单；

e) 其他有关技术资料。

7.3 运输

示波器按规定装入包装箱后，可用各种无强烈振动的交通工具运输，运输中不应受雨、霜、雾直接影响，按标志“向上”放置，并不受挤压、撞击等损伤。

7.4 贮存

包装好的示波器应贮存在通风干燥、无腐蚀性气体的库房中。产品标准中还应规定贮存条件和堆码高度。

ICS 71.100.01;87.060.10
G 56

中华人民共和国国家标准

GB/T 15336—2013
代替 GB/T 15336—2006

邻苯二甲酸酐

Phthalic anhydride

2013-07-19 发布　　2013-12-01 实施

中华人民共和国国家质量监督检验检疫总局
中国国家标准化管理委员会　发布

前　言

本标准按照 GB/T 1.1—2009 给出的规则起草。

本标准代替 GB/T 15336—2006《邻苯二甲酸酐》，与 GB/T 15336—2006 相比，除编辑性修改外主要技术变化如下：

——增加了 CAS 号(见第 1 章)；

——增加了气相色谱法测定纯度的技术指标和检验方法(见第 3 章、5.9)；

——取消了原标准化学法测定邻苯二甲酸酐含量的技术指标和检验方法(2006 版的第 3 章、5.7)；

——修改了硫酸色号的优等品指标(见第 3 章，2006 版的 3)；

——取消了原标准灰分的技术指标和检验方法(2006 版的第 3 章和第 6 章)；

——将结晶点修改为型式检验项目(见 7.1，2006 版的 7.1)；

——增加了“安全信息”(见第 4 章)。

本标准由中国石油和化学工业联合会提出。

本标准由全国染料标准化技术委员会(SAC/TC 134)归口。

本标准起草单位：铜陵化工集团有机化工有限责任公司、沈阳化工研究院有限公司。

本标准主要起草人：杨家仁、杨杰民、曹文莲。

本标准所代替标准的历次版本发布情况为：

——GB/T 15336—1994、GB/T 15336—2006。

邻苯二甲酸酐

警告——使用本标准的人员应有正规实验室工作的实践经验。本标准并未指出所有可能的安全问题。使用者有责任采取适当的安全和健康措施,并保证符合国家有关法规规定的条件。

1 范围

本标准规定了邻苯二甲酸酐的要求、安全信息、采样、试验方法、检验规则、标志、标签、包装、运输和贮存。

本标准适用于邻苯二甲酸酐的产品质量控制。

结构式:

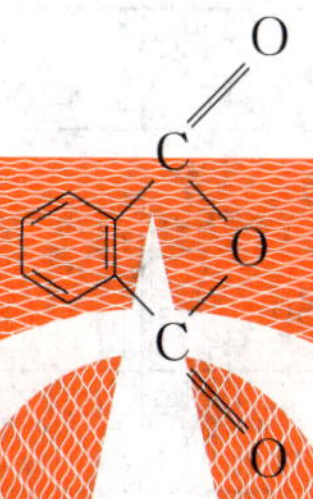

分子式:$C_8H_4O_3$

相对分子质量:148.12(按2009年国际相对原子质量)

CAS RN:85-44-9

2 规范性引用文件

下列文件对于本文件的应用是必不可少的。凡是注日期的引用文件,仅注日期的版本适用于本文件。凡是不注日期的引用文件,其最新版本(包括所有的修改单)适用于本文件。

GB 190 危险货物包装标志

GB/T 191 包装储运图示标志(GB/T 191—2008,ISO 780:1997,MOD)

GB/T 601 化学试剂 标准滴定溶液的制备

GB/T 603 化学试剂 试验方法中所用制剂及制品的制备(GB/T 603—2002,ISO 6353-1:1982 NEQ)

GB/T 605 化学试剂 色度测定通用方法

GB/T 2385 染料中间体 结晶点的测定通用方法

GB/T 6678—2003 化工产品采样总则

GB/T 6682—2008 分析实验室用水规格和试验方法(ISO 3696:1987,MOD)

GB/T 8170—2008 数值修约规则与极限数值的表示和判定

GB/T 9722—2006 化学试剂 气相色谱法通则

GB 12268—2012 危险货物品名表

GB 12463 危险货物运输包装通用技术条件

GB 15258 化学品安全标签编写规定

GB 15603 常用化学危险品贮存通则

GB/T 16483 化学品安全技术说明书内容和项目顺序

3 要求

邻苯二甲酸酐的质量要求应符合表1的规定。

表1 邻苯二甲酸酐的质量要求

项目		指标			试验方法
		优等品	一等品	合格品	
(1) 外观		白色鳞片状或结晶性粉末		白色微带其他色调的鳞片状或结晶性粉末	6.2
(2) 熔融色度/(色度号)	≤	20	50	100	6.3
(3) 热稳定色度/(色度号)	≤	50	150	—	6.4
(4) 硫酸色度/(色度号)	≤	40	100	150	6.5
(5) 结晶点/℃	≥	130.5	130.3	130.0	6.6
(6) 邻苯二甲酸酐纯度/%	≥	99.50	99.50	99.50	6.7
(7) 游离酸的质量分数/%	≤	0.20	0.30	0.50	6.8

4 安全信息

4.1 安全

根据GB 12268—2012,邻苯二甲酸酐为第8类腐蚀性物质,危险品编号为UN:2214(CN:81631)刺激眼睛和皮肤,触及皮肤可能引起过敏。使用及搬运时应采取必要的防护措施,避免眼睛和皮肤接触,严格注意安全。

4.2 安全技术说明书

按GB/T 16483,该产品出厂应提供详细的安全技术说明书。安全技术说明书应包括如下内容:

a) 提供该产品的危险性信息;

b) 安全使用方法;

c) 运输、储存要求;

d) 防护措施;

e) 应急处理措施等。

5 采样

以批为单位采样,以每次检验的均匀产品为一批。每批采样数应符合GB/T 6678—2003中7.6的规定,所采样品的包装应完好,采样时勿使外界杂质落入产品中。采样时用探管采取包括上、中、下三部分的样品,所采样品总量不得少于500 g,将采取的样品充分混匀后,分装于两个清洁、干燥、密封良好的容器中,其上粘贴标签。注明:产品名称、批号、生产厂名称、取样日期、地点。一个供检验,一个保存备查。

6 试验方法

6.1 一般规定

除非另有规定，仅使用确认为分析纯的试剂和 GB/T 6682—2008 中规定的三级水。试验中所用标准滴定溶液及制剂、制品，在没有注明其他要求时，均按 GB/T 601、GB/T 603 的规定制备与标定。检验结果的判定按 GB/T 8170—2008 中的 4.4.3 修约值比较法进行。

6.2 外观的评定

在自然光线下采用目视评定。

6.3 熔融色度的测定

6.3.1 试剂和仪器

a) 盐酸；
b) 硫酸：优级纯；
c) 氯化钴；
d) 氯铂酸钾；
e) 电热铝块加热器：调节温度(170±3)℃、(250±3)℃，有孔径 20 mm、深度 150 mm 的孔，供放置比色管用；
f) 比色管：长 170 mm，内径 17 mm，容积为 25 mL，具磨口塞；
g) 铂钴标准溶液的配制：按 GB/T 605 的规定进行。

6.3.2 测定步骤

称取研细的邻苯二甲酸酐试样约 29 g(其熔融后体积相当于 25 mL)，置于干燥、清洁的比色管中。将此比色管放入预先加热到 170 ℃的加热器中，使其完全熔融，取出比色管，于白色背景下，沿轴线方向与同体积色度标准溶液进行比较。若试样与某个标准溶液色度接近时(允许微带其他色调)，则该标准色调的号数即为试样的色度号(比色后的试液用于测定热稳定色度)。

6.3.3 允许差

40 号以内为 5 号，40 号～100 号为 10 号，125 号～250 号为 25 号。

色度测定时试液色调与标准溶液色调不可比时，一般作为降级处理。

6.4 热稳定色度的测定

6.4.1 测定步骤

将 6.3.2 测定过熔融色度的试液，迅速移至预先加热至 250 ℃的加热器中，在此温度下保持 1.5 h 后，取出比色管，与同体积色度标准溶液进行比较(比色方法同 6.3)。

6.4.2 允许差

同 6.3.3。

6.5 硫酸色度的测定

6.5.1 测定步骤

称取研细的邻苯二甲酸酐试样 2 g(精确至 0.1 g)置于干燥、清洁的比色管中，加入硫酸至 25 mL，摇至试样全部溶解，静止 20 min 立即于白色背景下，沿轴线方向与同体积色度标准溶液进行比较(比色方法同 6.3)。

6.5.2 允许差

同 6.3.3。

6.6 结晶点的测定

按 GB/T 2385 的规定进行。

6.7 邻苯二甲酸酐纯度的测定

6.7.1 测定原理

采用气相色谱法，样品经毛细管色谱柱分离，经氢火焰离子化检测器检测，用峰面积归一化法定量。

6.7.2 试剂

丙酮：色谱纯。

6.7.3 仪器和设备

a) 气相色谱仪：仪器灵敏度和稳定性应符合 GB/T 9722—2006 中 6.3 和 6.4 的规定；
b) 检测器：氢火焰离子化检测器(FID)；
c) 色谱工作站或积分仪；
d) 微量进样器：1.0 μL～10.0 μL；
e) 色谱柱：长 30 m，内径 0.32 mm，膜厚 0.25 μm，固定相为(50%苯基)-甲基聚硅氧烷(如 DB-17 或能达到同等分离效果的其他毛细管柱)。

6.7.4 色谱仪操作条件

色谱仪操作条件见表 2。

表 2 色谱操作条件

控制参数	操作条件
检测器温度/℃	300
汽化室温度/℃	300
载气(氮气)压力/kPa	70
燃烧气(氢气)流量/(mL/min)	30
助燃气(空气)流量/(mL/min)	300

表 2（续）

控制参数		操作条件
补偿气(氮气)流量/(mL/min)		20
分流比		10∶1
进样量/μL		1
程序升温	初始柱温/℃	160
	保持时间/min	0
	升温速度/(℃/min)	10
	终止温度/℃	200
	保持时间/min	6
可根据不同仪器设备，选择最佳分析条件		

6.7.5 **试样溶液的制备**

称取适量样品，用丙酮溶解，使样品的浓度约为 30 mg/mL。

6.7.6 **测定步骤**

开启色谱仪，待仪器各项操作条件稳定后，用微量进样器吸取配制好的样品溶液进样，待出峰完毕后，用色谱工作站或积分仪进行结果处理。

6.7.7 **结果计算**

邻苯二甲酸酐纯度以 w_1 计，按式(1)计算：

$$w_1 = \frac{A_1}{\sum A_i} \times 100\% \quad \cdots\cdots(1)$$

式中：

A_1 ——邻苯二甲酸酐的峰面积数值；

$\sum A_i$——试样中各组分 i 的峰面积数值之和。

计算结果保留到小数点后两位。

6.7.8 **允许差**

邻苯二甲酸酐纯度的平行测定结果之差应不大于 0.20%，取其算术平均值作为测定结果。

6.7.9 **色谱图**

气相色谱图见图 1。

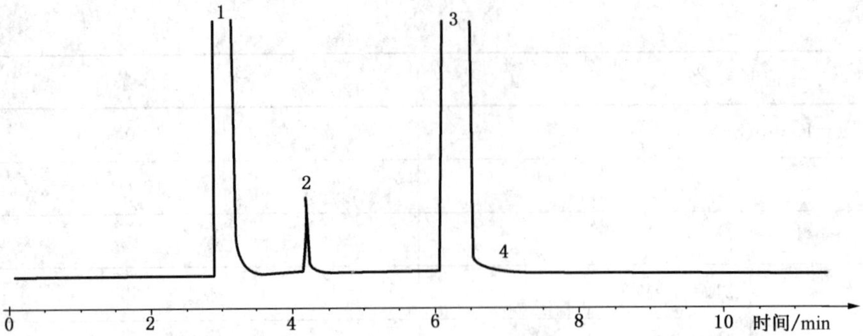

说明：
1——溶剂；
2——未知物；
3——邻苯二甲酸酐；
4——未知物。

图 1 邻苯二甲酸酐气相色谱示意图

6.8 游离酸含量的测定

6.8.1 测定原理

采用中和滴定法。

用中性邻苯二甲酸钾滴定试样中的游离酸含量，以溴酚蓝指示液判定终点。

6.8.2 试剂和溶液

a) 乙醇：体积分数为 95%；
b) 丙酮；
c) 邻苯二甲酸；
d) 氢氧化钾乙醇标准滴定溶液：$c(KOH)=0.5$ mol/L；
e) 酚酞指示液：10 g/L；
f) 溴酚蓝指示液：4 g/L。

6.8.3 仪器设备

侧边活塞自动定零位滴定管。

6.8.4 中性邻苯二甲酸钾标准滴定溶液的配制与标定

6.8.4.1 0.5 mol/L 氢氧化钾乙醇溶液的配制

称取氢氧化钾 28 g，于 1 L 容量瓶中，加 50 mL 水溶解，再用乙醇稀释至刻度摇匀，放置、澄清。

6.8.4.2 中性邻苯二甲酸钾标准滴定溶液的配制

称取邻苯二甲酸 16.62 g(精确至 0.002 g)，于 1 L 容量瓶中，加 50 mL 水及 490 mL 乙醇，此时溶液如果浑浊，可滴加水，不断摇动即可清亮，然后加入 0.5 mol/L 氢氧化钾乙醇溶液 400 mL，用水稀释至刻度，摇匀。此溶液对溴酚蓝指示液呈蓝色，对酚酞指示液呈无色。

6.8.4.3 中性邻苯二甲酸钾标准滴定溶液的标定

称取邻苯二甲酸 0.05 g(精确至 0.000 2 g)，于 250 mL 锥形瓶中，加 50 mL 丙酮，使其全溶，然后加入 6 滴溴酚蓝指示液，用中性邻苯二甲酸钾标准滴定溶液滴定至蓝色。

6.8.4.4 中性邻苯二甲酸钾标准滴定溶液质量浓度的计算

中性邻苯二甲酸钾标准滴定溶液质量浓度以滴定度 T 计，数值用 g/mL 表示，按式(2)计算：

$$T=\frac{m_1}{V_1} \qquad \cdots\cdots(2)$$

式中：

m_1——邻苯二甲酸质量，单位为克(g)；

V_1——中性邻苯二甲酸钾标准滴定溶液体积，单位为毫升(mL)。

6.8.5 测定步骤

称取研细试样约 5 g(精确至 0.001 g)，于 250 mL 锥形瓶中，加入 50 mL 丙酮，使其全溶后，加入 6 滴溴酚蓝指示液，用中性邻苯二甲酸钾标准滴定溶液滴定至蓝色即为终点。

6.8.6 结果计算

游离酸含量以质量分数 w_2 计，按式(3)计算

$$w_2=\frac{TV_2}{m_2}\times 100\% \qquad \cdots\cdots(3)$$

式中：

T ——中性邻苯二甲酸钾标准滴定溶液的滴定度，单位为克每毫升(g/mL)；

V_2——消耗中性邻苯二甲酸钾标准滴定溶液体积，单位为毫升(mL)；

m_2——邻苯二甲酸酐的质量，单位为克(g)。

计算结果表示到小数点后两位。

6.8.7 允许差

平行测定结果之差不大于 0.02%(质量分数)，取其算术平均值作为测定结果。

7 检验规则

7.1 检验分类

本标准第 3 章表 1 所列的所有检验项目均为型式检验项目，除表 1 中(4)、(5)项外，其余均为出厂检验项目，应逐批进行检验。在正常连续生产情况下，每个月至少进行一次型式检验。但如有下述情况需进行型式检验：

a) 新产品最初定型时；

b) 产品异地生产时；

c) 生产配方、工艺及原料有较大改变时；

d) 停产三个月后又恢复生产时；

e) 客户提出要求时。

7.2 出厂检验

邻苯二甲酸酐应由生产厂质检部门检验合格，附合格证明后方可出厂。生产厂应保证所有出厂的产品都符合本标准的要求。

7.3 复验

如果检验结果中有一项指标不符合本标准的规定时，应重新自两倍量的包装中取样进行检验，重新检验的结果即使只有一项指标不符合本标准的要求，则整批产品不合格。

8 标志、标签、包装、运输和贮存

8.1 标志

邻苯二甲酸酐的每个包装容器上都应按 GB 190 和 GB/T 191 中的有关规定涂印耐久、清晰的标志，标志内容至少应有：

a) 产品名称；

b) 生产厂名称、地址；

c) 生产日期/批号；

d) 生产许可证编号和标志；

e) 净含量；

f) 警示标志(腐蚀性物质)。

8.2 标签

产品应有标签，标签的编写应符合 GB 15258 的规定。标签上应注明产品生产日期、合格证明、执行标准编号、批号。

8.3 包装

邻苯二甲酸酐用内衬塑料袋的编制袋或用多层防潮牛皮纸袋包装，每袋净含量 25 kg±0.25 kg 或 50 kg±0.50 kg。其他包装可与用户协商确定。产品包装应符合 GB 12463 及危险化学品包装的相关规定。

8.4 运输

邻苯二甲酸酐产品运输时不能接近火源，搬运时须戴劳动保护用具，应轻取轻放，防止日晒雨淋。邻苯二甲酸酐对眼睛和皮肤有刺激作用，搬运时严格注意安全。切勿与皮肤接触和吸入体内。

8.5 贮存

邻苯二甲酸酐属于腐蚀性物质，应按 GB 15603 及相关规定贮存在清洁、阴凉、干燥的库房内，避免阳光照射，不得接近火源。贮存温度不得超过 40 ℃。邻苯二甲酸酐产品的保存期为三个月，在保存期内，该产品应符合本标准的各项规定。

ICS 31.060.30
L 11

中华人民共和国国家标准

GB/T 15448—2013/IEC 60384-19:2006
代替 GB/T 15448—1995

电子设备用固定电容器 第19部分:分规范 表面安装金属化聚乙烯对苯二甲酸酯膜介质直流固定电容器

Fixed capacitors for use in electronic equipment—Part 19: Sectional specification—Fixed metallized polyethylene-terephthalate film dielectric surface mount d.c. capacitors

(IEC 60384-19:2006,IDT)

2013-12-31 发布 2014-08-15 实施

中华人民共和国国家质量监督检验检疫总局
中国国家标准化管理委员会 发布

前　言

《电子设备用固定电容器》系列国家标准分为如下若干部分：

——第1部分：总规范(GB/T 2693—2001/IEC 60384-1:1999)；

——第2部分：分规范　金属化聚乙烯对苯二甲酸酯膜介质直流固定电容器(GB/T 7332—2011/IEC 60384-2:2005)；

——第2-1部分：空白详细规范　金属化聚乙烯对苯二甲酸酯膜介质直流固定电容器　评定水平E和EZ(GB/T 7333—2012/IEC 60384-2-1:2005)；

——第3部分：分规范　表面安装 MnO_2 固体电解质钽固定电容器(IEC 60384-3:2007)

——第3-1部分：空白详细规范　表面安装 MnO_2 固体电解质钽固定电容器　评定水平EZ(IEC 60384-3-1:2007)

——第4部分：分规范　固体和非固体电解质铝电解电容器(GB/T 5993—2003/IEC 60384-4:1998,第1号修改单:2000)

——第4-1部分：空白详细规范　非固体电解质铝电解电容器　评定水平EZ(GB/T 5994—2003/IEC 60384-4:2000)；

——第4-2部分：空白详细规范　固体(MnO_2)电解质的铝电解固定电容器　评定水平EZ(IEC 60384-4-2:2007)

——第6部分：分规范　金属化聚碳酸酯膜介质直流固定电容器(IEC 60384-6:2005)；

——第7部分：分规范　金属箔式聚苯乙烯膜介质直流固定电容器(GB/T 10185—2012)；

——第7-1部分：空白详细规范　金属箔式聚苯乙烯膜介质直流固定电容器　评定水平E(GB/T 10186—2012)；

——第8部分：分规范　1类瓷介固定电容器(GB/T 5966—2011/IEC 60384-8:2005)；

——第8-1部分：空白详细规范　1类瓷介固定电容器　评定水平EZ(GB/T 5967—2011/IEC 60384-8-1:2005)；

——第9部分：分规范　2类瓷介固定电容器(GB/T 5968—2011/IEC 60384-9:2005)；

——第9-1部分：空白详细规范　2类瓷介固定电容器　评定水平EZ(GB/T 5969—2012/IEC 60384-9-1:2005)；

——第11部分：分规范　金属箔式聚乙烯对苯二甲酸乙二醇酯膜介质直流固定电容器(IEC 60384-11:2008)；

——第11-1部分：空白详细规范　金属箔式聚乙烯对苯二甲酸乙二醇酯膜介质直流固定电容器(IEC 60384-11-1:2008)；

——第13部分：分规范　金属箔式聚丙烯膜介质直流固定电容器(IEC 60384-13:2011)；

——第13-1部分：空白详细规范　金属箔式聚丙烯膜介质直流固定电容器　评定水平E和EZ(GB/T 10189—2013/IEC 60384-13-1:2006)；

——第14部分：分规范　抑制电源电磁干扰用固定电容器(GB/T 14472—1998/IEC 60384-14:2005)；

——第14-1部分：空白详细规范　抑制电源电磁干扰用固定电容器　评定水平D(GB/T 14473—1998/IEC 60384-14-1:2005)；

——第15部分：分规范　非固体或固体电解质钽固定电容器(GB/T 7213—2003/IEC 60384-15:1982,第1号修改单:1987,第2号修改单:1992)；

——第 15-1 部分:空白详细规范　固体电解质钽箔固定电容器　评定水平 E(GB/T 12794—1991/IEC 60384-15-1:1984);

——第 15-2 部分:空白详细规范　固体电解质烧结钽固定电容器　评定水平 E(GB/T 12795—1991/IEC 60384-15-2:1984);

——第 15-3 部分:空白详细规范　固体电解质和多孔阳极钽固定电容器　评定水平 E(GB/T 7214—2003/IEC 60384-15-3:1984);

——第 16 部分:分规范　金属化聚丙烯薄膜介质直流固定电容器(GB/T 10190—2012/IEC 60384-16:2005);

——第 16-1 部分:空白详细规范　金属化聚丙烯薄膜介质直流固定电容器　评定水平 E 和 EZ(GB/T 10191—2011/IEC 60384-16-1:2005);

——第 17 部分:分规范　金属化聚丙烯薄膜介质交流和脉冲固定电容器(GB/T 14579—2013/IEC 60384-17:2005);

——第 17-1 部分:空白详细规范　金属化聚丙烯薄膜介质交流和脉冲固定电容器　评定水平 E 和 EZ(GB/T 14580—2013/IEC 60384-17-1:2005);

——第 18 部分:分规范　表面安装固体和非固体电解质铝电解固定电容器(GB/T 17206—1998/IEC 60384-18:1993,第 1 号修改单:1998);

——第 18-1 部分:空白详细规范　表面安装固体(MnO_2)电解质铝固定电容器　评定水平 EZ(GB/T 17207—2012/IEC 60384-18-1:2007);

——第 18-2 部分:空白详细规范　非固体电解质片式铝电解质固定电容器　评定水平 E(GB/T 17208—1998/IEC 60384-18-2:1993);

——第 19 部分:分规范　表面安装金属化聚乙烯对苯二甲酸酯膜介质直流固定电容器(GB/T 15448—2013/IEC 60384-19:2006);

——第 19-1 部分:空白详细规范　表面安装金属化聚乙烯对苯二甲酸酯膜介质直流固定电容器　评定水平 EZ(GB/T 16467—2013/IEC 60384-19-1:2005);

——第 21 部分:分规范　表面安装 1 类多层瓷介固定电容器(GB/T 21041—2007/IEC 60384-21:2004);

——第 21-1 部分:空白详细规范　表面安装 1 类多层瓷介固定电容器(GB/T 21038—2007/IEC 60384-21-1:2004);

——第 22 部分:分规范　表面安装 2 类多层瓷介固定电容器(GB/T 21042—2007/IEC 60384-22:2004);

——第 22-1 部分:空白详细规范　表面安装 2 类多层瓷介固定电容器(GB/T 21040—2007/IEC 60384-22-1:2004)。

本部分为《电子设备用固定电容器》的第 19 部分。

本部分按照 GB/T 1.1—2009 给出的规则起草。

本部分代替 GB/T 15448—1995《电子设备用固定电容器　第 19 部分:分规范　金属化聚乙烯对苯二甲酸酯膜介质直流片式固定电容器》。本部分与 GB/T 15448—1995 相比,主要变化如下:

——评定水平 E 改为评定水平 EZ;

——优先额定值中标称电容量允许偏差增加±5%,额定电压增加 630 V;

——鉴定批准试验样品数量有所改变,允许不合格数均为 0;

——质量一致性检验中检查水平、允许不合格数有所改变,增加了 A0 组试验。

本部分使用翻译法等同采用 IEC 60384-19:2006《电子设备用固定电容器　第 19 部分:分规范　表面安装金属化聚乙烯对苯二甲酸酯膜介质直流固定电容器》。

与本部分中规范性引用的国际文件有一致性对应关系的我国文件如下:

——GB/T 321—2005　优先数和优先数系(ISO 3:1973,IDT)

——GB/T 2421.1—2008　电工电子产品环境试验　概述和指南(IEC 60068-1:1988,IDT)

——GB/T 2693—2001　电子设备用固定电容器　第1部分:总规范(idt IEC 60384-1:1999)

本部分由中华人民共和国工业和信息化部提出。

本部分由全国电子设备阻容元件标准化技术委员会(SAC/TC 165)归口。

本部分起草单位:河南华中星科技电子有限公司。

本部分主要起草人:李素兰、樊金河、孟素芬、谷斌、林晋涛、宁小波。

本部分所代替标准的历次版本发布情况为:

——GB/T 15448—1995。

电子设备用固定电容器 第19部分:分规范 表面安装金属化聚乙烯对苯二甲酸酯膜介质直流固定电容器

1 总则

1.1 范围

本部分适用于电子设备用表面安装金属化聚乙烯对苯二甲酸酯(简称聚酯)膜介质直流固定电容器。这类电容器有金属化连接片或焊片,并预期安装在混合电路的基片上或印制电路板上。这类电容器可能具有与使用条件有关的自愈性能,它们预计主要用于交流分量相对额定电压比较小的场合。

本部分不包括抑制电源电磁干扰用固定电容器,抑制电源电磁干扰用固定电容器包括在IEC 60384-14标准中。

1.2 目的

本部分的目的是规定优先额定值和特性,并从GB/T 2693—2001中选择适当的质量评定程序、试验及测量方法,同时给出这类电容器的通用特性要求。详细规范中引用本部分规定的试验严酷等级和要求时,应具有与本部分相同或较高的性能水平,不允许降低性能水平。

1.3 规范性引用文件

下列文件对于本文件的应用是必不可少的。凡是注日期的引用文件,仅注日期的版本适用于本文件。凡是不注日期的引用文件,其最新版本(包括所有的修改)适用于本文件。

GB/T 2471—1995 电阻器和电容器优先数系(idt IEC 60063:1963)

IEC 60068-1 电工电子产品环境试验 概述和指南(Environmental testing—Part 1:General and guidance)

IEC 60384-1:1999 电子设备用固定电容器 第1部分:总规范(Fixed capacitors for use in electronic equipment—Part 1:Generic specification)

IEC 60410 计数检查抽样方案和程序(Sampling plans and procedures for Inspection by Attribute)

ISO 3 优先数和优先数系(Preferred numbers—Series of preferred numbers)

1.4 详细规范中应规定的内容

详细规范应根据有关空白详细规范编写。

详细规范的要求不应低于总规范、分规范和空白详细规范的要求。当包括更严格的要求时,应在详细规范的1.9中列出,并在试验一览表中注明,如注“*”号等。

注:为了方便,1.4.1中的内容可以用表格形式给出。

下列内容应在每个详细规范中给出,并且具体数值应优先从有关的分规范中的适当条款中选择。

1.4.1 外形图和尺寸

为了便于辨认并与其他电容器进行比较,应有电容器的外形图,详细规范中还应规定对互换性和安装有影响的尺寸及其公差。所有尺寸应优先用毫米标出。

通常应给出电容器主体的长度、宽度和高度值。当必要时,例如:当一个详细规范中包括若干项目(尺寸和电容量/电压范围),尺寸及其公差应用表格的方式放在图的下面。

当外形结构与上述结构不同时,详细规范应规定足以描述这种电容器的尺寸内容。

1.4.2 安装

详细规范应给出正常使用时的安装方法。试验和测量规定的安装方法(当有要求时)应与本分规范的 4.1 一致。

1.4.3 额定值和特性

额定值和特性应符合本分规范的有关条款,同时符合下列要求:

1.4.3.1 标称电容量范围

见 2.2.1。

注:当详细规范允许产品有不同电容量范围时,应增加下列说明:“每一电压范围内的各种电容量值的范围应在鉴定合格产品一览表中给出。”

1.4.3.2 附加特性

当认为附加特性对详细地说明元件的结构和运用是必要时,可列出这些附加的特性。

1.4.3.3 焊接

对于可焊性和耐焊接热试验,详细规范应规定试验方法、严酷度等级和要求。

1.4.4 标志

详细规范应规定电容器和包装件上的标志内容。若与本分规范的 1.6 有差异应做特别说明。

1.5 术语和定义

IEC 60384-1 界定的以及下列术语和定义适用于本文件。

1.5.1

表面安装电容器 surface mount capacitor

尺寸和引出端特性及形状适合于混合电路和印制电路板上表面安装的小型电容器。

1.5.2

1 级特性电容器(长寿命) performance grade 1 capacitors(long-life)

对电参数有严格要求的长寿命电容器。

1.5.3

2 级特性电容器(一般用途) performance grade 2 capacitor(general purpose)

对电参数不如 1 级电容器要求严格的一般用途电容器。

1.5.4

额定电压 rated voltage

U_R

额定电压是指在额定温度下,能够连续施加在电容器上的最大直流电压。

注:施加在电容器上的直流电压和交流峰值电压的总和不应超过额定电压值。除非详细规范另有规定,在规定的频率下,交流峰值电压不超过下列额定电压的百分比:

50 Hz：　20%

100 Hz：　15%

1 000 Hz：　3%

10 000 Hz：　1%

并应不大于 280 V。

1.6 标志

按 IEC 60384-1:1999 中 2.4 及下列规定。

1.6.1 标志给出的内容通常从下列项目中选择，每项的相对重要性是按所列的位置顺序表示：

a) 标称电容量；

b) 额定电压(直流电压可以用符号⎓或—表示)；

c) 标称电容量的允许偏差；

d) 类别电压；

e) 制造的年和月(或星期)；

f) 承制方名称或商标；

g) 气候类别；

h) 承制方的产品型号名称；

i) 引用的详细规范。

1.6.2 表面安装电容器本体通常不打标志，如果可以标上某些标志，电容器应尽可能多地清楚地标出上述有用的内容。电容器上的标志应避免出现任何重复内容。

1.6.3 任何标志应清晰、不易涂抹或用手擦掉。

1.6.4 电容器包装件应清楚地标出 1.6.1 中的全部内容。

1.6.5 任何附加标志应以不引起混淆为原则。

2 优先额定值和特性

2.1 优先特性

详细规范中给出的值应从下列项目中优先选择。

2.1.1 优先气候类别

本规范包括的表面安装电容器应按 IEC 60068-1 中给出的一般原则划分气候类别。

下限类别温度和上限类别温度及稳态湿热试验的持续时间应从下列值中选择：

下限类别温度：−55 ℃、−40 ℃和−25 ℃；

上限类别温度：85 ℃、100 ℃和 125 ℃；

稳态湿热试验时间：4 d、10 d、21 d 和 56 d。

注：若在 125 ℃下连续工作超过耐久性试验要求的时间，则认为已经加速老化(见详细规范)。

寒冷和干热试验的严酷度分别是下限和上限类别温度。

2.2 优先额定值

2.2.1 标称电容量(CR)

标称电容量的优先值为：

1,1.5,2.2,3.3,4.7 和 6.8 及这些值的十进制倍数。

这些值符合 GB/T 2471—1995 中给出的 E6 优先数系。

如果要求其他值,则应从 E12 数系中优先选取。

2.2.2 标称电容量允许偏差

标称电容量的优先允许偏差是±5%、±10%和±20%。

2.2.3 额定电压(U_R)

额定电压的优先值是 25 V,40 V,63 V,100 V,160 V,250 V,400 V,630 V。

这些值符合 ISO 3:1973 中给出的 R5 优先数系。

2.2.4 类别电压(U_C)

类别电压是:

上限类别温度 100 ℃时,$0.8U_R$。

上限类别温度 125 ℃时,$0.5U_R$。

2.2.5 额定温度

额定温度为 85 ℃。

3 质量评定程序

3.1 初始制造阶段

初始制造阶段是电容器芯子卷绕或与之等效的操作。

3.2 结构类似元件

用类似工艺和材料生产的电容器认为是结构类似的电容器。尽管他们可能是不同的外形尺寸、电容量和电压值。

3.3 放行批证明记录

当详细规范规定且订购方时应提供 IEC 60384-1:1999 中 3.9 要求的内容。耐久性试验后,需要规定变化量的参数是电容量、tanδ 及绝缘电阻。

3.4 鉴定批准

鉴定批准试验的程序在 IEC 60384-1:1999 中 3.5 给出。

在逐批和周期试验的基础上进行鉴定批准试验所用的一览表在 3.5 中给出。使用固定样本大小试验一览表的程序在 3.4.1 给出。

3.4.1 固定样本大小程序基础上的鉴定批准

3.4.1.1 抽样

固定样本大小程序按 IEC 60384-1:1999 中 3.5.3b)的规定,此样本足以代表要求鉴定批准的电容器范围。可以是也可以不是详细规范包括的全部范围。

样本应由最低和最高电压及这些电压的最小和最大容量的样品组成。当额定电压多于四种数值时，中间电压也应试验。因此批准某一范围的产品时，要求试验4至6种值（电容量/电压组合）；当少于四种值时，试验的样品应等于四种数值所要求数量。

允许备份样品如下：

- 每种数值2只（对于6种数值）或3只（对于4种数值）产品，可以用来替换不属于制造者原因而偶然失效的产品。
- “0”组中规定的数量是在假设各个组全部进行试验的情况下提出的，否则数量可以相应地减少。
- 鉴定批准试验一览表中需要补充组别时，则“0”组所需的样品数也应增加补充组别所要求的相同样品数。

表1给出了鉴定批准试验每组或每分组所用的样品数及允许不合格品数。

3.4.1.2 试验

一个详细规范所包括的电容器的鉴定批准，必须经过表1和表2所规定的全系列试验。每组的试验必须按规定的顺序进行。

全部样品应经受“0”组试验，然后再分到其他各组。

“0”组试验中发现的不合格样品，不得用于其他各组。

一个电容器不能满足某一试验组的全部或部分试验时，算作“一只不合格品”。

当不合格品数不超过每组或分组规定的允许不合格品数以及总的允许不合格品数时，即授予鉴定批准。

注：表1和表2一起构成固定样本大小试验一览表，其中表1包括抽样细节和不同试验或试验组的允许不合格品数，表2与第4章中所包括的试验细节一起给出了完整的试验条件和性能要求汇总，并表示出在详细规范中应做出选择的内容，如试验方法或试验条件。

对固定样本大小试验一览表中的试验条件和性能要求应与详细规范中质量一致性检验的规定相同。

表1 鉴定批准固定样本大小试验方案，评定水平EZ

组号	试验项目	本部分章条号	样品数 n[a]	允许不合格品数 c
0	外观检查 尺寸 电容量 损耗角正切 耐电压 绝缘电阻 备份样品	4.2 4.2 4.3.2 4.3.3 4.3.1 4.3.4	144 12	0
1A	耐焊接热 元件耐溶剂[b]	4.6 4.13	12	0
1B	可焊性 标志耐溶剂[b]	4.7 4.14	12	0
2	衬底弯曲试验（端面镀层结合强度）	4.5	12	0

表 1（续）

组号		试验项目	本部分章条号	样品数 n[a]	允许不合格品数 c
3		安装 外观检查 电容量 损耗角正切 耐电压 绝缘电阻	4.1 4.2 4.3.2 4.3.3 4.3.1 4.3.4	108	0[c]
	3.1	剪切力试验(附着力) 温度快速变化 气候顺序	4.4 4.8 4.9	24	0
	3.2	稳态湿热	4.10	24	0
	3.3	耐久性	4.11	36	0
	3.4	充放电	4.12	24	0

[a] 电容量/电压组合，按 3.4.1。

[b] 若详细规范要求。

[c] 安装后发现的任何不合格的样品不应计入下面试验的允许不合格品。这些不合格品应由备份样品代替。

表 2　鉴定批准试验一览表

章条号及试验项目[a]	D 或 ND[b]	试验条件[a]	样品数(n)及允许的不合格品数(c)	性能要求[a]
0　组	ND		见表 1 ↓	
4.2.1　外观检查				按 4.2.2 标志清晰，并按详细规范规定
4.2　尺寸(详细的)				见详细规范
4.3.2　电容量				在规定的偏差内
4.3.3　损耗角正切(tanδ)		频率：1 kHz		按 4.3.3.2
4.3.1　耐电压		方法见详细规范		无永久性击穿或飞弧，允许自愈性击穿
4.3.4　绝缘电阻		方法见详细规范		按 4.3.4.3
1A　分组	D		见表 1 ↓	
4.6　耐焊接热				
4.6.1　初始测量		电容量		
4.6.2　试验条件		方法见详细规范		
4.6.3　最后测量		外观检查 电容量		按 4.6.3 $\Delta C/C \leqslant$ 4.6.1 测量值的 3%
4.13　元件耐溶剂(适用时)		溶剂：…… 溶剂温度：…… 方法 2 恢复时间：……		见详细规范

表 2（续）

章条号及试验项目[a]	D或ND[b]	试验条件[a]	样品数（n）及允许的不合格品数（c）	性能要求[a]
1B 分组 4.7 可焊性 4.7.2 最后测量 4.14 标志耐溶剂（适用时）	D	 不老化 方法 1 或 2 按详细规范规定 外观检查 溶剂：…… 溶剂温度：…… 方法 1 擦拭材料：脱脂棉 恢复时间：……	见表 1	 按 4.7.2 标志清晰
2 组 4.5 衬底弯曲试验	D	电容量（基板处于弯曲状态） 外观检查	见表 1	$\Delta C/C \leqslant 10\%$ 无可见损伤
3 组 4.1 安装 4.2.1 外观检查 4.3.2 电容量 4.3.3 损耗角正切（$\tan\delta$） 4.3.4 绝缘电阻	D	 基板材料……[c] 频率： 1 kHz：全部电容量值 10 kHz：$C_R \leqslant 1\ \mu F$（另外见 4.3.3.3）	见表 1	 见详细规范 $\Delta C/C \leqslant$ 0 组测量值的 2% 按 4.3.3 （3.1、3.3 和 3.4 分组最后测量的参考值） 按 4.3.4.3
3.1 分组 4.4 剪切力试验（附着力） 4.8 温度快速变化 4.8.1 初始测量 4.8.2 试验条件 4.8.3 中间检验 4.9 气候顺序 4.9.1 初始测量 4.9.2 干热 4.9.3 循环湿热，试验 Db，第一次循环 4.9.4 寒冷 4.9.5 循环湿热，试验 Db，其余循环 4.9.6 最后测量	D	 不要求，见 3 组 T_A＝下限类别温度 T_B＝上限类别温度 5 次循环 持续时间：t_1＝30 min 外观检查 不要求，见 3 组 温度：上限类别温度 持续时间：16 h 温度：下限类别温度 持续时间：2 h 从试验箱内取出后 15 min 内施加 1 min 的额定电压（U_R） 外观检查	见表 1	 无可见损伤 无可见损伤，标志清晰

表 2（续）

章条号及试验项目[a]	D 或 ND[b]	试验条件[a]	样品数(n)及允许的不合格品数(c)	性能要求[a]
		电容量 损耗角正切 对 $C_R \leqslant 1$ μF:10 kHz 对 $C_R > 1$ μF:1 kHz 绝缘电阻	↓	$\Delta C/C \leqslant 3$ 组测量值 5% 与 3 组的测量值比较 tanδ 的增量为： 1 级：≤0.005 2 级：≤0.008 1 级：≤0.003 2 级：≤0.005 ≥4.3.4.3 测量值的 50%
3.2 分组 4.10 稳态湿热 4.10.1 初始测量 4.10.2 最后测量	D	 不要求，见 3 组 外观检查 电容量 1kHz 的损耗角正切 绝缘电阻	见表 1 ↓	 无可见损伤 $\Delta C/C \leqslant 3$ 组测量值的 5% 与 3 组的测量值比较，tanδ 的增量≤0.005 ≥4.3.4.3 测量值的 50%
3.3 分组 4.11 耐久性 4.11.1 初始测量 4.11.2 试验条件 4.11.5 最后测量	D	 不要求，见 3 组 见 4.11.2,4.11.3 和 4.11.4 外观检查 电容量 损耗角正切 对 $C_R \leqslant 1$ μF:10 kHz 对 $C_R > 1$ μF:1 kHz 绝缘电阻	见表 1 ↓	 无可见损伤，标志清晰 与 3 组的测量值比较 1 级：$\Delta C/C \leqslant 5\%$ 2 级：$\Delta C/C \leqslant 8\%$ 与 3 组的测量值比较 tanδ 的增量为： 1 级：≤0.003 2 级：≤0.005 1 级：≤0.002 2 级：≤0.003 ≥4.3.4.3 测量值的 50%
3.4 分组 4.12 充放电 4.12.1 初始测量 4.12.2 试验条件 4.12.3 最后测量	D	 不要求，见 3 组 10 000 次循环 电容量 损耗角正切	见表 1 ↓	 与 3 组的测量值比较 1 级：$\Delta C/C \leqslant 3\%$ 2 级：$\Delta C/C \leqslant 5\%$ 与 3 组的测量值比较 tanδ 的增量为：

表 2(续)

章条号及试验项目[a]	D或ND[b]	试验条件[a]	样品数(n)及允许的不合格品数(c)	性能要求[a]
		对 C_R≤1 μF:10 kHz 对 C_R>1 μF:1 kHz 绝缘电阻	↓	1级:≤0.003 2级:≤0.005 1级:≤0.002 2级:≤0.003 ≥4.3.4.3 测量值的 50%

[a] 试验项目和性能要求的章条号引自第4章。

[b] 表中 D=破坏性的,ND=非破坏性的。

[c] 这项试验可以将表面安装电容器安装在一个基板上进行。

当用于各分组的基板材料不同时,详细规范应规定每一分组用的基板材料。

3.5 质量一致性检验

3.5.1 检验批的组成

a) A组和B组检验

这些试验应在逐批的基础上进行。

承制方可按下列规定将当前生产的产品组合成检验批中:

1) 检验批应由结构类似的电容器组成(按3.2)。

2A) 试验样本应足以代表检验批中所包括的数值与尺寸:

——与其数量有关;

——任一数值(电容量/电压组合)至少5只样品。

2B) 若样本中任一数值的样品数少于5只,抽样基数应由承制方和国家监督检查机构协商。

b) C组检验

这些检验应在周期的基础上进行。

样品应足以代表规定周期内生产的电容器产品,并应划分成高、中、低电压范围。为了包括任一周期批准的范围,每一电压组应试验一种外形尺寸,在以后的周期中,应试验所生产的其他尺寸和/或额定电压值,以覆盖整个范围。

3.5.2 试验一览表

质量一致性检验的逐批试验和周期试验试验一览表,在空白详细规范的第2章的表4中给出。

3.5.3 延期交货

当根据 IEC 60384-1:1999 中 3.10 的程序进行复验时,应按A组和B组检验中的规定检验可焊性和电容量。

3.5.4 评定水平

在空白详细规范中规定的评定水平应优先从表3和表4中选取。

表 3 逐批检验

检验分组[d]	D[c]			EZ			F[c]			G[c]		
	IL	*n*	*c*	*IL*	*n*	*c*	*IL*	*n*	*c*	*IL*	*n*	*c*
A0				100%[a]								
A1				S-3	[b]							
A2				S-3	[b]							
B1				S-3	[b]							
B2				S-3	[b]							

注：脚注[a,b,c,d]见表 4。

表 4 周期检验

检验分组[d]	D[c]			EZ			F[c]			G[c]		
	p	*n*	*c*	*p*	*n*	*c*	*p*	*n*	*c*	*p*	*n*	*c*
C1				3	12	0						
C2				3	12	0						
C3.1				6	27	0						
C3.2				6	15	0						
C3.3				3	15	0						
C3.4				6	9	0						

IL＝检查水平；

n＝样本大小；

c＝允许不合格品数；

p＝周期(月)。

[a] 100%试验后，为了用每百万分之几的不合格品数(ppm)来检测产品出厂质量水平，应进行抽样复验。抽样水平由承制方决定。计算 ppm 数值时，任何参数值的不合格即判定一个不合格项。若一个样品中有一个或多个不合格项时，即判定该批产品拒收。

[b] 试验数量：按 IEC 60410 表 2a 中的代码字母 *IL* 直接分配样本大小(一次正常检验抽样方案)。

[c] 评定水平 D、F 和 G 正在考虑中。

[d] 检验分组的内容在有关的空白详细规范第 2 章中规定。

4 试验及测量方法

本章补充 IEC 60384-1:1999 中第 4 章规定的内容。

4.1 安装

按 IEC 60384-1:1999 中 4.33 的规定。

4.2 外观检查和尺寸检查

按 IEC 60384-1:1999 中的 4.4 及下列规定：

4.2.1 外观检查

应采用10倍的放大镜，用适合于试验样品的方式照明，并按要求的质量水平进行外观检查。

注：操作应具有适用的照明装置，用于照射或发出照明光，还应有一个相应的测量装置。

4.2.2 要求

对表面安装电容器应进行检查，以验证材料、设计、结构、尺寸和加工质量符合详细规范中规定的要求。

4.3 电气试验

4.3.1 耐电压

按IEC 60384-1:1999中的4.6及下列规定。

4.3.1.1 试验电路

去掉C_1电容器；

R_1和标称电容量C_X的乘积应小于或等于1 s，并且大于0.01 s；

R_1包括电源的内阻；

R_2应限制放电电流小于或等于1 A。

4.3.1.2 表5中的电压应施加在IEC 60384-1:1999表3的测试点之间。对于鉴定批准试验施加电压时间为1 min，对于逐批质量一致性试验施加电压时间为1 s。

表5 施加电压

测试点	试验电压
1a)	1级：$1.6U_R$ 2级：$1.4U_R$

4.3.1.3 要求

试验期间不应出现击穿或飞弧。

注：在施加试验电压期间，允许发生自愈性击穿。

4.3.2 电容量

按IEC 60384-1:1999中的4.7及下列规定：

4.3.2.1 应在频率为1 000 Hz时进行测量或将其修正到1 000 Hz时测量电容量。对标称电容量大于10 μF时，可采用50 Hz～120 Hz的频率。

在1 000 Hz时施加的峰值电压不应超过额定电压的3%；在50 Hz～120 Hz施加的峰值电压不应超过额定电压的20%，最大值为100 V(70有效值)。

4.3.2.2 电容量应在规定的允许偏差内

4.3.3 损耗角正切($\tan\delta$)

按IEC 60384-1:1999中的4.8及下列规定：

4.3.3.1 **对于1 000 Hz测量的测试条件**

$\tan\delta$应按下列条件测量：

频率:1 000 Hz

峰值电压:小于或等于额定电压的3%;

不确定度:小于或等于10×10^{-4}(绝对值)。

4.3.3.2 对于1 000 Hz测量的要求

tanδ不应超过表6所示的数值。

表6 损耗角正切值

标称电容量 μF	tanδ(绝对值) 1级电容器	 2级电容器
≤1	0.008	0.01
>1	0.01	0.01

4.3.3.3 对于10 kHz测量的测试条件

对于C_R≤1 μF电容器,如果在表2的某些试验需要时,还应测量tanδ:

——频率:10 kHz;

——电压:1 V r.m.s.;

——不确定度:≤10×10^{-4}(绝对值)。

4.3.4 绝缘电阻

按IEC 60384-1:1999中的4.5及下列规定。

4.3.4.1 试验前应对电容器进行仔细的清洗,以除去污物。在试验箱内及在试验后测量期间应保持清洁。

4.3.4.2 测量前电容器应进行充分的放电。放电电路中的电阻与被试验电容器标称电容量的乘积应大于或等于0.01 s或详细规范规定的其他值。

4.3.4.3 测试电压应符合IEC 60384-1:1999中4.5.2的要求。

应立即施加对电源内阻进行修正后的试验电压。

内阻与标称电容量的乘积应小于1s或详细规范中规定的任何其他值。

绝缘电阻应符合表7要求:

表7 绝缘电阻

<table>
<tr><td rowspan="4">测试点符合
IEC 60384-1:1999
中4.5.3的规定</td><td colspan="4">RC乘积的最小值
(R=引出端间绝缘电阻)
(C=标称电容量)
s</td><td colspan="4">引出端间的最小绝缘电阻
MΩ</td></tr>
<tr><td colspan="4">C_R>0.33 μF</td><td colspan="4">C_R≤0.33 μF</td></tr>
<tr><td colspan="8">额定电压:</td></tr>
<tr><td colspan="2">>100 V</td><td colspan="2">≤100 V</td><td colspan="2">>100 V</td><td colspan="2">≤100 V</td></tr>
<tr><td rowspan="3">1a)</td><td colspan="8">等级:</td></tr>
<tr><td>1</td><td>2</td><td>1</td><td>2</td><td>1</td><td>2</td><td>1</td><td>2</td></tr>
<tr><td>10 000</td><td>2 500</td><td>5 000</td><td>1 250</td><td>30 000</td><td>7 500</td><td>15 000</td><td>3 750</td></tr>
</table>

4.3.4.4 当试验温度不是 20 ℃,必要时,用测试结果乘以适当的修正系数,使其修正到 20 ℃时的结果。在有争议的情况下,以 20 ℃的测量结果为准。对于金属化聚酯膜电容器可以认为表 8 修正系数为一个平均值。

表 8 修正系数

温度 ℃	修正系数
15	0.79
16	0.83
17	0.87
18	0.91
19	0.95
20	1.00
21	1.05
22	1.10
23	1.15
24	1.20
25	1.26
26	1.32
27	1.38
28	1.45
29	1.52
30	1.59
31	1.66
32	1.74
33	1.82
34	1.91
35	2.00

4.4 剪切力试验(附着力)

按 IEC 60384-1:1999 中 4.34 的规定。

4.5 衬底弯曲试验(端面镀层结合强度)

按 IEC 60384-1:1999 中 4.35 的规定。

4.6 耐焊接热

按 IEC 60384-1:1999 中的 4.14 及下列规定。

4.6.1 初始测量

应按 4.3.2 要求测量电容量。

4.6.2 试验条件

采用详细规范规定的方法。

4.6.3 最后检查、测量及要求

应对电容器进行外观检查和测量,并应符合下列要求:

在正常光线及大约10倍放大镜下,无损伤的痕迹,如裂痕。

应按4.3.2的要求测量电容器并应符合表2中给出的要求。

4.7 可焊性

按IEC 60384-1:1999中的4.15及下列规定。

4.7.1 试验条件

采用详细规范规定的方法。

4.7.2 最后检查、测量及要求

电容器应在正常的照明及大约10倍放大镜下进行外观检查,无损伤痕迹。

连接区域应覆盖上平滑、光亮的焊料层,允许有少量分散的缺陷,如小孔或未润湿或润湿不良的缺陷,这些缺陷不应集中在一个区域。

4.8 温度快速变化

按IEC 60384-1:1999中4.16及下列规定。

表面安装电容器应按4.1的规定安装。

4.8.1 初始测量

不要求,参见表2的第3组。

4.8.2 循环次数:5次

在极限温度下暴露的时间:30 min。

4.8.3 中间检查

对表面安装电容器应进行外观检查,并应符合表2中给出的要求。

4.9 气候顺序

按IEC 60384-1:1999中的4.21及下列规定。

表面安装电容器应按4.1的规定安装。

4.9.1 初始测量

不要求,参见表2的第3组。

4.9.2 干热

按IEC 60384-1:1999中4.21.2的规定。

4.9.3 循环湿热，试验 Db，第一次循环

按 IEC 60384-1:1999 中 4.21.3 的规定。

4.9.4 寒冷

按 IEC 60384-1:1999 中的 4.21.4。

4.9.5 循环湿热，试验 Db，其余循环

按 IEC 60384-1:1999 的 4.21.6 及下列规定：

湿热试验后 15 min 内，按 4.3.1 给出的试验电路条件在 1a)测量点上施加 1 min 的额定电压。

4.9.6 最后检查、测量及要求

恢复后，电容器应进行外观检查及测量，并应符合表 2 中给出的要求。

4.10 稳态湿热

按 IEC 60384-1:1999 中的 4.22 及下列规定。

表面安装电容器应按 4.1 的规定安装。

4.10.1 初始测量

不要求，参见表 2 的第 3 组。

4.10.2 最后检查、测量及要求

恢复后，电容器应进行外观检查及测量，并应符合表 2 中给出的要求。

4.11 耐久性

按 IEC 60384-1:1999 中的 4.23 及下列规定。

表面安装电容器应按 4.1 的规定安装。

4.11.1 初始测量

不要求，参见表 2 的第 3 组。

4.11.2 按照表 9 要求，1 级电容器试验时间为 2 000 h，2 级电容器试验时间为 1 000 h：

表 9 试验条件

气候类别	—/85/—	—/100/—		—/125/—	
温度	85 ℃	100 ℃	85 ℃	125 ℃	85 ℃
直流电压	$1.25U_R$	$1.25U_C$	$1.25U_R$	$1.25U_C$	$1.25U_R$
样本分组	1 个组	2 个组		2 个组	

4.11.3 应通过一个阻值为$(0.022/C_R)\Omega$的电阻器对每个电容器分别施加试验电压，C_R 是标称电容量，单位法拉。电阻器的阻值单位欧姆。并且实际阻值与计算值相差在 30%以内，最大为 2 MΩ。

4.11.4 在规定的周期后，应使电容器恢复，然后通过 4.11.3 中规定的同一个电阻器放电。

4.11.5 最后检查、测量及要求

表面安装电容器应进行外观检查及测量，并应符合表 2 中给出的要求。

4.12 充放电

按 IEC 60384-1:1999 中的 4.27 及下列细则:

表面安装电容器应按 4.1 的规定安装。

4.12.1 初始测量

不要求,参见表 2 第 3 组。

4.12.2 电容器应经受 10 000 次充放电循环,充放电速率大约每秒一个循环,每个循环包括对电容器充电与放电。每个电容器应分别通过一个阻值为$\left(\frac{220\times10^{-6}}{C_R}\right)\Omega$的电阻器施加额定电压进行充电,其中$C_R$是标称容量,单位法拉,或为限制充电电流为 1A(或详细规范中给出的较大电流值)所需的值,两者取较大者。

每个电容器应分别通过一个阻值为$\left(\frac{10\times10^{-6}}{C_R}\right)\Omega$,最小为 20 Ω 的电阻放电,或当详细规范中有要求时,可用更小的电阻进行放电。

4.12.3 最后测量及要求

恢复后,电容器应进行测量,并应符合表 2 中给出的要求。

4.13 元件耐溶剂(适用时)

按 IEC 60384-1:1999 中 4.31 的规定。

4.14 标志耐溶剂(适用时)

按 IEC 60384-1:1999 中 4.32 的规定。

ICS 17.220
L 85

中华人民共和国国家标准

GB/T 15471—2013
代替 GB/T 15471—1995

逻辑分析仪通用规范

General specification for logic analyzer

2013-12-17 发布　　2014-05-15 实施

中华人民共和国国家质量监督检验检疫总局
中国国家标准化管理委员会　发布

前　言

本标准按照 GB/T 1.1—2009 给出的规则起草。

本标准代替 GB/T 15471—1995《逻辑分析仪通用技术条件和测试方法》，本标准与 GB/T 15471—1995 相比，主要变化如下：

——增加了部分术语及定义。

——增加了门限步进、毛刺脉冲宽度、触发序列速度等参数的试验方法。

请注意本文件的某些内容可能涉及专利。本文件的发布机构不承担识别这些专利的责任。

本标准由中华人民共和国工业和信息化部提出。

本标准由全国电子测量仪器标准化技术委员会(SAC/TC 153)归口。

本标准起草单位：电子科技大学、工业和信息化部电子工业标准化研究院。

本标准主要起草人：王厚军、戴志坚、师奕兵、黄英华、田书林、曹玲。

本标准所代替标准的历次版本发布情况为：

——GB/T 15471—1995。

逻辑分析仪通用规范

1 范围

本标准规定了逻辑分析仪的术语、产品分类、要求、试验方法、检验规则、标志、包装、运输和贮存等。

本标准适用于逻辑分析仪，也适用于具有逻辑插入单元或逻辑分析仪附属装置的测量仪器，外置式的逻辑分析仪也可参照本标准。

2 规范性引用文件

下列文件对于本文件的应用是必不可少的，凡是注明日期的引用文件，仅注日期的版本适用于本文件。凡是不注日期的引用文件，其最新版本(包括所有的修改单)适用于本文件。

GB/T 191 包装储运图示标志

GB/T 3047.6 电子设备台式机箱基本尺寸系列

GB/T 6587—2012 电子测量仪器通用规范

GB/T 11463—1989 电子测量仪器可靠性试验

GB/T 18268(所有部分) 测量、控制和实验室用的电设备 电磁兼容性要求

3 术语和定义

下列术语和定义适用于本文件。

3.1

逻辑分析仪 logic analyzer

获取相对 个触发事件的数字逻辑信号，以各种方式显示这些信号并进行分析的测试仪器。其主要特点是能以单通道(串行方式)或多通道(并行方式)进行记录并显示在触发事件前或触发事件后捕获到的逻辑信号。

逻辑分析仪一般由输入、采集、存储、触发与控制、处理与显示等部分组成。

3.2 输入

3.2.1

探头 probe

以软电缆连接，能将被测信号传输给仪器的输入装置。

3.2.2

输入阻抗 input impedance

逻辑分析仪在工作条件下对被测电路所呈现的负载。

3.2.3

输入电压范围 input voltage range

仪器能够正确识别和采集的输入信号电压范围。

3.2.4

最大输入电压 maximum input voltage

不损坏仪器的最大输入电压。超出该电压，仪器或探头可能会损坏。

3.2.5

门限　threshold

与输入信号比较的一种预选电压值。

注：任何比门限电压更正的输入电压被记录为逻辑高，而任何比门限电压更负的输入电压被记录为逻辑低。

3.2.5.1

门限灵敏度　sensitivity

在规定的信号持续时间内，对可检测信号所要求的最小电压值（见图 1）。

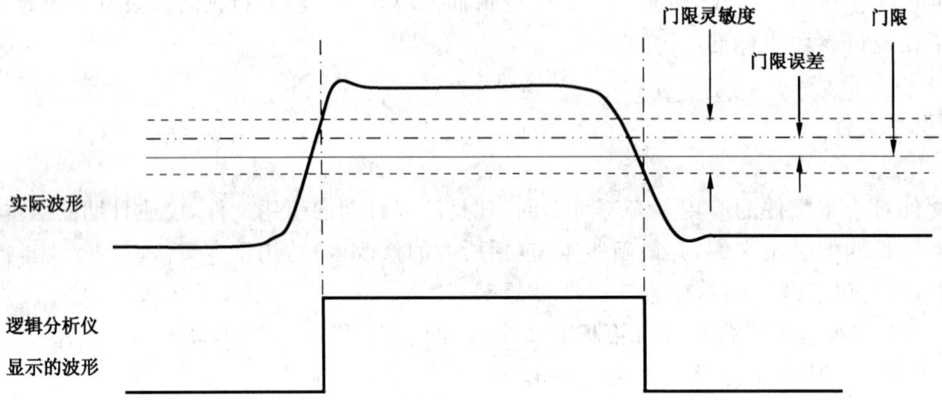

图 1

3.2.5.2

双门限　dual threshold

具有两个预选门限的方式，即每个通道具有两个能与该通道输入信号进行比较的预选门限。

3.2.5.3

混合门限　mixed threshold

各通道或通道组合具有不同的门限调节值。

3.2.6

通道时滞　channel to channel skew

同一个信号在不同输入通道传输的时间差。

3.3　采集

3.3.1

同步采集方式　synchronous mode

按与输入逻辑信号相位相关的外部时钟来取样输入逻辑信号的采集方式，也称为状态分析方式。

3.3.2

异步采集方式　asynchronous mode

取样输入逻辑信号的时钟与被测系统无关的采集方式，该方式也称为定时分析方式。

注：该方式下通常由内时钟取样。

3.3.3

最大定时取样速率　maximum timing sample rate

定时分析方式时，数据采集的最高有效速率，通常用 Sa/s 表示。

3.3.4

最大状态时钟速率　maximum state clock rate

状态分析方式时，时钟通道输入的外部时钟的最大速率。

3.3.5

最小脉冲持续时间 minimum pulse duration

能被可靠检测到的最窄脉冲，见式(1)。

$$\mathrm{MPD}=(1/\text{时钟频率})+C \qquad \cdots\cdots(1)$$

式中：

MPD——最小脉冲持续时间；

C ——某一规定的常数。

3.3.6

建立时间 set-up time

t_s

数据信号在时钟有效沿到来之前出现并稳定的时间，以保证数据被正确获取（见图2）。

注：建立时间允许有负值。

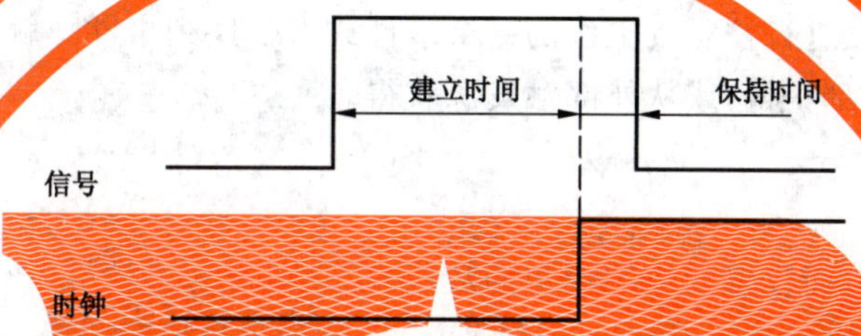

图2

3.3.7

保持时间 hold time

t_h

数据信号应该在有效时钟沿到来之后继续保持稳定的时间，以保证数据被正确获取（同图2）。

注：保持时间允许有负值。

3.3.8

毛刺 glitch

窄于规定的最小脉冲宽度的脉冲，一般将宽度小于当前取样间隔的脉冲称为毛刺。

3.3.9

毛刺检测与锁定 glitch detect and latch

若检测到毛刺存在，则给出一个时钟宽度的脉冲（见图3）。

图3

3.4 存储

3.4.1

存储深度 memory depth

一次存储采集数据的数量,一般指每通道所存储数据位的数量。

3.4.2

限定存储 limited storage

采集的数据符合限定条件才存储。

3.5 控制

3.5.1

触发事件 trigger event

对逻辑信号采集与存储进行控制或定位的一个事件或者一序列事件。触发事件可以由内部电路产生,根据信号逻辑状态在内部获得,或从外部触发源获得。

3.5.2

触发字 trigger word

用于选择数据捕获窗口而设置的一种特定的数据字。

3.5.3

任意态 anything

给定的某通道的输入信号为任何状态均认为满足本通道的触发要求。

注:一般情况下,若设触发字某位(即某通道)为任意态(常用"X"表示),则该位出现"1"或"0"均认为满足触发要求。

3.5.4 触发源

3.5.4.1

字触发 word trigger

以采集数据中出现某特定的数据字为触发事件。

3.5.4.2

边沿触发 edge trigger

以某通道信号的跳变沿(上升或下降沿)为触发事件。

3.5.4.3

毛刺触发 glitch trigger

以某一个或多个通道中出现毛刺脉冲为触发事件。

3.5.4.4

组合字触发 combined word trigger

以采集数据中出现多个特定的数据字中的任意一个为触发事件。

3.5.4.5

序列字触发 sequential word trigger

以采集数据中依次出现某特定的数据字序列为触发事件。

3.5.4.6

序列触发 sequential trigger

以采集数据中依次出现特定的触发事件序列的触发方式。

注:该序列可以包括:字识别、边沿、毛刺等或它们的组合。

3.5.4.6.1

触发序列等级　trigger sequence level

在序列触发中，序列事件的等级。

3.5.4.6.2

触发序列速度　trigger sequence rate

在序列触发中，相邻两级事件出现的最快速度。

3.5.4.7

随机触发　random trigger

没有任何条件的触发事件。

3.5.4.8

强制触发　compelled trigger

预设的触发事件没有出现时，在一定条件下，自动强迫仪器的触发。

3.5.4.9

手控触发　manual trigger

由手动控制引起的触发事件。

3.5.4.10

串行总线协议触发　serial bus protocol trigger

按照某一特定的串行通信数据格式(如：I^2C、CAN、USB、SPI 等)触发。

3.5.5　触发方式

3.5.5.1

预触发　pre-trigger

触发事件出现前即开始采集并存储一定数量数据的触发方式，触发前的数据量一般用存储深度的百分比表示，可以为 0%～100%。

3.5.5.1.1

触发开始跟踪　start trace from trigger

触发事件出现后，才开始存储数据，即触发前的数据量为存储深度的 0%。

3.5.5.1.2

触发终止跟踪　stop trace by trigger

触发事件出现后，就停止存储数据，即触发前的数据量为存储深度的 100%。

3.5.5.2　延迟触发

3.5.5.2.1

数据延迟触发　data delay trigger

触发事件出现后并不立即触发，而是延迟一定量的数据后才触发的触发方式。

3.5.5.2.2

时间延迟触发　time delay trigger

触发事件出现后并不立即触发，而是延迟一定时间后才触发的触发方式。

3.5.5.3

限定触发　limited trigger

对设置的触发字再加以限定条件的触发方式。

3.5.5.4

触发窗口　trigger window

对触发范围预选的上、下限。在该范围内的任何字的出现都能产生触发。

注：触发窗口也可以称为范围触发器(trigger range)。

3.5.5.5

超时强制触发　time out compelled trigger

预置一个时间间隔，超过该时间间隔，如果没有出现触发事件，将强迫产生触发事件。

3.5.5.6

定时禁止触发　time in prohibited trigger

预置一个时间间隔，在该时间间隔内，将不识别触发事件。

3.5.6

外触发输入　external trigger input

逻辑分析仪从外部获得的触发信号。

3.5.7

触发输出　trigger output

与触发事件时间相关的，可供外部使用的信号。

3.5.8

触发操作　trigger actions

触发后采取的操作选择，包括：触发、发送电子邮件、填入内存；存储/不存储；定时器和计数器控制等。

3.6　显示

3.6.1

数据显示　data display

以各种各样的格式来处理和显示所记录的数据。

注：数据可以在阴极射线管(CRT)显示器或 LCD 显示器上进行显示，显示器可以安装在逻辑分析仪的内部或外部。

3.6.2

定时图　timing diagram

以伪波形来表示所记录数据的状态与时间之间关系的波形(见图 4)。

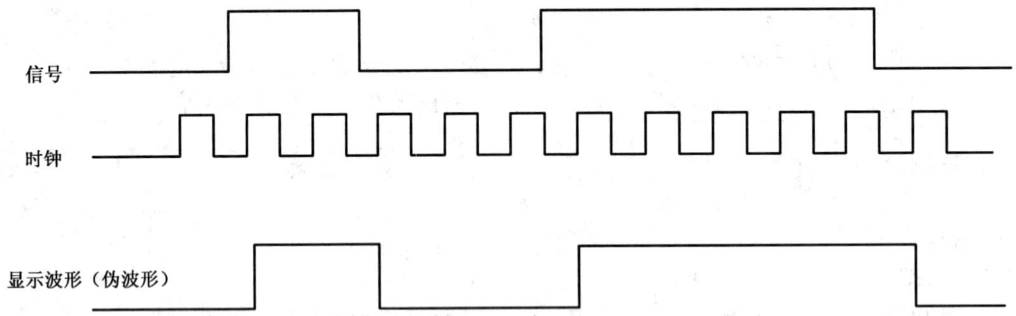

图 4

3.6.3

图形显示　graphic format

用二维(X 、Y)图来表示所规定的数据、时间或其他因数的关系(见图 5)。

注：数据图描述了状态幅度(Y)与状态顺序(X)的函数关系。

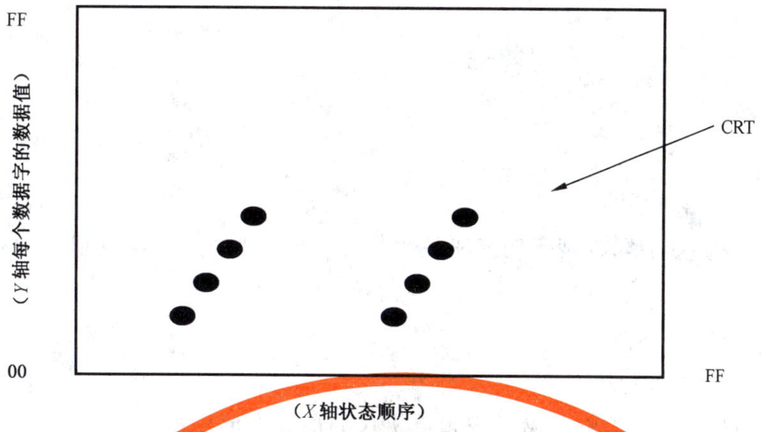

图 5

3.6.4

状态表　state table

表示在每次连续取样时，输入数据通道逻辑状态的表格。

注：该逻辑状态可以用二进制、八进制、十进制、十六进制、ISO 七值(ASCII)码或助记符号来表示。

3.6.5

映象图　map

表示逻辑状态的一种矩阵格式，以便能用独特的图形来识别用户系统的工作状态(见图 6)。

注：图形是以单独的点来描绘每个已存入的逻辑字，点的垂直位置与字的高半个字值成比例，点的水平位置与字的低半个字值成比例。

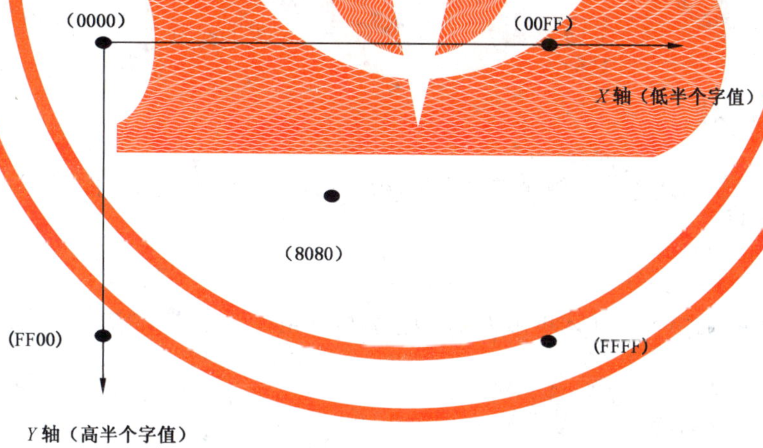

图 6

3.7

反汇编分析　disassembly analyze

将采集到的数据按照被测系统 CPU 的指令系统进行反汇编，并显示反汇编后得到的汇编语言程序代码。

4　产品分类

可按结构分为板卡式、外置式、台式(含便携式)等，应在产品标准中给出。

5 要求

5.1 一般要求

5.1.1 外观与结构

逻辑分析仪的结构应完整,外观无明显机械损伤和镀涂破坏现象;各控制件均须安装正确、牢固可靠、操作灵活。

5.1.2 外形尺寸

应以宽(*W*)高(*H*)深(*D*)的顺序给出逻辑分析仪的最大外形尺寸。

5.1.3 重量

产品标准中应给出整机的重量或主机、插入单元、附属装置等分别的重量,以千克(kg)为单位。

5.1.4 供电电源

有产品标准规定逻辑分析仪适用的供电电源类型,并给出电源电压和频率范围以及最大消耗功率。

5.1.5 预热时间

由产品标准规定,预热时间一般应不超过 30 min。

5.2 性能特性

5.2.1 输入

5.2.1.1 输入通道数

由产品标准规定数据通道和时钟通道的数量,数据通道数量一般为 8 的整数倍。

5.2.1.2 输入阻抗

由产品标准规定,通常要求输入电阻大于 20 kΩ,输入电容小于 15 pF。

5.2.1.3 输入电压范围

由产品标准规定,一般应为±5 V。

5.2.1.4 最大输入电压

由产品标准规定。

5.2.1.5 门限

由产品标准规定门限种类、范围、最小步进、灵敏度与误差等指标。

5.2.1.6 通道时滞

有规定时,由产品标准规定。

5.2.2 采集

5.2.2.1 最大定时取样速率

由产品标准规定,并说明是否支持半通道扩展功能,若有应给出半通道下的最大定时取样速率。

5.2.2.2 定时取样速率范围与档位

由产品标准规定定时取样速率的可设置范围,即最大定时取样速率与最小定时取样速率;同时应给出在此范围内取样速率档位变化,一般采用 1、2、5 进制。

5.2.2.3 最大状态时钟速率

由产品标准规定。

5.2.2.4 建立时间(t_s)

由产品标准规定最小建立时间。

5.2.2.5 保持时间(t_h)

由产品标准规定最小保持时间。

5.2.2.6 最小时钟脉冲宽度

由产品标准规定。

5.2.2.7 最小可检测毛刺脉冲宽度

若有毛刺检测功能,由产品标准规定。

5.2.3 存储

5.2.3.1 最大存储深度

由产品标准规定,并说明是否支持半通道或 1/4 通道扩展能力,若有应给出半通道或 1/4 通道时的最大存储深度。

5.2.3.2 限定存储

若有此功能,由产品标准规定。

5.2.4 控制

5.2.4.1 触发方式

应在产品标准中说明,通常应该具有字触发、边沿触发、毛刺触发、组合/序列触发、预触发/延迟触发等。

5.2.4.2 延迟触发

5.2.4.2.1 数据延迟触发

若有此功能,由产品标准规定可设置的延迟范围。

5.2.4.2.2 时间延迟触发

若有此功能,由产品标准规定可设置的延迟时间范围。

5.2.4.3 序列触发

由产品标准规定最大触发序列级数。

5.2.4.4 触发序列速度

由产品标准规定最大触发序列速度。

5.2.4.5 毛刺触发

若有此功能,由产品标准规定。

5.2.4.6 限定触发

若有此功能,由产品标准规定。

5.2.4.7 超时强制触发

在产品标准中说明是否具有该功能,若有应给出时间设置范围。

5.2.4.8 定时禁止触发

在产品标准中说明是否具有该功能,若有应给出时间设置范围。

5.2.4.9 外触发输入

在产品标准中说明是否具有外触发输入端子,并给出支持的电平标准(一般为 TTL)、输入阻抗等。

5.2.4.10 触发输出

在产品标准中说明是否具有触发输出端子,并给出输出电平标准(一般为 TTL)、输出阻抗等。

5.2.4.11 触发操作

在产品标准中说明是否具有操作的可选择能力,若有,给出可选择的操作方式。

5.2.5 接口功能

由产品标准规定逻辑分析仪具有的接口功能,如 USB、GPIB、LAN 等。

5.2.6 反汇编分析

在产品标准中说明是否具有此功能,若有,应给出支持的 CPU 种类。

5.2.7 显示

5.2.7.1 显示方式

在产品标准中明确给出支持的显示方式,一般包括:状态表(数据列表)、定时图(伪方波)、映象图等。

5.2.7.2 显示器

若为台式，在产品标准中提供下述内容：

a) 显示器类型，一般为 CRT 或 LCD；

b) 有效工作面：高(h)×宽(w)；

c) 检验工作面：高(h)×宽(w)。

注：单位为厘米(cm)或格(div)。

d) 分辨力。

e) 颜色，一般为单色、伪彩色或真彩色。若为彩色，应给出最大颜色种类数量。

5.3 安全

应符合 GB/T 6587—2012 的规定。

除非另有规定，逻辑分析仪应至少进行以下的安全试验：

——接触电流试验；

——介电强度试验；

——保护接地试验。在产品标准中给出绝缘电阻、泄漏电流及试验电压的数值。

5.4 环境适应性

应符合 GB/T 6587—2012 的要求，并由产品标准规定逻辑分析仪的环境组别和运输流通等级。

5.5 电磁兼容性

应符合 GB/T 18268 的有关规定。

5.6 可靠性

由产品标准规定平均故障间隔时间(MTBF)。

6 试验方法

6.1 试验要求

6.1.1 对逻辑分析仪的性能特性进行检测时，应按照产品标准规定的额定工作条件，并在不打开机箱的情况下进行，若有特殊情况必须打开机箱才能测试时，应在产品标准中说明。

6.1.2 试验用的标准测试仪器和设备应经过计量部门检定合格，并应稳定可靠和处于有效期内。

6.1.3 试验室的环境条件(以下称为正常条件)若无特殊规定，应在下列测试用标准大气条件下进行：

a) 温度：15 ℃～30 ℃；

b) 相对湿度：25%～75%；

c) 气压：86 kPa～106 kPa。

6.2 一般要求的试验

6.2.1 外观与结构检查

检查逻辑分析仪的外观与结构时，采用观察法及手动操作法进行。

6.2.2 外形尺寸检查

检查逻辑分析仪的外形尺寸时，用量器测量尺寸并与图纸核对的方法进行，并应符合

GB/T 3047.6。

6.2.3 重量检查

检查逻辑分析仪的重量时,用磅秤称其重量。

6.2.4 供电电源电压、频率和功率试验

6.2.4.1 供电电源电压和频率试验

按 GB/T 6587—2012 中 5.12 的规定进行。

6.2.4.2 电源消耗功率试验

在逻辑分析仪的额定电源电压下测量其电流,求得消耗功率。测试方法由产品标准具体规定。

6.2.5 预热时间

应满足产品标准要求。

6.3 性能特性测试

6.3.1 输入

6.3.1.1 输入通道及通道数

6.3.1.1.1 测试方框图

测试方框图见图 7。

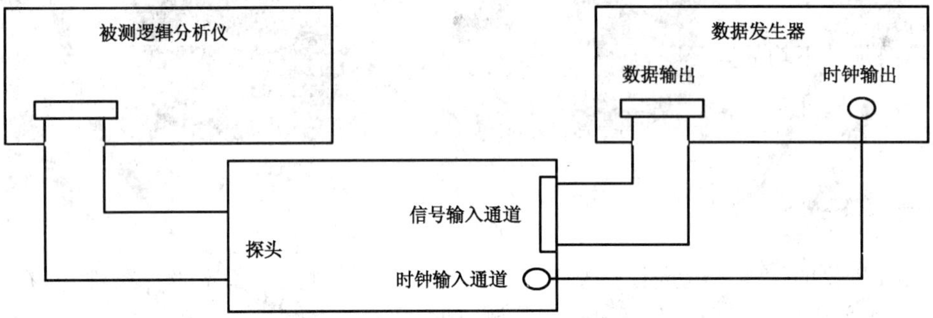

图 7

6.3.1.1.2 测试步骤

a) 连接数据发生器和逻辑分析仪;
b) 设置数据发生器输出信号幅度,使其满足逻辑分析仪输入电压范围的要求,在测试前可用示波器验证信号幅度是否满足要求;
c) 逻辑分析仪设置适当的门限和取样速率;
d) 同时或逐步测试逻辑分析仪的所有通道,观察其显示波形,相应通道应有正确的波形显示;
e) 用目测法观察逻辑分析仪所有能够工作的通道数量。

6.3.1.2 输入阻抗

6.3.1.2.1 测试方框图

测试方框图见图8。

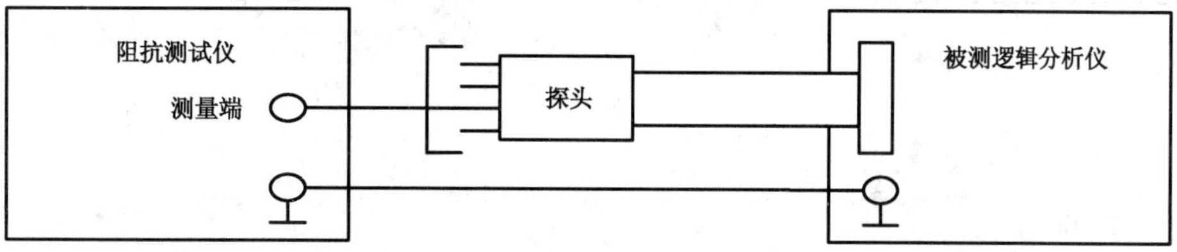

图8

6.3.1.2.2 测试步骤

a) 连接阻抗测试仪和逻辑分析仪；
b) 逻辑分析仪处于开机状态，用阻抗测试仪测试输入电阻；
c) 逻辑分析仪处于开机状态，用阻抗测试仪测试输入电容(应扣除测试连接线的分布电容值)。

6.3.1.3 输入电压范围

6.3.1.3.1 测试方框图

测试方框图见图9。

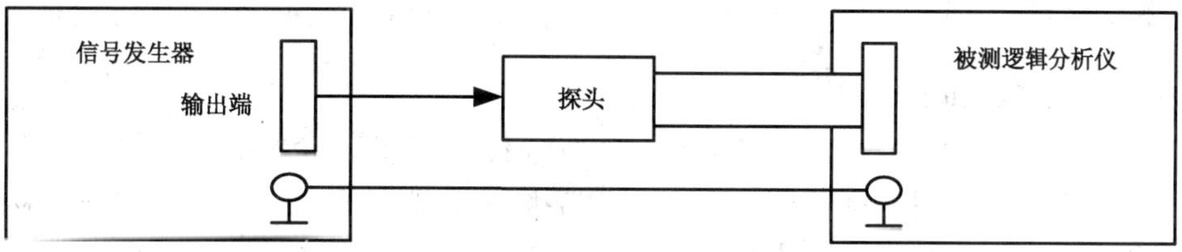

图9

6.3.1.3.2 测试步骤

a) 连接信号发生器和逻辑分析仪；
b) 设置信号发生器输出信号幅度与逻辑分析仪输入电压范围最大值一致，在测试前可用示波器验证信号幅度是否满足要求；
c) 逻辑分析仪设置适当的门限和采样速率；
d) 观察显示波形，相应通道应有正确的波形显示。

6.3.1.4 最大输入电压

6.3.1.4.1 测试方框图

测试方框图见图10。

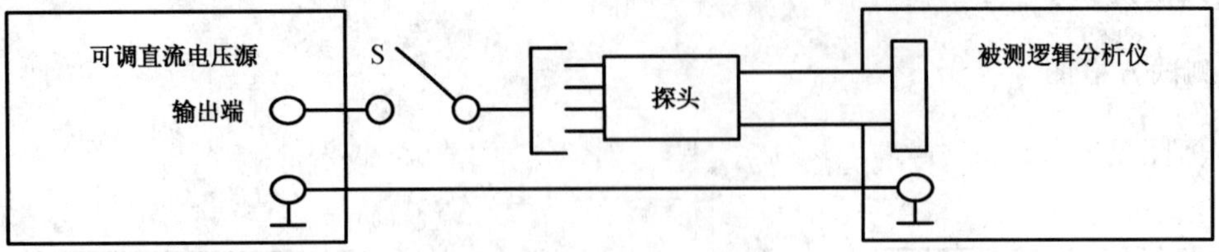

图 10

6.3.1.4.2 测试步骤

a) 连接可调直流电压源和逻辑分析仪；
b) 设置直流电压源输出电压与逻辑分析仪最大输入电压一致，在测试前可用万用表验证电压是否满足要求；
c) 使 S 闭合并持续 1 min，然后断开 S；
d) 按 6.3.1.1 测试方法测试，输入通道仍能正常工作。

6.3.1.5 门限

6.3.1.5.1 门限种类、范围、灵敏度

6.3.1.5.1.1 测试方框图

测试方框图同图 9。

6.3.1.5.1.2 测试步骤

a) 连接信号发生器和逻辑分析仪。
b) 设置信号发生器输出信号为与相应数字电平标准（如 TTL、CMOS、ECL 等）一致的方波或脉冲信号，同时逻辑分析仪门限选择相应的电平标准类型，应能采集并显示正确的波形。
c) 逻辑分析仪门限采用自定义门限设置方式，并将门限设置到最大值，调节信号发生器的输出。当其输出信号高电平小于该最大门限值时，采集显示的波形为低电平，当信号发生器输出信号高电平大于该最大门限值时，应能采集并显示正确的波形。
d) 逻辑分析仪门限采用自定义门限设置方式，并将门限设置到最小值，调节信号发生器的输出。当其输出信号低电平大于该最小门限值时，采集显示的波形为高电平，当信号发生器输出信号低电平小于该最小门限值时，应能采集并显示正确的波形。
e) 逻辑分析仪门限采用自定义门限设置方式，门限设置为一定值。信号发生器输出方波或脉冲信号，信号的中心电平为门限设置电平。改变信号发生器输出信号的峰峰值，当峰峰值大于或等于灵敏度时，应能采集并显示正确的波形。

6.3.1.5.2 最小步进、误差

6.3.1.5.2.1 测试方框图

测试方框图见图 11。

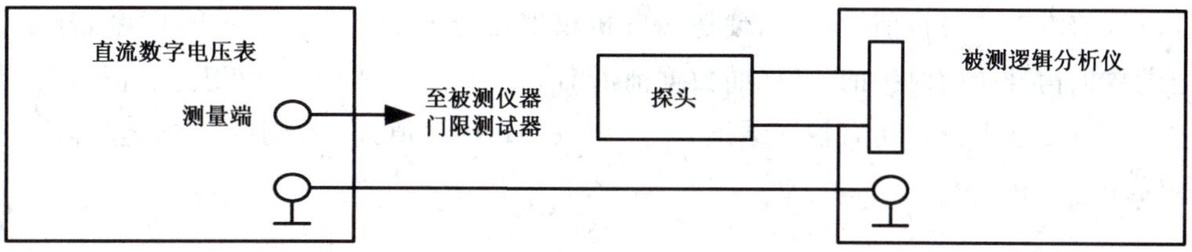

图 11

6.3.1.5.2.2 测试步骤

a) 连接直流数字电压表和逻辑分析仪；

b) 逻辑分析仪采用自定义门限设置方式，门限设置为一定值，用直流数字电压表测量门限电压值，当门限设置作最小改变时，电压表测得的值改变量应小于或等于最小步进值；

c) 逻辑分析仪门限设置为一定值，用直流数字电压表测量门限电压值，则门限误差见式(2)：

$$\frac{U_0 - U}{U} \times 100\% \qquad \cdots\cdots (2)$$

式中：

U_0——门限的额定值，单位为伏(V)；

U ——直流数字电压表指示的电压值，单位为伏(V)。

6.3.1.6 通道时滞

6.3.1.6.1 测试方框图

测试方框图见图 12。

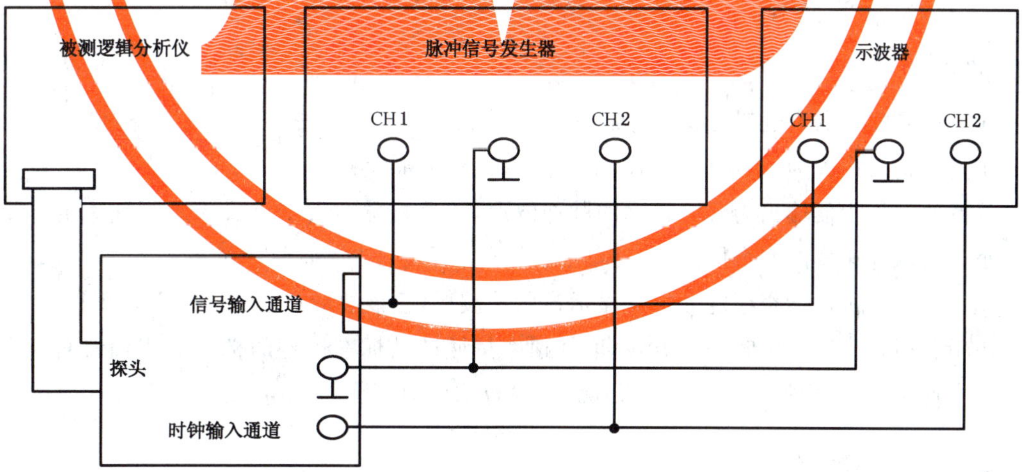

图 12

6.3.1.6.2 测试步骤

a) 连接脉冲信号发生器、示波器和逻辑分析仪；

b) 逻辑分析仪设置为状态分析模式，触发字中对应输入通道的位设置为“1”，其余位设置为任意态“x”；

c） 用示波器观测脉冲信号发生器输出，调节脉冲信号发生器输出如图 13 波形。逐步减小输入数据信号前沿超前时钟前沿的值，使逻辑分析仪仪器处于完成触发识别和不完成触发的临界点，记录数据信号超前时钟的 t 值（如数据前沿滞后时钟前沿时，则此值记为负值）；

d） 按上述方法逐个测试所有输入通道，上述记录的最大 t 值减去最小 t 值的差，即为输入通道间的时滞。

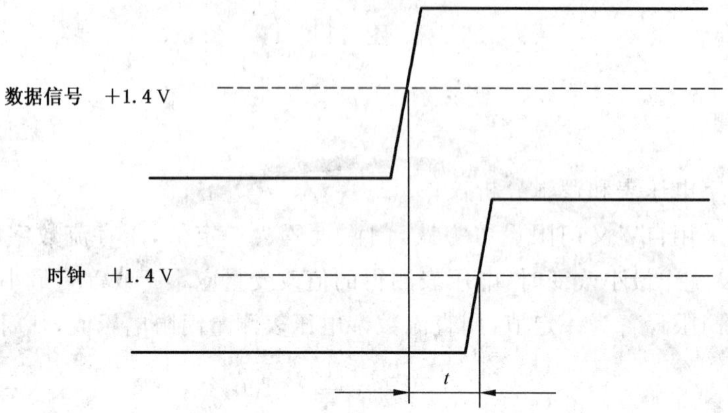

图 13

6.3.2 采集

6.3.2.1 最大定时取样速率、取样速率范围与档位

6.3.2.1.1 测试方框图

测试方框图同图 9。

6.3.2.1.2 测试步骤

a） 连接信号发生器和逻辑分析仪；

b） 逻辑分析仪设置为定时分析方式，取样速率设置为最大；

c） 设置信号发生器输出为一定频率的脉冲波形，并设置脉宽大于该最大取样速率的一个周期并小于该取样速率的两个周期；

d） 观察逻辑分析仪能否稳定捕捉并显示该脉冲波形，且该波形宽度为一个取样周期；

e） 逻辑分析仪设置为定时分析方式，取样速率按照产品标准规定的档位逐级设置直到最小定时取样速率，并分别按照步骤 c）～d）测试，检查取样速率范围及档位。

6.3.2.2 最大状态时钟速率

6.3.2.2.1 测试方框图

测试方框图同图 7。

6.3.2.2.2 测试步骤

a） 连接数据发生器和逻辑分析仪；

b） 逻辑分析仪设置为状态分析方式，并选用相应时钟通道输入的外时钟作为采集时钟；

c) 数据发生器产生一定频率方波，逐步增加外时钟频率，观察逻辑分析仪是否触发，显示波形是否正确。

6.3.2.3 建立时间和保持时间

6.3.2.3.1 测试方框图

测试方框图见图 14。

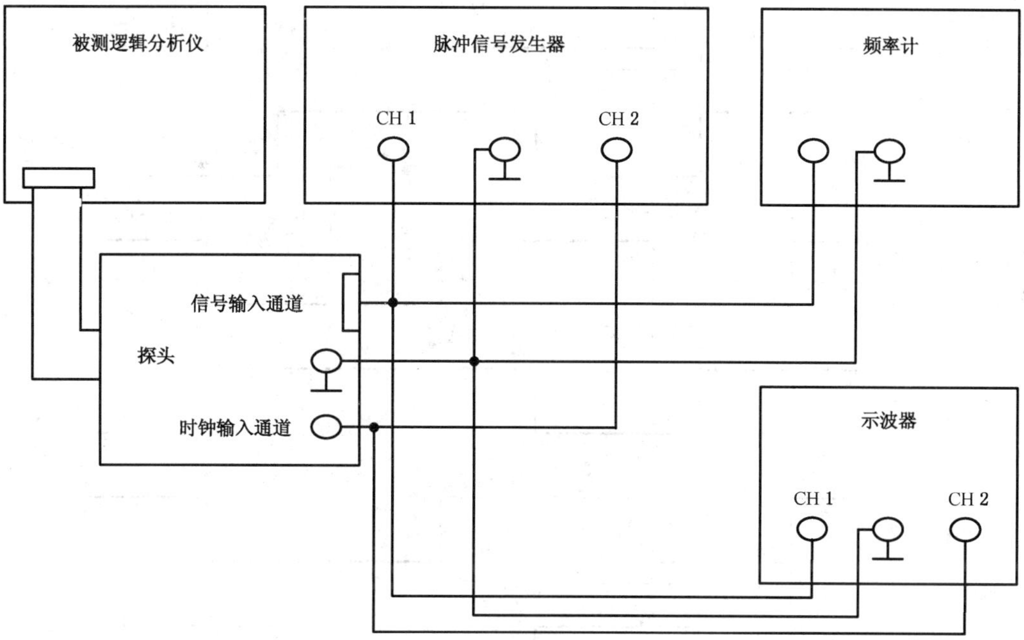

图 14

6.3.2.3.2 测试步骤

a) 连接脉冲信号发生器、频率计、示波器和逻辑分析仪；

b) 逻辑分析仪设置为状态分析方式，时钟置“_|¯”，触发字置全“1”；

c) 用示波器观测脉冲信号发生器输出，调节脉冲信号发生器输出如图 15(A)波形，t_s(建立时间)应符合产品标准的规定值，t_h(保持时间)应能满足产品标准的规定值；使仪器获取数据，应能可靠地完成触发识别，检查显示应为全“1”；

d) 逻辑分析仪时钟改置“¯|_”，调节脉冲信号发生器输出如图 15(B)波形，使仪器获取数据，应能可靠地完成触发识别，检查显示应为全“1”；

e) 逻辑分析仪时钟置为“¯|_”，触发字改置全“0”，调节脉冲信号发生器输出如图 15(C)波形，使仪器获取数据，应能可靠地完成触发识别，检查显示应为全“0”；

f) 逻辑分析仪时钟改置“_|¯”，调节脉冲信号发生器输出如图 15(D)波形，使仪器获取数据，应能可靠地完成触发识别，检查显示应为全“0”。

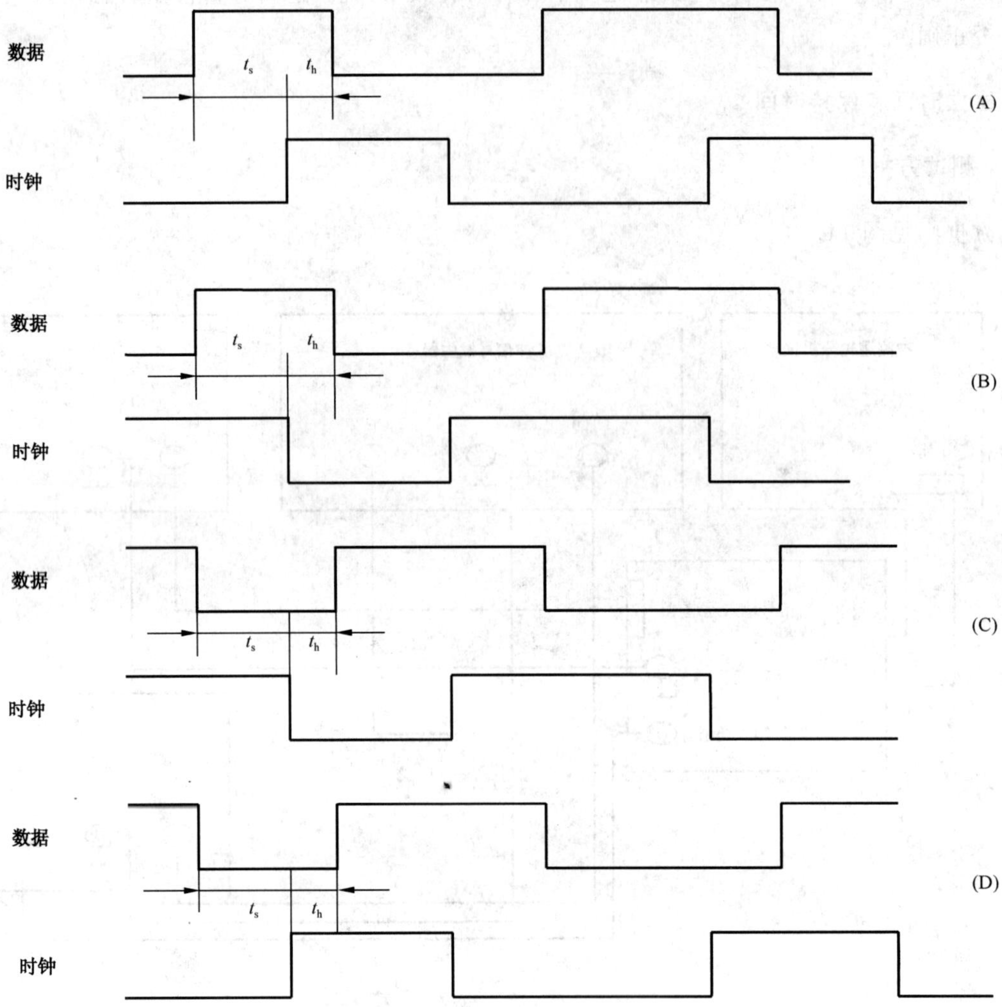

图 15

6.3.2.4 最小时钟脉冲宽度

6.3.2.4.1 测试方框图

测试方框图同图 14。

6.3.2.4.2 测试步骤

a） 连接脉冲信号发生器、频率计、示波器和逻辑分析仪；

b） 逻辑分析仪置为状态分析方式，触发字置全“1”，设置适当门限；

c） 调节脉冲信号发生器使数据、时钟输出幅度符合要求，调节时钟信号的脉宽为产品标准规定的时钟最小脉宽，并保证产品标准规定的建立时间和保持时间；

d） 使逻辑分析仪获取数据，应稳定、可靠地完成触发识别，检查仪器显示应为全“1”，时钟的正脉冲、负脉冲应分别进行测试。

6.3.2.5 最小可检测毛刺脉冲宽度

6.3.2.5.1 测试方框图

测试方框图见图 16。

6.3.2.5.2 测试步骤

a) 连接脉冲信号发生器和逻辑分析仪；

b) 设置脉冲信号发生器输出与逻辑分析仪产品标准中给出的最小可检测毛刺脉冲宽度相同的脉冲信号，频率为 1 kHz；

c) 开启逻辑分析仪的毛刺识别与显示，观察能否正确捕捉并显示 1 kHz 的毛刺信号。

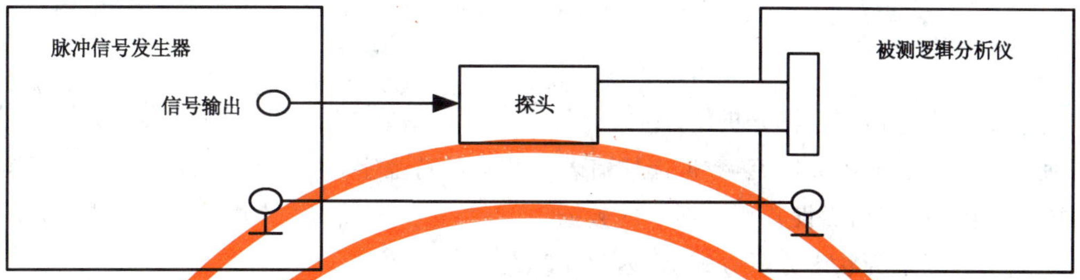

图 16

6.3.3 存储

6.3.3.1 最大存储深度

6.3.3.1.1 测试方框图

测试方框图同图 7。

6.3.3.1.2 测试步骤

a) 连接数据发生器和逻辑分析仪；

b) 逻辑分析仪设置为定时分析方式，设置适当的触发方式，存储深度设置为最大；

c) 数据发生器产生包含满足触发条件数据字的数据流；

d) 逻辑分析仪采集并列表显示结果，显示数据应与数据发生器输出数据流特征一致，存储的数据量个数与设置的存储深度一致。

6.3.3.2 限定存储

6.3.3.2.1 测试方框图

测试方框图同图 7。

6.3.3.2.2 测试步骤

a) 连接数据发生器和逻辑分析仪；

b) 逻辑分析仪设置为定时分析方式，设置适当的触发方式与限定条件；

c) 数据发生器产生包含满足触发和限定条件的数据流；

d) 逻辑分析仪采集并列表显示结果，采集到的数据应为满足限定条件的数据，存储的数据量个数应与设置的存储深度一致。

6.3.4 控制

6.3.4.1 触发方式

根据产品标准对相应的触发方式进行测试。

6.3.4.2 延迟触发

6.3.4.2.1 数据延迟触发

6.3.4.2.1.1 测试方框图

测试方框图同图 7。

6.3.4.2.1.2 测试步骤

a) 连接数据发生器和逻辑分析仪。
b) 使数据发生器输出数据流,数据流中有若干相同的特征字,为识别相同特征字在数据流中的位置,每个特征字后面设置相互不同的数据。
c) 逻辑分析仪置为状态分析方式,延迟数置“0”。
d) 逻辑分析仪启动采集,数据发生器的数据流输出一次,仪器应完成触发识别。数据列表显示中,在触发字位置的数据应为设置的触发特征字,触发字后面的数据量为 M 个(M 与预触发设定相关)。
e) 逻辑分析仪延迟数改置为 N,启动采集,数据发生器重新输出一次,逻辑分析仪应完成触发识别。数据列表显示中,在触发字位置前第 N 个数据应为设置的触发特征字,即触发特征字后面的数据数量增加了 N,为 $M+N$ 个。

6.3.4.2.2 时间延迟触发

6.3.4.2.2.1 测试方框图

测试方框图同图 7。

6.3.4.2.2.2 测试步骤

a) 连接数据发生器和逻辑分析仪;
b) 数据发生器输出数据流;
c) 逻辑分析仪置为定时分析方式,时间延迟置“0”,触发字置为数据流中的某一特征字;
d) 逻辑分析仪启动采集,数据发生器的数据流输出一次,仪器应完成触发识别。数据列表显示中,在触发字位置的数据应为设置的触发特征字,触发字后面的数据量为 M 个(M 与预触发设定相关);
e) 将时间延迟改置为 T,逻辑分析仪启动采集,数据发生器将数据重新输出一次,仪器应完成触发识别。数据列表显示中,在触发字位置前第 N($N=T$/取样周期)个数据应为设置的触发特征字,即触发字后面的数据数量为 $M+(T$/取样周期)个。

6.3.4.3 序列触发

6.3.4.3.1 测试方框图

测试方框图同图 7。

6.3.4.3.2 测试步骤

a) 连接数据发生器和逻辑分析仪;

b) 逻辑分析仪置为状态分析方式，依次设置多级触发条件；

c) 设置数据发生器输出数据流中包含有逻辑分析仪设置的序列触发条件对应的特征数据；

d) 逻辑分析仪启动数据采集，应能完成触发识别。数据列表显示中，应依次显示与设置序列特征字一致的数据流。

6.3.4.4 触发序列速度

6.3.4.4.1 测试方框图

测试方框图同图7。

6.3.4.4.2 测试步骤

a) 连接数据发生器和逻辑分析仪；

b) 逻辑分析仪置为状态分析方式，依次设置多级触发条件；

c) 设置数据发生器输出数据流中包含有逻辑分析仪设置的序列触发条件对应的特征数据，同时调节相邻级触发字出现的时间间隔小于或等于最大触发序列速度的要求；

d) 逻辑分析仪启动数据采集，应能完成触发识别，并显示正确的数据流。

6.3.4.5 毛刺触发

6.3.4.5.1 测试方框图

测试方框图同图16。

6.3.4.5.2 测试步骤

a) 连接脉冲信号发生器和逻辑分析仪；

b) 逻辑分析仪置为定时分析方式，触发方式置毛刺触发，选择毛刺触发通道；

c) 脉冲信号发生器输出一定脉宽(小于取样时间间隔)及一定频率的脉冲；

d) 逻辑分析仪启动数据采集，当脉冲信号发生器无信号输出时，仪器处于等待状态；当脉冲信号发生器输出毛刺脉冲时，仪器触发。如果开启毛刺显示，可以在该通道上观察到与脉冲信号相同频率的毛刺。

6.3.4.6 限定触发

6.3.4.6.1 测试方框图

测试方框图同图7。

6.3.4.6.2 测试步骤

a) 连接数据发生器和逻辑分析仪，将被测触发限定通道输入端逐一与数据输入端连接；

b) 逻辑分析仪置为定时分析方式，触发限定通道的限定条件设置为数据发生器输出数据中的一个字，数据通道触发字置任意态(“x”)；

c) 逻辑分析仪启动数据采集，应完成触发识别，显示的数据列表应与数据发生器输出的数据流一致。

6.3.4.7 超时强制触发

6.3.4.7.1 测试方框图

测试方框图同图 7。

6.3.4.7.2 测试步骤

a) 连接数据发生器和逻辑分析仪;
b) 逻辑分析仪置为定时分析方式,设置触发条件并设置超时强制触发的时间;
c) 逻辑分析仪启动数据采集,在超时时间要求内,数据发生器输出含触发字的数据流,应完成触发识别,显示的数据列表应与数据发生器输出的数据流一致,且触发位置数据满足触发条件;
d) 逻辑分析仪启动数据采集,数据发生器输出不含触发字的数据流,逻辑分析仪不能触发,在超时时间到后,逻辑分析仪强制触发,显示的数据列表应与数据发生器输出的数据流一致,触发位置数据与触发条件无关。

6.3.4.8 定时禁止触发

6.3.4.8.1 测试方框图

测试方框图同图 7。

6.3.4.8.2 测试步骤

a) 连接数据发生器和逻辑分析仪;
b) 逻辑分析仪置为定时分析方式,设置触发条件并设置定时禁止触发的要求时间;
c) 逻辑分析仪启动数据采集,在定时时间要求内,数据发生器输出含触发字的数据流,逻辑分析仪不会触发;
d) 定时时间到后,数据发生器输出含触发字的数据流,逻辑分析仪应完成触发识别,显示的数据列表应与数据发生器输出的数据流一致,且触发位置数据满足触发条件。

6.3.4.9 外触发输入、触发输出

6.3.4.9.1 测试方框图

测试方框图见图 17。

6.3.4.9.2 测试步骤

a) 连接脉冲信号发生器、示波器和逻辑分析仪;
b) 仪器置为定时分析方式,触发方式置为外触发;
c) 设置脉冲信号发生器通道 1(CH1)输出一定频率的脉冲信号,通道 2(CH2)输出脉冲电平为 TTL 电平;
d) 逻辑分析仪启动数据采集,当脉冲信号发生器通道 2 无信号输出时,仪器处于等待状态;当脉冲信号发生器通道 2 输出脉冲时,逻辑分析仪触发,定时图中在相应的输入通道上显示与脉冲信号发生器通道 1 输出频率一致的波形;
e) 当逻辑分析仪启动数据采集后,可在示波器上观测到触发输出波形与脉冲信号发生器通道 2 输出信号波形一致。

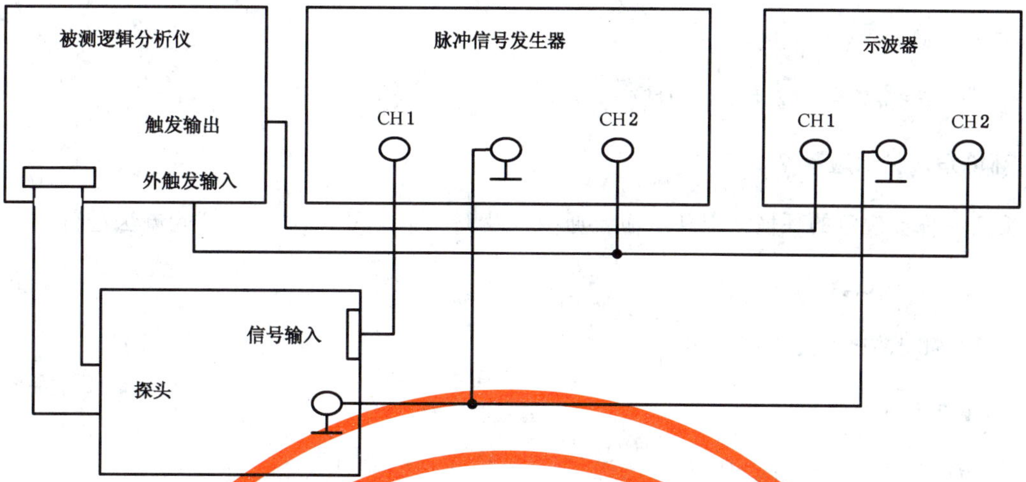

图 17

6.3.4.10 触发操作

根据产品标准对相应的触发操作功能进行检验。

6.3.5 接口功能检测

根据产品标准对接口功能进行检验。

6.3.6 反汇编分析

6.3.6.1 测试方框图

测试方框图见图 18。

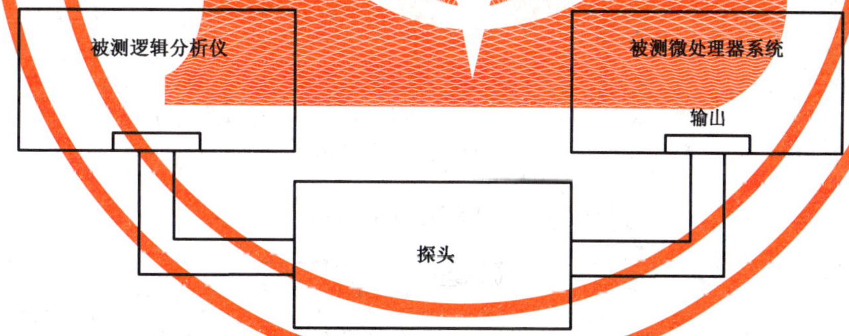

图 18

6.3.6.2 测试步骤

a) 连接被测微处理器系统和逻辑分析仪；
b) 逻辑分析仪置为状态分析方式，取样时钟为被测系统的总线时钟，触发字设置为某程序的入口特征数据，相应的微处理器反汇编状态功能开启，启动数据采集；
c) 被测微处理器系统运行该程序；
d) 逻辑分析仪应能完成触发识别，检查反汇编程序显示窗口中显示的汇编程序应与微处理器运行的程序一致。

6.3.7 显示

采用直接观察方法进行。

6.4 安全试验

按 GB/T 6587—2012 中 5.8 的试验方法进行。

6.5 环境适应性试验

按产品标准规定的环境级别和运输流通级别及 GB/T 6587—2012 的试验方法进行。

6.6 电磁兼容性试验

按 GB/T 18268 的试验方法进行。

6.7 可靠性试验

按 GB/T 11463—1989 的试验方法进行。

7 检验规则

7.1 检验分类

本标准规定的检验分为鉴定检验和质量一致性检验。

7.2 检验条件

应符合 GB/T 6587—2012 中 5.2 的规定。

7.3 缺陷判定

应在产品标准中规定，并符合 GB/T 6587—2012 中的规定。

7.4 鉴定检验

7.4.1 鉴定检验项目

检验项目应符合表 1 规定。

表 1 鉴定检验项目

序号	检验项目	鉴定检验分组											要求章条号	试验方法章条号
		A组		B组	C组					D组	E组	F组		
		工作前检验	主要性能特性测试	非主要性能特性测试	低温高温湿度	振动	机械冲击	电源	运输包装	电磁兼容		可靠性		
1	外观与结构	●	—	—	●	●	●	●	●	—	—	●	5.1.1	6.2.1
2	外形尺寸	—	—	—	—	—	—	—	—	—	●	—	5.1.2	6.2.2
3	重量	—	—	—	—	—	—	—	—	—	●	—	5.1.3	6.2.3
4	供电电源电压、频率和功率	—	—	—	—	—	—	●	—	—	—	—	5.1.4	6.2.4
5	输入通道数	—	●	—	●	●	●	●	●	—	—	●	5.2.1.1	6.3.1.1
6	输入阻抗	—	●	—	—	—	—	—	—	—	—	—	5.2.1.2	6.3.1.2
7	输入电压范围	—	●	—	—	—	—	—	—	—	—	—	5.2.1.3	6.3.1.3

表 1（续）

序号	检验项目	鉴定检验分组											要求章条号	试验方法章条号
		A组		B组	C组					D组	E组	F组		
		工作前检验	主要性能特性测试	非主要性能特性测试	低温高温湿度	振动	机械冲击	电源	运输包装	电磁兼容		可靠性		
8	最大输入电压	—	—	●	—	—	—	—	—	—	—	—	5.2.1.4	6.3.1.4
9	门限	—	●	—	●	●	●	●	●	—	—	—	5.2.1.5	6.3.1.5
10	通道时滞	—	●	—	—	—	—	—	—	—	—	—	5.2.1.6	6.3.1.6
11	最大定时取样速率	—	●	—	●	●	●	●	—	—	—	—	5.2.2.1	6.3.2.1
12	定时取样速率范围与档位	—	●	—	●	●	●	●	—	—	—	—	5.2.2.2	6.3.2.1
13	最大状态时钟速率	—	●	—	—	—	—	—	—	—	—	—	5.2.2.3	6.3.2.2
14	建立时间	—	●	—	—	—	—	—	—	—	—	—	5.2.2.4	6.3.2.3
15	保持时间	—	●	—	—	—	—	—	—	—	—	—	5.2.2.5	6.3.2.3
16	最小时钟脉冲宽度	—	●	—	—	—	—	—	—	—	—	—	5.2.2.6	6.3.2.4
17	最小可检测毛刺脉冲宽度	—	●	—	—	—	—	—	—	—	—	—	5.2.2.7	6.3.2.5
18	最大存储深度	—	●	—	—	—	—	—	—	—	—	—	5.2.3.1	6.3.3.1
19	限定存储	—	—	○	—	—	—	—	—	—	—	—	5.2.3.2	6.3.3.2
20	触发方式	—	●	—	—	—	—	—	—	—	—	—	5.2.4.1	6.3.4.1
21	延迟触发	—	●	—	—	—	—	—	—	—	—	—	5.2.4.2	6.3.4.2
22	序列触发	—	●	—	—	—	—	—	—	—	—	—	5.2.4.3	6.3.4.3
23	触发序列速度	—	●	—	—	—	—	—	—	—	—	—	5.2.4.4	6.3.4.4
24	毛刺触发	—	○	—	—	—	—	—	—	—	—	—	5.2.4.5	6.3.4.5
25	限定触发	—	○	—	—	—	—	—	—	—	—	—	5.2.4.6	6.3.4.6
26	超时强制触发	—	—	○	—	—	—	—	—	—	—	—	5.2.4.7	6.3.4.7
27	定时禁止触发	—	—	○	—	—	—	—	—	—	—	—	5.2.4.8	6.3.4.8
28	外触发输入	—	—	●	—	—	—	—	—	—	—	—	5.2.4.9	6.3.4.9
29	触发输出	—	—	●	—	—	—	—	—	—	—	—	5.2.4.10	6.3.4.9
30	触发操作	—	—	○	—	—	—	—	—	—	—	—	5.2.4.11	6.3.4.10
31	接口功能	—	—	●	—	—	—	—	—	—	—	—	5.2.5	6.3.5
32	反汇编分析	—	—	○	—	—	—	—	—	—	—	—	5.2.6	6.3.6
33	显示	—	—	○	—	—	—	—	—	—	—	—	5.2.7	6.3.7
34	安全	●	—	—	—	—	—	—	—	—	—	—	5.3	6.4
35	环境适应性	—	—	—	●	●	●	●	—	—	—	—	5.4	6.5
36	电磁兼容性	—	—	—	—	—	—	—	—	●	—	—	5.5	6.6
37	可靠性	—	—	—	—	—	—	—	—	—	—	●	5.6	6.7

注：● ——表示应做的项目。
○ ——表示有要求时应做的项目。
— ——表示不做的项目。

7.4.2 鉴定检验抽样

7.4.2.1 A 组检验

随机抽取 5 台样品进行。

7.4.2.2 B 组检验

在已通过 A 组检验的 5 台样品中进行。

7.4.2.3 C 组检验

在已通过 A 组和 B 组检验的样品中抽取 3 台进行。

7.4.2.4 D 组检验

在已通过 A 组和 B 组检验的样品中抽取 1 台进行。

7.4.2.5 E 组检验

在已通过 A 组和 B 组检验的样品中抽取 1 台进行。

7.4.2.6 F 组检验

在已通过 A 组和 B 组检验的样品上至少选取 2 台进行。

7.4.3 鉴定检验合格判据

应符合 GB/T 6587—2012 中 6.3.3 的规定。

7.5 质量一致性检验

7.5.1 检验项目

应按表 2 中规定项目进行。

表 2 质量一致性检验项目

序号	检验项目	质量一致性检验分组											要求章条号	试验方法章条号
		A 组		B 组	C 组					D 组	E 组	F 组		
		工作前检验	主要性能特性测试	非主要性能特性测试	低温高温湿度	振动	机械冲击	电源	运输包装	电磁兼容		可靠性		
1	外观与结构	●	—	—	●	●	●	●	●	—	—	○	5.1.1	6.2.1
2	外形尺寸	—	—	—	—	—	—	—	—	—	●	—	5.1.2	6.2.2
3	重量	—	—	—	—	—	—	—	—	—	●	—	5.1.3	6.2.3
4	供电电源电压、频率和功率	—	—	—	—	—	—	●	—	—	—	—	5.1.4	6.2.4
5	输入通道数	—	●	—	●	●	●	●	●	—	—	●	5.2.1.1	6.3.1.1
6	输入阻抗	—	●	—	—	—	—	—	—	—	—	—	5.2.1.2	6.3.1.2
7	输入电压范围	—	●	—	—	—	—	—	—	—	—	—	5.2.1.3	6.3.1.3

表 2（续）

序号	检验项目	质量一致性检验分组											要求章条号	试验方法章条号
		A 组		B 组	C 组					D 组	E 组	F 组		
		工作前检验	主要性能特性测试	非主要性能特性测试	低温高温湿度	振动	机械冲击	电源	运输包装	电磁兼容		可靠性		
8	最大输入电压	—	—	○	—	—	—	—	—	—	—	—	5.2.1.4	6.3.1.4
9	门限	—	●	—	●	●	●	●	—	—	—	—	5.2.1.5	6.3.1.5
10	通道时滞	—	●	—	—	—	—	—	—	—	—	—	5.2.1.6	6.3.1.6
11	最大定时取样速率	—	●	—	○	○	○	○	—	—	—	—	5.2.2.1	6.3.2.1
12	定时取样速率范围与档位	—	●	—	○	○	○	○	—	—	—	—	5.2.2.2	6.3.2.1
13	最大状态时钟速率	—	●	—	—	—	—	—	—	—	—	—	5.2.2.3	6.3.2.2
14	建立时间	—	●	—	—	—	—	—	—	—	—	—	5.2.2.4	6.3.2.3
15	保持时间	—	●	—	—	—	—	—	—	—	—	—	5.2.2.5	6.3.2.3
16	最小时钟脉冲宽度	—	●	—	—	—	—	—	—	—	—	—	5.2.2.6	6.3.2.4
17	最小可检测毛刺脉冲宽度	—	●	—	—	—	—	—	—	—	—	—	5.2.2.7	6.3.2.5
18	最大存储深度	—	●	—	—	—	—	—	—	—	—	—	5.2.3.1	6.3.3.1
19	限定存储	—	—	○	—	—	—	—	—	—	—	—	5.2.3.2	6.3.3.2
20	触发方式	—	●	—	—	—	—	—	—	—	—	—	5.2.4.1	6.3.4.1
21	延迟触发	—	●	—	—	—	—	—	—	—	—	—	5.2.4.2	6.3.4.2
22	序列触发	—	●	—	—	—	—	—	—	—	—	—	5.2.4.3	6.3.4.3
23	触发序列速度	—	●	—	—	—	—	—	—	—	—	—	5.2.4.4	6.3.4.4
24	毛刺触发	—	○	—	—	—	—	—	—	—	—	—	5.2.4.5	6.3.4.5
25	限定触发	—	○	—	—	—	—	—	—	—	—	—	5.2.4.6	6.3.4.6
26	超时强制触发	—	—	○	—	—	—	—	—	—	—	—	5.2.4.7	6.3.4.7
27	定时禁止触发	—	—	○	—	—	—	—	—	—	—	—	5.2.4.8	6.3.4.8
28	外触发输入	—	—	●	—	—	—	—	—	—	—	—	5.2.4.9	6.3.4.9
29	触发输出	—	—	●	—	—	—	—	—	—	—	—	5.2.4.10	6.3.4.9
30	触发操作	—	—	○	—	—	—	—	—	—	—	—	5.2.4.11	6.3.4.10
31	接口功能	—	—	●	—	—	—	—	—	—	—	—	5.2.5	6.3.5
32	反汇编分析	—	—	○	—	—	—	—	—	—	—	—	5.2.6	6.3.6
33	显示	—	—	○	—	—	—	—	—	—	—	—	5.2.7	6.3.7
34	安全	●	—	—	—	—	—	—	—	—	—	—	5.3	6.4
35	环境适应性	—	—	—	●	●	●	●	—	—	—	—	5.4	6.5
36	电磁兼容性	—	—	—	—	—	—	—	—	○	—	—	5.5	6.6
37	可靠性	—	—	—	—	—	—	—	—	—	—	○	5.6	6.7

注：● ——表示应做的项目。
○ ——表示有要求时应做的项目。
———表示不做的项目。

7.5.2 A组检验

7.5.2.1 抽样方案

每批产品均应按表2和产品标准的规定逐台进行，产品标准中应规定允许的轻缺陷数和重缺陷数。

7.5.2.2 合格判据

根据检验结果，累计缺陷数不超过产品标准的规定值时，则判批产品A组检验合格；若检验中出现缺陷数累计超过产品标准的规定值时，拒收该批产品，允许修复后重新交付检验；不允许出现致命缺陷。

7.5.3 B组检验

7.5.3.1 抽样方案

应符合GB/T 6587—2012中6.4.3的规定。

7.5.3.2 合格判据

根据检验结果，按抽样方案判定，当缺陷数小于产品标准规定的不合格判定数时，则判B组检验合格，将批中不合格品修复后继续试验；当缺陷数等于或大于产品标准规定的不合格判定数时，判该批产品B组检验不合格。

7.5.4 C组检验

7.5.4.1 抽样方案

应符合GB/T 6587—2012中6.4.4的规定。

7.5.4.2 合格判据

根据检验和试验结果，按抽样方案判明C组检验合格与否；当缺陷数小于产品标准规定的合格判定数时，判C组检验合格；允许将不合格品修复后进行试验；当缺陷数等于或大于产品标准规定的不合格判定数时，则判C组检验不合格。

7.5.5 D组检验

7.5.5.1 抽样方案

D组检验样品应从已通过A组和B组检验的产品中随机抽取，除非产品标准另有规定，其抽样与C组样品抽取方法相同。

7.5.5.2 合格判据

除非产品标准另有规定，与C组检验合格判据相同。

电磁兼容性试验不合格应拒收该批产品。

7.5.6 E组检验

7.5.6.1 抽样方案

应符合GB/T 6587—2012中6.4.6的规定。

7.5.6.2 合格判据

按产品标准中的规定，当缺陷不大于合格判定数时，则判 E 组检验合格。当缺陷数等于或大于合格判定数时，则判 E 组检验不合格。

7.5.7 F 组检验

7.5.7.1 抽样方案

试验样品应在已通过 A 组和 B 组检验的产品中随机抽取。产品标准应按 GB/T 11463—1989 中表 3 的规定选取样品数量。

7.5.7.2 合格判据

应符合 GB/T 11463—1989 中第 7 章和第 8 章的规定。

7.5.8 质量一致性检验合格判据

每一检验均应符合本标准和产品标准的要求，除非订购方另有许可，A 组至 F 组检验均应合格，则质量一致性检验合格。

8 标志、包装、运输、贮存

8.1 标志

8.1.1 产品标志

产品标志起码应具有下列内容：

a) 厂名、商标；

b) 型号、名称及出厂编号。

8.1.2 外包装标志

包装箱上起码应标志下列内容：

a) 厂名、商标、厂址；

b) 型号、名称；

c) 装箱年、月；

d) 毛重及包装箱的外形尺寸；

e) “怕雨”和“向上”等图示标志应符合 GB/T 191 的规定。

8.2 包装

8.2.1 逻辑分析仪的包装应根据产品的具体情况，从简易包装、防雨包装、防潮包装、防震包装要求中，由产品标准规定一种包装方法或者兼有几种要求的包装方法。

8.2.2 产品标准应对内包装物和外包装箱的材料作出具体规定。

8.2.3 产品标准应对产品随机文件作出规定，如：

a) 产品合格证；

b) 产品使用说明书；

c) 装箱单；

d) 随机备附件清单；

e） 其他有关技术资料。

8.3 运输

逻辑分析仪按规定装入包装箱后，可用各种无强烈振动的交通工具运输，运输中不应受雨、霜、雾直接影响，按标志“向上”放置，并不受挤压、撞击等损伤。

8.4 贮存

包装好的逻辑分析仪应贮存在通风干燥、无腐蚀性气体的库房中。产品标准中还应规定贮存条件和堆码高度。

ICS 33.160.01
M 72

中华人民共和国国家标准

GB/T 15528—2013
代替 GB/T 15528—1995

语音通信用传声器和耳机测量方法

Methods of measurement on microphones and earphones for speech communications

(IEC 61842:2002,MOD)

2013-12-31 发布 2014-07-15 实施

中华人民共和国国家质量监督检验检疫总局
中国国家标准化管理委员会 发布

前　言

本标准按照 GB/T 1.1—2009 给出的规则起草。

本标准代替 GB/T 15528—1995《送受话器组合件测量方法》，与 GB/T 15528—1995 相比，除编辑性修改外主要技术变化如下：

——修改了“主要内容与适用范围”的内容表述形式，并将名称改为“范围”(见第 1 章)；

——修改了“引用标准”的内容表述形式，并将名称改为“规范性引用文件”(见第 2 章)；

——增加了“术语”的表述内容，并将名称改为“术语和定义”(见第 3 章)；

——修改了“测试条件”的表述内容，将章标题修改为“特性和测量步骤”，增加了“通用条件”、“额定条件”(见第 4 章，4.1 和 4.2)；

——删除了“送话器组部分”、“受话器组部分”(见 1995 年版的 5.1 和 5.2)；

——依据 IEC 61842:2002，调整了原标准的结构，从原标准的 5 个章节调整为 7 个章节；

——增加了“接插件和连接标志”(见第 5 章)；

——增加了“绝缘耐电压”(见第 6 章)；

——增加了“特性规定”(见第 7 章)；

——增加了“微型四位接插件”“同轴接插件”(见附录 A、附录 B)；

——增加了“参考文献”。

本标准使用重新起草法修改采用 IEC 61842:2002《语音通信用传声器和耳机测量方法》。本标准与 IEC 61842:2002 相比存在技术性差异，这些差异涉及的条款已通过在其外侧页边空白位置的垂直单线(|)进行了标示，本标准与 IEC 61842:2002 相比主要技术变化如下：

——删除 IEC 61842:2002 中 3.1.3 的“注”及“表 1”；

——调整 IEC 61842:2002 中的表 2 为本标准的表 1，本标准中其余表编号均为 IEC 61842:2002 中的表编号减 1；

——为使分类更加明确，将 IEC 61842:2002 中的 3.1.8 调整至本标准 3.2“测量设备”，为 3.2.1；

——调整 IEC 61842:2002 中 3.2.1 为本标准的 3.2.2，3.2 中的其余条款号均顺延；

——为使 IEC 61842:2002 中 3.3 更明确，在该条款中添加“传声器”“耳机”；

——为使 IEC 61842:2002 中 4.4 更明确，在该条款中添加“传声器”；

——为使 IEC 61842:2002 中 4.5 更明确，在该条款中添加“耳机”；

——为适应当今形势，修正了 IEC 61842:2002 中 4.3.2 的内容；

——修改了 IEC 61842:2002 中 4.3.5、4.4.2、4.4.3 中第二段、4.5.2、4.5.3 的内容；

——修改了 IEC 61842:2002 中 4.4.5、4.5.7 的条标题、图 7 中符号说明；

——删除 IEC 61842:2002 中的图 1；

——调整 IEC 61842:2002 中的图 2 为本标准中的图 1，本标准中其余图编号均为 IEC 61842:2002 中的对应图编号减 1；

——增加了图 1、图 2 的“注：虚线表示的元件可以忽略”；

——将 IEC 61842:2002 的 5.1、5.2 调整为本标准的附录 A、附录 B；

——修改了 IEC 61842:2002 表 2 中“传声器频率响应”的“章/条”“4.3.4”为“4.4.3”；

——修改了 IEC 61842:2002 表 3 中“耳机频率响应”的“章/条”“4.4.3”为“4.5.4”。

请注意本文件的某些内容可能涉及专利。本文件的发布机构不承担识别这些专利的责任。

本标准由中华人民共和国工业和信息化部提出。

本标准由全国音频、视频及多媒体系统与设备标准化技术委员会(SAC/TC 242)归口。

本标准主要起草单位:南京大学、瑞声声学科技有限公司、歌尔声学股份有限公司。

本标准主要起草人:沈勇、黄兴志、江超。

本标准所代替标准的历次版本发布情况为:

——GB/T 15528—1995。

语音通信用传声器和耳机测量方法

1 范围

本标准规定了语音通信用传声器和耳机测量方法。

本标准适用于语音通信用的手持耳机-传声器组、头戴耳机-传声器组或者耳机-传声器组的传声器部分和耳机部分，同样也适用于内置于手持耳机-传声器组、头戴耳机-传声器组或者耳机-传声器组的传声器单元和耳机单元。

本标准的目的是建立与这些电声换能器相关的定义，并使需规定的特性以及相关的测量方法标准化。不排除使用其他能够给出相同结果的测量方法，所用的详细方法应和测量结果一起给出。

2 规范性引用文件

下列文件对于本文件的应用是必不可少的。凡是注日期的引用文件，仅注日期的版本适用于本文件。凡是不注日期的引用文件，其最新版本(包括所有的修改单)适用于本文件。

GB/T 12060.4—2012 声系统设备 第4部分:传声器测量方法(IEC 60268-4:2004,IDT)

GB/T 12060.7—2013 声系统设备 第7部分:头戴耳机和耳机测量方法(IEC 60268-7:2010,MOD)

GB/T 20441.1—2010 电声学 测量传声器 第1部分:实验室标准传声器规范(IEC 61094-1:2000,IDT)

GB/T 20441.4—2006 测量传声器 第4部分:工作标准传声器规范(IEC 61094-4:1995,IDT)

GB/T 25498.1—2010 电声学 人头模拟器和耳模拟器 第1部分:校准压耳式耳机用耳模拟器(IEC 60318-1:1998,IDT)

SJ/Z 9140.1—1987 声系统设备 第1部分:概述(idt IEC 60268-1:1985)

IEC 60318-4:2010 电声学 人头模拟器和耳模拟器 第4部分:测量耳塞机用堵塞耳模拟器(Electroacoustics—Simulators of human head and ear—Part 4:Occluded-ear simulator for the measurement of earphones coupled to the ear by ear inserts)

IEC 60603-11:1992 印制板用频率低于3 MHz的连接器 第11部分:同轴连接器详细规范(自由连接器和固定连接器尺寸)[Connectors for frequencies below 3 MHz for use with printed boards—Part 11:Detail specification for concentric connectors (dimensions for free connectors and fixed connectors)]

ITU-T P.51 P系列:仿真口(Artificial mouth)

ITU-T P.370 P系列:将助听器同电话机配接使用(Coupling hearing aids to telephone sets)

3 术语和定义

下列术语和定义适用于本文件。

3.1 分类

3.1.1

手持耳机-传声器组 handset

语音通信用的组合件，是包括传声器部分和耳机部分的手持设备，且便于讲话者手持。

3.1.2

头戴耳机-传声器组 headset

语音通信用的组合件，包括佩带于讲话者头上的头环、一个或两个耳机部分和一个传声器部分，以便讲话者的双手保持自由。

3.1.3

耳机-传声器组 earset

语音通信用的组合件，包括一个耳机部分与一个传声器部分，以便讲话者的双手保持自由，不包括佩带于讲话者头上的头环。

3.1.4

语音通信用传声器 microphone for speech communications

a) 手持耳机-传声器组、头戴耳机-传声器组或耳机-传声器组中功能为传声器(声-电换能器)的部分；

b) 语音通信用传声器单元与单元测量装置的组合件，包括用于获得实际频率特性的声学线路元件。

注 1：语音通信用传声器理解为包含诸如放大器或者到输出端的阻抗匹配转换器(如果有的话)等的设备。

注 2：在第 4 章及以后，语音通信用传声器简称为“传声器”，或手持耳机-传声器组、耳机-传声器组、头戴耳机-传声器组的“传声器部分”。

3.1.5

语音通信用耳机 earphone for speech communications

a) 手持耳机-传声器组、头戴耳机-传声器组或耳机-传声器组中功能为耳机(电-声换能器)的部分；

b) 语音通信用耳机单元与单元测量装置的组合件，包括用于获得实际频率特性的声学线路元件。

注 1：制造商认为是语音通信用耳机组成部分的任何元件，都应在测量中包括。

注 2：在第 4 章及以后，语音通信用耳机简称为“耳机”，或手持耳机-传声器组、头戴耳机-传声器组、耳机-传声器组的“耳机部分”。

3.1.6

语音通信用传声器单元 microphone unit for speech communications

安装在手持耳机-传声器组、头戴耳机-传声器组或耳机-传声器组的声-电换能器，用于讲话者的出声口附近以拾取讲话者的语音。

注：在第 4 章及以后，语音通信用传声器单元简称为“传声器单元”。

3.1.7

语音通信用耳机单元 earphone unit for speech communications

安装在手持耳机-传声器组、头戴耳机-传声器组或耳机-传声器组的电-声换能器，用于收听者耳朵附近辐射声信号。

注：在第 4 章及以后，语音通信用耳机单元简称为“耳机单元”。

3.2 测量设备

3.2.1

单元测量装置 case for unit measurement

为了测量而用于安装传声器单元或耳机单元的装置。如果需要的话，它包括额外的声学结构以便获得实际频率特性。

3.2.2

口承孔 mouthpiece holes

为了接收向内的输入声，在传声器的单元测量装置前面结构中所开的孔。

3.2.3

耳承孔 earcap holes

为了向外辐射声音，在耳机的单元测量装置前面结构所开的孔。

3.2.4

仿真口 artificial mouth

传声器测量用声源，能够产生类似于普通人嘴周围的声场。

3.2.5

仿真耳 artificial ear

耳机测量用声负载，其声阻抗类似于普通人耳。它包括测量传声器。

3.2.6

唇环 lip ring

置于仿真口出声口前面的圆环，用于定位嘴唇的等效位置。

3.2.7

唇平面 lip plane

唇环的外平面，为确定测量位置提供参考点。

3.2.8

外接直流电源 external d.c.power supply

包括放大器或者电阻抗转换电路的语音通信用传声器的直流电源。

3.2.9

附加电阻 additional resistance

为了对语音通信用耳机的特性进行必要调节而需要的外部电阻。

3.2.10

探测线圈 probe coil

测量语音通信用耳机的外部磁场所用的线圈。

3.3 特性和性能

3.3.1

传声器灵敏度(V/Pa) microphone sensitivity(V/Pa)

语音通信用传声器置于仿真口产生声场中的规定位置，信号频率为参考频率，其开路输出电压与无干扰自由场中规定校准位置处的声压比值的绝对值。

注：虽然一般而言传声器的规定位置和声压校准位置宜一致，但是依照本标准这些位置可以不同。

3.3.2

传声器灵敏度级(dB) microphone sensitivity level(dB)

传声器灵敏度与传声器参考灵敏度(1 V/Pa)的比值，取以10为底的对数乘以20。

3.3.3

耳机电压灵敏度(Pa/V) earphone sensitivity to voltage(Pa/V)

语音通信用耳机在仿真耳中产生的声压与馈给耳机的电压的比值的绝对值，信号频率为参考频率。

3.3.4

耳机电压灵敏度级(dB) earphone sensitivity level to voltage(dB)

耳机电压灵敏度与耳机参考电压灵敏度(20 μPa/V)的比值，取以10为底的对数乘以20。

3.3.5

耳机功率灵敏度(Pa^2/mW)　earphone sensitivity to power(Pa^2/mW)

语音通信用耳机在仿真耳中产生的声压的均方值与馈给耳机的电功率的比值的绝对值,信号频率为参考频率。

3.3.6

耳机功率灵敏度级(dB)　earphone sensitivity level to power(dB)

耳机功率灵敏度与耳机参考功率灵敏度(4×10^{-10} Pa^2/mW)的比值,取以10为底的对数乘以10。

3.3.7

电阻抗(Ω)　electrical impedance(Ω)

在语音通信用传声器输出端或语音通信用耳机输入端测得的内阻抗的绝对值。

注:本标准加入"电"字,使电阻抗与声阻抗或力阻抗区分开来。

3.3.8

耳机电容(nF)　earphone capacitance(nF)

语音通信用耳机输入端测得的电容。

注:该电容只与包含压电换能器的耳机有关,因为普通的压电换能器包含放大器。

3.3.9

磁场强度测量平面　plane of magnetic field strength measurement

与耳承参考平面平行,且与其相距10 mm的平面(见4.2.7)。

4　特性和测量步骤

4.1　通用条件

SJ/Z 9140.1—1987适用于下列条款:

a)　测量单位及单位制:SJ/Z 9140.1—1987中第2章;

b)　气候条件:SJ/Z 9140.1—1987中第8章;

c)　数据的图解表示:SJ/Z 9140.1—1987中第10章。

4.2　额定条件

为使测量准确且可重复,由制造商规定的某些基本参数是重要的,这些被称为"额定条件"。对额定条件的全面解释见GB/T 12060.2—2011。

4.2.1　额定直流电源电压(V)

传声器的直流电源电压。

4.2.2　额定正弦电压(V)

覆盖规定频率范围的正弦输入电压。在此电压下耳机可以长时间连续工作在线性模式下,不会产生任何热损坏或机械损坏。

4.2.3　额定正弦功率(W)

由下式定义的电功率:

$$(U_s)^2/Z_r$$

式中:

U_s——额定正弦电压;

Z_r——额定阻抗。

4.2.4 额定噪声电压(V)

覆盖规定频率范围的粉红噪声输入电压。在此电压下耳机可以长时间连续工作在线性模式下,不会产生永久性损坏。

4.2.5 额定噪声功率(W)

由下式定义的电功率:

$$(U_n)^2/Z_r$$

式中:

U_n——额定噪声电压;

Z_r——额定阻抗。

4.2.6 额定频率范围

正常工作的传声器或耳机的连续输入信号的频率范围。

4.2.7 耳承参考平面

紧靠手持耳机-传声器组、耳机-传声器组或头戴耳机-传声器组的耳承的平面或耳机单元测量装置的前面板所在的平面的若干接触点所构成的平面。

注:部分类似于 ITU-T P.10(见参考文献)的定义。

4.2.8 耳承参考点

耳承参考平面上的点,用作基准点。

注:见 4.2.7 的注。

4.2.9 额定阻抗(Ω)

传声器或耳机的电阻抗的绝对值。

对于有电动换能器的耳机,推荐选取该值以使得在额定频率范围内实际阻抗模值的最小值不小于选取值的 80%。或者也可选取该值为参考频率处(见 4.3.4)或由制造商规定的频率处的实际阻抗模值。

4.2.10 额定电容(nF)

耳机在制造商规定频率处的电容,如果没有规定,则为 120 Hz 处的电容。

4.3 测量条件

4.3.1 环境干扰

由环境噪声、混响、风声、电磁感应噪声、振动噪声或其他干扰引起的扰动声压级应至少低于测量值 10 dB。

4.3.2 传声器测试点参考声压

传声器的测试点参考声压应为 1 Pa。

4.3.3 测量信号

除非另有规定,测量应使用正弦信号。

也可使用噪声信号、准随机序列信号或脉冲信号测量得到结果。如果使用非正弦信号测量，测试机构有责任证实所得结果和使用正弦信号得到的结果等效或者偏差更小。

4.3.4 参考频率和频率范围

参考频率应为 1 kHz。除非另有规定，频率范围应为 150 Hz～5 kHz。测量所用的离散频率点的频率值应由制造商规定。

4.3.5 声学测量设备

应使用以下设备：

a) 测量传声器

应使用符合 GB/T 20441.1—2010 或 GB/T 20441.4—2006 的电容传声器。推荐使用 LS2P 型或与其等效的，或者比 LS2P 型更小的传声器；灵敏度经过标准电容传声器校准的压力场传声器是可接受的；

b) 仿真口

应使用 ITU-T 推荐标准 ITU-T P.51 定义的仿真口；

c) 仿真耳

应使用 GB/T 25498.1—2010 或 IEC 60318-4：2010 定义的仿真耳；如有必要应使用额外的部件；

d) 头和躯干模拟器(HATS)

ITU-T 的最新进展描述了使用头和躯干模拟器(HATS)测量通信设备。

制造商应规定所使用的仿真耳类型，以及额外部件的形状、尺寸或其他特性的条件。以下条款应特别明确地加以规定：

a) 耳承参考平面的位置；

b) 耳承参考点的位置；

c) 传声器部分的轴向方向。

注 1：即使用相同的仿真耳，不同的被测手持耳机-传声器组、头戴耳机-传声器组或耳机-传声器组的耳承参考平面和耳承参考点的位置也可能不同。

注 2：只有压力场测量传声器才适宜于在仿真耳内使用。

注 3：可以使用符合 ITU-T P.58、ITU-T P.57 和 ITU-T P.64 这些推荐标准的测量设备和方法。应在测试报告中明确描述被测设备的准确位置以及所选择的测试方案。

4.3.6 电学测量设备

应使用以下设备：

a) 频率响应自动记录仪

测量过程中任何时刻信号频率的中断对所显示频率响应的影响应小于 1 dB；

b) 正弦信号发生器和放大器

与正弦信号发生器相连的放大器应满足以下要求：

1) 馈给仿真口以使其在校准条件下(见 4.4.1)向外辐射声压为 1 Pa 的信号，其总谐波失真应小于 0.1%；

2) 馈给被测耳机或包含必要额外电阻的耳机的信号，其总谐波失真应小于 0.1%；

3) 放大器的额定纯阻负载两端的输出电压与以 10 倍额定电阻为负载时负载两端的输出电压相差不应大于 1 dB。

4.3.7 单元测量装置

传声器单元或耳机单元的声学性能在很大程度上常常依赖于其工作所处的封闭空间的力学和声学特性。因此，除非另有规定，被测传声器单元或耳机单元应安装在单元测量装置中。图1给出了传声器单元测量装置的例子，图2给出了耳机单元测量装置的例子。

注：单元测量装置的规定宜在与实际使用近似的条件下使测量有足够的可重复性。推荐制造商明确规定以下与形状、尺寸或者其他可能影响测量结果的特性有关的条件：

a) 口承孔和耳承孔；

b) 前腔；

c) 装置的前面结构；

d) 装置的后面结构；

e) 后腔。

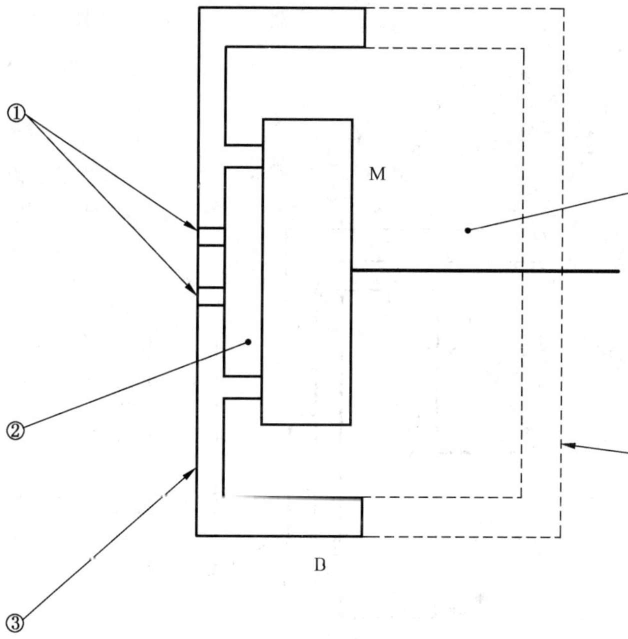

说明：

M——被测传声器单元；

B——单元测量装置；

①——口承孔；

②——前腔；

③——前面结构；

④——后面结构；

⑤——后腔。

注：虚线表示的元件可以忽略。

图1 传声器单元测量装置的示例

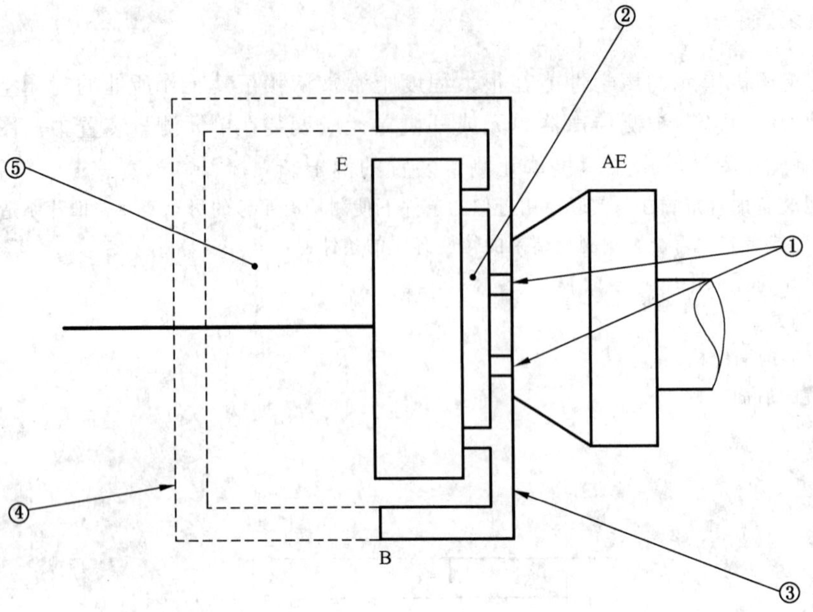

a)

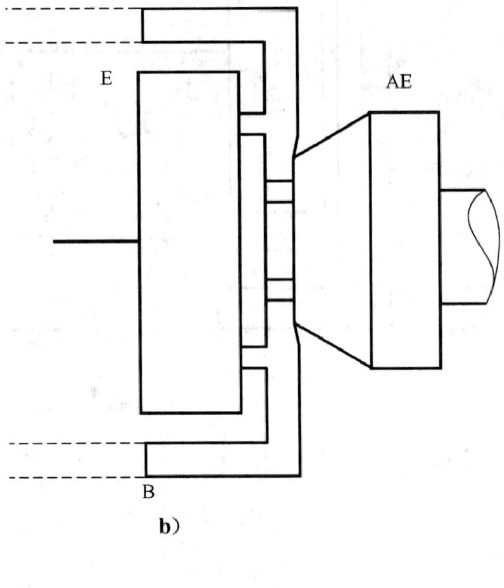

b)

说明：

E——被测耳机单元；

B——单元测量装置；

AE——仿真耳；

①——耳承孔；

②——前腔；

③——前面结构；

④——后面结构；

⑤——后腔。

注：虚线表示的元件可以忽略。

图 2　耳机单元测量装置的示例

4.3.8 被测传声器的定位和设备布置

被测传声器和仿真口的相对位置应为下面情况之一。结果报告中应包含所采用的相对位置：

a) 由耳机部分确定的位置：

当手持耳机-传声器组、头戴耳机-传声器组或耳机-传声器组的耳承参考平面和耳承参考点位于由仿真口位置决定的耳承参考平面(见图3中的 *X*-*X* 平面)和耳承参考点(见图3中的点 *O*)位置时，传声器的位置；

注：部分类似于ITU-T P.64(见参考文献)的定义。

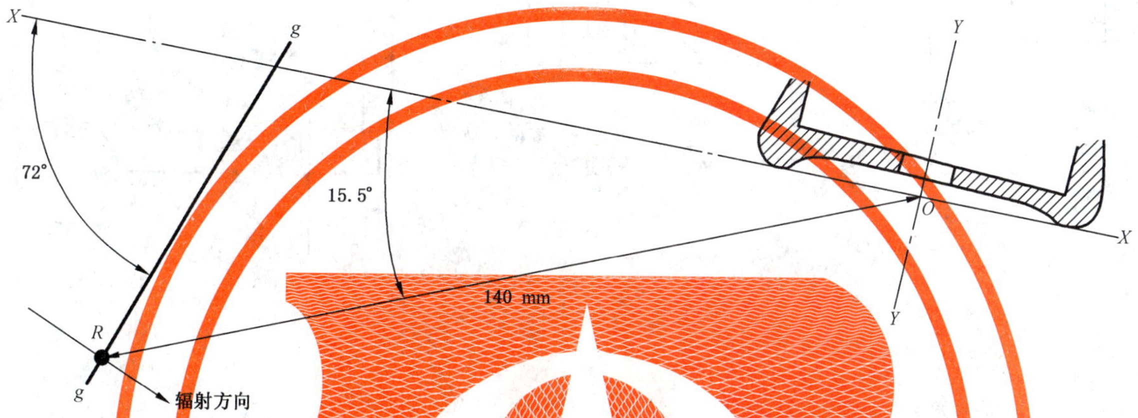

说明：

X-*X*——耳承参考平面(和该图面垂直)；

O——耳承参考点；

R——仿真口的唇环中心的位置；

g-*g*——仿真口的唇平面(和该图面垂直)。

图3 相对于耳承参考点的仿真口位置的确定

b) 同轴位置：

将被测传声器和仿真口放置在同一轴线上，轴线与被测传声器前表面的交点放置在仿真口轴线上距唇平面25 mm的位置上；传声器轴向方向可依照制造商的规格书改变；

c) 制造商规定的位置。

4.3.9 测量外部磁场用探测线圈

应使用ITU-T P.370的规范。

4.4 传声器

4.4.1 测量条件

传声器特性的测量和规范应使用如下条件：

a) 测量包括放大器或电阻抗转换器在内的传声器时，应馈给其额定直流电源电压；

b) 测量前，仿真口在传声器放置位置处的输出声压应使用图4所示结构在正弦输入电压下校准；应调整仿真口的输入电压，以使得垂直于唇平面且经过仿真口几何中心的轴线上距唇平面25 mm处点上的声压为规定的测量声压值；

c) 当输入信号频率变化时应控制输出声压以使其恒定；

d) 校准用测量传声器应放置在仿真口一侧，如图 4 所示。

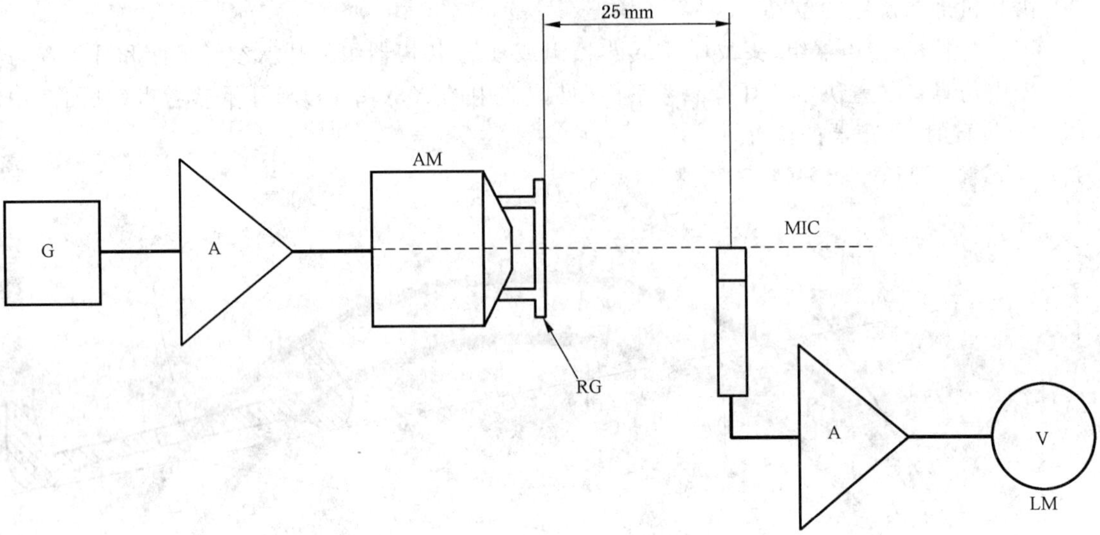

说明：

G——正弦信号发生器；

A——放大器；

AM——仿真口；

RG——唇环；

MIC——测量传声器；

LM——声压级指示表。

图 4 仿真口的输出声压级校准系统原理图

4.4.2 传声器灵敏度级

传声器灵敏度级应使用图 5 所示系统测量。被测传声器应放在规定位置。传声器灵敏度级通过测量在参考频率处或制造商规定频率处由输入声压产生的开路电压得到。使用如下公式：

$$L_{m}=20\lg\left(\frac{M_{m}}{M_{mr}}\right)$$

式中：

L_{m} ——被测传声器灵敏度级，单位为分贝(dB)；

M_{m} ——被测传声器灵敏度，为传声器输出电压与输入声压的比值，单位为伏每帕(V/Pa)；

M_{mr}——传声器的参考灵敏度，值为 1 V/Pa；

推荐测量声压为传声器测试点参考声压。如果传声器在测试点参考声压处出现非线性现象，应使用更低的测量声压。采用除传声器的测试点参考声压以外的规定值应在数据中明确说明。

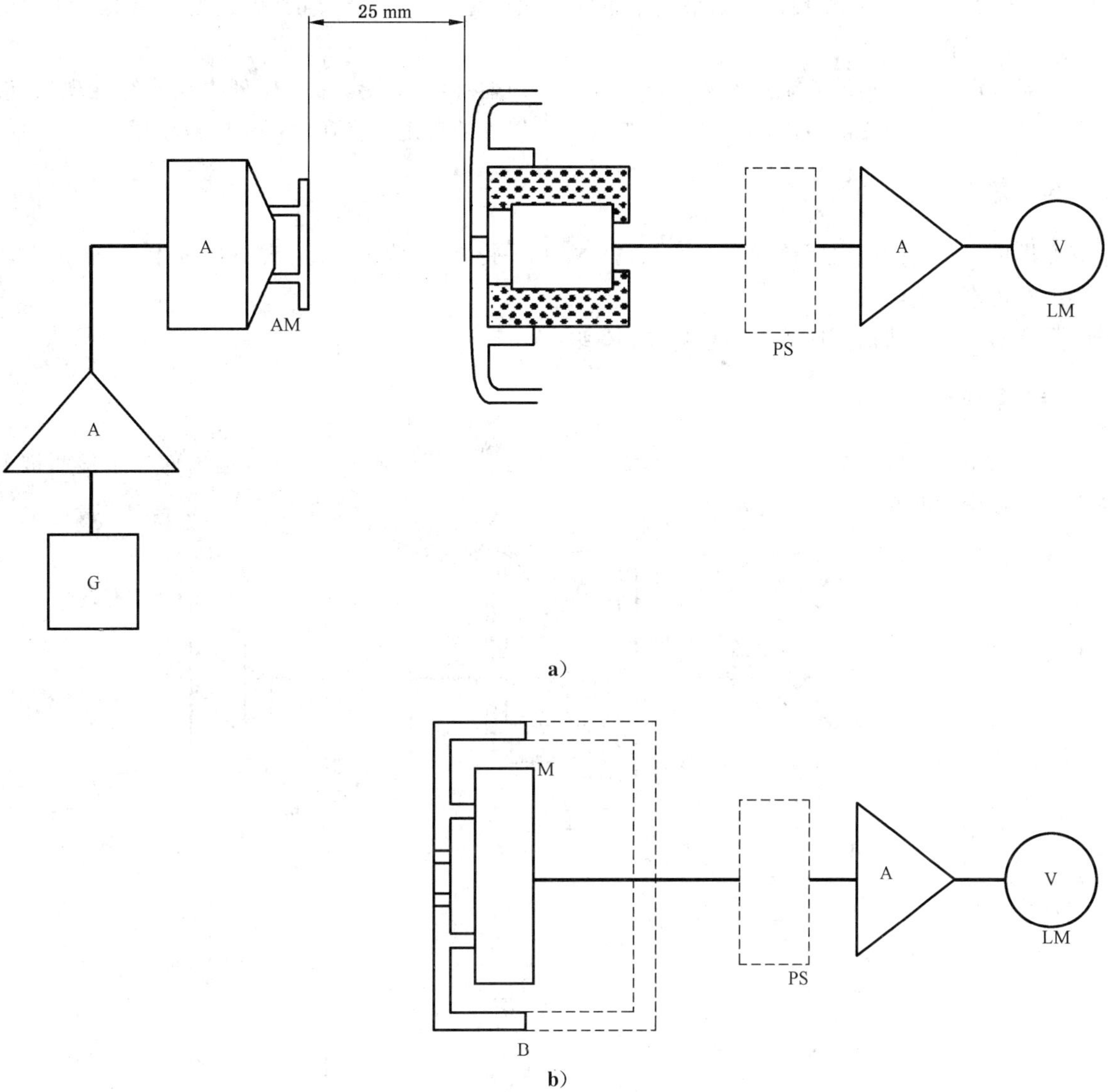

说明：

G——正弦信号发生器；

A——放大器；

AM——带唇环的仿真口；

B——单元测量装置；

M——被测传声器单元；

PS 电源；

LM——声压级指示表。

注：虚线表示的元件可以忽略。

图5 传声器单元灵敏度级的测量系统原理图

4.4.3 传声器频率响应

被测传声器的频率响应宜通过对开路电压的扫频测量得到，其输入信号为仿真口产生的恒定声压正弦信号。当扫频方向会影响结果时推荐从低频到高频扫频。

频率响应也可使用4.3.3所述的除正弦信号以外的其他信号测量。当使用除正弦信号以外的其他信号时，测量信号的幅度频谱应依照4.3.3选择。

除了声压级指示表可用频率响应自动记录仪或计算机测量系统代替之外，测量系统同图5所示。

为证明工作在线性区，应连续两次测量图5所示的某个系统的同一传递函数。一次用1 Pa声压对应的声压级，另一次用比前者低6 dB的声压级。当两次测量得到的幅度频率响应偏差的绝对值不超过

0.2 dB 时，认为系统工作在线性区。如果这个条件不能满足，应规定更低的测量声压，由如上所述的步骤说明其线性工作。

推荐测量声压为传声器测试点参考声压。如果传声器在测试点参考声压处出现非线性现象，应使用更低的测量声压。采用除传声器的测试点参考声压以外的规定值应在数据中明确说明。

4.4.4 传声器电阻抗

应测量传声器单元的电阻抗和带有音频输出端的手持耳机-传声器组、头戴耳机-传声器组或耳机-传声器组的传声器电阻抗。

电阻抗的测量方法由 GB/T 12060.4—2012 给出。

4.4.5 传声器听音检验

这是个简单的检验。如图 6a)或图 6b)所示，应使用语音信号输入，通过听输出信号来检测被测传声器工作过程中的异常声。

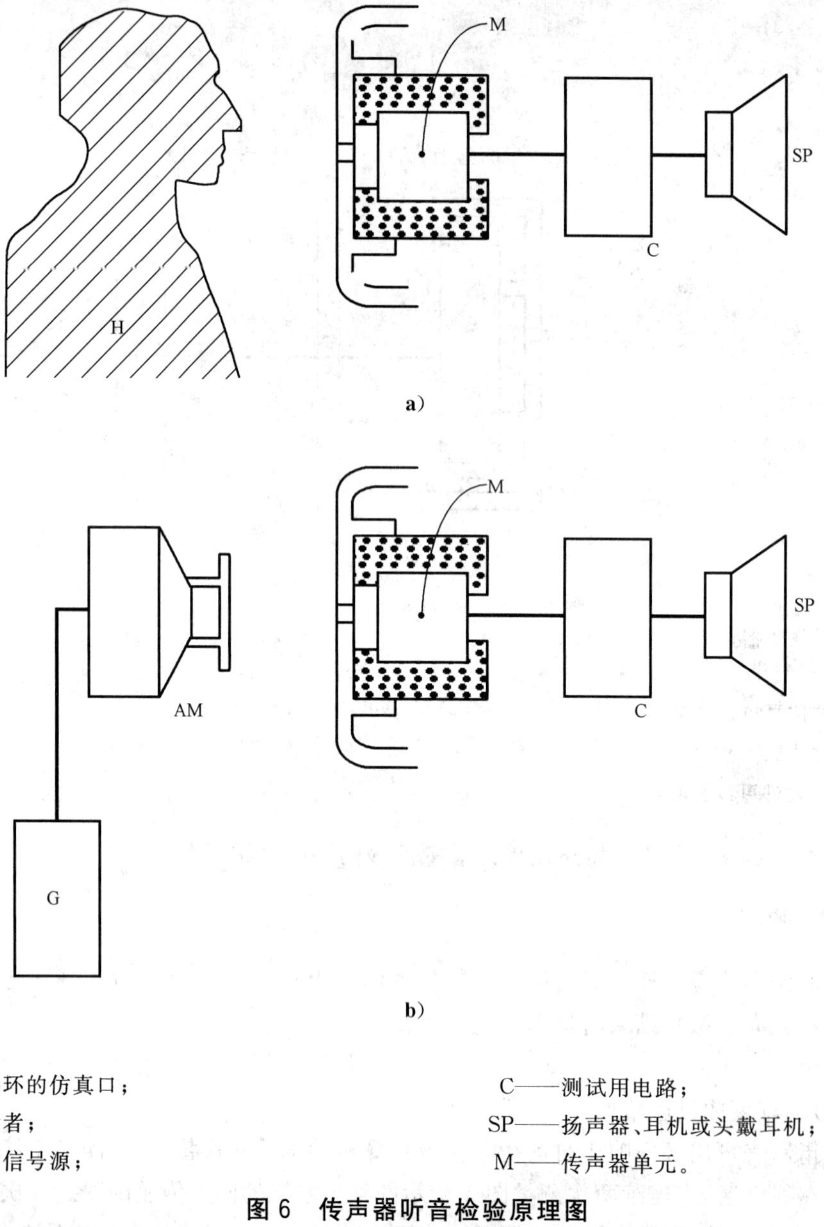

说明：

AM——带唇环的仿真口；
H——讲话者；
G——语音信号源；
C——测试用电路；
SP——扬声器、耳机或头戴耳机；
M——传声器单元。

图 6 传声器听音检验原理图

当不会产生可感知的问题时,可使用仿真口或其他声源代替语音,并可使用规定以外的单元测量装置。

当扬声器用于听音时,听音位置应在能方便辨别异常声的位置,与扬声器参考点的距离应大于 0.3 m。

4.5 耳机

4.5.1 测量条件

耳机或包括附加电阻在内的耳机,以下称为被测耳机,其特性的测量和规范应使用以下条件。当使用附加电阻时,应规定电阻值和连接方式。

若耳机包含产生磁场的不可分离的或不能短路的线圈,应将耳机和线圈一起测量,并且应在结果报告中指出结果受到线圈的影响。

4.5.2 耳机电压灵敏度级

耳机电压灵敏度级应使用图 7 所示系统测量。被测耳机的前端应与仿真耳的前面开口紧密接触,并且馈给被测耳机参考频率或制造商规定频率的额定正弦电压。被测耳机的电压灵敏度级通过仿真耳中测得的声压得到,使用如下公式:

$$L_e = 20\lg\left(\frac{M_e}{M_{er}}\right)$$

式中:

L_e——被测耳机电压灵敏度级,单位为分贝(dB);

M_e——被测耳机电压灵敏度,为耳机输出声压与输入电压的比值,单位为帕每伏(Pa/V);

M_{er}——耳机的参考电压灵敏度,值为 20 μPa/V。

注 1:宜控制耳机与仿真耳之间的缝隙以使其产生的泄漏可避免或可重复。

注 2:对响应有任何陡峭峰的耳机宜在多个频率处进行测量。

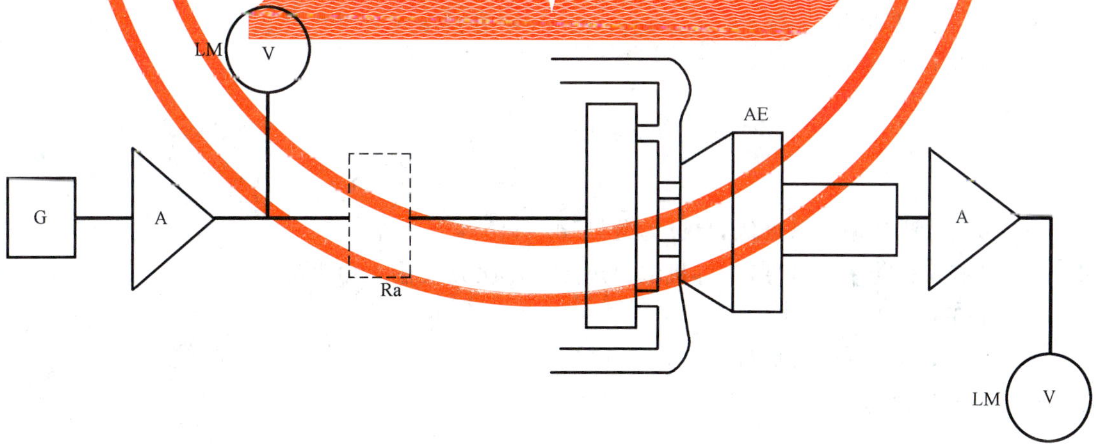

a)

图 7 耳机灵敏度级的测量系统原理图

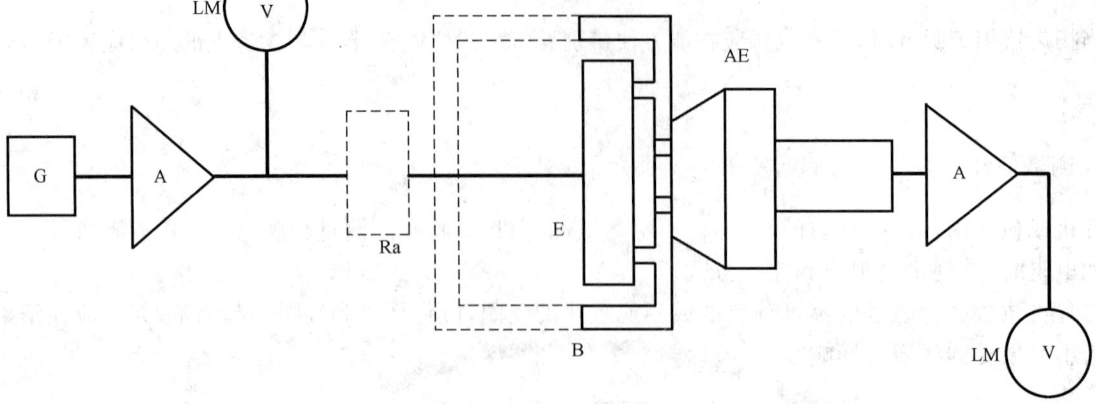

b)

说明：

G——正弦信号发生器；

A——放大器；

LM——声压级指示表；

Ra——附加电阻；

B——单元测量装置；

E——被测耳机单元；

AE——仿真耳。

注：虚线表示的元件可以忽略。

图 7（续）

4.5.3 耳机功率灵敏度级

使用图 7 所示系统，由参考频率处或制造商规定频率处的额定正弦电压输入产生的输出声压，计算被测耳机功率灵敏度级。公式如下：

$$L_{\mathrm{w}}=10\ \lg\left(\frac{M_{\mathrm{w}}}{M_{\mathrm{wr}}}\right)$$

式中：

L_{w} ——被测耳机功率灵敏度级，单位为分贝(dB)；

M_{w} ——被测耳机功率灵敏度，为耳机输出声压的二次方与输入功率的比值，单位为二次方帕每毫瓦($\mathrm{Pa^2/mW}$)；

M_{wr}——耳机的参考功率灵敏度，值为 $4\times10^{-10}\ \mathrm{Pa^2/mW}$。

耳机功率灵敏度级与电动式或电磁式耳机有关。

注：见 4.5.2 注。

4.5.4 耳机频率响应

应使用如下方法中的一种：

a) 被测耳机频率响应应用扫频方法从测量额定正弦输入信号在仿真耳中产生的声压得到。当扫频方向会影响结果时推荐从低频到高频扫频。

除了声压级指示表可用频率响应自动记录仪或计算机测量系统代替之外，测量系统同图 7 所示。

其他条款同 4.5.2 或 4.5.3。

b) 被测耳机频率响应宜用扫频方法从测量仿真耳中声压得到，使用如下给出的恒定电压输入：

$$(P_n Z_r)^{1/2}$$

式中：

P_n——额定正弦功率；

Z_r——额定阻抗。

本测量方法与电动式和电磁式耳机有关。

频率响应也可使用 4.3.3 所述的除正弦信号以外的其他信号测量。当使用除正弦信号以外的其他信号时，测量信号的幅度频谱应依照 4.3.3 选择。

为证明工作在线性区，应连续两次测量图 7 所示的某个系统的同一传递函数。一次用上面规定的正弦输入电压，另一次用比前者低 6 dB 的电压。当两次测量得到的幅度频率响应偏差的绝对值不超过 0.2 dB 时，认为系统工作在线性区。如果这个条件不能满足，应规定更低的输入电压，按如上所述的步骤说明其线性工作。

4.5.5 耳机电阻抗

应测量耳机单元的电阻抗和带有音频输入端的手持耳机-传声器组、头戴耳机-传声器组或耳机-传声器组的耳机电阻抗。测量频率范围应为额定频率范围或制造商规定的频率范围。

测量电阻抗的其他方法由 GB/T 12060.7—2013 给出。

4.5.6 耳机电容

应在制造商规定的频率处测量压电式耳机的电容，若无规定则在 120 Hz 处测量。

4.5.7 耳机听音检验

这是个简单的检验。如图 8 所示，应用电压与额定正弦电压几乎相同的语音信号输入，通过听输出声来检查被测耳机是否正常工作。

当不会产生可感知的问题时，可使用规定以外的单元测量装置。

注：当输出声对人耳而言太响时，宜减小输入电平。

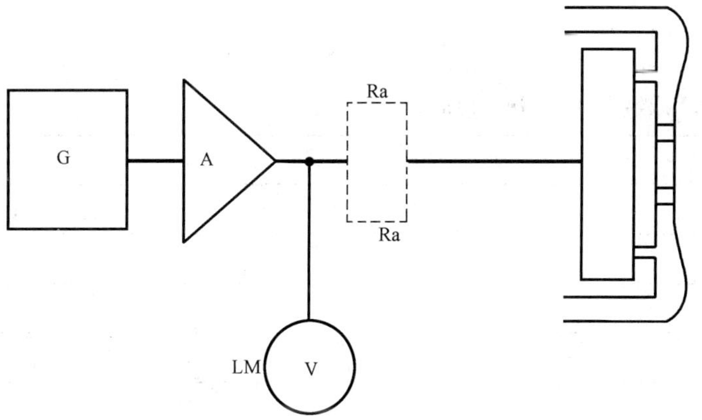

说明：

G——语音信号源。

其他符号和图 7 相同。

图 8 耳机听音检验原理图

4.5.8 咯咯声

这是个简单的测试。应使用图8所示的系统，通过听频率变化的额定正弦电压输入条件下的输出声来检查被测耳机是否正常工作。

其他条款应和4.5.7相同。

注：见4.5.7的注。

4.5.9 耳机的外部磁场强度

除了测量平面应为3.3.9中定义的磁场强度测量平面之外，应使用ITU-T P.370中规定的方法。

5 接插件和连接标志

手持耳机-传声器组、头戴耳机-传声器组或耳机-传声器组的线末端和主要设备的可插拔接口，应使用附录A和附录B的接插件(插头和插孔)和连接标志。

6 绝缘耐电压

手持耳机-传声器组、头戴耳机-传声器组或耳机-传声器组的电学接线端和外露的金属部分(除电学接线端外)之间的绝缘耐电压，应为交流电压250 V(50 Hz或60 Hz)且持续1 min或更长时间。

7 特性规定

应规定表1给出的传声器的条款或表2给出的耳机的条款。

表1 传声器特性规定和分类

制造商应给出的信息用"X"表示。推荐制造商给出的信息用字母"R"表示。

A=应在设备上标注的信息；

B=购买设备前用户能得到的文件中规定的信息；

(U)=只适用于单元；

(S)=不适用于单元。

如果给出多于一个"X"，应给出两种情况下的信息。

特　　性	A	B	章/条
额定直流电源电压[a]		X	4.2.1
额定频率范围		X	4.2.6
额定阻抗		X	4.2.9
单元测量装置		X(U)	3.2.1或4.2.7
外接直流电源条件[a]		X	3.2.8
传声器灵敏度		R	3.3.1
传声器灵敏度级		X	3.3.2
传声器频率响应		X	4.4.3
接插件		X	5

表 1（续）

特　　性	A	B	章/条
连接标志	R	X	5
制造商名称	R(U),X(S)[b]	X	
产品编号		X	
形状、结构和尺寸数据		X	
电源的电学连接[a]		X	
[a] 适用于需要外接直流电源的传声器。 [b] 可以使用符号或商标标志。			

表 2　耳机特性规定和分类

符号对应关系可参见表 1，除了：

(M)＝只适用于电磁式或电动式耳机；

(P)＝只适用于压电式耳机。

特　　性	A	B	章/条
额定正弦电压		X(P)	4.2.2
额定正弦电压或功率		X(M)	4.2.2 或 4.2.3
额定噪声电压		X(P)	4.2.4
额定噪声电压或功率		X(M)	4.2.4 或 4.2.5
额定频率范围		X	4.2.6
耳承参考平面		X(S)	4.2.7
耳承参考点		X(S)	4.2.8
额定阻抗		X(M)	4.2.9
额定电容		X(P)	4.2.10
单元测量装置		X(U)	3.2.1 或 4.2.7
附加电阻[a]		X	3.2.9
探测线圈[b]		X	3.2.10
耳机电压灵敏度		R	3.3.3
耳机电压灵敏度级		X(P),R(M)	3.3.4
耳机功率灵敏度		R(M)	3.3.5
耳机功率灵敏度级		X(M)	3.3.6
耳机频率响应		X	4.5.4
耳机的外部磁场强度[b]		R	4.5.9
接插件		X	5
连接标志	R	X	5
制造商名称	R(U),X(S)[c]	X	

表 2（续）

特　　性	A	B	章/条
产品编号		X	
形状,结构和尺寸数据		X	
电源的电学连接[d]		X	

[a] 适用于需要附加电阻的耳机。
[b] 适用于规定了外部磁场强度的耳机。
[c] 可以使用符号或商标标志。
[d] 适用于需要外部电源的耳机。

附 录 A
（规范性附录）
微型四位接插件

A.1 应使用连接到线末端的带 4 个触点的微型四位接插件的插头部分。如图 A.1 所示。微型四位接插件的插孔的插头接触部分的形状在图 A.2 中作为资料说明。

A.2 推荐使用图 A.3 中的连接标志。当包括的传声器单元需要直流电压输入时，推荐触点 1 作为负极。

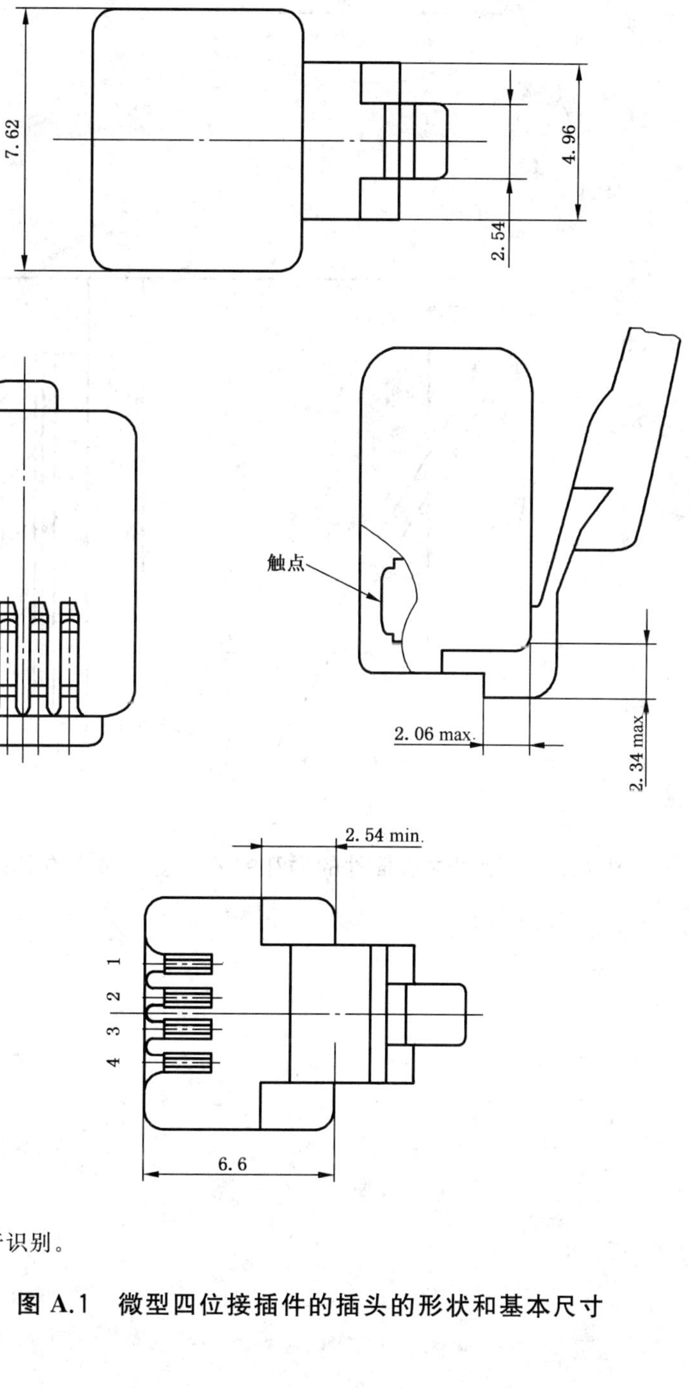

说明：尺寸只是为了便于识别。

图 A.1 微型四位接插件的插头的形状和基本尺寸

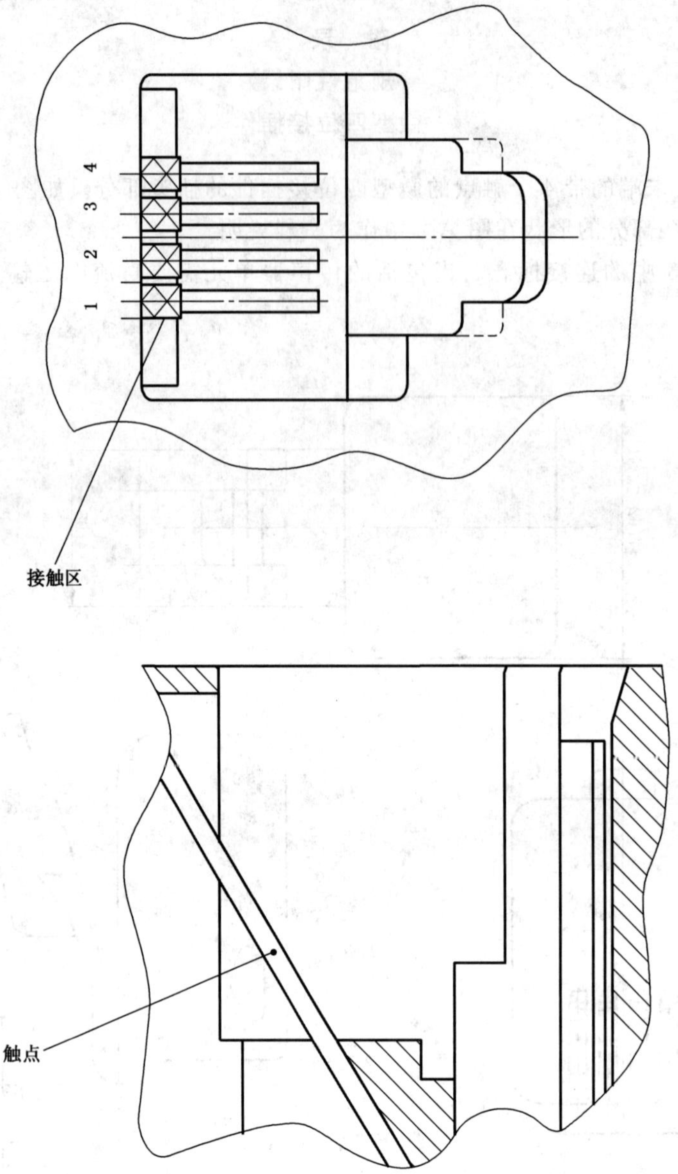

图 A.2 微型四位接插件的插孔的插头接触部分的形状

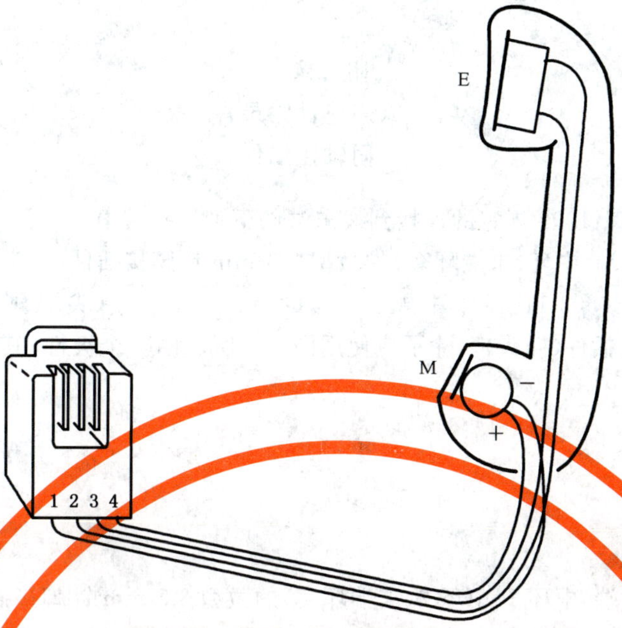

说明：

触点 1——传声器，直流(负)；

触点 2——耳机；

触点 3——耳机；

触点 4——传声器，直流(正)；

E——耳机；

M——传声器。

图 A.3　微型四位接插件的插头的连接标志

附　录　B
（规范性附录）
同轴接插件

应使用 IEC 60603-11:1992 规定的连接到线末端的下列插头其中之一：

a）带 3 个触点（尖端、中环、末端环套）的微型 3.5 mm 针脚接插件（插头）。

b）可使用和 IEC 60603-11:1992 中规定类似的但带 3 个触点（尖端、中环、末端环套）的次微型 2.5 mm 同轴接插件（插头）。除了应使用图 B.1 所示的 3 个极性，其他同 IEC 60603-11:1992 的规定。

推荐下列连接标志：

——尖端：传声器；

——中环：耳机；

——末端环套：共地。

c）带四个触点（尖端、中环 1、中环 2、末端环套）的微型 3.5 mm 针脚接插件（插头）。

d）可使用和 IEC 60603-11:1992 中规定类似的但带四个触点（尖端、中环 1、中环 2、末端环套）的次微型 2.5 mm 同轴接插件（插头）。

推荐下列连接标志：

——尖端：耳机左声道；

——中环 1：耳机右声道；

——中环 2：传声器；

——末端环套：共地。

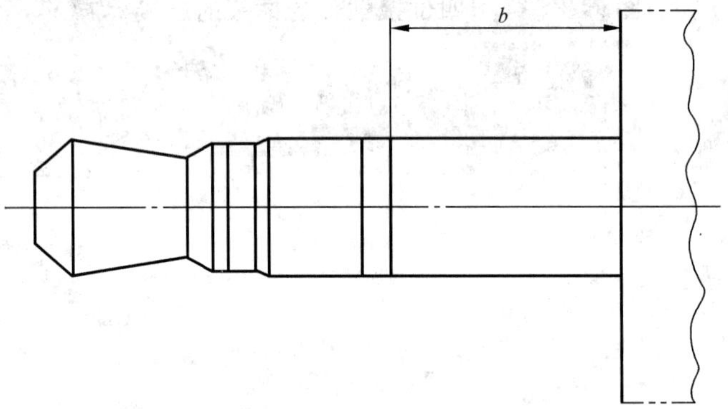

说明：

根据 IEC 60603-11:1992 中 5.6 规定的接插件改写。

长度 b 为 4 mm。

图 B.1　带 3 个触点（尖端、中环、末端环套）的 2.5 mm 插头同轴接插件（插头）

参 考 文 献

[1] GB/T 12060.2—2011 声系统设备 第2部分:一般术语解释和计算方法

[2] ITU-T P.10 Series P: Telephone Transmission Quality, Telephone Installations, Local Line Networks, Vocabulary and effects of transmission parameters on customer opinion of transmission quality, Vocabulary of terms on telephone transmission quality and telephone sets

[3] ITU-T P.57 Series P: Terminals and subjective and objective assessment methods, Objective measuring apparatus, Artificial ears

[4] ITU-T P.58 Series P: Telephone Transmission Quality, Objective measuring apparatus, Head and torso simulator for telephonometry

[5] ITU-T P.64 Series P: Telephone Transmission Quality, Telephone Installations, Local Line Networks, Objective electro-acoustical measurements, Determination of sensitivity/frequency characteristics of local telephone systems

ICS 29.240.20;
F 20

中华人民共和国国家标准

GB/T 15544.1—2013/IEC 60909-0:2001
代替 GB/T 15544—1995

三相交流系统短路电流计算 第1部分:电流计算

Short-circuit current calculation in three-phase a.c.systems—Part 1: Calculation of currents

(IEC 60909-0: 2001, Short-circuit current calculation in three-phase a.c.systems—Part 0: Calculation of currents, IDT)

2013-12-17 发布　　2014-08-01 实施

中华人民共和国国家质量监督检验检疫总局
中国国家标准化管理委员会　发布

前　　言

GB/T 15544《三相交流系统短路电流计算》分为5个部分：

——第1部分：电流计算；

——第2部分：短路电流计算应用的系数；

——第3部分：电气设备数据；

——第4部分：同时发生两个独立单相接地故障时的电流以及流过大地的电流；

——第5部分：算例。

本部分为GB/T 15544的第1部分。

本部分按照GB/T 1.1—2009给出的规则起草。

本部分代替GB/T 15544—1995《三相交流系统短路电流计算》，与GB/T 15544—1995相比，除编辑性修改外主要技术变化如下：

——删除了适应范围中"标称电压380 V～220 kV"的限制(见1.1，1995年版的1.2)；

——删除了术语和定义中的"不对称开断电流"(见1995年版的3.9.2)；

——增加了术语和定义中的"热等效短路电流"(见1.3.23)；

——修改了电压系数的推荐值(见表1，1995年版的表1)；

——修改了发电机变压器组的阻抗修正系数计算方法(见3.7，1995年版的10.3.2.7和10.3.2.8)；

——增加了网络变压器的阻抗修正系数(见3.3.3)；

——修改了发电机阻抗中的电阻分量的计算方法(见3.6.1，1995年版的10.3.2.6)；

——删除了计算R/X值的方法A中"支路短路电流之和占总短路电流的80%"的条件(见1995年版的9.1.3.2)；

——增加了变压器低压侧短路高压侧单相断开时的电流计算(见4.6.5)；

——增加了异步电动机机端三相短路时的短路电流计算公式(见表3，1995年版的表2)；

——增加了短路电流热效应的计算方法(见4.8)；

——增加了"在高压直流输电系统中，计算交流系统短路电流时应特别考虑电容器组与滤波器的影响"(见3.10)。

本部分采用翻译法等同采用IEC 60909-0:2001《三相交流系统短路电流计算　第0部分：电流计算》。

与本部分中规范性引用的国际文件有一致性对应关系的我国文件如下：

——GB/T 156—2007　标准电压(IEC 60038：2002，MOD)

——GB 311.1—2012　绝缘配合　第1部分：定义、原则和规则(IEC 60071-1：2006，MOD)

——GB/T 2900.73—2008　电工术语　接地与电击防护(IEC 60050-195：1998，MOD)

——GB/T 2900.74—2008　电工术语　电路理论(IEC 60050-131：2002，MOD)

——GB/T 2900.83—2008　电工术语　电的和磁的器件(IEC 60050-151：2001，IDT)

本部分由中国电力企业联合会提出。

本部分由全国短路电流计算标准化技术委员会(SAC/TC 424)归口。

本部分起草单位：国家电力调度通信中心、中国电力科学研究院、西安交通大学。

本部分主要起草人：印永华、李明节、汤涌、卜广全、周济、张彦涛、郭强、张东霞、肖惕、姜树德、陈迅、赵强、张文朝、李晶、申旭辉。

引　言

为便于采用 IEC 60909 标准和今后增补、修订标准的方便，经全国短路电流计算标准化技术委员会(SAC/TC 424)研究决定，将 GB/T 15544 改编为系列标准：修订后的 GB/T 15544.1 等同采用 IEC 60909-0；GB/T 15544.2 等同采用 IEC 60909-1；GB/T 15544.3 等同采用 IEC 60909-2；GB/T 15544.4等同采用 IEC 60909-3；GB/T 15544.5 等同采用 IEC 60909-4。

三相交流系统短路电流计算
第1部分:电流计算

1 概述

1.1 范围

GB/T 15544 的本部分适用于额定频率为 50 Hz 或 60 Hz 的低压、高压三相交流系统中的短路电流计算。

当系统标称电压为 500 kV 及以上,并且含有远距离交流输电线路时,需特殊考虑。

本部分提出的短路点等效电压源法,是一种简洁实用的短路电流计算方法,其计算结果一般情况下具有可接受的精度。如果能够得到相同的计算精度,不排斥采用其他计算方法,如叠加法。用叠加法计算得到的短路电流,依赖于某一特定潮流,因此不一定是最大短路电流。

本部分涉及的短路形式包括平衡短路故障和不平衡短路故障。

对于人为或意外发生的一个线路导体与大地间短路,以下两种情况的物理特性和影响不同(导致不同的计算目的),必须明确加以区分:

——在中性点直接接地或经阻抗接地的系统中,导体对地短路;

——在中性点不接地或谐振接地系统中,发生一处导体对地短路故障,该短路故障的计算不在本部分研究范围内。

在中性点不接地或谐振接地系统中,同时发生两个独立单相接地短路故障时,短路电流的计算参照 IEC 60909-3。

短路电流和短路阻抗也可通过系统试验、系统分析仪器测量或通过数字计算机确定。在现有低压系统中,能够在预期的短路点通过测量得到短路阻抗。

短路阻抗的计算通常基于电力设备的额定参数以及系统的拓扑结构,这种方法的优点是既可应用于现有系统,也可应用于规划系统。

通常情况下,应计算两种不同幅值的短路电流:

——最大短路电流,用于选择电气设备的容量或额定值;

——最小短路电流,用于选择熔断器、设定保护定值或校核感应电动机启动。

注:假设三相短路电流是由于三相同时短路而产生。由于三相不在同一瞬间短路,在短路电流中可能出现较大的非周期分量的研究不属于本部分范围。

本部分不适用于受控条件(短路试验站)下人为短路和飞机、船舶用电气设备的短路计算。

1.2 规范性引用文件

下列文件对于本文件的应用是必不可少的。凡是注日期的引用文件,仅注日期的版本适用于本文件。凡是不注日期的引用文件,其最新版本(包括所有的修改单)适用于本文件。

IEC 60038:2002 IEC 标准电压(IEC standard voltages)

IEC 60050-131:1978 国际电工词典 第131章:电和磁路(International Electrotechnical Vocabulary—Chapter 131: Electric and magnetic circuits)

IEC 60050-151:1978 国际电工词典 第151章:电和磁的器件(International Electrotechnical Vocabulary—Chapter 151: Electric and magnetic devices)

IEC 60050-195:1998 国际电工术语 第195部分:接地与电击防护(International

Electrotechnical Vocabulary—Part 195: Earthing and protection against electric shock)

IEC 60056:1987 高压交流断路器(High-voltage alternating-current circuit-breakers)

IEC 60071-1:1993 绝缘配合 第1部分:定义、原则和原理(Insulation coordination—Part 1: Definitions, principles and rules)

IEC 60781:1989 低压辐射电网短路电流计算应用导则(Application guide for calculation of short-circuit currents in low-voltage radial systems)

IEC 60865-1:1993 短路电流效应计算 第1部分:定义和计算方法(Short-circuit currents—Calculation of effects—Part 1: Definitions and calculation methods)

IEC/TR2 60909-1 三相交流系统短路电流计算 第1部分:按照IEC 60909-0进行短路电流计算应用的系数(Short-circuit currents calculation in three-phase a.c.systems—Part 1:Factors for the caculation of short-circuit currents in three-phase a.c.systems according to IEC 60909-0)

IEC/TR3 60909-2:1992 电气设备—按照IEC 60909 进行短路电流计算所需的数据(Electrical equipment—Data for short-circuit current calculations in accordance with IEC 60909)

IEC 60909-3:1995 三相交流系统短路电流计算 第3部分:同时发生两个独立单相接地故障时的电流以及流过大地的电流(Short-circuit currents calculation in three-phase a.c.systems—Part 3: Currents during two separate simultaneous single phase line-to-earth short circuits and partial short-circuit currents flowing through earth)

IEC 60909-4 三相交流系统短路电流计算 第4部分:短路电流计算示例(Short-circuit currents calculation in three-phase a.c.systems—Part 4:Examples for the calculation of short-circuit currents)

IEC 60949:1988 考虑非绝热加热效应的热允许短路电流计算(Calculation of thermally permissible short-circuit currents, taking into account non-adiabatic heating effects)

IEC 60986:1989 额定电压从1.8/3(3.6)kV～18/30(36)kV电缆短路温度限制手册[Guide to the short-circuit temperature limits of electrical cables with a rated voltage from 1.8/3(3.6)kV to 18/30(36)kV]

1.3 术语和定义

IEC 60050-131界定的以及下列术语和定义适用于本文件。

1.3.1

短路 short circuit

两个或多个导电部分之间意外或有意的导电通路,使得这些导电部分间的电位差等于或接近于零。

1.3.1.1

相间短路 line-to-line short circuit

两个或多个线路导体之间意外的或有意的导电通路,可伴随或不伴随对地短路。

1.3.1.2

单相接地短路 line-to-earth short circuit

在中性点直接接地或者通过阻抗接地的系统中,一个线路导体与大地之间意外或有意的导电通路。

1.3.2

短路电流 short-circuit current

在电路中,由于故障或不正确连接造成短路而产生的过电流。

注:需区别流过短路点的短路电流和电网支路中的短路电流(见图3)。

1.3.3

预期(可达到的)短路电流 prospective (available) short-circuit current

电源不变,将短路点用阻抗可忽略的理想连接代替时,流过短路点的电流(见1.1注)。

1.3.4

对称短路电流　symmetrical short-circuit current

不计非周期分量时的预期(可达到的)短路电流(见1.3.3)对称交流分量的有效值。

1.3.5

对称短路电流初始值　initial symmetrical short-circuit current

I''_{k}

系统非故障元件的阻抗保持为短路前瞬间值时的预期(可达到的)短路电流(见1.3.3)的对称交流分量有效值(见图1和图2)。

1.3.6

对称短路视在功率初始值　initial symmetrical short-circuit (apparent) power

S''_{k}

对称短路电流初始值 I''_{k}(见1.3.5)与系统标称电压 U_{n}(见1.3.13)和系数 $\sqrt{3}$ 三者相乘的积。即：$S''_{k}=\sqrt{3}U_{n}I''_{k}$。

注：在本部分中，对称短路视在功率初始值 S''_{k} 不用于计算。如果 S''_{k} 不考虑以上有关短路计算的规定，如用于计算电网馈线在Q点的内部阻抗，那么该定义应采用以下形式：$S''_{kQ}=\sqrt{3}U_{nQ}I''_{kQ}$ 或 $Z_{Q}=\dfrac{cU_{nQ}^{2}}{S''_{kQ}}$

1.3.7

短路电流的衰减直流(非周期)分量　decaying (aperiodic) component of short-circuit current

$i_{d.c.}$

短路电流上下包络线间的平均值，该值从初始值衰减到零值(见图1和图2)。

1.3.8

短路电流峰值　peak short-circuit current

i_{p}

预期(可达到的)短路电流的最大可能瞬时值(见图1和图2)。

注：短路电流峰值的大小与短路发生的时刻有关。三相短路电流峰值 i_{p} 的计算只对会出现最大短路电流的某相和某一瞬间进行。不考虑连续发生的故障。三相短路指三相同时短路。

1.3.9

对称开断电流　symmetrical short-circuit breaking current

I_{b}

在开关设备的第一对触头分断瞬间，短路电流对称交流分量在一个周期内的有效值。

1.3.10

稳态短路电流　steady-state short-circuit current

I_{k}

瞬态过程结束后的短路电流有效值(见图1和图2)。

1.3.11

对称堵转电流　symmetrical locked-rotor current

I_{LR}

在额定电压 U_{rM} 和额定频率下，异步电动机转子堵转时的最大对称电流有效值。

1.3.12

等效电路　equivalent electric circuit

用理想元件组成的网络来描述一个电路性能的模型。

1.3.13

系统标称电压　nominal system voltage

U_{n}

用于电力系统标志的电压(线电压),电力系统的某些运行特性与此电压有关。

1.3.14

等效电压源　equivalent voltage source

$\frac{cU_n}{\sqrt{3}}$

为计算正序系统短路电流,而加于短路点的理想电压源。在网络中,等效电压源是唯一的有源电压。

1.3.15

电压系数　voltage factor

c

等效电压源与被 $\sqrt{3}$ 除的系统标称电压 U_n 之比,该值在表1中给出。

注:鉴于以下原因必须引入电压系数 c:

——电压随时间、地点变化;

——变压器分接开关的变化;

——根据2.3.1计算短路电流时忽略负载与电容;

——发电机与电动机的超瞬态特性。

1.3.16

同步电机的超瞬态电势　subtransient voltage of a synchronous machine

E''

短路瞬间,在超瞬态电抗 X''_d 后起作用的同步电机对称内电势的有效值。

1.3.17

远端短路　far-from generator short circuit

预期(可达到的)短路电流对称交流分量的值在短路过程中基本保持不变的短路(见图1)。

1.3.18

近端短路　near-from generator short circuit

至少有一台同步电机供给短路点的预期对称短路电流初始值超过这台发电机额定电流两倍的短路;或异步电动机反馈到短路点的电流超过不接电动机时该点的对称短路电流初始值 I''_k 的5%的短路(见图2)。

1.3.19

短路点F的短路阻抗　short-circuit impedances at the short-circuit location F

1.3.19.1

三相交流系统的正序短路阻抗　positive-sequence short-circuit impedance of a three-phase a.c. system

$\underline{Z}_{(1)}$

从短路点看的三相交流系统的正序系统的等值阻抗[见2.3.2与图5a)]。

1.3.19.2

三相交流系统的负序短路阻抗　negative-sequence short-circuit impedance of a three-phase a.c. system

$\underline{Z}_{(2)}$

从短路点看的三相交流系统的负序系统的等值阻抗[见2.3.2与图5b)]。

1.3.19.3

三相交流系统的零序短路阻抗　zero-sequence short-circuit impedance of a three-phase a.c. system

$\underline{Z}_{(0)}$

从短路点看的三相交流系统的零序系统的等值阻抗[见2.3.2与图5c)]。

1.3.19.4

三相交流系统的短路阻抗　short-circuit impedance of a three-phase a.c. system

$\underline{Z}_k$

用作三相短路电流计算的三相交流系统的正序等值短路阻抗 $\underline{Z}_{(1)}$（见 1.3.19.1）的简略表示符号。

1.3.20

电气设备的短路阻抗　short-circuit impedance of electrical equipment

1.3.20.1

电气设备的正序短路阻抗　positive-sequence short-circuit impedance of electrical equipment

$\underline{Z}_{(1)}$

当由对称的正序电压系统供电时，线对中性点电压同电气设备相应相的短路电流之比（见第 2 章与 IEC 60909-4）。

注：如果负序阻抗和零序阻抗不可能与正序阻抗混淆时，表示正序阻抗的下标可以省略。

1.3.20.2

电气设备的负序短路阻抗　positive-sequence short-circuit impedance of electrical equipment

$\underline{Z}_{(2)}$

当由对称的负序电压系统供电时，线对中性点电压同电气设备相应相的短路电流之比（见第 2 章与 IEC 60909-4）。

1.3.20.3

电气设备的零序短路阻抗　zero-sequence short-circuit impedance of electrical equipment

$\underline{Z}_{(0)}$

当用三条并联的导线作为电流流出线，第四根导线和/或大地作为汇集流回线，设备由交流电压供电时，线对地电压与电气设备相连的一个相的短路电流之比（见第 2 章与 IEC 60909-4）。

1.3.21

同步电机的超瞬态电抗　subtransient reactance of a synchronous machine

X''_{d}

短路瞬间超瞬态过程中的有效电抗。计算短路电流时，用饱和值。

注：当以欧姆为单位的电抗 X''_{d} 除以同步机的额定阻抗 $Z_{\mathrm{rG}} = U_{\mathrm{n}}^{2}/S_{\mathrm{rG}}$ 时，其标幺结果用小写字母 $x''_{\mathrm{d}} = X''_{\mathrm{d}}/Z_{\mathrm{rG}}$ 表示。

1.3.22

断路器的最小延时　minimum time delay

$t_{\min}$

从短路开始至开关设备第一对触头分离间的最短时间间隔。

注：时间 $t_{\min}$ 指瞬动继电器的可能最快动作时间与断路器的最短分离时间之和，不包括跳闸机构的可调延迟时间。

1.3.23

热等效短路电流　thermal equivalent short-circuit current

I_{th}

具有与实际短路电流相同热效应与相同持续时间的电流的有效值。该电流可包含最终衰减为零的直流分量。

1.4 符号、上角标与下角标

计算时可用有名值或相对值，因此标准中列出的公式没有注明单位。用有名值计算时，本部分都用法定计量单位。字母下划一横线表示复数，如 $\underline{Z} = R + \mathrm{j}X$ 。

1.4.1 符号

A	非周期分量 $i_{\mathrm{d.c.}}$ 的初始值
$\underline{a}$	复数运算符

α	不平衡短路电流与三相短路电流之比
c	电压系数
$c\frac{U_n}{\sqrt{3}}$	等效电压源(有效值)
E''	同步电机的超瞬态电势
f	频率(50 Hz)
I_b	对称开断电流(有效值)
I_k	稳态短路电流(有效值)
I_{kP}	在复励发电机端短路时的稳态短路电流
I''_k	对称短路电流初始值(有效值)
I_{LR}	异步电动机转子堵转时的对称电流
I_r	电气设备的额定电流
I_{th}	热等效短路电流
$i_{d.c.}$	短路电流中的非周期分量
i_p	短路电流峰值
K	阻抗校正系数
m	非周期分量的热效应系数
n	交流对称分量的热效应系数
p	异步电动机的极对数
p_G	发电机电压调节范围
p_T	变压器电压调节范围
P_{krT}	变压器的负载损耗
P_{rM}	异步电动机的额定功率($P_{rM}=S_{rM}\cos\varphi_{rM}\eta_{rM}$)
q	用于计算异步电机开断电流的系数
q_n	标称截面
R 和 r	电阻有名值和相对值
R_G	同步电机的电阻
R_{Gf}	计算 i_p 时的同步电机的假想电阻
S''_k	对称短路功率初始值(视在功率)
S_r	电气设备的额定视在功率
t_{min}	断路器最小延时
t_r	变压器额定变比(分接开关位于主位置),$t_r \geqslant 1$
T_k	短路电流持续时间
U_m	设备最高电压有效值,线电压
U_n	系统标称电压,线电压(有效值)
U_r	设备的额定电压,线电压(有效值)
u_{kr}	变压器额定短路电压百分数
u_{kR}	限流电抗器额定短路电压百分数
u_{Rr}	变压器额定短路电压阻性分量百分数
u_{Xr}	变压器额定短路电压感性分量百分数
$U_{(1)}$、$U_{(2)}$、$U_{(0)}$	正序、负序与零序电压
X 和 x	电抗有名值和相对值
X_d 和 X_q	直轴同步电抗和交轴同步电抗

X_{dP}	考虑励磁影响后，在复励发电机端稳态短路时的发电机计算电抗
X''_{d} 和 X''_{q}	直轴超瞬态电抗和交轴超瞬态电抗(二者均为饱和值)
x_{d}	不饱和同步电抗，相对值
x_{dsat}	饱和同步电抗，相对值，为饱和空载短路比的倒数
Z 和 z	阻抗有名值和相对值
Z_{k}	三相交流系统的短路阻抗
$Z_{(1)}$	正序短路阻抗
$Z_{(2)}$	负序短路阻抗
$Z_{(0)}$	零序短路阻抗
η	异步电动机效率
κ	短路电流峰值计算系数
λ	稳态短路电流的计算系数
μ	对称短路开断电流的计算系数
μ_{0}	真空绝对导磁率，$\mu_{0}=4\pi\cdot10^{-7}H/m$
ρ	电阻率
φ	相位角
θ_{e}	短路结束时的导体温度
01	正序参考中性点
02	负序参考中性点
00	零序参考中性点

1.4.2 下角标

(1)	正序
(2)	负序
(0)	零序
a.c.	交流
d.c.	直流
f	假想值
k 或 k3	三相短路
k1	单相短路
k2	两相不接地短路
k2E 和 kE2E	两相接地短路
K	采用阻抗修正系数 K_{T}、K_{G}、K_{S} 或 K_{SO} 计算得到的阻抗
max	最大值
min	最小值
n	标称值
r	额定值
rsl	结果
t	转换值
AT	厂用变压器
B	母线
E	接地
F	短路点

G	发电机
HV	高压,变压器高压绕组
LV	低压,变压器低压绕组
L	相线
LR	堵转转子
La、Lb、Lc	三相交流系统的 a、b、c 相线
M	异步电动机或异步电动机组
~~M~~	断开异步电动机(组)或不考虑异步电动机(组)
MV	中压,变压器中压绕组
N	三相交流系统的中性线
P	端,极
Q	馈电网络联结点
R	限流电抗器
S	发电机变压器组(发电机与有载调压变压器)
SO	发电机变压器组(发电机与固定变比变压器或无载调压变压器)
T	变压器

1.4.3 上角标

″	初始(超瞬态)值
′	单位长度电阻或电抗
b	短路前

2 短路电流特性:计算方法

2.1 概述

进行完整的短路电流计算,须确定短路点的电流随时间变化的函数,而该函数与短路前的瞬时电压相对应(见图 1 和图 2)。

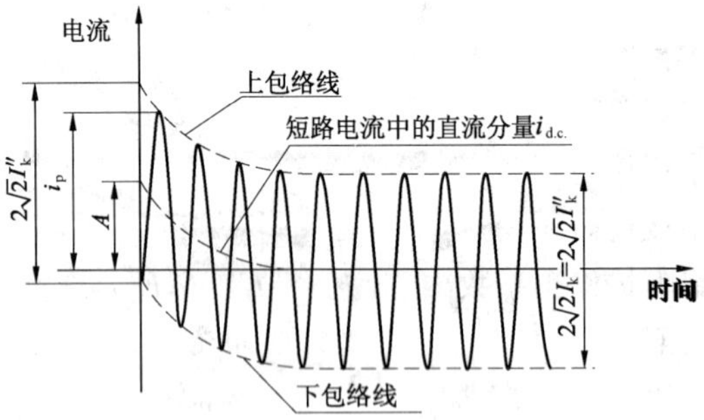

说明:

I''_k ——对称短路电流初始值;

i_p ——短路电流峰值;

I_k ——短路电流稳态值;

$i_{d.c.}$ ——短路电流的非周期(直流)分量;

A ——非周期分量初始值。

图 1 远端短路时的短路电流示意图

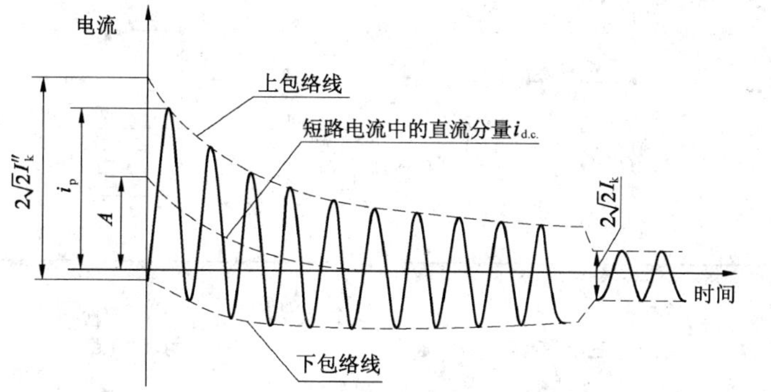

说明：

I''_k ——对称短路电流初始值；

i_p ——短路电流峰值；

I_k ——短路电流稳态值；

$i_{d.c.}$ ——短路电流的非周期(直流)分量；

A ——非周期分量初始值。

图 2　近端短路时的短路电流示意图

实际上，绝大多情况下无需这样确定短路电流。从实际应用角度出发，特别值得注意的是短路电流对称交流分量与短路后瞬间出现的短路电流峰值 i_p 。i_p 在电压过零点短路的情况下出现，其值与频率 f 和 X/R 有关，还与交流分量的衰减有关。

在网状电网中，有若干个非周期分量衰减时间常数，因此在计算 i_p 和 $i_{d.c.}$ 时不可能给出计算精度高的简易方法。在 4.3 中，给出了 i_p 的推荐计算方法，并且具有足够的准确度。

2.2　计算假设

计算最大与最小短路电流时都应以下面条件为基础：

a)　短路类型不会随短路的持续时间而变化，即在短路期间，三相短路始终保持三相短路状态，单相接地短路始终保持单相接地短路；

b)　电网结构不随短路持续时间变化；

c)　变压器的阻抗取自分接开关处于主分接头位置时的阻抗，计算时允许采用这种假设，是因为引入了变压器的阻抗修正系数 K_T ；

d)　不计电弧的电阻；

e)　除了零序系统外，忽略所有线路电容、并联导纳、非旋转型负载。

尽管这些假定对于电力系统来讲不是严格成立，但是可以给出准确度能普遍接受的结果。

对于图 3 所示的平衡短路和不平衡短路，可用对称分量法计算其短路电流。

计算多电压等级系统的短路电流时，必须将阻抗值从一个电压等级归算至另一个电压等级下。高一级或次级电网中的设备阻抗应除以或乘以变压器额定变比 t_r 的平方，电压与电流也按照额定变比进行转换。采用标幺制时，若系统中每台变压器的变比满足 $U_{rTHV}/U_{rTLV}=U_{nHV}/U_{nLV}$ ，则没有必要进行转换，但通常情况下该条件不能满足(见 IEC/TR3 60909-2 与 IEC 60909-4 中的示例)。

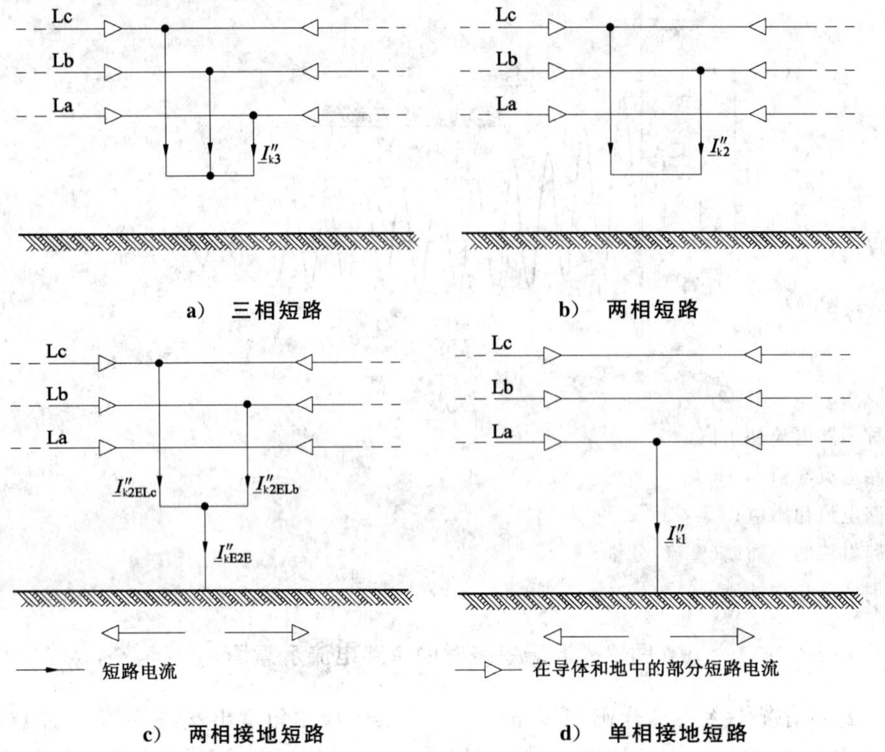

注：图中箭头方向为任意选定的电流流向。

图 3 短路类型及短路电流

2.3 计算方法

2.3.1 短路点等效电压源

对于远端和近端短路都可用一等效电压源计算短路电流。用等效电压源计算短路电流时，短路点用等效电压源 $cU_n/\sqrt{3}$ 代替，该电压源为网络的唯一的电压源，其他电源(如同步发电机、同步电动机、异步电动机和馈电网络的电势)都视为零，并以自身内阻抗代替。

用等效电压源计算短路电流时，可不考虑非旋转负载的运行数据、变压器分接头位置和发电机励磁方式，无需进行关于短路前各种可能的潮流分布的计算。除零序网络外，线路电容和非旋转负载的并联导纳都可忽略。

图 4 为一单侧电源馈电并用等效电压源计算短路网络的一个算例。等效电压源 $cU_n/\sqrt{3}$ 中的电压系数 c 根据表 1 选用，计算最大值用最大电压系数，最小值用最小电压系数。

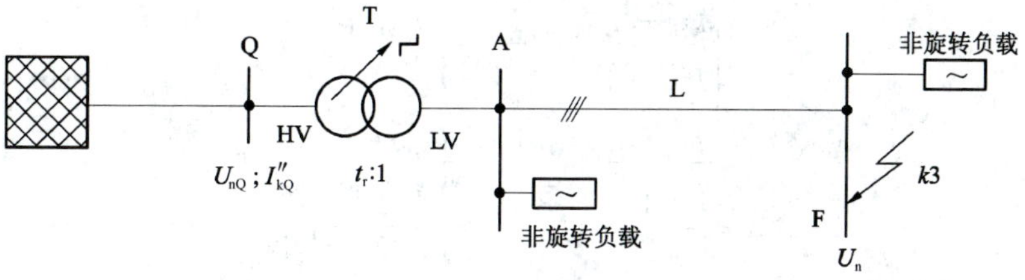

a） 系统图

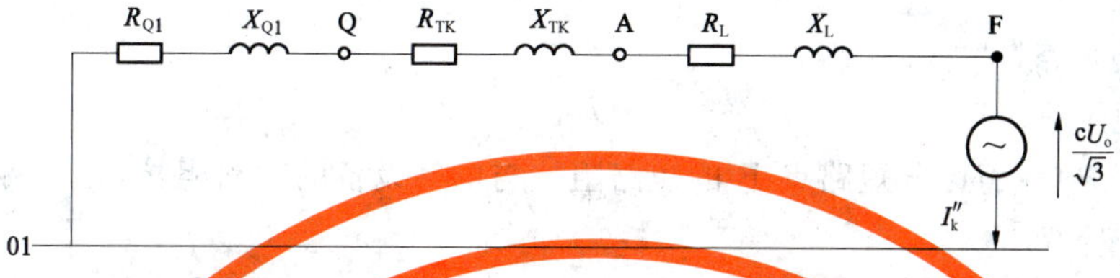

b） 系统正序等效电路图

注：正序系统的阻抗编号(1)省略，01 标出正序系统的参考中性点。馈电网络与变压器阻抗为相对于 LV 侧的阻抗，并且后者经过系数 K_T 修正。

图 4 由等效电压源计算对称短路电流初始值 I''_k 的示意图

表 1 电压系数

标称电压 U_n	电压系数	
	c_{max} [a]	c_{min}
低 压 100 V ≤ U_n ≤ 1 000 V (IEC 60038:2002，表 1)	1.05[c] 1.10[d]	0.95
中 压 1 kV < U_n ≤ 35 kV (IEC 60038:2002，表 3)	1.10	1.00
高 压 35 kV < U_n [b] (IEC 60038:2002，表 4)	1.10	1.00

[a] $c_{max}U_n$ 不宜超过电力系统设备的最高电压 U_m。

[b] 如果没有定义标称电压，宜采用 $c_{max}U_n = U_m$、$c_{min}U_n = 0.90 \times U_m$。

[c] 1.05 应用于允许电压偏差为+6%的低压系统，如 380 V/400 V。

[d] 1.10 应用于允许电压偏差为+10%的低压系统。

2.3.2 对称分量法的应用

计算三相交流系统中由平衡或不平衡短路产生的短路电流时，应用对称分量法可以使计算过程大大简化。用对称分量法时，假定电气设备具备平衡的结构，从而系统阻抗平衡，对于不换位线路，短路电流计算结果也具有可接受的精度。

应用对称分量法，将不平衡短路的系统分解为三个独立的对称分量系统，网络中各支路的电流可由 $\underline{I}_{(1)}$、$\underline{I}_{(2)}$ 和 $\underline{I}_{(0)}$ 三个对称序分量电流叠加得到。以线路导体 La 相为参考，各相电流 $\underline{I}_{La}$、$\underline{I}_{Lb}$ 和 $\underline{I}_{Lc}$ 计算式(1)和式(2)：

$$\begin{cases} \underline{I}_{La} = \underline{I}_{(1)} + \underline{I}_{(2)} + \underline{I}_{(0)} \\ \underline{I}_{Lb} = \underline{a}^2\, \underline{I}_{(1)} + \underline{a}\, \underline{I}_{(2)} + \underline{I}_{(0)} \\ \underline{I}_{Lc} = \underline{a}\, \underline{I}_{(1)} + \underline{a}^2\, \underline{I}_{(2)} + \underline{I}_{(0)} \end{cases} \quad \cdots\cdots\cdots\cdots (1)$$

$$\underline{a} = -\frac{1}{2} + \mathrm{j}\frac{\sqrt{3}}{2};\ \underline{a}^2 = -\frac{1}{2} - \mathrm{j}\frac{\sqrt{3}}{2} \quad \cdots\cdots\cdots\cdots (2)$$

本部分涉及以下类型的不平衡短路：

a） 两相间短路；

b） 两相接地短路；

c） 单相接地短路。

应用本部分时，应注意区分短路点 F 的短路阻抗与电气设备的短路阻抗，用对称分量法时，还应考虑序网阻抗。

计算短路点 F 的正序或负序阻抗时，在短路点 F 施加正序电压或负序电压，电网内所有同步电机和异步电动机都用自身的相应序阻抗替代，根据图 5a）或图 5b）即可确定 F 点的正序或负序短路阻抗 $\underline{Z}_{(1)}$ 或 $\underline{Z}_{(2)}$ 。

旋转设备的正序和负序阻抗可能不相等，在计算远端短路时，通常令 $\underline{Z}_{(1)} = \underline{Z}_{(2)}$ 。

在短路线和共用回线（如接地系统、中性线、地线、电缆外壳和电缆铠装）之间施加一交流电压，根据图 5c）即可确定 F 点的零序短路阻抗 $\underline{Z}_{(0)}$ 。

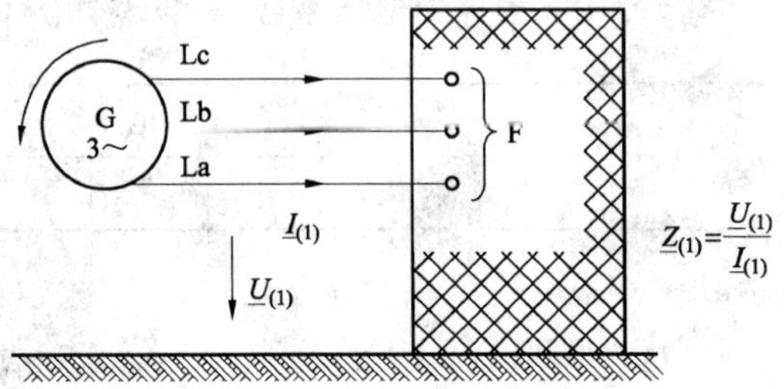

a） 正序短路阻抗 $\underline{Z}_{(1)}$

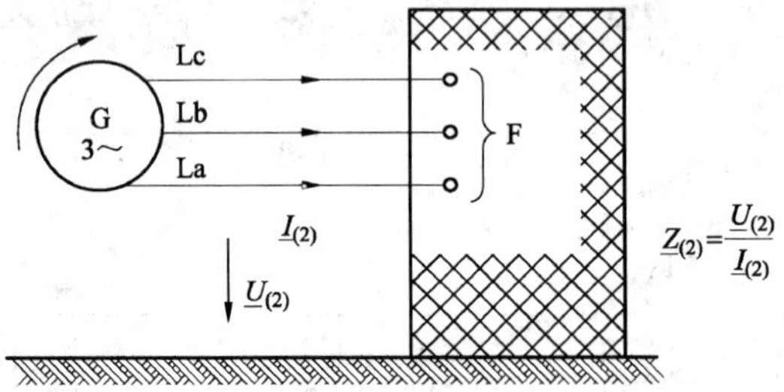

b） 负序短路阻抗 $\underline{Z}_{(2)}$

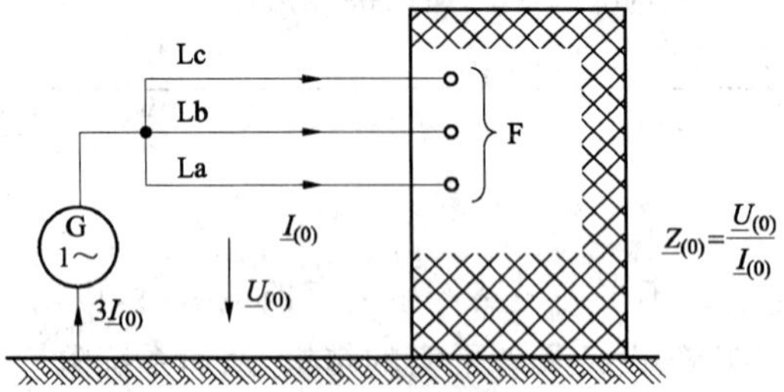

c） 零序短路阻抗 $\underline{Z}_{(0)}$

图 5 短路点 F 处三相交流系统的短路阻抗

计算中、高压电力系统中不平衡短路电流时，在如下情况下应该考虑线路零序电容和零序并联导纳：中性点不接地系统、中性点谐振接地系统或接地系数高于 1.4 的中性点接地系统。

在计算低压电网的短路电流时，在正序系统、负序系统和零序系统中可忽略线路（架空线路和电缆）的电容。

在中性点接地的电力系统中，在不计线路零序电容情况下，短路电流计算值要比实际短路电流略大。其差值与电网结构有关。

除特殊情况外，零序短路阻抗与正序短路阻抗、负序短路阻抗不等。

2.4 最大短路电流

计算最大短路电流时，须考虑以下条件：

a) 选用表1中的最大短路电流系数 c_{max}；

b) 选择电网结构（包括恰当的解环方案），考虑电厂与馈电网络可能的最大贡献；

c) 用等值阻抗 $\underline{Z}_Q$ 等值外部网络时，应使用最小值；

d) 与3.8和3.9情况相符情况下，应计及电动机影响；

e) 线路电阻采用20 ℃时的数值 R_{L20}。

2.5 最小短路电流

计算最小短路电流时，须考虑以下条件：

a) 选用表1中的最小短路电流电压系数 c_{min}；

b) 选择电网结构，考虑电厂与馈电网络可能的最小贡献；

c) 不计电动机影响；

d) 线路电阻 R_L 采用较高温度下的数值，与 R_{L20} 的关系可由式(3)确定。

$$R_L = [1 + \alpha(\theta_c - 20\ ℃)] \cdot R_{L20} \qquad \cdots\cdots(3)$$

式中：

R_{L20} ——导线在20 ℃时的阻值；

θ_c ——短路结束时的导线温度，单位为摄氏度(℃)；

α ——铜、铝和铝合金的温度系数，取0.004/℃。

注：关于 θ_c 见IEC 60865-1、IEC 60949与IEC 60986。

3 电气设备的短路阻抗

3.1 概述

对于馈电网络、变压器、架空线路、电缆线路、电抗器和其他类似电气设备，它们的正序和负序短路阻抗相等，即 $\underline{Z}_{(1)} = \underline{Z}_{(2)}$。计算设备零序阻抗时，在零序网络中，假设三相导体和返回的共用线间有一交流电压 $\underline{U}_{(0)}$，共用线流过三倍零序电流 $3\underline{I}_{(0)}$，设备零序阻抗满足：$\underline{Z}_{(0)} = \underline{U}_{(0)} / \underline{I}_{(0)}$。

计算发电机(G)、变压器(T)、发电机变压器组(S)的阻抗时，引入校正系数 K_G、K_T 以及 K_S 或者 K_{SO}。

注：引入阻抗校正系数的示例在IEC 60909-4中给出。

3.2 馈电网络阻抗

如图6a)所示，由电网向短路点馈电的网络，仅知节点Q的对称短路电流初始值 I''_{kQ}，则Q点的网络阻抗 Z_Q（正序短路阻抗）宜由式(4)确定。

$$Z_Q = \frac{cU_{nQ}}{\sqrt{3}\, I''_{kQ}} \qquad \cdots\cdots(4)$$

如果 R_Q/X_Q 已知，则 X_Q 应按照式(5)计算：

$$X_Q = \frac{Z_Q}{\sqrt{1+(R_Q/X_Q)^2}} \quad \cdots\cdots(5)$$

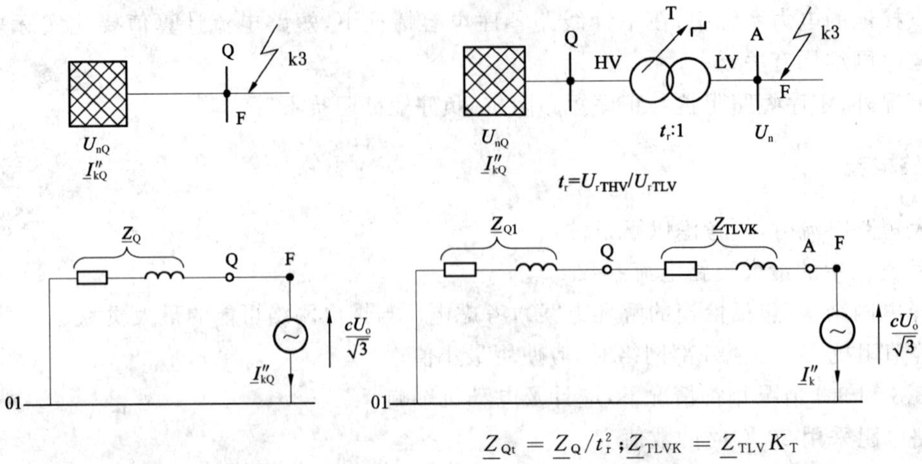

a) 无变压器　　　　b) 有变压器

图 6　馈电网络及其等效电路示意图

如图 6b)所示,如果电网经过变压器向短路点馈电,仅知节点 Q 的对称短路电流初始值 I''_{kQ},则 Q 点的正序网络阻抗归算到变压器低压侧的值 Z_{Qt} 可由式(6)确定。

$$Z_{Qt} = \frac{cU_{nQ}}{\sqrt{3}I''_{kQ}} \cdot \frac{1}{t_r^2} \quad \cdots\cdots(6)$$

式中:

U_{nQ} ——Q 点的系统标称电压;

I''_{kQ} ——流过 Q 点的对称短路电流初始值;

c ——电压系数,见表 1;

t_r ——分接开关在主分接位置时的变压器额定变比。

若电网电压在 35 kV 以上时,网络阻抗可视为纯电抗(略去电阻),即 $\underline{Z}_Q=0+jX_Q$。计算中若计及电阻但具体数值不知道,可按 $R_Q=0.1X_Q$ 和 $X_Q=0.995Z_Q$ 计算。

变压器高压侧母线的对称短路电流初始值 I''_{kQmax} 与 I''_{kQmin} 应由供电公司提供或根据本部分计算得到。

根据变压器的绕组连接方式和中性点接地方式,有时需考虑馈电网络的零序等值阻抗。

注:示例见 IEC 60909-4:2000 表 1 的第 6、8 项。

3.3　变压器的阻抗

3.3.1　双绕组变压器的阻抗

双绕组变压器的正序短路阻抗 $\underline{Z}_T=R_T+jX_T$ 按式(7)、式(8)、式(9)计算:

$$Z_T = \frac{u_{kr}}{100\%} \cdot \frac{U_{rT}^2}{S_{rT}} \quad \cdots\cdots(7)$$

$$R_T = \frac{u_{Rr}}{100\%} \cdot \frac{U_{rT}^2}{S_{rT}} = \frac{P_{krT}}{3I_{rT}^2} \quad \cdots\cdots(8)$$

$$X_T = \sqrt{Z_T^2 - R_T^2} \quad \cdots\cdots(9)$$

式中:

U_{rT} ——变压器高压侧或低压侧的额定电压;

I_{rT} ——变压器高压侧或低压侧的额定电流；

S_{rT} ——变压器的额定容量；

P_{krT}——变压器负载损耗；

u_{kr} ——阻抗电压，%；

u_{Rr} ——电阻电压，%。

电阻分量 u_{Rr} 能够根据变压器流过额定电流 I_{rT} 时的绕组总损耗 P_{krT} 计算得到。

R_T/X_T 通常随着变压器容量的增大而减小。计算大容量变压器短路阻抗时，可略去绕组中的电阻，只计电抗，只是在计算短路电流峰值或非周期分量时才计及电阻。

计算 $\underline{Z}_T=R_T+jX_T=\underline{Z}_{(1)}=\underline{Z}_{(2)}$ 所必需的数据，可从设备铭牌值获得。零序短路阻抗 $\underline{Z}_{(0)T}=R_{(0)T}+jX_{(0)T}$ 可从铭牌值或设备制造厂得到。

注：作为网络变压器或者电厂升压变的双绕组变压器实际数据在 IEC/TR3 60909-2 中给出。用于计算不对称短路的零序阻抗在 IEC 60909-4 中给出。

3.3.2 三绕组变压器的阻抗

图 7 所示三绕组变压器的短路阻抗 $\underline{Z}_H$、$\underline{Z}_M$、$\underline{Z}_L$，按式(10)计算(换算到 H 侧)：

$$\begin{cases}\underline{Z}_{HM}=\left(\dfrac{u_{RrHM}}{100\%}+j\dfrac{u_{XrHM}}{100\%}\right)\cdot\dfrac{U_{rTH}^2}{S_{rTHM}} & \text{(L 侧开路)}\\ \underline{Z}_{HL}=\left(\dfrac{u_{RrHL}}{100\%}+j\dfrac{u_{XrHL}}{100\%}\right)\cdot\dfrac{U_{rTH}^2}{S_{rTHL}} & \text{(M 侧开路)}\\ \underline{Z}_{ML}=\left(\dfrac{u_{RrML}}{100\%}+j\dfrac{u_{XrML}}{100\%}\right)\cdot\dfrac{U_{rTH}^2}{S_{rTML}} & \text{(H 侧开路)}\end{cases} \qquad \cdots\cdots(10)$$

其中：

$$u_{Xr}=\sqrt{u_{kr}^2-u_{Rr}^2}$$

代入式(11)可得 $\underline{Z}_H$、$\underline{Z}_M$、$\underline{Z}_L$。

$$\begin{cases}\underline{Z}_H=\dfrac{1}{2}(\underline{Z}_{HM}+\underline{Z}_{HL}-\underline{Z}_{ML})\\ \underline{Z}_M=\dfrac{1}{2}(\underline{Z}_{HM}+\underline{Z}_{ML}-\underline{Z}_{HL})\\ \underline{Z}_L=\dfrac{1}{2}(\underline{Z}_{HL}+\underline{Z}_{ML}-\underline{Z}_{HM})\end{cases} \qquad \cdots\cdots(11)$$

式中：

U_{rTH} ——变压器额定电压；

S_{rTHM} ——H、M 间的额定容量；

S_{rTHL} ——H、L 间的额定容量；

S_{rTML} ——M、L 间的额定容量；

u_{RrHM}、u_{XrHM} ——H、M 间的电阻电压和电抗电压，%；

u_{RrHL}、u_{XrHL} ——H、L 间的电阻电压和电抗电压，%；

u_{RrML}、u_{XrML} ——M、L 间的电阻电压和电抗电压，%。

三绕组变压器的零序阻抗可从制造厂获得。

注：三绕组变压器阻抗示例见 IEC/TR3 60909-2。更多信息见 IEC 60909-4。

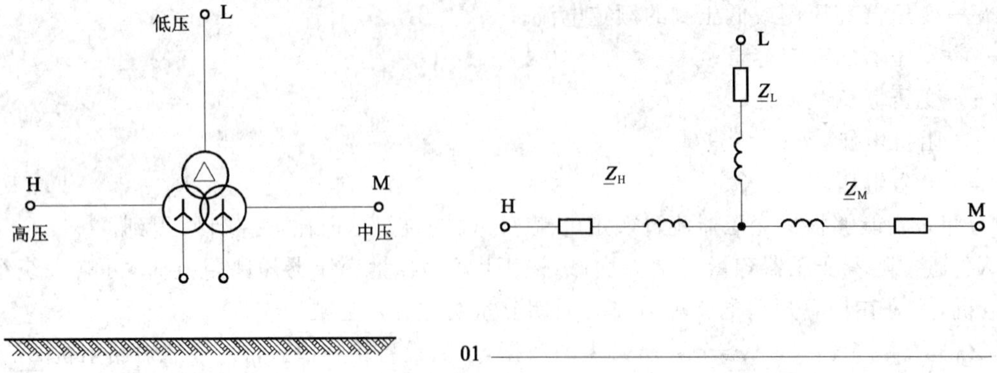

a) 绕组连接符号　　　　b) 等效电路图(正序系统)

图 7 三绕组变压器

3.3.3 网络变压器的阻抗校正系数

网络变压器是指连接两个或多个不同电压等级电网的变压器,区别于发电机变压器组中的升压变压器。

对于有载调节或不可有载调节分接头的双绕组变压器,计算短路阻抗时应在式(7)~式(9)中引入阻抗校正系数 K_T,即:$\underline{Z}_{TK}=K_T\underline{Z}_T$,其中 $\underline{Z}_T=R_T+jX_T$。

$$K_T=0.95\frac{c_{max}}{1+0.6x_T} \qquad \cdots\cdots(12a)$$

式中,x_T 为变压器的相对阻抗,$x_T=X_T/(U_{rT}^2/S_{rT})$,$c_{max}$ 根据表 1 由变压器低压侧电网的标称电压决定。该校正系数不应用于发电机变压器组中的升压变压器(见 3.7)。

如果能够确定短路前网络变压器的长期运行工况,则阻抗校正系数可用式(12b)替代式(12a)。

$$K_T=\frac{U_n}{U^b}\cdot\frac{c_{max}}{1+x_T(I_T^b/I_{rT})\sin\varphi_T^b} \qquad \cdots\cdots(12b)$$

式中:

c_{max} ——根据表 1 由网络变压器低压侧电网的标称电压决定;

$x_T=X_T/(U_{rT}^2/S_{rT})$;

U^b ——短路前最高运行电压;

I_T^b ——短路前最高运行电流;

φ_T^b ——短路前的功率因数角。

双绕组变压器的负序短路阻抗和零序短路阻抗也应引入该校正系数。变压器中性点接地阻抗 $\underline{Z}_N$ 无需引入该校正系数,直接取 $3\underline{Z}_N$ 接入零序网络即可。

对于有载调节或不可有载调节分接头的三绕组变压器,使用 K_{THM}、K_{THL} 和 K_{TML} 三个阻抗校正系数:

$$\begin{cases}K_{THM}=0.95\dfrac{c_{max}}{1+0.6x_{THM}}\\[2ex]K_{THL}=0.95\dfrac{c_{max}}{1+0.6x_{THL}}\\[2ex]K_{TML}=0.95\dfrac{c_{max}}{1+0.6x_{TML}}\end{cases} \qquad \cdots\cdots(13)$$

再由式(10)确定的阻抗 $\underline{Z}_{HM}$、$\underline{Z}_{HL}$ 和 $\underline{Z}_{ML}$,计算校正后的阻抗值 $\underline{Z}_{HMK}=K_{THM}\underline{Z}_{HM}$、$\underline{Z}_{HLK}=K_{THL}\underline{Z}_{HL}$ 和 $\underline{Z}_{ML}=K_{TML}\underline{Z}_{ML}$。根据式(11)得出校正后的各绕组短路阻抗 $\underline{Z}_{HK}$、$\underline{Z}_{MK}$、$\underline{Z}_{LK}$。

三绕组变压器的负序短路阻抗和零序短路阻抗也应引入该校正系数。变压器中性点接地阻抗不需要校正。

注:不同接地方式下的负序与零序等值电路在 IEC 60909-4:2000 的表 1 中第 4～7 项给出。通常零序阻抗 $\underline{Z}_{(0)H}$、$\underline{Z}_{(0)M}$ 或 $\underline{Z}_{(0)L}$ 数值接近正序阻抗 $\underline{Z}_{(1)H}$、$\underline{Z}_{(1)M}$ 或 $\underline{Z}_{(1)L}$。式(13)的校正系数应用于负序、零序等值电路的实例在IEC 60909-4:2000的 2.2 给出。如果在特殊情况下,例如自动有载调节分接头变压器的处于 $+p_T$ 位置时的短路电压 u_{k+} 与处于 $-p_T$ 位置时的短路电压 u_{k-} 均明显大于 u_{kr},则不必引入校正系数 K_T。

3.4 架空线和电缆的阻抗

架空线和电缆的正序短路阻抗 $\underline{Z}_L = R_L + jX_L$ 可按导线有关参数计算,如导体截面积和中心距。

正序阻抗 $\underline{Z}_{(1)} = R_{(1)} + jX_{(1)}$ 和零序阻抗 $\underline{Z}_{(0)} = R_{(0)} + jX_{(0)}$ 的测量,见 IEC 60909-4。有时可通过 $R_{(0)L}/R_L$ 和 $X_{(0)L}/X_L$ 比率估算零序阻抗(见 IEC 60909-2)。

高、低压电缆的正序和零序阻抗 $\underline{Z}_{(1)}$、$\underline{Z}_{(0)}$ 的大小与国家的制造工艺水平和标准有关,相关数值可参见 IEC 60909-2,或从手册或制造厂给出的数据中得到。

导线温度高于 20 ℃时,按式(3)计算电阻。

导线平均温度 20 ℃时的架空线单位长度有效电阻 R'_L 可根据电阻率 ρ 和标称截面 q_n,用式(14)计算:

$$R'_L = \frac{\rho}{q_n} \qquad \cdots\cdots(14)$$

式中:

ρ ——材料电阻率,单位为欧姆平方毫米每米($\Omega \cdot mm^2/m$),铜:$\rho = (1/54)\Omega \cdot mm^2/m$,铝:$\rho = (1/34)\Omega \cdot mm^2/m$,铝合金:$\rho = (1/31)\Omega \cdot mm^2/m$;

q_n——导线标称截面,单位为平方毫米(mm^2)。

对于换位架空线,单位长度的电抗 X'_L,可按式(15a)计算:

$$X'_L = 2\pi f \frac{\mu_0}{2\pi}\left(\frac{1}{4n} + \ln\frac{d}{r}\right) = f\mu_0\left(\frac{1}{4n} + \ln\frac{d}{r}\right) \qquad \cdots\cdots(15a)$$

式中:

d ——导线间的几何均距或相应的导线的中心距离,其值为 $d = \sqrt[3]{d_{LaLb} d_{LbLc} d_{LcLa}}$;

r ——单导线时,指导线的半径;分裂导线时,$r = \sqrt[n]{n r_0 R^{n-1}}$,其中 R 为分裂导线半径,r_0 为每根导线半径(见 IEC 60909-2);

n ——分裂导线数,单导线时为 1;

μ_0 ——真空绝对磁导率,$\mu_0 = 4\pi \cdot 10^{-4}$ H/km。

系统额定频率为 50 Hz 时,式(15a)化简为式(15b)。

$$X'_L = 0.0628\left(\frac{1}{4n} + \ln\frac{d}{r}\right) \quad \Omega/\text{km} \qquad \cdots\cdots(15b)$$

3.5 限流电抗器的阻抗

假设电抗器为几何对称,它们的正序、负序和零序阻抗相等。

$$Z_R = \frac{u_{kR}}{100\%}\frac{U_n}{\sqrt{3} I_{rR}} \text{ 且 } R_R << X_R \qquad \cdots\cdots(16)$$

式中:

u_{kR} ——额定阻抗电压,铭牌值给出,%;

I_{rR} ——额定电流,铭牌值给出;

U_n ——系统标称电压。

3.6 同步电机的阻抗

3.6.1 同步发电机

在部分工业电网或低压电网中，发电机不经过变压器，而是直接接入电网。这种情况下，计算对称短路电流初始值时，发电机正序阻抗应按式(17)计算。

$$\underline{Z}_{GK}=K_G\,\underline{Z}_G=K_G(R_G+jX''_d) \qquad (17)$$

其中校正系数

$$K_G=\frac{U_n}{U_{rG}}\cdot\frac{c_{max}}{1+x''_d\sin\varphi_{rG}} \qquad (18)$$

式中：

c_{max} ——最大电压系数；

U_n ——系统标称电压；

U_{rG} ——发电机额定电压；

$\underline{Z}_{GK}$ ——经过校正的超瞬态阻抗；

$\underline{Z}_G$ ——超瞬态阻抗 $\underline{Z}_G=R_G+jX''_d$ ；

φ_{rG} ——发电机额定功率因数角度，即 $\underline{I}_{rG}$ 和 $\underline{U}_{rG}/\sqrt{3}$ 的夹角；

x''_d ——发电机的相对电抗，即 $x''_d=X''_d/Z_{rG}=X''_d/(U_{rG}^2/S_{rG})$ 。

引入式(18)的校正系数 K_G 是因为用等效电压源 $cU_n/\sqrt{3}$ 代替了同步发电机超瞬态电抗后的超瞬态电势 $\underline{E}''$(见图 8)。

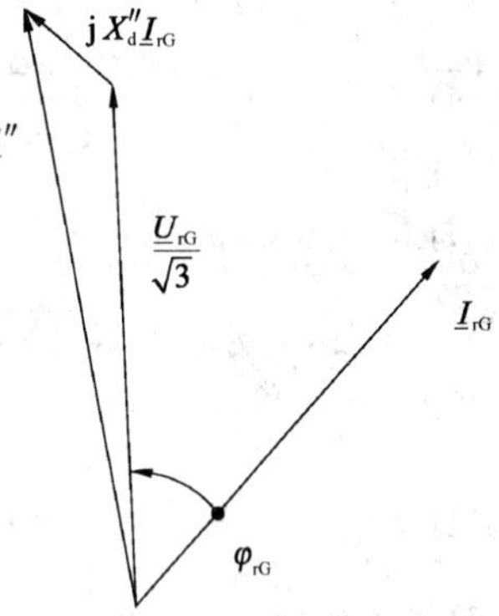

图 8 额定工况下同步发电机的相角图

计算比较准确的峰值电流 i_p 时，可采用以下假想电阻 R_{Gf} ：

a) $U_{rG}>1$ kV、$S_{rG}\geqslant 100$ MVA 的发电机，$R_{Gf}=0.05X''_d$ ；

b) $U_{rG}>1$ kV、$S_{rG}<100$ MVA 的发电机，$R_{Gf}=0.07X''_d$ ；

c) $U_{rG}<1$ kV 的发电机，$R_{Gf}=0.15X''_d$ 。

除了非周期分量的衰减外，系数 0.05、0.07 和 0.15 的选取还计及短路后第一个半周波内对称短路电流分量的衰减。无需考虑温度对 R_{Gf} 的影响。

注： R_{Gf} 只用于计算峰值短路电流 i_p ，不能用于式(64)计算短路电流的非周期分量 $i_{d.c.}$ 。同步发电机定子的有效电

阻通常比给定的 R_{Gf} 小得多，计算 $i_{\mathrm{d.c.}}$ 应采用厂家提供的 R_{G} 值。

如果发电机端电压与 U_{rG} 不同，则计算三相短路电流时可用 $U_{\mathrm{G}}=U_{\mathrm{rG}}(1+p_{\mathrm{G}})$ 代替式(18)中的 U_{rG}。

同步发电机负序短路阻抗，也应引入式(18)确定的校正系数 K_{G}，即：

$$\underline{Z}_{(2)\mathrm{GK}}=K_{\mathrm{G}}(R_{(2)\mathrm{G}}+\mathrm{j}X_{(2)\mathrm{G}})=K_{\mathrm{G}}\,\underline{Z}_{(2)\mathrm{G}}\approx K_{\mathrm{G}}\,\underline{Z}_{\mathrm{G}}=K_{\mathrm{G}}(R_{\mathrm{G}}+\mathrm{j}X''_{\mathrm{d}}) \quad \cdots\cdots(19)$$

如果 X''_{d} 与 X''_{q} 不相等，则应使用 $X_{(2)\mathrm{G}}=(X''_{\mathrm{d}}+X''_{\mathrm{q}})/2$。

同步发电机的零序短路阻抗，也应引入式(18)确定的校正系数 K_{G}，即：

$$\underline{Z}_{(0)\mathrm{GK}}=K_{\mathrm{G}}(R_{(0)\mathrm{G}}+\mathrm{j}X_{(0)\mathrm{G}}) \quad \cdots\cdots(20)$$

发电机中性点阻抗不需校正。

在发电机低励状态下运行时(如系统中含有电缆或长架空线路、抽水蓄能电站等)，计算最小短路电流，需特殊考虑，其计算方法不在本部分范围内(见 IEC/TR2 60909-1:2002 中 2.2.1)。

3.6.2 调相机和同步电动机

计算对称短路电流初始值 I''_{k}、短路电流峰值 i_{p}、对称开断电流 I_{b} 与短路电流稳态值 I_{k} 时，调相机与同步发电机的处理方法相同。

同步电动机如果采用了电压调节器，则其处理方法与同步发电机相同；如果未采用电压调节器，则需另外考虑。

3.7 发电机变压器组的阻抗

3.7.1 分接头可有载调节的发变组

发电机变压器组(S)可有载调节分接头情况下，计算变压器高压侧的短路电流，应采用式(21)计算发电机变压器组的短路阻抗[见图 11c)]。

$$\underline{Z}_{\mathrm{S}}=K_{\mathrm{S}}(t_{\mathrm{r}}^{2}\,\underline{Z}_{\mathrm{G}}+\underline{Z}_{\mathrm{THV}}) \quad \cdots\cdots(21)$$

其中，校正系数见式(22)：

$$K_{\mathrm{S}}=\frac{U_{\mathrm{nQ}}^{2}}{U_{\mathrm{rG}}^{2}}\cdot\frac{U_{\mathrm{rTLV}}^{2}}{U_{\mathrm{rTHV}}^{2}}\cdot\frac{c_{\max}}{1+|x''_{\mathrm{d}}-x_{\mathrm{T}}|\sin\varphi_{\mathrm{rG}}} \quad \cdots\cdots(22)$$

式中：

$\underline{Z}_{\mathrm{S}}$ ——发电机变压器组高压侧的短路阻抗校正值；

$\underline{Z}_{\mathrm{G}}$ ——发电机超瞬态阻抗 $\underline{Z}_{\mathrm{G}}=R_{\mathrm{G}}+\mathrm{j}X''_{\mathrm{d}}$(无校正系数 K_{G})；

$\underline{Z}_{\mathrm{THV}}$ ——变压器归算到高压侧的短路阻抗；

U_{nQ} ——变压器高压侧电网的系统标称电压；

U_{rG} ——发电机额定电压；

φ_{rG} ——发电机额定功率因数角度，即 $\underline{I}_{\mathrm{rG}}$ 和 $\underline{U}_{\mathrm{rG}}/\sqrt{3}$ 的夹角；

x''_{d} ——发电机的相对电抗，即 $x''_{\mathrm{d}}=X''_{\mathrm{d}}/Z_{\mathrm{rG}}=X''_{\mathrm{d}}/(U_{\mathrm{rG}}^{2}/S_{\mathrm{rG}})$；

x_{T} ——分接头位于主位置时的变压器相对电抗，$x_{\mathrm{T}}=X_{\mathrm{T}}/(U_{\mathrm{rT}}^{2}/S_{\mathrm{rT}})$；

t_{r} ——变压器额定变比，$t_{\mathrm{r}}=U_{\mathrm{rTHV}}/U_{\mathrm{rTLV}}$。

若长期运行经验能够确定变压器高压侧最低运行电压满足 $U_{\mathrm{Qmin}}^{\mathrm{b}}\geqslant U_{\mathrm{nQ}}$，则式(22)中的 U_{nQ}^{2} 可用 $U_{\mathrm{Qmin}}^{\mathrm{b}}\cdot U_{\mathrm{nQ}}$ 替代。另外，若需计算流过变压器的最大局部短路电流，则仍用原式(22)。

若发电机机端运行电压 U_{G} 恒大于 U_{rG}，则应用 $U_{\mathrm{Gmax}}=U_{\mathrm{rG}}(1+p_{\mathrm{G}})$ 代替式(22)中的 U_{rG}，例如取 $p_{\mathrm{G}}=0.05$。

在发电机过励条件下，式(22)校正系数 K_{S} 适用于计算发电机变压器组的正序、负序和零序短路阻抗。变压器中性点接地阻抗无需校正。

在发电机欠励条件下(特别在抽水蓄能电厂),计算不对称接地故障[图 3c)与图 3d)]的短路电流时,按照式(22)确定的 K_S 可能得到非保守的结果。此时可考虑其他计算方法,如叠加法。

计算发电机变压器组高压侧短路时,无需考虑发电厂内由辅助变压器供电的异步电动机的影响。

注:IEC 60909-4 中有相关信息。

3.7.2 分接头不可有载调节的发变组

发电机变压器组不能有载调节分接头情况下,计算变压器高压侧的短路电流,应使用式(23)计算发电机变压器组的短路阻抗[见图 11c)]。

$$\underline{Z}_{SO} = K_{SO}(t_r^2\,\underline{Z}_G + \underline{Z}_{THV}) \qquad \cdots\cdots(23)$$

其中,校正系数见式(24):

$$K_{SO} = \frac{U_{nQ}}{U_{rG}(1+p_G)} \cdot \frac{U_{rTLV}}{U_{rTHV}} \cdot (1 \pm p_T) \cdot \frac{c_{max}}{1 + x''_d \sin\varphi_{rG}} \qquad \cdots\cdots(24)$$

式中:

$\underline{Z}_{SO}$ ——不能有载调节分接头的发电机变压器组折算到高压侧的短路阻抗校正值;

$\underline{Z}_G$ ——发电机超瞬态阻抗 $\underline{Z}_G = R_G + jX''_d$ (无校正系数 K_G);

$\underline{Z}_{THV}$ ——变压器归算到高压侧的短路阻抗;

U_{nQ} ——变压器高压侧电网的系统标称电压;

U_{rG} ——发电机额定电压;

φ_{rG} ——发电机额定功率因数角度,即 $\underline{I}_{rG}$ 和 $\underline{U}_{rG}/\sqrt{3}$ 的夹角;

x''_d ——发电机的相对电抗,即 $x''_d = X''_d/Z_{rG} = X''_d/(U_{rG}^2/S_{rG})$;

x_T ——分接头位于主位置时的变压器相对电抗,$x_T = X_T/(U_{rT}^2/S_{rT})$;

t_r ——变压器额定变比,$t_r = U_{rTHV}/U_{rTLV}$;

$1 \pm p_T$ ——变压器分接头位置。

当变压器采用无载分接开关,并将分接头长期置于非主位置时使用 $1 \pm p_T$ 。需计算流经变压器的最大短路电流时,取 $1 - p_T$ 。

校正系数 K_{SO} 适用于计算发电机变压器组的正序、负序和零序短路阻抗。变压器中性点接地阻抗无需校正。该校正系数不受短路前发电机的过励或欠励运行条件影响。

计算发电机变压器组高压侧短路时,无需考虑发电厂内由辅助变压器供电的异步电动机的影响。

3.8 异步电动机

3.8.1 概述

中压或低压异步电动机贡献初始对称短路电流 I''_k 、峰值短路电流 i_p 、对称开断电流 I_b ;不平衡短路时,也会贡献稳态短路电流 I_k 。

计算最大短路电流时应考虑中压异步电动机的影响(见 2.4、2.5)。发电厂辅助设备、化工工业电网、炼钢工业电网等系统中的低压异步电动机也应考虑。

低压供电系统中的异步电动机的贡献不大于对称短路电流初始值 I''_{kM} 的 5%时,异步电动机的影响可以忽略。

$$\sum I_{rM} \leqslant 0.01 I''_{kM} \qquad \cdots\cdots(25)$$

式中:

$\sum I_{rM}$ ——由短路点所在网络直接供电(不经过变压器)的电动机额定电流之和;

I''_{kM} ——无电动机时的对称短路电流初始值。

计算短路电流时，按照电路图或工艺流程，不会同时投入的中、低压电动机应予以忽略。

电动机的正序和负序短路阻抗 $\underline{Z}_M = R_M + jX_M$ 由式(26)计算：

$$Z_M = \frac{1}{I_{LR}/I_{rM}} \cdot \frac{U_{rM}}{\sqrt{3} I_{rM}} = \frac{1}{I_{LR}/I_{rM}} \cdot \frac{U_{rM}^2}{S_{rM}} \qquad \cdots\cdots (26)$$

式中：

U_{rM} ——电动机额定电压；

I_{rM} ——电动机额定电流；

S_{rM} ——电动机的额定视在功率，$S_{rM} = P_{rM}/(\eta_{rM}\cos\varphi_{rM})$；

I_{LR}/I_{rM} ——转子堵转电流与电动机额定电流之比。

若 R_M/X_M 已知，则按式(27)计算 X_M：

$$X_M = \frac{Z_M}{\sqrt{1 + (R_M/X_M)^2}} \qquad \cdots\cdots (27)$$

关于 R_M/X_M，可参考以下数据：

$R_M/X_M = 0.10$，适用于每对电极的功率 $P_{rM} \geqslant 1\text{MW}$ 的中压电动机；

$R_M/X_M = 0.15$，适用于每对电极的功率 $P_{rM} < 1\text{MW}$ 的中压电动机；

$R_M/X_M = 0.42$，适用于电缆连接的低压电动机群。

根据4.2计算短路电流初始值时，在正序和负序系统中异步电动机用式(26)计算得到的阻抗替代。感应电动机的零序阻抗，必要时(见4.7)可从厂家获得。

3.8.2 通过变压器接入网络的异步电动机

直接通过双绕组变压器接入电网的中压、低压异步电动机，在满足式(28)条件时，可以忽略对供电连接点Q(见图9)短路电流的贡献。

$$\frac{\sum P_{rM}}{\sum S_{rT}} \leqslant \frac{0.8}{\left| \dfrac{c100\sum S_{rT}}{\sqrt{3} U_{nQ} I''_{kQ}} - 0.3 \right|} \qquad \cdots\cdots (28)$$

式中：

$\sum P_{rM}$ ——需考虑的中低压异步电动机的额定功率之和；

$\sum S_{rT}$ ——给电动机直接供电的变压器额定容量之和；

I''_{kQ} ——忽略电动机时Q点对称短路电流初始值；

U_{nQ} ——Q点的系统标称电压。

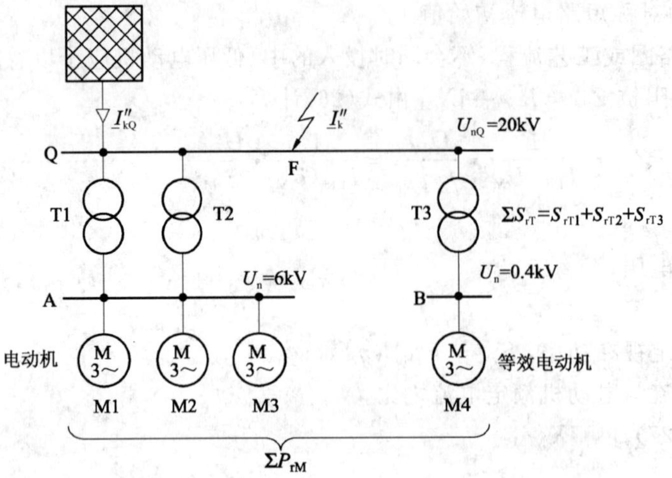

图 9 估算异步电机对总短路电流贡献的示例

低压电动机通常通过不同长度与截面的电缆与母线连接。为简化计算，多台电动机及其连接电缆可合并为单台等效电动机（见图 9 中的 M4）。

对于等效异步电动机，可以参考以下数据：

——Z_M，按照式(26)计算的阻抗；

——I_{rM}，被等效的所有电动机额定电流之和；

——$I_{LR}/I_{rM}=5$；

——$R_M/X_M=0.42$，从而 $\kappa_M=1.3$；

——P_{rM}/p 单对极额定功率，若任何数据未知，可取 0.05 MW，其中 p 为极对数。

如图 9 所示母线 B 上的短路，如果满足 $I_{rM4}\leqslant 0.01I''_{kT3}$，则可以忽略低压电动机组 M4 贡献的短路电流。其中，I_{rM4} 为等效电动机 M4 的额定电流；I''_{kT3} 为没有等效电动机 M4 情况下，变压器 T3 低压侧的对称短路电流初始值。

若中压网络发生短路（图 9 所示短路点 Q 或 A），为根据式(26)简化计算 Z_M，可用 T3 变压器低压侧额定电流 I_{rT3LV} 代替等效电动机 M4 的额定电流 I_{rM4}。

对于三相绕组变压器，不允许按照等式(28)进行估算。

3.9 静止变频器驱动电动机

只有在发生三相短路，且短路瞬间利用电动机的转动惯量和静止变频器进行反馈制动（短暂的逆变运行），才计及静态变频器驱动的电动机（如轧钢机的驱动电动机）对对称短路电流初始值 I''_k 和短路电流峰值 i_p 的反馈影响。不计对开断电流 I_b 和稳态短路电流 I_k 的影响。

计算短路电流时，静止变频器供电的电动机与常规异步电动机的处理方法相同。计算时使用以下数据：

——Z_M，按照式(26)计算的阻抗；

——U_{rM}，静止变频器变压器电网侧额定电压，没有变压器时，取静止变频器额定电压；

——I_{rM}，静止变频器变压器电网侧额定电流，没有变压器时，取静止变频器额定电流；

——$I_{LR}/I_{rM}=3$；

——$R_M/X_M=0.10$，$X_M=0.995Z_M$。

计算短路电流时不考虑其他类型的静止变频器。

3.10 电容与非旋转负载

第 2 章给出的计算方法,允许忽略线路电容、并联导纳及非旋转负载的影响,零序系统除外。

计算峰值短路电流时,无论短路何时发生,并联电容器的放电电流都可忽略。

对于串联补偿电容器,如果配备与之并联的限压保护装置,并且在发生短路时动作,则计算短路电流时也可忽略串联补偿电容器的影响。

在高压直流输电系统中,计算交流系统短路电流时应特别考虑电容器组与滤波器的影响。

4 短路电流计算

4.1 概述

远端短路情况下,可认为短路电流为以下两个分量之和:

——交流分量,短路期间幅值恒定;

——非周期分量,初始值为 A,最终衰减为零。

图 1 为远端短路时短路电流示意图。对称交流分量 I''_{k}、I_{b} 和 I_{k} 均为有效值,且大小几乎相等。

在图 4 所示经变压器单馈入短路的系统中,如果变压器电抗 X_{TLVK} 与电源等值电抗 X_{Qt} 满足 $X_{TLVK} \geqslant 2X_{Qt}$,则此种情况往往视为远端短路。$X_{Qt}$ 根据 3.2 计算,$X_{TLVK}=K_{T}X_{TLV}$ 根据 3.3 计算。

近端短路情况下,可认为短路电流为以下两个分量之和:

——交流分量,短路期间幅值衰减;

——非周期分量,初始值为 A,最终衰减为零。

在计算由发电机、发电机变压器组和电动机(发电机附近短路与/或电动机附近短路)馈入的短路电流时,不仅需要计算初始对称短路电流 I''_{k} 和峰值短路电流 i_{p},还需要计算对称短路开断电流 I_{b} 和稳态短路电流 I_{k}。这种情况下,对称短路开断电流 I_{b} 小于初始对称短路电流 I''_{k}。通常,稳态短路电流 I_{k} 小于对称短路开断电流 I_{b}。

图 2 为近端短路时短路电流示意图。在某些特殊情况下,可能在短路发生几个周波后,短路电流才出现过零点。在同步电机的直流时间常数大于超瞬态时间常数时,便可能出现这种情况。该现象不在本部分研究范围内。

短路电流非周期分量 $i_{d.c.}$ 根据 4.4 进行计算。

计算初始对称短路电流时,可取 $\underline{Z}_{(2)}=\underline{Z}_{(1)}$。

导致最高短路电流的短路方式,取决于系统的正序、负序与零序阻抗值。图 10 为 $\underline{Z}_{(1)}$、$\underline{Z}_{(2)}$、$\underline{Z}_{(0)}$ 阻抗角相等情况下,造成最大短路电流的短路方式示意图。该图用于定性分析,不能取代计算。

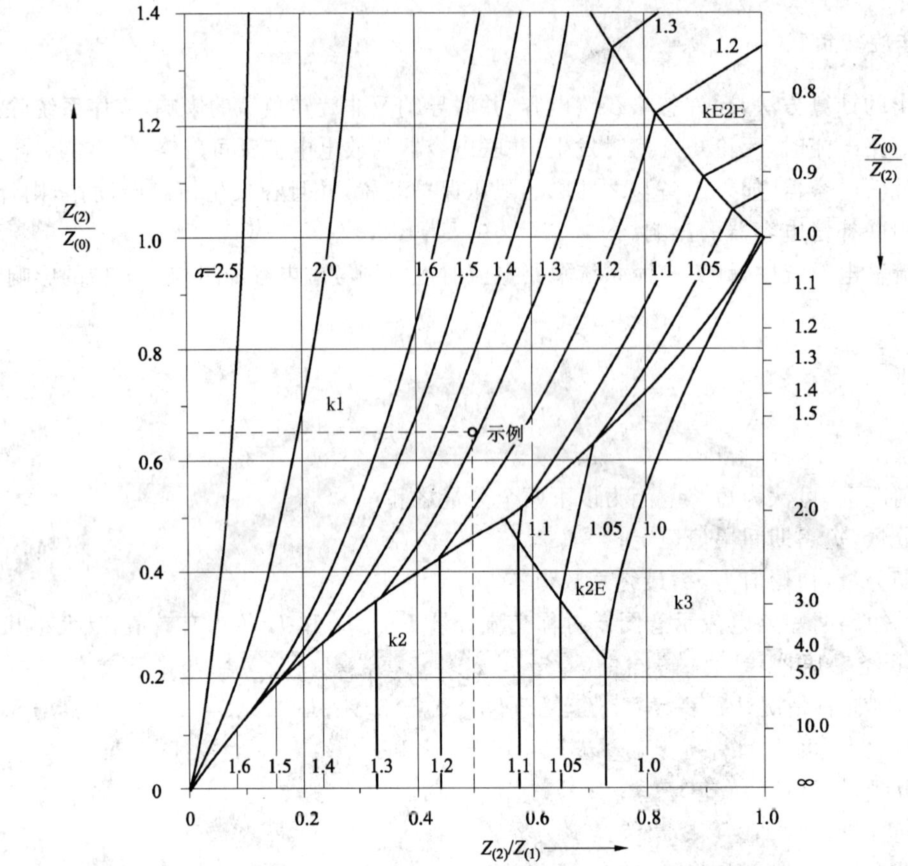

说明：

$$a=\frac{\text{不平衡短路电流}}{\text{三相短路电流}}$$

图 10 最大短路电流的短路方式

计算短路点的对称短路电流初始值 I''_{k}、对称开断电流 I_{b} 与稳态短路电流 I_{k} 时，可通过网络化简将系统等值为短路点的短路阻抗 $\underline{Z}_{\mathrm{k}}$。但该方法不能用于计算短路电流峰值 i_{p}，计算 i_{p} 需区分电网有无并行支路(见 4.3.1.1 和 4.3.1.2)。

对于采用熔断器或限流断路器保护的变电站，首先计算无保护装置时的对称短路电流初始值。由计算得到的对称短路电流初始值与熔断器或限流断路器的特性曲线确定开断电流。以此作为下游变电站的峰值短路电流。

短路点可有一个或多个馈入源，如图 11、图 12 和图 14 所示。在计算辐射状电网对称短路时，每个电源馈入的短路电流可独立计算(图 12 或图 13)，因此计算最为简单。

对于电源分布在网状电网，如图 14 所示，以及所有情况下的不对称短路，则有必要通过网络化简计算短路点的短路阻抗 $\underline{Z}_{(1)}=\underline{Z}_{(2)}$ 和 $\underline{Z}_{(0)}$。

4.2 对称短路电流初始值 I''_{k}

通常 $\underline{Z}_{(0)}$ 大于 $\underline{Z}_{(1)}=\underline{Z}_{(2)}$，最高短路电流出现在三相短路时。但在零序阻抗较低的变压器附近短路时，$\underline{Z}_{(0)}$ 可能低于 $\underline{Z}_{(1)}$。这种情况下，最高初始对称短路电流为两相短路接地时的电流 I''_{kE2E}（见图 11，$\underline{Z}_{(2)}/\underline{Z}_{(1)}=1$，$\underline{Z}_{(2)}/\underline{Z}_{(0)}>1$）。

4.2.1 三相短路

通常情况下，三相短路时采用等效电压源 $cU_{\mathrm{n}}/\sqrt{3}$ 和短路阻抗 $\underline{Z}_{\mathrm{k}}=R_{\mathrm{k}}+\mathrm{j}X_{\mathrm{k}}$ 通过等式(29)计算对

称短路电流初始值 I''_k。

$$I''_k = \frac{cU_n}{\sqrt{3}Z_k} = \frac{cU_n}{\sqrt{3}\sqrt{R_k^2 + X_k^2}} \quad\cdots\cdots(29)$$

等效电压源 $cU_n/\sqrt{3}$ 施加在短路点(见图 4),电压系数 c 按表 1 确定。

4.2.1.1 单馈入短路

由单一电源馈入的远端短路[图 11a)],可应用式(29)计算短路电流。其中:

$$R_k = R_{Qt} + R_{TK} + R_L \quad\cdots\cdots(30)$$

$$X_k = X_{Qt} + X_{TK} + X_L \quad\cdots\cdots(31)$$

式中,R_k 与 X_k 分别为图 11a)对应的正序网络串联电阻与电抗之和。R_L 为计算最大短路电流时的线路电阻,即导体温度为 20 ℃时的导线电阻。

变压器的修正阻抗 $\underline{Z}_{TK} = R_{TK} + jX_{TK} = K_T(R_T + jX_T)$,从式(7)~式(9)或从式(10)~式(11)得到。校正系数 K_T 由式(12)或式(13)计算。

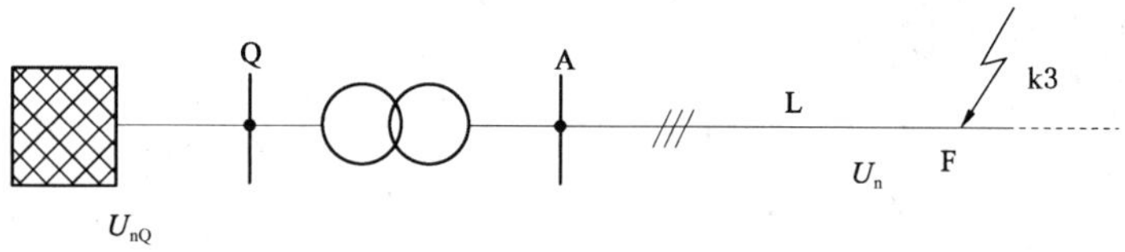

a) 通过变压器由电网馈电的三相短路

b) 由单台发电机馈电的三相短路(无变压器)

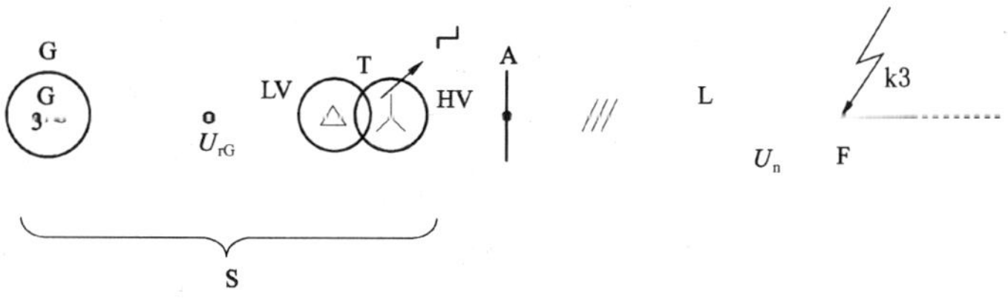

c) 由发电机变压器组馈电的三相短路

(带载或不带载分接开关变压器)

图 11 单电源馈电的三相短路示例

若电阻 R_k 小于 $0.3X_k$,可忽略。馈电网络阻抗 $\underline{Z}_{Qt} = R_{Qt} + jX_{Qt}$ 折算到变压器短路点侧(图 4 中为 LV 侧)。

由单一发电机或单一发电机变压器组馈电的情况,如图 11b)、图 11c)所示,计算对称短路电流初始值,须计算发电机或发电机变压器组的短路阻抗校正值(见 3.6.1 与 3.7),并与线路阻抗 $\underline{Z}_L = R_L + jX_L$ 串联。

图 11b)中的短路阻抗见式(32):

$$\underline{Z}_k = \underline{Z}_{GK} + \underline{Z}_L = K_G(R_G + jX''_d) + \underline{Z}_L \quad\cdots\cdots(32)$$

图 11c)中的短路阻抗见式(33):

$$\underline{Z}_k = \underline{Z}_S + \underline{Z}_L = K_S(t_r^2\,\underline{Z}_G + \underline{Z}_{THV}) + \underline{Z}_L \quad\cdots\cdots(33)$$

$\underline{Z}_{GK}$ 应由式(17)计算。$\underline{Z}_S$ 由式(21)或式(23)以及式(22)或式(24)确定的 K_S 或 K_{SO} 计算。发电机阻抗应采用额定变比 t_r 折算至高压侧。变压器阻抗 $\underline{Z}_{THV} = R_{THV} + jX_{THV}$ 由式(7)~式(9)计算,并折算到高压侧,不考虑修正系数 K_T。

4.2.1.2 辐射状电源馈电的短路

由多个辐射电源馈入短路电流(如图12所示),短路点F处的短路电流为各分支短路电流之和。根据式(29)和4.2.1.1,可确定各分支短路电流。

短路点F处短路电流为各支路短路电流的向量之和(见图12):

$$\underline{I}_{k}=\sum_{i}\underline{I}''_{ki} \qquad (34)$$

在本部分要求的精度范围内,通常可取各分支短路电流的绝对值之和作为短路点F的短路电流。

在4.2.1.5中给出的计算网状电网短路电流的方法也适用于辐射状电网,且具有通用性,适于计算机求解。

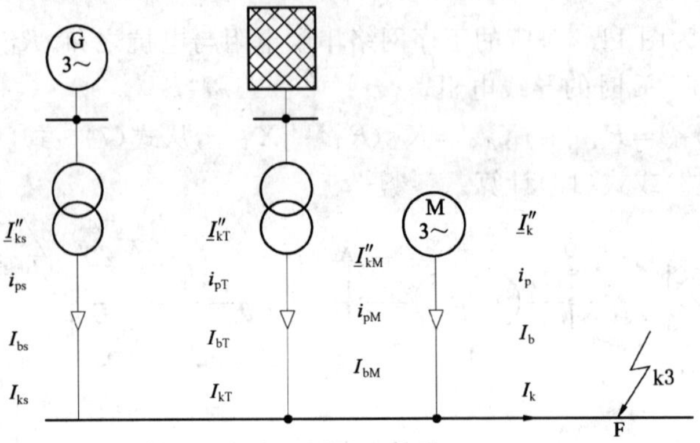

图12 辐射状电网示例

4.2.1.3 分接头可有载调节的发电机变压器组内的短路电流

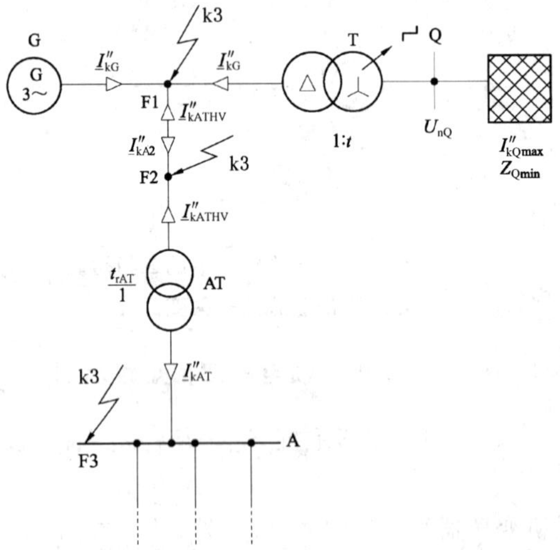

图13 发电厂内的三相短路

在发电机变压器组有带载分接开关的情况下,如图13所示,计算短路点F1处的局部对称短路电流初始值I''_{kG}与I''_{kT}可按照式(35)计算:

$$I''_{kG}=\frac{cU_{rG}}{\sqrt{3}K_{G,S}Z_{G}} \qquad (35)$$

其中:

$$K_{\mathrm{G,S}}=\frac{c_{\max}}{1+x''_{\mathrm{d}}\sin\varphi_{\mathrm{rG}}} \qquad \cdots\cdots(36)$$

$$I''_{\mathrm{kT}}=\frac{cU_{\mathrm{rG}}}{\sqrt{3}\left|\underline{Z}_{\mathrm{TLV}}+\frac{1}{t_{\mathrm{r}}^{2}}\underline{Z}_{\mathrm{Qmin}}\right|} \qquad \cdots\cdots(37)$$

式中：

$\underline{Z}_{\mathrm{G}}$ ——发电机超瞬态阻抗，$\underline{Z}_{\mathrm{G}}=R_{\mathrm{G}}+\mathrm{j}X''_{\mathrm{d}}$；

x''_{d} ——超瞬态电抗标幺值，$x''_{\mathrm{d}}=X''_{\mathrm{d}}/Z_{\mathrm{rG}}=X''_{\mathrm{d}}/(U_{\mathrm{rG}}^{2}/S_{\mathrm{rG}})$；

$\underline{Z}_{\mathrm{TLV}}$ ——按照式(7)～式(9)计算的折算到低压侧的变压器阻抗；

t_{r} ——额定变比；

$\underline{Z}_{\mathrm{Qmin}}$ ——对应于 $\underline{I}''_{\mathrm{kQmax}}$ 的馈电网络阻抗最小值。

$\underline{I}''_{\mathrm{kQmax}}$ 为应取发电机变压器组运行寿命内可能出现的最大值。

计算注入短路点 F2(如厂用变高压侧)的局部短路电流 I''_{kF2} 时，可采用式(38)：

$$\underline{I}''_{\mathrm{kF2}}=\frac{cU_{\mathrm{rG}}}{\sqrt{3}}\left[\frac{1}{K_{\mathrm{G,S}}\underline{Z}_{\mathrm{G}}}+\frac{1}{K_{\mathrm{T,S}}\underline{Z}_{\mathrm{TLV}}+\frac{1}{t_{\mathrm{r}}^{2}}\underline{Z}_{\mathrm{Qmin}}}\right]=\frac{cU_{\mathrm{rG}}}{\sqrt{3}\,\underline{Z}_{\mathrm{rsl}}} \qquad \cdots\cdots(38)$$

其中：

$$K_{\mathrm{T,S}}=\frac{c_{\max}}{1-x_{\mathrm{T}}\sin\varphi_{\mathrm{rG}}} \qquad \cdots\cdots(39)$$

$K_{\mathrm{G,S}}$ 由式(36)确定。

发电机变压器组高压侧配备带载分接开关，式(35)～式(39)假定发电机端电压为 U_{rG} 。若发电机端电压为 $U_{\mathrm{G}}=U_{\mathrm{rG}}(1\pm p_{\mathrm{G}})$，则须用式(40)～式(44)取代式(35)～式(39)。

计算 F1 或 F2 点的总短路电流值，还需考虑中压与低压厂用电动机馈入的局部短路电流 I''_{kATHV} 。

4.2.1.4 分接头不可有载调节的发电机变压器组内的短路

对于不可有载调节分接头的发电机变压器组，应按式(40)计算图 13 中的局部短路电流：

$$I''_{\mathrm{kG}}=\frac{cU_{\mathrm{rG}}}{\sqrt{3}K_{\mathrm{G,SO}}Z_{\mathrm{G}}} \qquad \cdots\cdots(40)$$

其中：

$$K_{\mathrm{G,SO}}=\frac{1}{1+p_{\mathrm{G}}}\cdot\frac{c_{\max}}{1+x''_{\mathrm{d}}\sin\varphi_{\mathrm{rG}}} \qquad \cdots\cdots(41)$$

$$I''_{\mathrm{kT}}=\frac{cU_{\mathrm{rG}}}{\sqrt{3}\left|\underline{Z}_{\mathrm{TLV}}+\frac{1}{t_{\mathrm{r}}^{2}}\underline{Z}_{\mathrm{Qmin}}\right|} \qquad \cdots\cdots(42)$$

式中，$\underline{Z}_{\mathrm{G}}$ 、x''_{d} 、$\underline{Z}_{\mathrm{TLV}}$ 和 $\underline{Z}_{\mathrm{Qmin}}$ 见 4.2.1.3。

图 13 中的局部短路电流 I''_{kF2} 可通过式(43)计算：

$$\underline{I}''_{\mathrm{kF2}}=\frac{cU_{\mathrm{rG}}}{\sqrt{3}}\left[\frac{1}{K_{\mathrm{G,SO}}\underline{Z}_{\mathrm{G}}}+\frac{1}{K_{\mathrm{T,SO}}\underline{Z}_{\mathrm{TLV}}+\frac{1}{t_{\mathrm{r}}^{2}}\underline{Z}_{\mathrm{Qmin}}}\right]=\frac{cU_{\mathrm{rG}}}{\sqrt{3}\,\underline{Z}_{\mathrm{rsl}}} \qquad \cdots\cdots(43)$$

其中：

$$K_{\mathrm{T,SO}}=\frac{1}{1+p_{\mathrm{G}}}\cdot\frac{c_{\max}}{1-x_{\mathrm{T}}\sin\varphi_{\mathrm{rG}}} \qquad \cdots\cdots(44)$$

$K_{\mathrm{G,SO}}$ 由式(41)确定。

图 13 中 F3 点短路时，式(38)或式(43)确定的短路阻抗 Z_{rsl} 用于计算局部短路电流 I''_{kAT} 。图 13 中厂用变压器的阻抗采用 3.3.3 中 K_{T} 进行校正。

计算 F1 或 F2 点(图 13)的总短路电流值,还需考虑中压与低压厂用电动机馈入的局部短路电流 I''_{kATHV} 。

4.2.1.5 网状电网中的短路

计算网状电网中的三相短路电流(如图 14 所示),需使用电气设备的正序短路阻抗,通过网络化简(串联、并联、星角变换等)计算短路点的短路阻抗。

经过变压器连接的阻抗,必须通过额定变比的平方进行折算。如果两个系统之间并列的多台变压器额定变比(t_{rT1} 、t_{rT2} … t_{rTn})稍有差别,则可采用其算术平均值。

按式(29),采用等效电压源 $cU_n/\sqrt{3}$ 计算对称短路电流初始值。

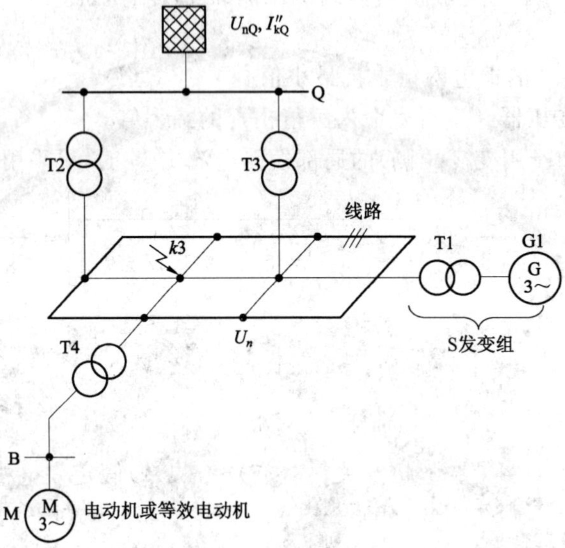

a) 系统图

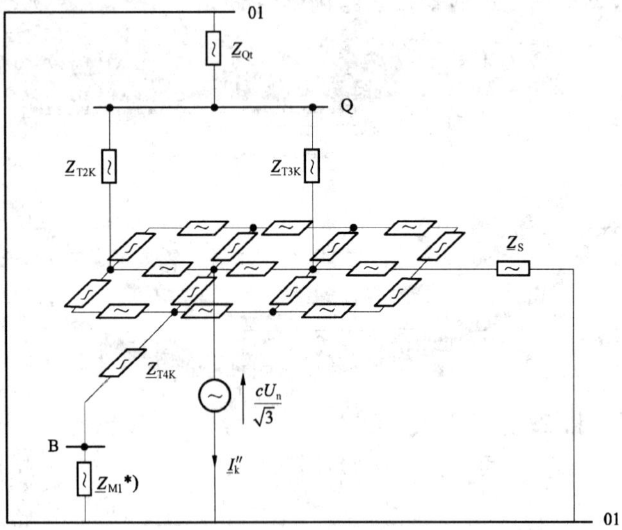

说明:

Z_M——电动机或等效电动机的阻抗。

b) 在短路点施加等效电压源 $cU_n/\sqrt{3}$ 的等效电路图

图 14 网状电网示例

4.2.2 两相短路

两相短路时[见图 3b)],按以式(45)计算对称短路电流初始值。

$$I''_{k2}=\frac{cU_n}{|\underline{Z}_{(1)}+\underline{Z}_{(2)}|}=\frac{cU_n}{2|\underline{Z}_{(1)}|}=\frac{\sqrt{3}}{2}I''_k \qquad (45)$$

在短路初始阶段,无论远端短路还是近端短路,负序阻抗与正序阻抗大致相等,因此式(45)中假定 $\underline{Z}_{(2)}=\underline{Z}_{(1)}$ 。

近端短路时,在瞬态和稳态过程阶段 $\underline{Z}_{(2)}$ 与 $\underline{Z}_{(1)}$ 将不再相等。

4.2.3 两相接地短路

两相接地短路时[见图 3c)],须区分电流 I''_{k2EL2} 、I''_{k2EL3} 和 I''_{kE2E} 。

远端短路时,$\underline{Z}_{(2)}$ 与 $\underline{Z}_{(1)}$ 近似相等,若 $\underline{Z}_{(0)}$ 小于 $\underline{Z}_{(2)}$,则两相接地短路时的电流 I''_{kE2E} 通常大于其他故障类型的对称短路电流初始值 I''_k 、I''_{k2} 、I''_{k2E} 与 I''_{k1} 。

由式(46)与式(47)计算 I''_{k2EL2} 、I''_{k2EL3} :

$$\underline{I}''_{k2EL2}=-jcU_n\frac{\underline{Z}_{(0)}-\underline{a}\,\underline{Z}_{(2)}}{\underline{Z}_{(1)}\underline{Z}_{(2)}+\underline{Z}_{(1)}\underline{Z}_{(0)}+\underline{Z}_{(2)}\underline{Z}_{(0)}} \qquad (46)$$

$$\underline{I}''_{k2EL3}=jcU_n\frac{\underline{Z}_{(0)}-\underline{a}^2\underline{Z}_{(2)}}{\underline{Z}_{(1)}\underline{Z}_{(2)}+\underline{Z}_{(1)}\underline{Z}_{(0)}+\underline{Z}_{(2)}\underline{Z}_{(0)}} \qquad (47)$$

由式(48)计算流经地和/或接地线的短路电流 I''_{kE2E} 。

$$\underline{I}''_{kE2E}=-\frac{\sqrt{3}cU_n\underline{Z}_{(2)}}{\underline{Z}_{(1)}\underline{Z}_{(2)}+\underline{Z}_{(1)}\underline{Z}_{(0)}+\underline{Z}_{(2)}\underline{Z}_{(0)}} \qquad (48)$$

远端短路时,若考虑 $\underline{Z}_{(2)}=\underline{Z}_{(1)}$,则电流绝对值按式(49)～式(51)计算。

$$I''_{k2EL2}=cU_n\frac{|\underline{Z}_{(0)}/\underline{Z}_{(1)}-\underline{a}|}{|\underline{Z}_{(1)}+2\underline{Z}_{(0)}|} \qquad (49)$$

$$I''_{k2EL3}=cU_n\frac{|\underline{Z}_{(0)}/\underline{Z}_{(1)}-\underline{a}^2|}{|\underline{Z}_{(1)}+2\underline{Z}_{(0)}|} \qquad (50)$$

$$I''_{kE2E}=\frac{\sqrt{3}cU_n}{|\underline{Z}_{(1)}+2\underline{Z}_{(0)}|} \qquad (51)$$

4.2.4 单相接地短路

单相接地短路[见图 3d)]时,短路电流交流分量初始值 I''_{k1} ,按式(52)计算:

$$\underline{I}''_{k1}=\frac{\sqrt{3}cU_n}{\underline{Z}_{(1)}+\underline{Z}_{(2)}+\underline{Z}_{(0)}} \qquad (52)$$

远端短路时,若考虑 $\underline{Z}_{(2)}=\underline{Z}_{(1)}$,则电流绝对值计算如下:

$$I''_{k1}=\frac{\sqrt{3}cU_n}{|2\underline{Z}_{(1)}+\underline{Z}_{(0)}|} \qquad (53)$$

若 $\underline{Z}_{(0)}$ 小于 $\underline{Z}_{(2)}=\underline{Z}_{(1)}$,则单相短路电流 I''_{k1} 大于三相短路电流 I''_k ,但小于 I''_{kE2E} 。然而,满足 $1>\underline{Z}_{(0)}/\underline{Z}_{(1)}>0.23$ 条件下,I''_{k1} 为被断路器切断的最大电流。

4.3 短路电流峰值 i_p

4.3.1 三相短路

4.3.1.1 辐射状电源馈电的三相短路

由辐射状电网(如图 11、图 12 所示)馈电的三相短路,各馈电支路对短路电流峰值的贡献均可表示为：

$$i_p = k\sqrt{2}\ I''_k \qquad (54)$$

系数 k 由 R/X 或 X/R 决定，可通过图 15 查曲线或通过式(53)计算得到：

$$k = 1.02 + 0.98e^{-3R/X} \qquad (55)$$

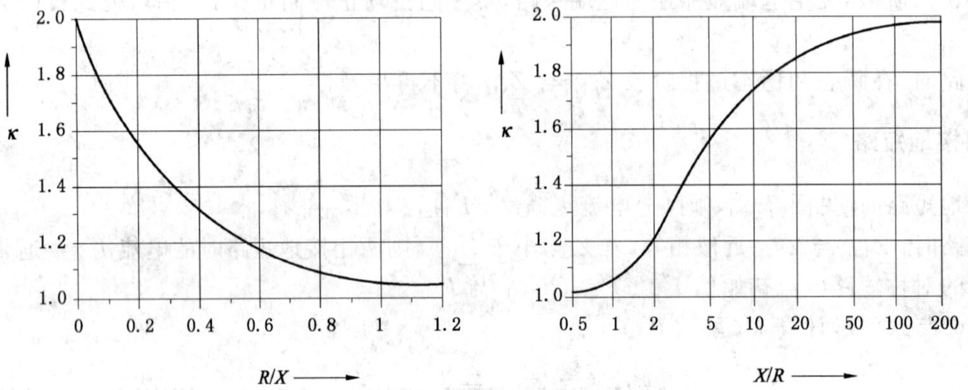

图 15　串联支路中系数 k 与 R/X 或 X/R 的函数关系

式(54)与式(55)假定短路发生于电压过零时刻，并在大约半个周波后(见 IEC/TR2 60909-1:2002，图 24)短路电流达到峰值 i_p。对于同步电机，应使用假想电阻 R_{Gf}(见 3.6.1)。

短路点 F 处的短路电流峰值 i_p，可表示为辐射状电网各支路的局部短路电流峰值之和：

$$i_p = \sum_i i_{pi} \qquad (56)$$

在图 12 所示算例中：

$$i_p = i_{pS} + i_{pT} + i_{pM} \qquad (57)$$

4.3.1.2　网状电网中的三相短路

按式(54)计算网状电网中的短路电流峰值 i_p，其中系数 k 应根据要求的计算精度，选用以下三种方法之一：

a)　单一 R/X 或 X/R

取网络中最小 R/X 或最大 X/R 值，由图 15 查得系数 k 。

选取最小 R/X 或最大 X/R 值时，只需考虑短路点标称电压下流过局部短路电流的分支回路以及与短路点相连的变压器分支回路。任一支路可能是由多个支路串联组成。

b)　短路点阻抗的 R/X 或 X/R

通过网络化简得到短路点的等值阻抗 $\underline{Z}_k = R_k + jX_k$，采用比值 R_k/X_k 计算系数 k，并乘以 1.15 倍以弥补其偏差。

$$i_{p(b)} = 1.15k_{(b)}\sqrt{2}\,I''_k \qquad (58)$$

若所有分支回路的 R/X 均小于 0.3，则不必使用系数 1.15。在低压电网中，乘积 $1.15k_{(b)}$ 的限值为 1.8，在中压、高压电网中为 2.0。

系数 $k_{(b)}$ 由图 15 根据 R_k/X_k 比值确定。短路点 F 处的等值阻抗 $\underline{Z}_k = R_k + jX_k$ 是在额定频率 50 Hz 或 60 Hz 时计算得到。

c)　等效频率法

计算等效频率 $f_c = 20$ Hz(额定频率 $f = 50$ Hz)或 $f_c = 24$ Hz(额定频率 $f = 60$ Hz)时短路点的等值

阻抗 $\underline{Z}_c$。按式(59)计算 R/X 或 X/R。

$$\begin{cases} \frac{R}{X}=\frac{R_c}{X_c}\cdot\frac{f_c}{f} \\ \frac{X}{R}=\frac{X_c}{R_c}\cdot\frac{f}{f_c} \end{cases} \quad\cdots\cdots(59)$$

式中：

$\underline{Z}_c=R_c+jX_c$——为取等效频率 f_c 时从短路点看的系统阻抗；

R_c——阻抗 $\underline{Z}_c$ 实部(通常与工频时的电阻 R 不等)；

X_c——阻抗 $\underline{Z}_c$ 虚部(与工频时的电抗 X 不等)。

系数 k 由图 15 根据比值 R/X 或 X/R 查得，或由式(55)求得。对于网状电网，建议采用方法 c)(见 IEC 60909-1)。采用方法 c 时，各阻抗校正系数 K_T、K_G、K_S 或 K_{SO} 均与工频时的计算值相同。

4.3.2 两相短路

两相短路时的短路电流峰值可表示为：

$$i_{p2}=k\sqrt{2}\ I''_{k2} \quad\cdots\cdots(60)$$

应根据系统结构按照 4.3.1.1 或 4.3.1.2 计算系数 k。为简化计算，可采用与三相短路相同的 k 值。当 $\underline{Z}_{(2)}=\underline{Z}_{(1)}$ 时，短路电流峰值 i_{p2} 小于三相短路时的短路电流峰值 i_p，其关系如式(61)所示。

$$i_{p2}=\frac{\sqrt{3}}{2}i_p \quad\cdots\cdots(61)$$

4.3.3 两相接地短路

对于两相接地短路，短路电流峰值可表示为：

$$i_{p2E}=k\sqrt{2}\ I''_{k2E} \quad\cdots\cdots(62)$$

应根据系统结构按照 4.3.1.1 或 4.3.1.2 计算系数 k。为简化计算，可采用与三相短路相同的 k 值。只有当 $\underline{Z}_{(0)}$ 远小于 $\underline{Z}_{(1)}$(小于 $\underline{Z}_{(1)}$ 的 1/4)时，才需计算 i_{p2E}。

4.3.4 单相接地短路

对于单相接地短路，峰值短路电流可表示为：

$$i_{p1}=k\sqrt{2}\ I''_{k1} \quad\cdots\cdots(63)$$

应根据系统结构按照 4.3.1.1 或 4.3.1.2 计算系数 k。为简化计算，可采用与三相短路相同的 k 值。

4.4 短路电流非周期分量 $i_{d.c.}$

如图 1、图 2 所示，短路电流的最大非周期分量 $i_{d.c.}$，可按式(64)计算。

$$i_{d.c.}=\sqrt{2}\ I''_k e^{-2\pi\cdot ftR/X} \quad\cdots\cdots(64)$$

式中：

I''_k——对称短路电流初始值；

f——额定频率，单位为赫兹(Hz)；

t——时间，单位为秒(s)；

R/X——按照 4.3.1.1 或 4.3.1.2 中的方法 a)或方法 c)求出的比值(见 3.6.1 注)。

计算 $i_{d.c.}$ 时，发电机电枢电阻应取 R_G，而不是 R_{Gf}。

对于网状电网，R/X 或 X/R 由 4.3.1.2 中的方法 c)确定，等效频率 f_c 应根据额定频率 f 与时间 t 的乘积选取，如下表所示：

$f \cdot t$	<1	<2.5	<5	<12.5
f_c/f	0.27	0.15	0.092	0.055

4.5 对称开断电流 I_b

一般来说,短路点 t_{min} 时刻的开断电流包括对称开断电流 I_b 与非周期分量 $i_{d.c.}$，$i_{d.c.}$ 由式(64)确定。

注： 对于部分近端短路，t_{min} 时的 $i_{d.c.}$ 可能大于电流 I_b 的峰值,从而造成短路电流失去过零点。

4.5.1 远端短路

对于远端短路,对称开断电流 I_b 等于对称短路电流初始值 I''_k。

$$I_b = I''_k \quad \cdots\cdots(65)$$

$$I_{b2} = I''_{k2} \quad \cdots\cdots(66)$$

$$I_{b2E} = I''_{k2E} \quad \cdots\cdots(67)$$

$$I_{b1} = I''_{k1} \quad \cdots\cdots(68)$$

4.5.2 近端短路

4.5.2.1 单馈入的三相短路

在如图 11b)、图 11c)所示的单电源馈电系统或如图 12 所示的辐射状馈电系统中,发生近端三相短路,采用式(70)确定的系数 μ 表示对称开断电流的衰减,即:

$$I_b = \mu I''_k \quad \cdots\cdots(69)$$

系数 μ 与 t_{min} 和 I''_{kG}/I_{rG} 有关,可根据 I''_{kG}/I_{rG} 比值和选择 t_{min} 确定，I_{rG} 为发电机额定电流。式(70)中的 μ 值适用于旋转励磁机或静止整流励磁装置的同步发电机(用静止整流励磁装置励磁时,其最小延时 t_{min} 应小于 0.25s,最高励磁电压小于 1.6 倍额定负载下的励磁电压)。对于其他情况,若实际数值未知,可取 $\mu=1$。

当短路点与发电机之间有升压变压器时[图 11c)],变压器高压侧局部短路电流 I''_{kS} 应根据变压器变比折算到发电机出口侧，$I''_{kG}=t_r I''_{kS}$。即 I''_{kG}（I''_{kG} 为发电机端的短路电流)和 I_{rG}（I_{rG} 为发电机额定电流)应为归算到同一电压下的值。系数 μ 按式(70)计算。

$$\begin{cases} 对\ t_{min}=0.02\ \mathrm{s}\ 时,\ \mu=0.84+0.26\mathrm{e}^{-0.26I''_{kG}/I_{rG}} \\ 对\ t_{min}=0.05\ \mathrm{s}\ 时,\ \mu=0.71+0.51\mathrm{e}^{-0.30I''_{kG}/I_{rG}} \\ 对\ t_{min}=0.10\ \mathrm{s}\ 时,\ \mu=0.62+0.72\mathrm{e}^{-0.32I''_{kG}/I_{rG}} \\ 对\ t_{min}\geqslant 0.25\ \mathrm{s}\ 时,\ \mu=0.56+0.94\mathrm{e}^{-0.38I''_{kG}/I_{rG}} \end{cases} \quad \cdots\cdots(70)$$

计算电动机的 μ 值时,用 I''_{kM}/I_{rM} 替代 I''_{kG}/I_{rG}。

当 $I''_{kG}/I_{rG}\leqslant 2$,式(70)中 μ 值取 1。系数 μ 也可按图 16 查曲线,对于相邻最小延时 t_{min} 曲线间对应的 μ 值,可用线形插值求取。

图 16 也适用于具有最短延时 $t_{min}\leqslant 0.1$s 的复式励磁的低压发电机。$t_{min}>0.1$s 的低压发电机开断电流计算不属于本部分范围;发电机厂商可提供相关信息。

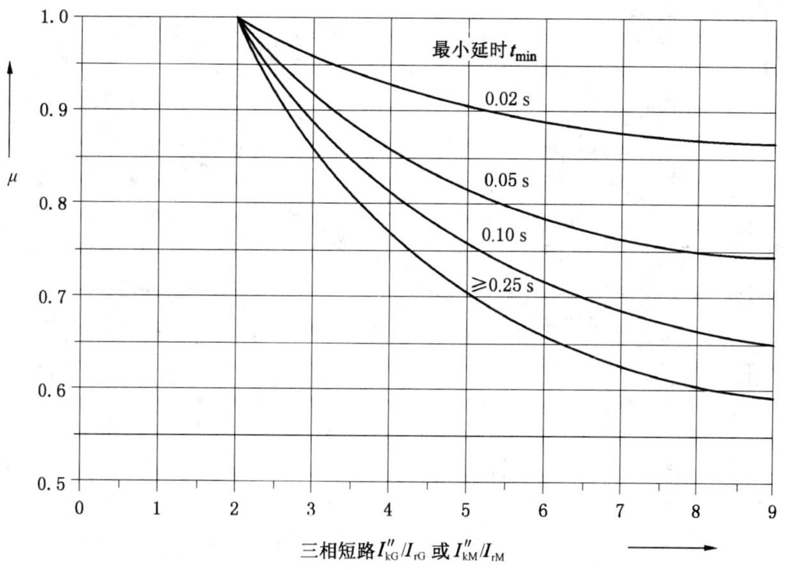

图 16　对称开断电流 I_b 的计算系数 μ

4.5.2.2　辐射状电源馈电的三相短路

对于辐射状电网(图 12)发生三相短路,短路点的对称开断电流为各支路开断电流之和。

$$I_b = \sum_i I_{bi} \qquad \cdots\cdots(71)$$

对于图 12 示例:

$$I_b = I_{bS} + I_{bT} + I_{bM} = \mu I''_{kS} + I''_{kT} + \mu q I''_{kM} \qquad \cdots\cdots(72)$$

式中,I''_{kS}、I''_{kT}、I''_{kM} 为各支路对短路点短路电流 I''_k 的贡献电流;系数 μ 由式(70)或由图 16 确定。对于异步电动机,用 I''_{kM}/I_{rM} 替代 I''_{kG}/I_{rG}(见表 3)。

异步电动机对称开断电流的计算系数 q,可视为最小延时 t_{min} 的函数。

$$\begin{cases} 对\ t_{min}=0.02\ s 时,\ q=1.03+0.12\ln(P_{rM}/p) \\ 对\ t_{min}=0.05\ s 时,\ q=0.79+0.12\ln(P_{rM}/p) \\ 对\ t_{min}=0.10\ s 时,\ q=0.57+0.12\ln(P_{rM}/p) \\ 对\ t_{min}\geqslant 0.25\ s 时,\ q=0.26+0.10\ln(P_{rM}/p) \end{cases} \qquad \cdots\cdots(73)$$

式中:

P_{rM} ——为额定功率,单位为兆瓦(MW);

p ——为极对数。

如果式(73)的计算结果大于 1,则取 $q=1$。系数 q 也可通过图 17 确定。

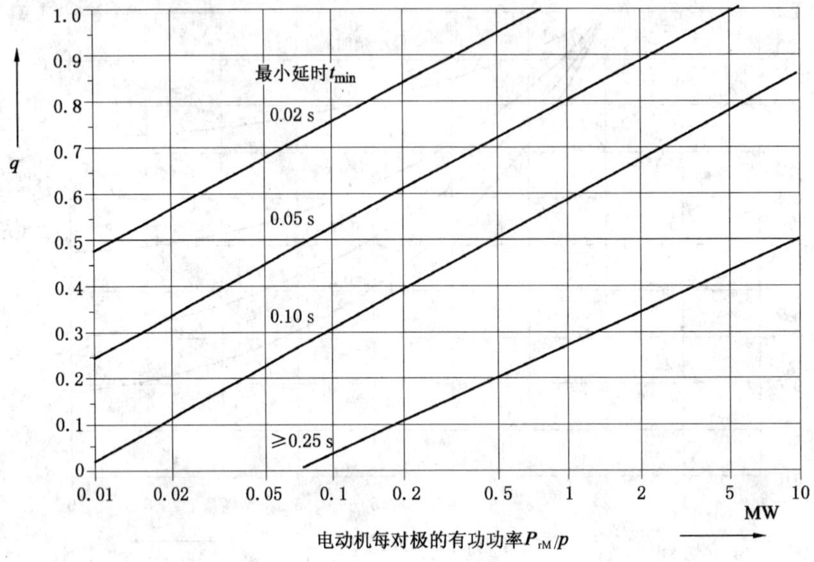

图 17　异步电动机对称开断电流计算系数 q

4.5.2.3　网状电网中的三相短路

先计算开断时刻短路点的电流，然后各支路中流过的局部短路电流即可求出。网状电网中对称开断短路电流 I_b 按式(74)计算。

$$I_b = I''_k \quad \cdots\cdots(74)$$

按式(74)算出的电流 I_b 比实际值要大。更精确的计算可采用式(75)、式(76)和式(77)。

$$\underline{I}_b = \underline{I}''_k - \sum_i \frac{\underline{\Delta U}''_{Gi}}{cU_n/\sqrt{3}}(1-\mu_i)\underline{I}''_{kGi} - \sum_j \frac{\underline{\Delta U}''_{Mj}}{cU_n/\sqrt{3}}(1-\mu_j q_j)\underline{I}''_{kMj} \quad \cdots\cdots(75)$$

$$\underline{\Delta U}''_{Gi} = jX''_{diK}\,\underline{I}''_{kGi} \quad \cdots\cdots(76)$$

$$\underline{\Delta U}''_{Mj} = jX''_{Mj}\,\underline{I}''_{kMj} \quad \cdots\cdots(77)$$

式中：

μ_i、μ_j ——用 I''_{kGi}/I_{rGi} 或 I''_{kMj}/I_{rMj} 根据式(70)计算或按图 16 查出的值；

q_j ——根据式(73)求得的电动机反馈的对称开断电流衰减系数；

$cU_n/\sqrt{3}$ ——为短路点等效电压源；

$\underline{I}''_k$、$\underline{I}_b$ ——分别为对称短路电流初始值及考虑所有馈电网络、同步电机和异步电动机影响时的对称开断电流；

$\underline{\Delta U}''_{Gi}$、$\underline{\Delta U}''_{Mj}$ ——分别为同步电机(i)和异步电机(j)的初始机端电压降落；

X''_{diK} ——同步电机(i)的校正超瞬态电抗：$X''_{diK}=K_v X''_{di}$，$K_v=K_G$、K_S 或 K_{SO}；

X_{Mj} ——异步电动机(j)的电抗；

$\underline{I}''_{kGi}$、$\underline{I}''_{kMj}$ ——分别为同步电机(i)和异步电机(j)的对称短路电流初始值，在电机机端测得。

式(76)与式(77)中的 $\underline{I}''$ 与 $\underline{\Delta U}''$ 均为从机端测得的量，且应归算至同一电压。

如果短路位置远离电动机，即 $\mu_j=1$，则取 $1-\mu_j q_j=0$，与 q_j 无关。

4.5.2.4　不平衡短路

对于不平衡短路，不考虑发电机磁通的衰减，应用式(66)、式(67)或式(68)。

4.6 稳态短路电流 I_k

稳态短路电流 I_k 的计算精度低于对称短路电流初始值 I''_k 的计算精度。

4.6.1 单馈入三相短路

仅由一台发电机或发电机变压器组馈电的近端三相短路[见图 11b)或图 11c)],稳态短路电流 I_k 受发电机励磁系统、电压调节装置与饱和等因素影响。

同步发电机、同步电动机或调相机若采用并励静止励磁装置,则在机端短路时同步机不会贡献电流 I_k。但若机端与短路点之间有阻抗存在,则同步机可能会贡献电流 I_k。在发电机变压器组的情况下,若短路发生在变压器高压侧,发电机可能会贡献电流 I_k[见图 11c)]。

4.6.1.1 最大稳态短路电流

计算最大稳态短路电流时,假定将同步发电机设定至最大励磁状态,采用式(78)计算。

$$I_{k\max} = \lambda_{\max} I_{rG} \qquad (78)$$

若发电机采用并励静止励磁装置,机端短路时,机端电压以及发电机励磁电压均会瞬间降为零,这种情况下 $\lambda_{\max} = \lambda_{\min} = 0$。

隐极机或凸极机的系数 $\lambda_{\max}$ 根据图 18 或图 19 求得,图中饱和电抗 x_{dsat} 为机组空载短路比的倒数。

曲线簇Ⅰ中的 $\lambda_{\max}$ 曲线是在额定负载、额定功率因数下,对于隐极机[图 18a)]是在励磁顶值为 1.3 倍额定励磁时绘制的,对于凸极机[图 19a)]是在励磁顶值为 1.6 倍额定励磁时绘制的。

曲线簇Ⅱ中的 $\lambda_{\max}$ 曲线是在额定负载、额定功率因数下,对于隐极机[图 18b)]是在励磁顶值为 1.6 倍额定励磁时绘制的,对于凸极机[图 19b)]是在励磁顶值为 2.0 倍额定励磁时绘制的。

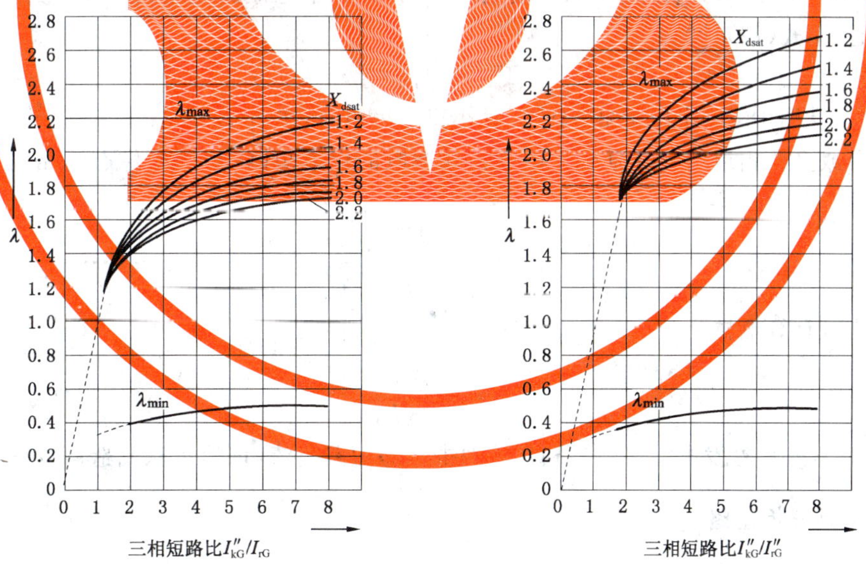

a) 曲线簇Ⅰ　　b) 曲线簇Ⅱ

图 18 隐极机的 $\lambda_{\max}$ 与 $\lambda_{\min}$ 系数

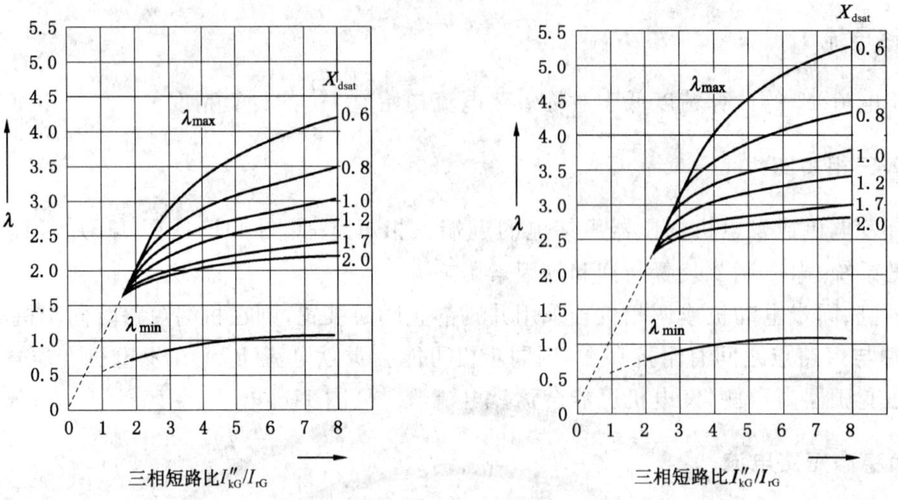

a) 曲线簇 Ⅰ　　b) 曲线簇 Ⅱ

图 19 凸极机的 λ_{max} 与 λ_{min} 系数

在采用并励静止励磁装置的情况下，如果短路发生在机组变压器高压侧或电网中，并且短路期间励磁电压在机端电压下降时达到顶值，也可应使用曲线簇Ⅰ或曲线簇Ⅱ。

注：对于远端短路时 $I''_{kG}/I_{rG} \leqslant 2$，$\lambda_{max}$ 曲线簇可根据 IEC/TR2 60909-1:2000 中式(87)计算。

4.6.1.2 最小稳态短路电流

对于如图 11b)或图 11c)所示的单电源馈电短路，为计算稳态短路电流最小值，假定同步机为恒定的空载励磁状态，用式(79)计算。

$$I_{k\min} = \lambda_{\min} I_{rG} \qquad \cdots\cdots(79)$$

其中，λ_{min} 可从图 18 与图 19 查得。计算最小稳态短路时，按表 1 采用 $c = c_{min}$。

对于由一台或多台相近的复式励磁发电机并联馈电的近端短路，其最小稳态短路电流根据式(80)计算。

$$I_{k\min} = \frac{c_{\min} U_n}{\sqrt{3}\sqrt{R_k^2 + X_k^2}} \qquad \cdots\cdots(80)$$

发电机的有效计算电抗为：

$$X_{dP} = \frac{U_{rG}}{\sqrt{3}\, I_{kP}} \qquad \cdots\cdots(81)$$

其中，I_{kP} 为复式励磁发电机端口三相短路时的稳态短路电流，该值可从制造厂取得。

4.6.2 辐射状电网三相短路

对于辐射状电网中(图 12)的三相短路，短路点的稳态短路电流为各支路稳态短路电流贡献之和。

$$I_k = \sum_i I_{ki} \qquad \cdots\cdots(82)$$

对于图 12 示例，则有：

$$I_k = I_{kS} + I_{kT} + I_{kM} = \lambda I_{rGt} + I''_{kT} \qquad \cdots\cdots(83)$$

其中，λ（λ_{max} 或 λ_{min}）由图 18 与图 19 确定；I_{rGt} 为发电机折算到变压器高压侧的额定电流。

对于馈电网络或与变压器串联的馈电网络(见图 12)，可认为 $I_k = I''_k$（远端短路）。异步电动机端口发生三相短路时，其稳态短路电流为零。

计算 $I_{k\max}$ 或 $I_{k\min}$ 时，采用表 1 中的系数 c_{max} 或 c_{min}。

4.6.3 网状电网三相短路

在含多个馈电源的网状电网中,稳态短路电流可由式(84)、式(85)近似计算。

$$I_{\mathrm{kmax}} = I''_{\mathrm{kmaxM}} \quad \cdots\cdots(84)$$

$$I_{\mathrm{kmin}} = I''_{\mathrm{kmin}} \quad \cdots\cdots(85)$$

I''_{kmax} 根据 2.4 与 4.2.1.5 计算,I''_{kmin} 根据 2.5 与 4.2.1.5 计算。

式(84)与式(85)在远端短路与近端短路情况下均适用。

4.6.4 不平衡短路

不平衡短路情况下,采用式(86)～式(89)计算稳态短路电流。

$$I_{\mathrm{k2}} = I''_{\mathrm{k2}} \quad \cdots\cdots(86)$$

$$I_{\mathrm{k2E}} = I''_{\mathrm{k2E}} \quad \cdots\cdots(87)$$

$$I_{\mathrm{kE2E}} = I''_{\mathrm{kE2E}} \quad \cdots\cdots(88)$$

$$I_{\mathrm{k1}} = I''_{\mathrm{k1}} \quad \cdots\cdots(89)$$

计算最小稳态短路电流时,根据表 1 采用 $c = c_{\min}$,见 2.5。

4.6.5 变压器低压侧短路高压侧单相断开

当变压器高压侧采用熔断器作为进线保护时,低压侧发生的短路可能在断路器切除故障之前造成一相熔断器断开。这会导致局部短路电流太小,从而不能使其他保护装置动作,特别是在出现最小短路电流的情况下。电气设备由于短路持续存在而承受过应力。图 20 为造成这种情况的示例。

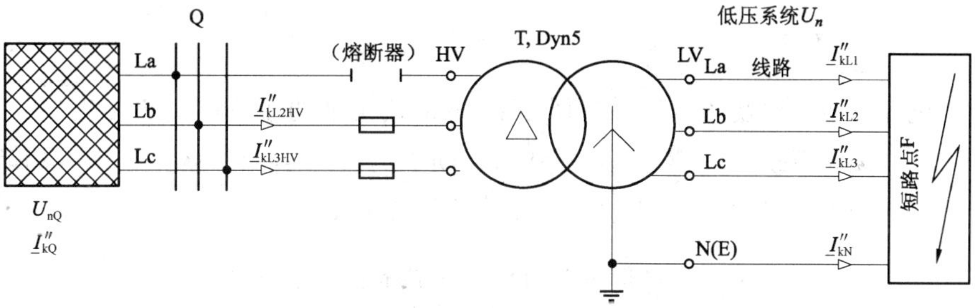

图 20 变压器低压侧短路高压侧单相断开

如图 20 所示,变压器低压侧的短路电流 I''_{kL1}、I''_{kL2}、I''_{kL3} 与 I''_{kN} 可通过式(90)计算。变压器高压侧的局部短路电流 $I''_{\mathrm{kL2HV}} = I''_{\mathrm{kL3HV}}$ 也可由式(90)在系数 α 取适当值时计算。由于短路属于远端短路,所有情况下 $I''_{\mathrm{kv}} = I_{\mathrm{kv}}$。

$$I''_{\mathrm{kv}} = \alpha \frac{cU_{\mathrm{n}}}{\sqrt{3}\left|\underline{Z}_{\mathrm{Qt}} + K_{\mathrm{T}}\underline{Z}_{\mathrm{T}} + \underline{Z}_{\mathrm{L}} + \beta(K_{\mathrm{T}}\underline{Z}_{(0)\mathrm{T}} + \underline{Z}_{(0)\mathrm{L}})\right|} \quad \cdots\cdots(90)$$

式中:

v ——表示低压侧 La、Lb、Lc、N(E)与高压侧的 LbHV、LcHV;

$\underline{Z}_{\mathrm{Qt}} + K_{\mathrm{T}}\underline{Z}_{\mathrm{T}} + \underline{Z}_{\mathrm{L}}$ ——为折算到低压侧的正序系统阻抗,$\underline{Z}_{\mathrm{T}} = \underline{Z}_{\mathrm{TLV}}$;

$K_{\mathrm{T}}\underline{Z}_{(0)\mathrm{T}} + \underline{Z}_{(0)\mathrm{L}}$ ——为折算到低压侧的零序系统阻抗;

α、β ——表 2 中给出的系数。

任何两相间短路时的短路电流均较小,表 2 中没有列出。

表 2　式(90)中的系数 α、β

F 点短路 (见图 20)	三相短路	两相接地短路		单相短路
低压侧短路导体	La、Lb、Lc La、Lb、Lc、N (E)	La、Lc、N (E)	La、Lb、N (E) Lb、Lc、N(E)	Lb、N(E)[a]
系数 β	0	2	0.5	0.5
系数 α(低压侧) 计算电流				
I''_{kLa}	0.5	1.5	—	—
I''_{kLb}	1.0	—	1.5	1.5
I''_{kLc}	0.5	1.5	—	—
I''_{kN}	—	3.0	1.5	1.5
系数 α(高压侧) 计算电流 I''_{kLv} $I''_{kLbHV}=I''_{kLcHV}$	$\frac{1}{t_r}\cdot\frac{\sqrt{3}}{2}$	$\frac{1}{t_r}\cdot\frac{\sqrt{3}}{2}$	$\frac{1}{t_r}\cdot\frac{\sqrt{3}}{2}$	$\frac{1}{t_r}\cdot\frac{\sqrt{3}}{2}$

[a] 其他相单相短路时,如 La、N(E)或 Lc、N(E)由变压器开路阻抗决定电流较小,予以忽略。

图 20 所示的变压器低压侧或高压侧的短路电流均不大于在高压侧有完整连接时的对称或不对称短路电流(图 10),因此式(90)仅用于计算最小短路电流。

4.7　异步电动机机端短路

异步电动机机端三相短路及两相短路的情况下,电动机贡献的短路电流 I''_{kM}、i_{pM}、I_{bM} 和 I_{kM} 的计算如表 3 所示。在接地系统中发生单相短路时,电动机的影响不能忽略。电动机的阻抗取 $\underline{Z}_{(1)M}=\underline{Z}_{(2)M}=\underline{Z}_M$ 与 $\underline{Z}_{(0)M}$。如果电动机中性点未接地,则零序阻抗 $\underline{Z}_{(0)M}=\infty$。

表 3　异步电动机机端短路时的短路电流

短路	三相短路	两相短路	单相短路
交流对称分量初始值	$I''_{k3M}=\frac{cU_n}{\sqrt{3}Z_M}$　(91)	$I''_{k2M}=\frac{\sqrt{3}}{2}I''_{k3M}$　(92)	见 4.7
峰值短路电流	$i_{p3M}=\kappa_M\sqrt{2}I''_{k3M}$　(93)	$i_{p2M}=\frac{\sqrt{3}}{2}i_{p3M}$　(94)	$i_{p1M}=\kappa_M\sqrt{2}I''_{k1M}$　(95)
	中压电动机: $\kappa_M=1.65$(对应 $R_M/X_M=0.15$),每对极有功功率<1MW $\kappa_M=1.75$(对应 $R_M/X_M=0.10$),每对极有功功率≥1MW 有电缆连接线的低压电动机: $\kappa_M=1.3$(对应 $R_M/X_M=0.42$)		
对称开断电流	$I_{b3M}=\mu qI''_{k3M}$　(96)	$I_{b2M}=\frac{\sqrt{3}}{2}I''_{k3M}$　(97)	$I_{b1M}=I''_{k1M}$　(98)
	μ　按式(70)或图 16 计算,依据 I''_{kM}/I_{rM} q　按式(73)或图 17 计算		
稳态短路电流	$I_{k3M}=0$　(99)	$I_{k2M}=\frac{\sqrt{3}}{2}I''_{k3M}$　(100)	$I_{k1M}=I''_{k1M}$　(101)

4.8 短路电流的热效应

焦耳积分 $\int i^2 \mathrm{d}t$ 用来度量短路电流在系统中阻性元件产生的热量。在本部分中,采用系数 m 计算短路电流非周期分量的热效应,采用系数 n 计算短路电流交流分量的热效应(见图 21、图 22)。

$$\int_0^{T_k} i^2 \mathrm{d}t = I''^2_k (m+n) T_k = I^2_{th} T_k \qquad (102)$$

热等效短路电流为:

$$I_{th} = I''_k \sqrt{m+n} \qquad (103)$$

对于一系列相互独立的三相短路电流,应采用式(104)、式(105)计算焦耳积分或热等效短路电流。

$$\int i^2 \mathrm{d}t = \sum_{i=1}^{i=r} I''^2_{ki} (m_i + n_i) T_{ki} = I^2_{th} T_k \qquad (104)$$

$$I_{th} = \sqrt{\frac{\int i^2 \mathrm{d}t}{T_k}} \qquad (105)$$

其中:

$$T_k = \sum_{i=1}^{i=r} T_{ki} \qquad (106)$$

式中:

I''_{ki} ——每个三相短路的短路电流交流对称分量初始;

I_{th} ——热等效短路电流;

m_i ——每个短路电流非周期分量的热效应系数;

n_i ——每个短路电流交流分量的热效应系数;

T_{ki} ——每个短路的短路电流持续时间;

T_k ——短路电流持续时间之和。

计算焦耳积分与热等效短路电流时应说明与之对应的各短路持续过程。

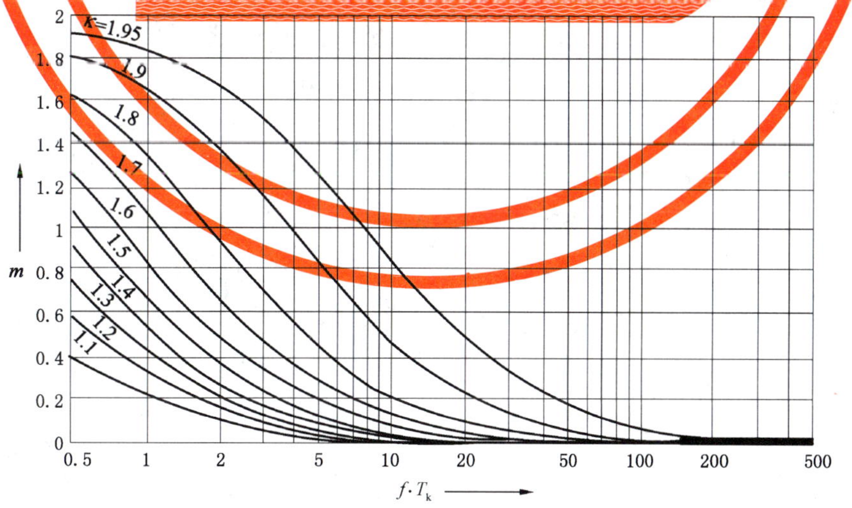

图 21 短路电流非周期分量的热效应系数 m

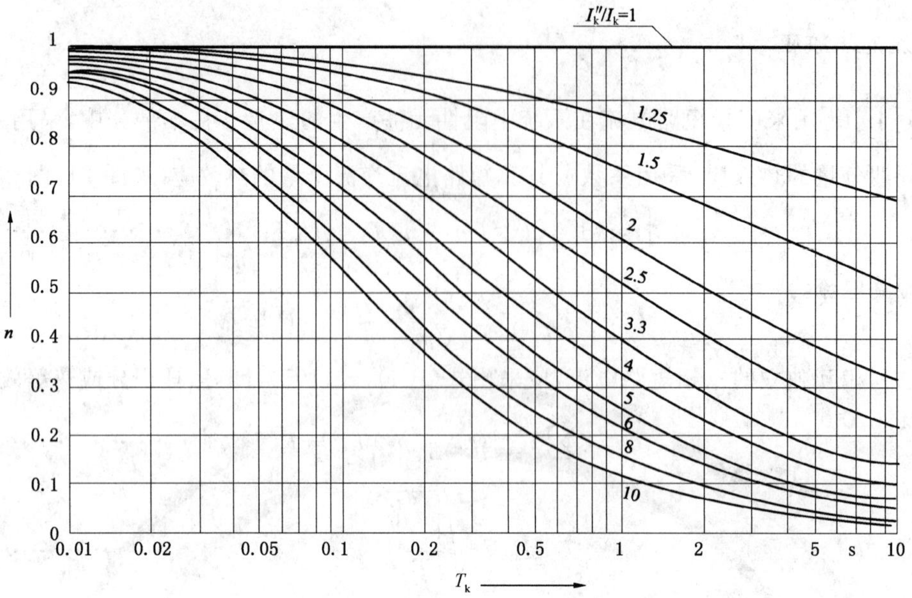

图 22　短路电流交流分量的热效应系数 n

系数 m_i 由图 21 通过 $f \cdot T_{ki}$ 确定，系数 κ 由 7.3 计算。系数 n_i 由图 22 通过系数 T_{ki} 以及 I''_{ki}/I_{ki} 确定，其中 I_{ki} 为每个短路的稳态短路电流。

当发生多个间断性的短路时，由此造成的焦耳积分为式(104)确定的各短路电流焦耳积分之和。

配电网中发生短路时(远端短路)，通常取 $n=1$。

对于短路持续时间大于或等于 0.5s 的远端短路，可近似取 $m+n=1$。

如果需要计算不对称短路的焦耳积分或热等效短路电流，则使用相应的不对称短路电流代替 I''_{ki}。

当回路采用熔断器或限流断路器保护时，其焦耳积分可限制在由式(102)或式(104)计算出的值以内，焦耳积分由限流装置的特性决定。

附　录　A
（规范性附录）
系数 *m* 和 *n* 的计算公式

图 21 中的系数 m 的计算公式为：

$$m=\frac{1}{2fT_{\mathrm{k}}\ln(\kappa-1)}\left[\mathrm{e}^{4fT_{\mathrm{k}}\ln(\kappa-1)}-1\right]$$

图 22 中的系数 n 的计算公式为：

$\frac{I''_{\mathrm{k}}}{I_{\mathrm{k}}}=1$：$n=1$

$\frac{I''_{\mathrm{k}}}{I_{\mathrm{k}}}\geqslant 1.25$：

$$\begin{aligned}n=\frac{1}{(I''_{\mathrm{k}}/I_{\mathrm{k}})^{2}}\Bigg[&1+\frac{T'_{\mathrm{d}}}{20T_{\mathrm{k}}}(1-\mathrm{e}^{-20T_{\mathrm{k}}/T'_{\mathrm{d}}})\left(\frac{I''_{\mathrm{k}}}{I_{\mathrm{k}}}-\frac{I'_{\mathrm{k}}}{I_{\mathrm{k}}}\right)^{2}+\frac{T'_{\mathrm{d}}}{2T_{\mathrm{k}}}(1-\mathrm{e}^{-2T_{\mathrm{k}}/T'_{\mathrm{d}}})\left(\frac{I'_{\mathrm{k}}}{I_{\mathrm{k}}}-1\right)^{2}\\&+\frac{T'_{\mathrm{d}}}{5T_{\mathrm{k}}}(1-\mathrm{e}^{-10T_{\mathrm{k}}/T'_{\mathrm{d}}})\left(\frac{I''_{\mathrm{k}}}{I_{\mathrm{k}}}-\frac{I'_{\mathrm{k}}}{I_{\mathrm{k}}}\right)+\frac{2T'_{\mathrm{d}}}{T_{\mathrm{k}}}(1-\mathrm{e}^{-T_{\mathrm{k}}/T'_{\mathrm{d}}})\left(\frac{I'_{\mathrm{k}}}{I_{\mathrm{k}}}-1\right)\\&+\frac{T'_{\mathrm{d}}}{5.5T_{\mathrm{k}}}(1-\mathrm{e}^{-11T_{\mathrm{k}}/T'_{\mathrm{d}}})\left(\frac{I''_{\mathrm{k}}}{I_{\mathrm{k}}}-\frac{I'_{\mathrm{k}}}{I_{\mathrm{k}}}\right)\left(\frac{I'_{\mathrm{k}}}{I_{\mathrm{k}}}-1\right)\Bigg]\end{aligned}$$

其中：

$$\frac{I'_{\mathrm{k}}}{I_{\mathrm{k}}}=\frac{I''_{\mathrm{k}}/I_{\mathrm{k}}}{0.88+0.17I''_{\mathrm{k}}/I_{\mathrm{k}}}$$

$$T'_{\mathrm{d}}=\frac{3.1s}{I'_{\mathrm{k}}/I_{\mathrm{k}}}$$

ICS 25.160.30
J 64

中华人民共和国国家标准

GB 15579.1—2013/IEC 60974-1:2005
代替 GB 15579.1—2004

弧焊设备　第1部分:焊接电源

Arc welding equipment—Part 1: Welding powcr sources

(IEC 60974-1:2005,IDT)

2013-11-12 发布　　　　2014-08-07 实施

中华人民共和国国家质量监督检验检疫总局
中国国家标准化管理委员会　发布

前　言

本部分的第3章“术语和定义”为推荐性的，其余为强制性的。

GB 15579《弧焊设备》涉及的范围为电弧焊机及其辅机具，预计结构是分为13个部分，分别是：

——第1部分：焊接电源；

——第2部分：冷却系统；

——第3部分：引弧和稳弧装置；

——第4部分：使用期间的检查和试验；

——第5部分：送丝装置；

——第6部分：限制负载的手工金属弧焊电源；

——第7部分：焊炬(枪)；

——第8部分：等离子切割系统的气路装置；

——第9部分：安装和使用；

——第10部分：电磁兼容(EMC)要求；

——第11部分：电焊钳；

——第12部分：焊接电缆耦合装置；

——第13部分：焊接夹钳。

本部分为GB 15579的第1部分。

本部分按照GB/T 1.1—2009给出的规则起草。

本部分代替GB 15579.1—2004《弧焊设备　第1部分：焊接电源》。

本部分与GB 15579.1—2004相比主要变化如下：

——在范围中增加了与GB 15579系列标准的其他部分的关系；

——修改了环境条件[见4 a)和4 e)]；

——增加了“组件的符合性”(见5.3)；

——修改了型式检验的检验项目顺序(见5.4)；

——在例行检验项目中对空载电压的测定给出了更详细的要求[见5.5 d)]；

——增加了印刷电路板的爬电距离(见表2)；

——修改了“外壳防护”(见6.2.1)；

——增加了“初级泄漏电流”(见6.3.7和附录N)；

——修改了内燃机驱动的电源的要求(见7.1.2和7.3.2)；

——修改了“输入回路接线端”(见10.4.3和10.4.4)；

——修改了“电缆固定装置”(见10.5)；

——修改了“输入耦合装置”(见10.9)；

——增加了等离子切割和等离子焊接时约定电流和电压的关系式(见11.2.5和11.2.6)；

——增加了“焊接电缆”(见11.7)；

——增加了塑料机壳的有关要求(见14.2.1)；

——增加了“手动提升装置”(见14.3.2)；

——增加了有关的符号和标识(见15.3和17.2)。

本部分使用翻译法等同采用IEC 60974-1:2005《弧焊设备　第1部分：焊接电源》。

与本部分中规范性引用的国际文件有一致性对应关系的我国文件见附录NA。

本部分由中国电器工业协会提出。

本部分由全国电焊机标准化技术委员会(SAC/TC 70)归口。

本部分起草单位:杭州凯尔达电焊机有限公司、上海沪工焊接集团股份有限公司、江苏科技大学、无锡汉神电气有限公司、深圳市佳士科技股份有限公司、成都华远电器设备有限公司、北京时代科技股份有限公司、欧地希机电(青岛)有限公司、浙江肯得机电股份有限公司、上海沪通企业集团有限公司、深圳市瑞凌实业股份有限公司、成都熊谷加世电器有限公司、山东奥太电气有限公司、上海根舍电气制造有限公司、深圳华意隆电气股份有限公司、上海东升焊接集团有限公司、天津久辉电气有限公司、成都高鑫焊接设备有限公司、成都三方电气有限公司、成都电气检验所。

本部分主要起草人:褚华、舒振宇、方臣富、何晓阳、潘磊、何勇、鲍云杰、仝红军、朱宣辉、张通森、邱光、肖介光、尹海、武剑超、吴月涛、余学成、张明广、吴剑、蒲有东、潘颖、萧波。

本部分所代替标准的历次版本发布情况为:

——GB 15579—1995;

——GB 15579.1—2004。

弧焊设备　第1部分:焊接电源

1　范围

GB 15579 的本部分规定了弧焊电源以及等离子切割系统的安全要求和性能要求。

本部分适用于为工业和专业用途而设计的由不超过 IEC 60038 中表1规定的电压供电或由机械设备驱动的弧焊和类似工艺所用的电源。

本部分不适用于主要为非专业人员使用的限制负载的手工电弧焊电源。

本部分不适用于正处于维护保养周期内或维修后的焊接电源的检测。

注1:典型的类似工艺如电弧切割和喷涂。

注2:本部分不包括电磁兼容性(EMC)要求。

2　规范性引用文件

下列文件对于本文件的应用是必不可少的。凡是注日期的引用文件,仅注日期的版本适用于本文件。凡是不注日期的引用文件,其最新版本(包括所有的修改单)适用于本文件。

GB/T 5465.2—2008　电气设备用图形符号　第2部分:图形符号(IEC 60417 DB:2007,IDT)

GB/T 16935.1—2008　低压系统内设备的绝缘配合　第1部分:原理、要求和试验(IEC 60664-1:2007,IDT)

IEC 60038　标准电压(IEC standard voltages)

IEC 60050 (151)　国际电工名词术语　第151章:电的和磁的器件[International Electrotechnical Vocabulary (IEV)—Part 151:Electrical and magnetic devices]

IEC 60050 (851)　国际电工名词术语　第851章:电焊[International Electrotechnical Vocabulary (IEV)—Chapter 851:Electric welding]

IEC 60112　固体绝缘材料耐电痕化指数和相比电痕化指数的测定方法(Method for the determination of the proof and the comparative tracking indices of solid insulating materials)

IEC 60245-6　额定电压450/750 V及以下橡皮绝缘电缆　第6部分:电焊机电缆(Rubber insulated cables—Rated voltages up to and including 450/750 V—Part 6:Arc welding electrode cables)

IEC 60309-1　工业用插头插座和耦合器　第1部分:通用要求(Plugs, socket-outlets and couplers for industrial purposes—Part 1:General requirements)

IEC 60445　人机界面标志标识的基本和安全规则　设备端子和导体终端的标识(Basic and safety principles for man-machine interface, marking and identification—Identification of equipment terminals and of terminations of certain designated conductors, including general rules for an alphanumeric system)

IEC 60529　外壳防护等级(IP代码)[Degrees of protection provided by enclosures (IP Code)]

IEC 60664-3　低压系统内设备的绝缘配合　第3部分:利用涂层、罐封和模压进行防污保护(Insulation coordination for equipment within low-voltage systems—Part 3: Use of coating, potting or moulding for protection against pollution)

IEC 60695-11-10　电工电子产品着火危险试验　第11-10部分:试验火焰50 W水平与垂直火焰

试验方法(Fire hazard testing—Part 11-10:Test flames-50 W horizontal and vertical flame test methods)

IEC 60974-7 弧焊设备 第7部分:焊炬(枪)(Arc welding equipment—Part 7:Torches)

IEC 60974-12 弧焊设备 第12部分:焊接电缆耦合装置(Arc welding equipment—Part 12:Coupling devices for welding cables)

IEC 61140 电击防护 装置和设备的通用部分(Protection against electric shock—Common aspects for installation and equipment)

IEC 61558-2-4 电源电压为1 100 V及以下的变压器、电抗器、电源装置和类似产品的安全 第2-4部分:隔离变压器和内装隔离变压器的电源装置的特殊要求和试验(Safety of transformers, reactors, power supply units and similar products for supply voltages up to 1 100 V—Part 2-4:Particular requirements and tests for isolating transformers and power supply units incorporating isolating transformers)

IEC 61558-2-6 电源电压为1 100 V及以下的变压器、电抗器、电源装置和类似产品的安全 第2-6部分:安全隔离变压器和内装安全隔离变压器的电源装置的特殊要求和试验(Safety of transformers, reactors, power supply units and similar products for supply voltages up to 1 100 V—Part 2-6:Particular requirements and tests for safety isolating transformers and power supply units incorporating safety isolating transformers)

CISPR 11 工业、科学和医疗(ISM)射频设备 电磁骚扰特性 限值和测量方法[Industrial, scientific and medical (ISM) radio-frequency equipment—Electro-magnetic disturbance characteristics—Limits and methods of measurement]

3 术语和定义

IEC 60050(151)、IEC 60050(851)、GB/T 16935.1界定的以及下列术语和定义适用于本文件。

3.1

弧焊电源 arc welding power source

提供电流和电压,并具有适合于弧焊和类似工艺所需特性的设备。

注1:弧焊电源也可为其他设备和辅机提供辅助电源、冷却液、熔化电极及保护电弧和焊接区的气体等。

注2:在下文中使用"焊接电源"一词。

3.2

工业和专业使用 industrial and professional use

仅供专业人员和受过培训的人员使用。

3.3

专业人员(行业人员,熟练工) expert(competent person, skilled person)

受过专业训练,具有一定的设备知识和足够的经验,能判断和处理可能发生的事故的人。

注:在相关技术领域中多年的实际工作可认为是受过专业训练。

3.4

受过培训的人员 instructed person

熟悉所指派的工作及了解因疏忽等原因而可能发生各种事故或危险的人员。

注:如有必要,可预先接受一些训练。

3.5

型式检验 type test

对按照某种设计方案制造的一台或多台产品所进行的试验,以检验其是否符合有关标准的要求。

3.6

例行检验 routine test

在生产过程中或产品制成后，对每台产品所进行的试验，以检验其是否符合有关标准或规程要求。

3.7

目测检验 visual inspection

用肉眼观察来证实产品不存在与有关标准明显不符合的缺陷。

3.8

下降特性 drooping characteristic

在正常焊接范围内，焊接电源具有在焊接电流增大时，电压降低大于等于 7 V/100 A 的静态外特性。

3.9

平特性 flat characteristic

在正常焊接范围内，焊接电源具有在焊接电流增大时，电压降低小于 7 V/100 A 或电压增高小于 10 V/100 A 的静态外特性。

3.10

静特性 static characteristic

在约定焊接条件下，焊接电源的负载电压与其焊接电流的关系。

3.11

焊接回路 welding circuit

焊接电流所要流过的导电回路。

注 1：在电弧焊中，电弧是焊接回路的一部分。

注 2：在有些电弧焊过程中，电弧可以在两个电极中形成。在这种情况下，工件不一定是焊接回路的一部分。

3.12

控制回路 control circuit

用于焊接电源的操作控制和/或用于对电源电路进行保护的电路。

3.13

焊接电流 welding current

在焊接过程中焊接电源输出的电流。

3.14

负载电压 load voltage

焊接电源在输送焊接电流时，其输出端之间的电压。

3.15

空载电压 no-load voltage

在外部焊接回路开路时，焊接电源输出端之间的电压(不包括任何稳弧或引弧电压)。

3.16

约定值 conventional value

测定参数时，用作比较、标定和测试的标准值。

注：在实际焊接过程中，不一定符合约定值。

3.17

约定焊接状态 conventional welding condition

在额定输入电压和频率或额定转速下，由相应的约定负载电压在约定负载上产生的约定焊接电流使焊接电源达到热稳定时的工作状态。

3.18

约定负载　conventional load

功率因数不小于0.99的实际无感恒定电阻负载。

3.19

约定焊接电流　conventional welding current

I_2

在相应的约定负载电压下焊接电源输送给约定负载的电流。

注：对交流电而言，I_2 指有效值；对直流电而言，I_2 指算术平均值。

3.20

约定负载电压　conventional load voltage

U_2

约定焊接电流有确定线性关系的焊接电源的负载电压。

注1：对交流电而言，U_2 指有效值；对直流电而言，U_2 指算术平均值。

注2：确定的线性关系因焊接工艺的不同而异(见11.2)。

3.21

额定值　rated value

制造厂为了明确部件、装置或设备的运行条件而规定的值。

3.22

额定性能　rating

一组额定值和工作状态。

3.23

额定输出　rated output

焊接电源的输出额定值。

3.24

额定最大焊接电流　rated maximum welding current

I_{2max}

在约定焊接状态下，焊接电源在最大调节位置时所能获得的约定焊接电流的最大值。

3.25

额定最小焊接电流　rated minimum welding current

I_{2min}

在约定焊接状态下，焊接电源在最小调节位置时所能获得的约定焊接电流的最小值。

3.26

额定空载电压　rated no-load voltage

U_0

在额定输入电压和频率或额定空载转速下，按11.1测得的空载电压。

注：如果焊接电源装有防触电装置，则空载电压系指在该装置动作之前所测到的电压。

3.27

降低的额定空载电压　rated reduced no-load voltage

U_r

装有电压降低装置的焊接电源，在该装置有效地降低了电压后立即按11.1要求所测得的空载电压。

3.28

转换的额定空载电压　rated switched no-load voltage

U_s

装有交流电转换成直流电装置的焊接电源的直流空载电压。

3.29

额定输入电压　rated supply voltage

U_1

焊接电源设计制造所依据的输入电压有效值。

3.30

额定输入电流　rated supply current

I_1

在额定的约定焊接状态下，焊接电源输入电流的有效值。

3.31

额定空载电流　rated no-load supply current

I_0

焊接电源在额定空载电压下的输入电流。

3.32

额定最大输入电流　rated maximum supply current

I_{1max}

额定输入电流的最大值。

3.33

最大有效输入电流　maximum effective supply current

I_{1eff}

根据额定输入电流(I_1)及其相应的负载持续率(X)和空载电流(I_0)，按下式计算得到的有效输入电流的最大值。

$$I_{1eff}=\sqrt{I_1^2X+I_0^2(1-X)}$$

3.34

额定负载转速　rated load speed

n

旋转式焊接电源在额定最大焊接电流时的转速。

3.35

额定空载转速　rated no-load speed

n_0

旋转式焊接电源在外部焊接回路断开时的转速。

注：如果原动机装有不焊接时降低转速的装置，则应在转速降低装置动作之前测量 n_0。

3.36

降低时的额定空载转速　rated idle speed

n_i

原动机驱动的弧焊电源被降低了的空载转速。

3.37

负载持续率　duty cycle;duty factor

X

给定的负载持续时间与全周期时间之比。

注1：这一比值在0～1之间，可用百分数表示。

注2：对本部分而言，一个全周期时间为10 min。例如，在60%负载持续率时，施加负载6 min，接着空载4 min。

3.38

电气间隙　clearance

两导电部件之间在空气中的最短距离。

[GB/T 16935.1—2008,定义 3.2]

3.39

爬电距离　creepage distance

两导电部件之间沿固体绝缘材料表面的最短距离。

3.40

污染等级　pollution degree

用数字表征微观环境受预期污染程度。

[GB/T 16935.1—2008,定义 3.13]

注：为计算爬电距离和电气间隙,微观环境的污染等级有以下 4 级。

a) 污染等级 1:无污染或仅有干燥的、非导电性的污染,该污染没有任何影响。

b) 污染等级 2:一般仅有非导电性污染,然而必须预期到凝露会偶然发生短暂的导电性污染。

c) 污染等级 3:有导电性污染或由于预期的凝露使干燥的非导电性污染变为导电性污染。

d) 污染等级 4:造成持久的导电性污染,例如由于导电尘埃或雨或其他潮湿条件所引起的污染。

[GB/T 16935.1—2008,定义 4.6.2]

3.41

微观环境　micro-environment

特别会影响确定爬电距离尺寸的绝缘附近的环境。

[GB/T 16935.1—2008,定义 3.12.2]

3.42

材料组别　material group

按其相比漏电起痕指数值(CTI)根据 IEC 60112 分为 4 组材料。

注：对于不产生漏电起痕的无机绝缘材料,例如玻璃或陶瓷等,为了达到等同绝缘,其爬电距离不需要大于相应的电气间隙。

材料组别Ⅰ	600 ⩽ CTI
材料组别Ⅱ	400 ⩽ CTI <600
材料组别$Ⅲ_a$	175 ⩽ CTI <400
材料组别$Ⅲ_b$	100 ⩽ CTI <175

3.43

温升　temperature rise

焊接电源某部分的温度与周围空气温度的差值。

3.44

热平衡　thermal equilibrium

测得的焊接电源任何部分的温度上升速率不超过 2 K/h 时的状态。

3.45

热保护　thermal protection

用以保护焊接电源的某个部件(从而也就保护整台焊接电源)不致因热过载而造成温度过高的系统。

注：当温度降到复位值时,应能手工或自动复位。

3.46

触电危险性较大的环境　environments with increased hazard of electric shock

比在正常条件下电弧焊时有更大的触电危险性的环境。

注 1：触电危险性较大的环境如：

a) 活动空间受到限制的位置，操作人员被迫用拘束的姿势(跪、坐、躺……)施焊，身体触及导电部件；

b) 完全或部分受到导电部件限制的位置，操作人员很可能必然或偶然地与导电部件相接触；

c) 在雨中、在潮湿或高温处，潮气和汗水会使人体皮肤电阻和附件的绝缘性能显著降低。

注 2：触电危险性较大的环境并不包括那些与操作人员接近，且易引起触电危险的导电部件已作好绝缘处理的地方。

3.47

防触电装置　hazard reducing device

用以减小可能由空载电压引起触电危险的一种装置。

3.48

Ⅰ类设备　class Ⅰ equipment

这种设备采用基本绝缘作为基本防护措施，采用保护联结作为故障防护措施。见 IEC 61140。

3.49

Ⅱ类设备　class Ⅱ equipment

这种设备采用基本绝缘作为基本防护措施，采用附加绝缘作为故障防护措施；或能提供基本防护和故障防护功能的加强绝缘。见 IEC 61140。

3.50

基本绝缘　basic insulation

能够提供基本防护的危险带电部分上的绝缘。

3.51

附加绝缘　supplementary insulation

除了基本绝缘外，用于故障防护附加的单独绝缘。

3.52

双重绝缘　double insulation

既有基本绝缘又有附加绝缘构成的绝缘。

3.53

加强绝缘　reinforced insulation

危险带电部分具有相当于双重绝缘的电击防护等级的绝缘。

注：加强绝缘可以由几个不能像基本绝缘或附加绝缘那样单独测试的绝缘层组成。

3.54

等离子切割系统　plasma cutting system

用于等离子切割/气刨的电源、割炬和相关的安全装置的组合。

3.55

等离子切割电源　plasma cutting power source

可提供电流和电压并具有等离子切割/气刨所要求的特性的设备。该设备还提供了气体和冷却液体。

注：等离子切割电源可能还能为其他设备和辅助设备提供辅助电源、冷却液体和气体等。

3.56

安全(特低)电压 SELV　safety extra voltage

在通过安全隔离变压器这种装置与供电电源隔离的电路里，导体之间或导体与地之间的电压不超过交流 50 V 或直流(无纹波)120 V。

注 1：低于交流 50 V 或直流(无纹波)120 V 的最大电压可规定在特殊要求中，尤其是允许直接接触带电部件时。

注 2：当电源作为安全隔离变压器时，电压在满载和空载之间的任何负载时也不能超过电压限制。

注 3："无纹波"通常是指不超过直流 10%的(无纹波)有效值电压：对通常 120 V 的(无纹波)直流系统来说，最大峰值电压不超过 140 V；而对 60 V(无纹波)直流系统来说，不能超过 70 V。

3.57

输入回路　supply circuit

在焊接电源中供输入电流流过的导电回路。

3.58

工作电压　working voltage

当设备输入额定电压时，跨越任何特定绝缘，可能存在的最高有效值的交流或直流电压。

注 1：不考虑瞬时现象。

注 2：开路和正常运行的两种情况均应加以考虑。

4　环境条件

焊接电源应能在下述环境条件下正常工作。

a)　周围环境空气温度范围：
在焊接期间：－10 ℃～＋40 ℃；
在运输和存储过程中：－20 ℃～＋55 ℃。

b)　空气相对湿度：
40 ℃时，不超过 50％；
20 ℃时，不超过 90％。

c)　周围空气中的灰尘、酸、腐蚀性气体或物质等不超过正常含量，由于焊接过程而产生的这些物质除外。

d)　海拔高度不应超过 1 000 m。

e)　焊接电源的倾斜度不应超过 10°。

注：制造厂和用户之间可以商定不同的环境条件，商定后的焊接电源按 15.2 要求进行标注。这些条件如：高湿度、异常的腐蚀性烟雾、蒸汽、过量的油蒸汽、不正常的振动或冲击、过量的灰尘、恶劣的气候条件、海岸或船甲板的非正常条件、有助于霉菌增大的虫害及大气条件。

5　试验

5.1　试验条件

应在 10 ℃～40 ℃的环境温度下，对新的、干燥的、安装完整的焊接电源进行试验。热性能测试推荐在 40 ℃条件下进行。测量装置只允许经由带盖板的孔道、观察窗或制造厂设置的易于拆卸的板安置。测试地点的通风以及所采用的测量装置不能妨碍焊接电源的正常通风，或使热交换异常。

采用液体冷却的焊接电源应在制造厂规定的液体冷却条件下进行试验。

5.2　测试仪器

测量仪器的准确度或精度要求：

a)　电气测量仪表：0.5 级(满量程的±0.5％)，绝缘电阻和介电强度测量时例外，对于测量绝缘电阻和介电强度的仪器的精度没有规定，但测量时应考虑精度问题；

b)　温度计：±2 K；

c)　转速表：满量程的±1％。

5.3　组件的符合性

由于故障原因可能会增加触电危险的组件，应符合本部分或相关标准的要求。

注 1：只有当组件在标准适用范围内时，才认为其为相关标准。

组件的评估和测试按下列方法进行。

a） 经认可的检测机构确认符合相关的标准的组件，应在其额定值范围内正确应用。组件作为设备的一个部分，应承受本部分的相关试验，除非相关的标准中已包含了这些试验。

b） 没有按上述要求确认符合相关标准的组件，应检查其是否在额定值范围内正确应用。组件作为设备的一个部分，应承受本部分的相关试验，并且在设备的使用条件下承受组件标准的相关试验。

注 2：一般而言，组件标准的相关试验应单独进行。样品的数量通常与组件标准的要求一致。

c） 当没有相关的组件标准，或组件在回路中没有按规定的额定值使用，组件应在设备的使用条件下进行试验。样品的数量通常与相应标准的要求一致。

5.4 型式检验

除非另有规定，本部分中的试验均为型式检验。

焊接电源应同与其配套的、可能影响试验结果的辅助设备一起进行试验。

除非规定了某项试验可以在另外一台焊接电源上进行，否则所有型式检验都应在同一台焊接电源上进行。

应按下列顺序进行型式检验，在 f)项、g)项与 h)项试验之间不需干燥时间。

a） 一般目测检验(见 3.7)；

b） 绝缘电阻(初步检验)(见 6.1.4)；

c） 外壳(见 14.2)；

d） 提升装置(见 14.3)；

e） 跌落试验(见 14.4)；

f） 外壳防护等级(见 6.2.1)；

g） 绝缘电阻(见 6.1.4)；

h） 介电强度(见 6.1.5)；

i） 一般目测检验(见 3.7)。

本部分中上述未提及的其他试验项目可按任何方便的顺序进行。

5.5 例行检验

每台焊接电源都应依次通过下列检验：

a） 一般目测检验(见 3.7)；

b） 保护性线路的连通性(见 10.4.2)；

c） 介电强度(见 6.1.5)；

d） 空载电压：

1） 额定空载电压(见 11.1)；或

2） 降低的额定空载电压，如适用(见 13.2)；或

3） 转换的额定空载电压，如适用(见 13.3)；

e） 额定最小和最大输出值应符合 15.4 b)和 15.4 c)。制造商可选择约定负载、短路负载或其他测试条件进行测试；

f） 一般目测检验(见 3.7)。

注：在短路或其他测试条件下测得的输出值可能会与约定负载条件下测得的输出值不同。

6 防触电保护

6.1 绝缘

6.1.1 概述

按照 GB/T 16935.1—2008 的规定，绝大多数的焊接电源都属于Ⅲ类过电压设备，只有机械驱动的焊接电源属于Ⅱ类过电压设备。所以焊接电源至少应按用于 3 级污染的环境设计。

如组件或部件按 IEC 60664-3 要求予以全部涂层、灌封或模压，则允许采用 2 级污染环境的电气间隙和爬电距离。

印制线路板材料的爬电距离见表 2。

如果焊接电源的电气间隙是根据线对中性点的电压值进行设计的，则这类焊接电源应有警示，以告知该焊接电源仅用于中性点接地的三相四线制供电系统或中性点接地的单相三线制供电系统。

6.1.2 电气间隙

按 GB/T 16935.1—2008 的规定，采用基本绝缘、附加绝缘和加强绝缘的Ⅲ类过电压设备的最小电气间隙和爬电距离见表 1。

在测定易接近的非导电表面的电气间隙时，用 IEC 60529 规定的试指不论触及到这些表面的哪个部位，均应将这些表面看作是包覆了一层金属箔。

电气间隙不能用插入法。

对电源的输入接线端见 E.2。

用过电压限制装置(如金属氧化物压敏电阻)保护的焊接电源部件(如电子线路或元件)之间的电气间隙可按Ⅰ类过电压确定(见 GB/T 16935.1—2008)。

表 1 的数值也适用于焊接电源内部的焊接回路以及与输入回路隔离(如用变压器)的控制回路。

如果控制回路直接与输入回路相连，则应采用输入电压值。

按 GB/T 16935.1—2008 的要求测量电气间隙是否合格。在无法测量的情况下，可以用表 1 中给定的电压对焊接电源进行冲击电压试验。

做冲击电压试验时，每一极性至少施加三个脉冲，每两个脉冲之间的时间间隔至少为 1 s，电压值按表 1 规定。所用冲击电压发生器应具有脉宽为 1.2/50 μs 的输出波形，且输出阻抗低于 500 Ω。

也可以用表 1 中给定的交流试验电压进行试验，试验持续时间为三个周波；也可用一个数值等于脉冲电压值的无纹波直流电压进行试验，每一极性试验三次，每次 10 ms。

表 1 Ⅲ类过电压设备的最小电气间隙

电压[a] 有效值 V	基本绝缘或附加绝缘					加强绝缘				
	额定脉冲试验电压峰值 V	交流试验电压有效值 V	污染等级 2	3	4	额定脉冲试验电压峰值 V	交流试验电压有效值 V	污染等级 2	3	4
			电气间隙 mm					电气间隙 mm		
50	800	566	0.2	0.8	1.6	1 500	1 061	0.5	0.8	1.6
100	1 500	1 061	0.5			2 500	1 768	1.5		
150	2 500	1 768	1.5			4 000	2 828	3		

表 1（续）

电压[a] 有效值 V	基本绝缘或附加绝缘					加强绝缘				
	额定脉冲试验电压峰值 V	交流试验电压有效值 V	污染等级			额定脉冲试验电压峰值 V	交流试验电压有效值 V	污染等级		
			2	3	4			2	3	4
			电气间隙 mm					电气间隙 mm		
300	4 000	2 828	3			6 000	4 243	5.5		
600	6 000	4 243	5.5			8 000	5 657	8		
1 000	8 000	5 657	8			12 000	8 485	14		

注 1：本表数值取自 GB/T 16935.1—2008。

注 2：对于其他污染等级和过电压类别，见 GB/T 16935.1—2008。

[a] 参见附录 A。

6.1.3 爬电距离

按 GB/T 16935.1—2008 的规定，基本绝缘、附加绝缘和加强绝缘的最小爬电距离见表 2。

加强绝缘或双重绝缘的爬电距离应该为基本绝缘的两倍。

在测定易接近的绝缘物体表面的爬电距离时，用 IEC 60529 规定的试指不论触及到这些表面的哪个部位，均应将这些表面看作是覆盖了一层金属箔。

表 2 各行列出了最高额定电压下的爬电距离，在较低额定电压下，可用插入法。

电源的输入接线端见 E.2。

表 2 中的数值也适用于焊接电源内部的焊接回路以及与输入回路相隔离（如变压器）的控制回路。

爬电距离不能低于相应的电气间隙，最小爬电距离应等于其所要求的电气间隙。

如果控制回路与输入回路直接相连，则应采用输入电压值。

用长度测量仪按 GB/T 16935.1—2008 的规定检测其合格与否。

表 2　最小爬电距离

工作电压 有效值 V	爬电距离											
	基本绝缘或附加绝缘											
	印制线路材料 污染等级		污染等级									
	1	2	1	2			3			4		
	材料组别											
	a mm	b mm	a mm	Ⅰ mm	Ⅱ mm	Ⅲ mm	Ⅰ mm	Ⅱ mm	Ⅲ mm	Ⅰ mm	Ⅱ mm	Ⅲ mm
10	0.025	0.04	0.08	0.4	0.4	0.4	1	1	1	1.6	1.6	1.6
12.5	0.025	0.04	0.09	0.42	0.42	0.42	1.0	1.05	1.05	1.6	1.6	1.6
16	0.025	0.04	0.1	0.45	0.45	0.45	1.1	1.1	1.1	1.6	1.6	1.6
20	0.025	0.04	0.11	0.48	0.48	0.48	1.2	1.2	1.2	1.6	1.6	1.6

表 2（续）

工作电压有效值 V	爬电距离											
	基本绝缘或附加绝缘											
	印制线路材料污染等级		污染等级									
	1	2	1	2			3			4		
	材料组别											
	a mm	b mm	a mm	Ⅰ mm	Ⅱ mm	Ⅲ mm	Ⅰ mm	Ⅱ mm	Ⅲ mm	Ⅰ mm	Ⅱ mm	Ⅲ mm
25	0.025	0.04	0.125	0.5	0.5	0.5	1.2	1.25	1.25	1.7	1.7	1.7
32	0.025	0.04	0.14	0.53	0.53	0.53	1.3	1.3	1.3	1.8	1.8	1.8
40	0.025	0.04	0.16	0.56	0.8	1.1	1.4	1.6	1.8	1.9	2.4	3
50	0.025	0.04	0.18	0.6	0.85	1.2	1.5	1.7	1.9	2	2.5	3.2
63	0.04	0.063	0.2	0.63	0.9	1.25	1.6	1.8	2	2.1	2.6	3.4
80	0.063	0.1	0.22	0.67	0.95	1.3	1.7	1.9	2.1	2.2	2.8	3.6
100	0.1	0.16	0.25	0.71	1	1.4	1.8	2	2.2	2.4	3	3.8
125	0.16	0.25	0.28	0.75	1.05	1.5	1.9	2.1	2.4	2.5	3.2	4
160	0.25	0.4	0.32	0.8	1.1	1.6	2	2.2	2.5	3.2	4	5
200	0.4	0.63	0.42	1	1.4	2	2.5	2.8	3.2	4	5	6.3
250	0.56	1	0.56	1.25	1.8	2.5	3.2	3.6	4	5	6.3	8
320	0.75	1.6	0.75	1.6	2.2	3.2	4	4.5	5	6.3	8	10
400	1	2	1	2	2.8	4	5	5.6	6.3	8	10	12.5
500	1.3	2.5	1.3	2.5	3.6	5	6.3	7.1	8	10	12.5	16
630	1.8	3.2	1.8	3.2	4.5	6.3	8	9	10	12.5	16	20
800	2.4	4	2.4	4	5.6	8	10	11	12.5	16	20	25
1 000	3.2	5	3.2	5	7.1	10	12.5	14	16	20	25	32
1 250			4.2	6.3	9	12.5	16	18	20	25	32	40
1 600			5.6	8	11	16	20	22	25	32	40	50
2 000			7.5	10	14	20	25	28	32	40	50	63
2 500			10	12.5	18	25	32	36	40	50	63	80
3 200			12.5	16	22	32	40	45	50	63	80	100
4 000			16	20	28	40	50	56	63	80	100	125
5 000			20	25	36	50	63	71	80	100	125	160
6 300			25	32	45	63	80	90	100	125	160	200
8 000			32	40	56	80	100	110	125	160	200	250
10 000			40	50	71	100	125	140	160	200	250	320

注：a 材料组别为Ⅰ、Ⅱ、Ⅲ$_a$ 和Ⅲ$_b$，b 材料组别为Ⅰ、Ⅱ和Ⅲ$_a$。

6.1.4 绝缘电阻

绝缘电阻不应低于表3给出的数值。

表3 绝缘电阻

输入回路(包括与之相连的控制回路)对焊接回路(包括与之相连的控制回路)	5 MΩ
控制回路和外露导电部件对所有回路	2.5 MΩ

与保护性导体接线端相连的所有控制回路或辅助回路在本试验中应视为外露导电部件。

在室温下,施加500 V的直流电压,在不接干扰抑制或保护电容器(见6.3.1)的情况下,测稳定的绝缘电阻值来检查其合格与否。

测量时,固态电子组件及其保护装置可予以短接。

6.1.5 介电强度

绝缘应能承受下述试验电压而无闪络或击穿现象发生。

a) 焊接电源的初次试验:用表4所列试验电压;

b) 同一台焊接电源的重复试验:用表4所列试验电压的80%。

表4 介电强度试验电压

最大额定电压有效值[a] V	交流介电强度试验电压有效值 V			
所有回路	所有回路对外露导电部件,输入回路对除焊接回路以外的所有回路		除输入回路以外的所有回路对焊接回路	输入回路对焊接回路
	Ⅰ类设备	Ⅱ类设备		
≤50	250	500	500	—
200	1 000	2 000	1 000	2 000
450	1 875	3 750	1 875	3 750
700	2 500	5 000	2 500	5 000
1 000	2 750	5 500	—	5 500

注1:最大额定电压对接地和未接地的系统都有效。

注2:在本部分中,控制回路的介电强度试验是指对除输入回路和焊接回路以外的进出机壳的任何回路。

[a] 除200 V~450 V之外,允许用插入法确定试验电压。

试验用的交流电压频率为50 Hz或60 Hz,波形为近似正弦波,峰值不超过有效值的1.45倍 。

跳闸电流的最大允许设定值为100 mA。高压变压器跳闸前应能提供规定的电压。跳闸应视为闪络或击穿。

注:为了操作者的安全,建议将跳闸电流设置在最低档的位置上(小于10 mA)。

替换试验:也可以用数值为交流有效值1.4倍的直流电压进行试验。

组件或部件不应被断开或短路,除非满足a)、b)或c)的条件:

a) 按相关标准进行设计和检验的组件或部件,其电压低于本部分试验电压。这些组件或部件不是连接在输入回路和焊接回路之间,并且它们的拆除或短路不影响回路的试验,比如:风机和泵电机。

b) 仅与输入回路相连或仅与焊接回路相连的组件或部件，它们的拆除或短路不影响回路的试验，比如：电子回路。

c) 联接在输入回路或焊接回路与外露导电部件之间的、符合有关标准的干扰抑制或保护性电容器。

与保护性导体接线端相连的控制回路在试验过程中不能断开，应按外露导电部件进行试验。

试验电压可按制造厂要求缓慢上升至满值。

试验电压可同时施加在输入回路、外露导电部件和焊接回路之间，参见附录B的例子。

机械驱动的焊接电源应经受同样的试验。

应施加试验电压检验其合格与否，试验电压的持续时间为：

a) 60 s(型式检验)；

b) 5 s(例行试验)；或

c) 1 s(例行试验时试验电压增加20%)。

6.2 正常使用中的防触电保护(直接接触)

6.2.1 外壳防护

专门为室内使用而设计的焊接电源的最低防护等级应达到IEC 60529规定的IP21S。

专门为户外使用而设计的焊接电源的最低防护等级应达到IEC 60529规定的IP23S。

防护等级为IP23S的焊接电源可在户外存放，但不应在雨雪中无遮蔽的地方使用。

外壳应能充足排水，残留的水不应影响设备的正常运行或降低安全性能。

焊接回路的连接应按11.4.1规定予以防护。

焊接电源遥控器的最低防护等级应达到IEC 60529规定的IP2X。

通过下列试验检查其合格与否：

焊接电源应在不通电情况下承受淋雨试验。试验后，应迅速将焊接电源移至安全环境，然后进行绝缘电阻和介电强度试验。

6.2.2 电容器

电容器作为焊接电源的一个部件，如跨接在供电电源线上或并在提供焊接电流的变压器线圈上，应当：

a) 易燃液体量不超过1 L；

b) 在正常使用条件下，不出现液体泄漏现象；

c) 电容器应放置在焊接电源的壳体内或其他符合本部分的相关要求的壳体内。

通过目测检查其合格与否。

即使电容器损坏时也不能使焊接电源出现电气击穿或着火的危险。

通过下列试验检查其合格与否。

焊接电源在额定输入电压下空载运行。试验时，供电电源应装额定电流小于或等于200%额定最大输入电流的熔断器或断路器。将所有电容器或任意一个电容器短路，直至：

a) 焊接电源的任一熔断器或过电流装置动作；或

b) 供电电源熔断器或断路器断开；或

c) 焊接电源的输入部分达到稳定温度，但不超过7.3的规定值。

如果出现明显的过热或熔化现象，焊接电源应符合8.1 a)、c)、d)要求。

在本部分规定的型式检验的任何阶段，电容器不应出现液体泄漏现象。

对于干扰抑制电容器或具有内部熔断或断流器的电容器，不必进行此项试验。

6.2.3 输入电容器的自动放电

每个电容器均应设置放电回路，以保证在可能接近与电容器相连的带电部件所需的时间内，电容器的端电压降至 60 V 或更低，或用一个合适的警告标示。对因电容器而带电的插头而言，该接近时间可定为 1 s。

额定容量不超过 0.1 μF 的电容器，可看作不会引起触电危险。

通过目测和下列试验检查其合格与否：

焊接电源在最高额定输入电压下运行，然后切断焊接电源与电网的联系，使用对测量值没有显著影响的仪表测量电压。

6.3 发生事故时的防触电保护(非直接接触)

6.3.1 保护措施

焊接电源除焊接回路外，应符合 IEC 61140 规定的Ⅰ类设备或Ⅱ类设备的要求。

6.3.2 输入回路与焊接回路的隔离

焊接回路应与输入回路及电压值高于 11.1 规定的空载电压的所有其他回路(如辅助电源的回路)在电气上隔离，隔离方式可采用加强绝缘或双重绝缘或满足 6.1 要求的等效方式。如果有一回路与焊接回路相连接，则该回路的电源应由一只隔离变压器或相当的装置供给。

焊接回路不得在内部与焊接电源的外部保护性导体连接装置、外壳、机架或铁芯相连接，除非必要时通过干扰抑制器或保护电容器连接。焊接输出端与保护性导体接线端之间的泄漏电流不得超过交流 10 mA 有效值。

在额定输入电压和空载条件下用图 1 所示线路测量泄漏电流和目测检查其合格与否。

测量电路的总电阻为(1 750±250)Ω，并用一个电容旁路使电路的时间常数为(225±15)μs。

电阻为 1 750 Ω 时，电容为 130 nF。

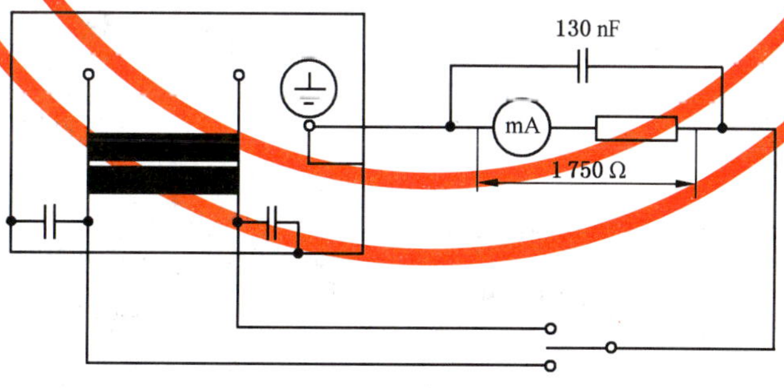

图 1 焊接回路泄漏电流的测量

6.3.3 输入回路绕组与焊接回路绕组之间的绝缘

输入回路绕组与焊接回路绕组的绝缘应采用：

a) 加强绝缘；或

b) 对它们之间的金属隔离层作基本绝缘，该隔离层与外部保护性导体紧密相连。

输入回路绕组与焊接回路绕组之间的绝缘材料应符合表 5 的规定值。

表 5 穿过绝缘的最小距离

额定输入电压有效值 V	穿过绝缘的最小距离 mm	
	单层	3 个或 3 个以上的单独层之和
≤440	1.3	0.35
441～690	1.5	0.4
691～1 000	2.0	0.5

如果线圈之间有一金属隔离层，每一线圈与隔离层之间的绝缘层厚度至少应为表 5 规定值的一半。

通过目测和测量检查其合格与否。

6.3.4 内部导体及其连接

内部导体及其接线应固定牢固，以免因偶然的松脱而导致：

a) 输入回路或任何其他回路和焊接回路之间发生电气连接，使输出电压高于允许的空载电压；

b) 焊接回路和保护性导体、外壳、机架或铁芯之间发生电气连接。

在绝缘导线穿过金属部件的地方应配备绝缘衬套或留有倒角半径不小于 1.5 mm 的光滑孔。

裸导体应予以固定，以可靠地保持相互间以及与导电部件之间的电气间隙与爬电距离（见 6.1.2 和 6.3.3）。

不同回路的导体可并排放置，可放置在同一管道（如导管，电缆中继系统）或在多芯电缆里，只要放置方式不影响各回路的正常功能。当这些回路在不同电压下工作时，导体应用适当的方式隔离或按同一管道内导体的最高电压进行绝缘。

用目测和测量检测其合格与否。

6.3.5 等离子切割系统的补充要求

由于技术原因未作防直接接触保护的等离子喷嘴，在单一故障发生状态并满足下列要求的情况下，可视为充分防护：

a) 当没有电弧时：

等离子喷嘴与工件和/或地之间的电压在任何情况下不高于 11.1.1 的规定值。

或

根据第 13 章，等离子切割电源装有防触电装置。

而且

b) 对于手动系统，当电弧存在时：

当等离子喷嘴水平放置，其中心线与试指垂直时，符合 IEC 60529 的试指不应触及等离子喷嘴的边。

或

等离子喷嘴与工件和/或地之间的直流电压在任何情况下不高于 11.1.1 的规定值。

注：举例来说，故障是一种异常情况，它的产生是由于绝缘块的丢失、等离子喷嘴与电极的黏连、等离子喷嘴与电极间的导电材料、元件错误、元件松动、电极磨损、元件的错误插接、超载或不正常的气体流动而发生电极与等离子喷嘴相连。

根据 11.1 及模拟割炬故障，并按第 13 章进行试验，检验其合格与否。割炬按 IEC 60974-7 进行试验。

6.3.6 可动线圈和铁芯

如果采用可动线圈或可动铁芯调节焊接电流，其结构应能保持规定的电气间隙和爬电距离，并应考虑电气和机械应力的作用。

在整个行程范围内，从小到大或从大到小操作此机构 500 次，操作速率按制造厂规定。通过目测检查其合格与否。

6.3.7 初级泄漏电流

外部保护性导体的初级泄漏电流应：

a) 对于额定电流小于等于 32 A 的插头式连接设备不超过 5 mA；

b) 对于额定电流大于 32 A 的插头式连接设备不超过 10 mA；

c) 对于无特殊保护性导体的、永久性连接的设备不超过 10 mA。

对于永久性连接的带加强保护性导体的设备，其泄漏电流不超过每相额定输入电流的 5%。

对于具有加强保护性导体的设备，应提供：

——一个用于连接保护性导体的接线端，至少能连接 10 mm^2 铜线或 16 mm^2 铝线；或

——另一个用于连接保护性导体的接线端，该保护性导体的截面积与通常使用的保护性导体的截面积相同。

在下列条件下，用图 2 所示的测量电路检查其合格与否：

a) 焊接电源：

- 与地面隔离；
- 由最高额定输入电压供电；
- 除非通过测量组件，否则不应与保护性接地相连。

b) 处于空载状态；

c) 不能拆除干扰抑制电容器。

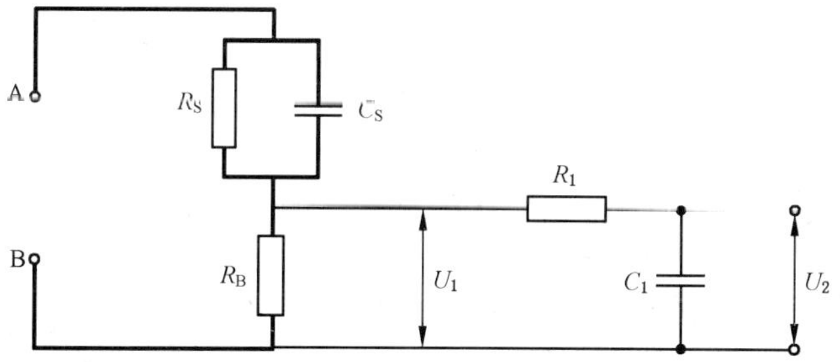

说明：

A、B——测试端；

R_S——1 500 Ω；

R_B——500 Ω；

C_S——0.22 μF；

R_1——10 000 Ω；

C_1——0.022 μF；

加权接触电流(感觉/感生电流)$=U_2/500$(峰值)。

图 2 初级泄漏电流测试网络

注意：应由有资质的人员进行此试验。在此试验中保护性导体处于失效状态。

7 热性能要求

7.1 发热试验

7.1.1 试验条件

焊接电源应以恒定电流运行，周期为(10±0.2)min，并且

a) 60%负载持续率和/或100%负载持续率，以及相应的额定焊接电流(I_2)；

b) 额定最大焊接电流(I_{2max})和相应负载持续率。

如果在a)和b)的情况下运行都未达到最大发热，则应在其额定范围内，以达到最大发热的位置作试验。

对于交流TIG焊电源，不平衡负载可能会引起最大发热，这种情况下，按附录C的规定进行试验。

注1：最大发热可能发生在空载情况下。

注2：有关试验可以接着做，无需等焊接电源恢复至环境温度。

7.1.2 试验参数的允差

在7.1.2的温升试验的最后60 min内，试验参数的允差应满足：

a) 负载电压：约定负载电压的$^{+10}_{-2}$%；

b) 焊接电流：约定焊接电流的$^{+10}_{-2}$%；

c) 输入电压：额定输入电压的±5%；

d) 发电机转速：额定转速的±5%。

7.1.3 发热试验的持续时间

发热试验应进行到焊接电源的任何部件温度上升速率不超过2 K/h，试验时间不少于60 min。

7.2 温度测量方法

7.2.1 测试条件

温度应在最后一个周期加载时间的中点按以下方法测定：

a) 对于绕组，用电阻法或表面温度传感器法或埋入式温度传感器法；

注1：应优先选用电阻法。

注2：对于串接有开关触点的低电阻绕组，用电阻法可能得到不正确的结果。

b) 对于其他部件，用表面温度传感器法。

7.2.2 表面温度传感器法

按照下述规定条件，将温度传感器放在绕组或其他部件可达到的表面来测定温度。

注：典型的温度传感器有热电偶、电阻温度计等。

不能用水银温度计来测定绕组和表面的温度。

温度传感器应放在能达到的可能出现最高温度的点上。建议进行初步检查，以预先确定发热点的位置。

注：绕组上热点的大小和分布决定于焊接电源的设计。

应保证测量点与温度传感器之间的有效热传导，并提供防护使温度传感器不受气流和辐射的影响。

7.2.3 电阻法

绕组的温升通过电阻的增大来测定，铜绕组的温升按下述公式求得：

$$t_2 - t_a = (235 + t_1)(R_2 - R_1)/R_1 + (t_1 - t_a)$$

式中：

t_1 ——测量 R_1 时的绕组温度，单位为摄氏度(℃)；

t_2 ——试验结束时的绕组温度计算值，单位为摄氏度(℃)；

t_a ——试验结束时的环境温度，单位为摄氏度(℃)；

R_1——绕组初始电阻，单位为欧姆(Ω)；

R_2——试验结束时的绕组电阻，单位为欧姆(Ω)。

对于铝绕组，应用 225 代替上述公式中的常数 235。

t_1 应在环境温度±3 K 范围内。

7.2.4 埋入式温度传感器法

这种方法是将热电偶或大小相近的其他测温器件埋入最热部分来测量温度的。

测量绕组和线圈温度时，热电偶应直接放置在导体上，靠导体本身的绝缘层将热电偶与金属回路隔开。

把热电偶放置在单层绕组的最热点上应视为埋入法。

7.2.5 环境温度的测定

测环境温度时，至少用三只测温装置均匀分布在焊接电源的周围。测温装置大致安放在焊接电源的一半高度，与其表面相距 1 m～2 m 的地方，并使其免受气流和异常加热的影响。应取温度读数的平均值作为环境温度。

对于风冷式焊接电源，测温装置应放置在冷却系统的进风口。温升试验结束前的 15 min 内，按同样时间间隔测得的温度的平均值作为环境温度。

7.2.6 温度的读取

在可能条件下，应记录设备运行时和停机后的温度。对于在设备运行时无法记录其温度的那些部件，应在停机后按下述方法读取温度。

在停机瞬间到最终的温度测定总要经过一些时间，温度会有所下降，应作适当校正，以获得尽可能接近停机瞬间的实际温度。可按附录 D 要求绘制曲线得出停机瞬间的温度。在停机后的 5 min 内至少要读取 4 点温度。如果停机后连续测得的温度呈上升趋势，应取其最高值作为停机瞬间的温度。

为尽可能获得准确的停机时刻温度，应采取措施缩短旋转式焊接电源的停机时间。

7.3 温升限值

7.3.1 绕组、换向器和滑环

不管采用何种测量方法进行测量，绕组、换向器和滑环的温升不应超过表 6 的规定限值，但测量线圈和绕组温升限值时应尽量采用电阻法或埋入式温度传感器法。

任何部件都不应达到损坏其他部件的温度，尽管该部件的温升符合表 6 要求。

试验时若不采用 100％负载持续率，则任何周期的峰值温度不应超过表 6 的规定值。如果发热试验不是在温度 40 ℃条件下进行，则根据 7.1 要求进行发热试验时测得的最高温度应通过加上 40 ℃与环境温度的差值加以修正(见 7.2.5)。

按 7.2 测量，检查其合格与否。

表6 绕组、换向器和滑环的温升限值

<table>
<tr><td rowspan="3">绝缘等级
℃</td><td rowspan="3">峰值温度
℃</td><td colspan="4">温升限值
K</td></tr>
<tr><td colspan="3">绕组</td><td rowspan="2">换向器
和滑环</td></tr>
<tr><td>表面温度传感器法</td><td>电阻法</td><td>埋入式温度传感器法</td></tr>
<tr><td>105(A)</td><td>140</td><td>55</td><td>60</td><td>65</td><td>60</td></tr>
<tr><td>120(E)</td><td>155</td><td>70</td><td>75</td><td>80</td><td>70</td></tr>
<tr><td>130(B)</td><td>165</td><td>75</td><td>80</td><td>90</td><td>80</td></tr>
<tr><td>155(F)</td><td>190</td><td>95</td><td>105</td><td>115</td><td>90</td></tr>
<tr><td>180(H)</td><td>220</td><td>115</td><td>125</td><td>140</td><td>100</td></tr>
<tr><td>200</td><td>235</td><td>130</td><td>145</td><td>160</td><td rowspan="2">未定</td></tr>
<tr><td>220(C)</td><td>250</td><td>150</td><td>160</td><td>180</td></tr>
<tr><td colspan="6">注1：表面温度传感器法系指用非埋入式传感器在绕组外表面可达到的最热点测温。
注2：一般来说，表面温度是最低的，用电阻法测得的温度是绕组内各处温度的平均值，用埋入式热电偶可以测出绕组内的最高温度(热点)。
注3：可以选用温度限值高于本表的绝缘等级的材料(见GB/T 11021)。</td></tr>
</table>

7.3.2 外表面

外表面温升不应超过表7的限值。

表7 表面温升限值

外表面	温升限值 K
裸金属外壳	25
喷漆金属外壳	35
非金属外壳	45
金属手柄	10
非金属手柄	30

对于内燃机驱动的电源，当其表面满足下列情况时，可超过表7规定的温升限值。

a) 需暴露在外或功能上要求的；或

b) 有GB/T 5465.2—2008的符号标志；或

c) 在正常运行条件下所放置的位置加了防护能防止人体意外触及。

注：需暴露在外或功能上要求的表面有排气件、消声器、火花消除器或气缸盖等。

按7.2测量和外观检验，检查其合格与否。

7.3.3 其他部件

其他部件的最高温度不应超过其相关标准规定的额定最高温度。如果发热试验不是在温度40 ℃

条件下进行，则根据7.1要求进行发热试验时测得的最高温度应通过加上40 ℃与环境温度的差值加以修正(见7.2.5)。

7.4 负载试验

焊接电源应能承受循环负载而不出现损坏或功能故障。

通过下述试验以及检查试验过程中焊接电源是否出现损坏或功能性故障来判断其合格与否。

焊接电源从冷态启动，在额定最大焊接电流下负载运行，直到下述某一种情况发生：

a) 热保护装置动作；

b) 达到绕组温度极限；

c) 达到10 min。

在a)项热保护装置复位后或b)项或c)项试验后立即进行下述试验中的一项试验：

1) 对于下降特性的焊接电源，将其调节到额定最大焊接电流位置，在外接短路电阻为8 mΩ～10 mΩ的情况下加载60次，每次短路2 s，停止3 s。

2) 对于平特性焊接电源，以1.5倍的额定最大焊接电流负载运行一次，持续时间15 s。对于装有保护装置的焊接电源，使焊接电流限定在低于额定最大焊接电流1.5倍，用可以达到的最大焊接电流作此项试验。

7.5 换向器和滑环

在旋转式焊接电源的整个调节范围内，换向器、滑环和电刷都不应出现有害的火花和损坏的痕迹。

在下述试验中通过目测，检查其合格与否。

a) 按7.1做发热试验；

和

b) 按7.4的1)项或2)项进行负载试验。

8 非常规运行

8.1 通用要求

焊接电源在8.2～8.4的运行条件下不应出现电击穿或着火的危险。做这些试验时不考虑任何部分所达到的温度，以及焊接电源是否能连续正常地工作。唯一的要求是不出现危险因素。这些试验也可以在其他焊接电源上进行。

对于带有保护装置(如断路器和热保护装置)的焊接电源，如果其保护装置在焊接电源出现危险因素之前动作，应看作是达到此项要求。

通过下述试验检查其合格与否：

a) 在焊接电源的底部放一层干脱脂棉，脱脂棉伸出电源各边150 mm。

b) 焊接电源从冷态开始启动，按8.2～8.4要求运行。

c) 试验过程中焊接电源不能出现火苗、金属或其他材料熔化引燃脱脂棉的现象。

d) 试验后，在5 min内焊接电源应能承受6.1.5 b)中的介电强度试验。

8.2 风扇堵转试验

通过风扇冷却来达到第7章要求的风冷式焊接电源，在7.1产生最大发热的输出条件下将风扇堵转，使焊接电源在额定输入电压或额定负载转速下运行4 h。

注：此试验的目的是在风扇静止条件下驱动电源。风扇可被机械地堵转或不予连接。

8.3 短路试验

焊接电源用制造厂配套的焊炬(焊钳)和焊接电缆短路,或用长度为1.2 m、截面积符合表8规定的导体短路。

将焊接电源调节至最大输出位置,在额定最大焊接电流和额定输入电压下产生最大额定输入电流。输入回路用外部熔断器或断路器加以保护,其规格和类型由制造厂确定。

焊接电源在下述短路条件下不应使供电电源的熔断器或断路器断开:

a) 下降特性的焊接电源短路15 s;

b) 平特性的焊接电源在1 min内,短路三次,每次1 s。

然后将焊接电源短路2 min,或直至输入保护装置动作。

试验过程中,输入电压的降低不能超过额定值的10%。

将机械驱动的焊接电源调节在最大输出值,在额定负载转速下短路2 min。

表8 输出端短路导体的截面

额定最大焊接电流 A	短路导体最小截面[a] mm^2
≤199	25
200～299	35
300～499	50
≥500	70

[a] 美国线规参见附录F。

8.4 过载试验

焊接电源按7.1.1 b)要求且负载持续率为相应负载持续率1.5倍的条件下运行4 h。

如果焊接电源的相应负载持续率超过67%,则本项试验在100%负载持续率下进行。

如果焊接电源以抽头的方式作输出调节,则在试验时应该用能产生最大输入电流的抽头档。

如果额定最大焊接电流时所对应的负载持续率是100%,焊接电源不需要做本项试验。

9 热保护

9.1 基本要求

由电网供电的焊接电源在额定最大焊接电流下,其负载持续率低于下列数值,应配备热保护装置:

a) 对于下降特性:35%;或

b) 对于平特性:60%。

注:下降特性一般用于药皮焊条手工电弧焊和TIG焊,平特性一般用于MIG/MAG焊。

如果焊接电源装有热保护装置,则热保护装置应满足9.2～9.7要求。

通过目测,检查其合格与否。

9.2 结构

热保护装置的结构应:

a) 不会改变其温度设定值;或

b) 在对其未造成明显的机械损坏时，不会改变其动作。

通过目测，检查其合格与否。

9.3 安装

热保护装置应永久性地安装在焊接电源内部，其安装方式应保证可靠的热传递。

通过目测，检查其合格与否。

9.4 动作

热保护装置应能防止焊接电源绕组温度超过表6规定的峰值温度。

焊接电源在铭牌所示的额定焊接电流和相应负载持续率下运行时，热保护装置应不动作。

焊接电源按7.1.1 b)试验期间，在最高环境温度为40 ℃条件下热保护装置应不动作。随后使焊接电源过载，使其达到热保护装置动作所需温度。通过这些试验检验其合格与否。

9.5 复位

在温度尚未降至表6给定的温度值以下时，热保护装置应不能自动或手动复位。

通过动作和温度测量，检验其合格与否。

9.6 动作能力

热保护装置应能在额定最大焊接电流下连续地运行而不失效，即：

a) 负载持续率在35%或35%以上，100次；

b) 负载持续率低于35%，200次。

试验后，应符合9.4和9.5的要求。

用适当的过载方式，使一个与热保护装置所在电路具有相同电特性(尤其是电流和电抗)的电路持续通断所要求的次数，检验其合格与否。

9.7 指示装置

装有热保护的焊接电源应有热保护装置已经降低或切断焊接电源输出的指示装置。当热保护装置自动复位时，用黄色指示灯或开孔内的黄色标记显示，也可用使用说明书中规定的字符或符号显示。

通过目测，检查其合格与否。

10 供电电源的连接

10.1 输入电压

输入电压在额定值的±10%范围内，焊接电源应能正常运行。这时可能产生对额定值的偏差。

对机械力(电机)驱动的焊接电源而言，当输入电压为额定输入电压的90%时，电动机的转矩应足以保证输出额定最大焊接电流。

对机械力(内燃机)驱动的旋转式焊接电源，其内燃机应能容许最大负载和空载之间的变化而不对焊接电源的焊接性能产生有害影响。

通过运行，检验其合格与否。

10.2 多种输入电压

设计用于不同输入电压下运行的焊接电源，应配备下述装置之一：

a) 对于通过联接线来调节输入电压的焊接电源，应配备一个内部的电压选择板，并标明每种输入电压的接线方式；

b) 内部端子盒或端子板，其中的各个端子清晰地标明其输入电压；

c) 抽头选择开关，它应装有防止开关转到不恰当位置时的联锁装置。联锁装置只有使用工具才能进行调节；

d) 两根电源电缆，各装一个不同的插头，用一个选择开关保证不用的插头不带电；

e) 可使焊接电源自动适应输入电压的装置。

注：焊接电源可配备外部显示装置，以显示所选输入电压。

通过目测和下述测试，检验其合格与否。

在有几种输入连接的焊接电源中，对那些没有装设只有用工具才能扣紧罩盖的连接点，则应在各种可能的输入连接和开关位置下，用电压表对其进行测试。若这些没有罩盖的连接点之间以及它们与外壳之间没有电压或电压低于 12 V，可认为符合要求。

对于 d)项的情况，应按 10.7 对选择开关进行附加试验。

10.3 输入回路的连接方式

允许采用下述的某一连接方式：

a) 供柔性输入电缆作永久性连接用的接线端子；

b) 供固定式电缆连接用的接线端子；

c) 装在焊接电源上的供电电源插口。

注：采用分断装置如开关、接触器等上的接线端子看作满足此要求。

输入回路的连接方式应根据最大有效输入电流 I_{1eff} 和最大输入电压来选定，并满足有关标准的要求或按附录 E 进行设计。

通过目测，检查其合格与否。

10.4 输入回路接线端

10.4.1 接线端的标记

接线端应按 IEC 60445 或其他相关标准作出清晰的标记。标记符号应置于对应的接线端上或靠近接线端的位置上。

通过目测检查其合格与否。

10.4.2 保护电路的连续性

内部保护电路应能承受故障时产生的电流。

I 类保护的焊接电源在相线接线端子旁应有一个符合附录 E 和表 E.1 要求的合适规格的接线端用以连接外部保护性导体。这个接线端不得用于其他目的(例如用来夹紧外壳上的两个零件)。

如果焊接电源上面或其内有中性导体接线端，则该接线端不应与保护性导体接线端有电的接触。

外部保护性导体的接线端上应标有图示符号“⏚”(GB/T 5465.2—2008)。

可附加选用下述形式：

a) 字母：PE；

或

b) 双色：绿和黄。

焊接电源内部与外部带绝缘的保护性导体一样应是绿、黄双色。如果焊接电源用多芯的柔性电缆供电，则该电缆内应含有绿-黄双色保护性导线。

如果焊接电源配备有保护性导线，其连接方法应保证在电缆拉离接线端时，相线比保护性导线先拉脱。

通过目测和10.4.3、10.4.4试验检验其合格与否。

注：在目视检查中，应注意检查导电部件与保护电路的紧固方式，如锯齿垫圈、锯齿螺钉或未喷漆表面等。

10.4.3 型式检验

在可能会带电的外壳部件与外部保护性导体接线端通以200%铭牌规定的额定最大有效值输入电流，持续时间见表9，外部保护性铜导体的最小横截面见表10。

注：当用有效值做比较时，测试电流的波形不做规定。

表9 保护性电路的电流和时间要求

电流 A	时间 min
≤30	2
31～60	4
61～100	6
101～200	8
>200	10

表10 外部保护性铜导体的最小横截面

设备供电相线的截面积 S mm^2	外部保护导线的最小截面积 S_p mm^2
$S \leqslant 16$	S
$16 < S \leqslant 35$	16
$S > 35$	$S/2$

试验过程中，不应出现任何金属熔化、与焊接电源的连接处损坏或发热引起着火的危险，外壳部件与接线端之间的电压降不应超过4 V。

10.4.4 例行检验

保护电路的连续性应通过引入来自PELV电源的50 Hz或60 Hz的至少10 A电流进行验证。试验在PE端子和保护电路的有关点间进行。试验时间为1 s。

PE端子和各测试点间的实测电压不应超过表11的规定值。

表11 保护性电路连续性的检验

被测保护导线支路最小有效截面积 mm^2	最大的实测电压降(对应测试电流10 A的值) V
1.0	3.3
1.5	2.6
2.5	1.9
4.0	1.4
>6.0	1.0

10.5 电缆固定装置

装有供联接柔性输入电缆接线端子的焊接电源应配备电缆固定装置，以使电气连接不受张力的作用。

电缆固定装置的结构要求：

a) 其大小应适应具有表 E.1 规定导体截面的柔性电缆；

b) 固定方式容易识别；

c) 电缆更换方便；

d) 如果电缆固定装置导电的紧固螺钉与外露导电部件很接近或相接触，电缆不能与这些螺钉接触；

e) 电缆不能用直接卡在它上面的金属螺钉来固定；

f) 电缆固定装置至少有一个零件安全地固定在焊接电源上；

g) 更换电缆时需要松开或拧紧的螺钉不能用作固定其他部件之用；

h) 安装在Ⅱ类保护的焊接电源上的电缆固定装置，应用绝缘材料制造，或采取绝缘措施，使在绝缘损坏时不致造成外露导电部件带电。

通过目测和下述试验，检查其合格与否。

首先将规定的最小导线截面的柔性电缆连接到电源接线端上，电缆固定装置在电缆上装好并紧固。固定后的电缆应不能过多地推进到焊接电源内，否则有可能会损坏电缆本身或焊接电源内的部件。然后将电缆固定装置拧紧和松开 10 次。

在不用猛力的情况下，对电缆施加表 12 规定的拉力，持续时间 1 min。

表 12 拉力

导线标称截面积 mm^2	拉力 N
1.5	150
2.5	220
4.0	330
≥6.0	440

试验结束时，电缆位移不得超过 2 mm，在接线端内的导线末端不得有明显位移。为了测量位移量，试验前应在张紧的电缆上距电缆固定装置 20 mm 处作一标记。

试验后，在张紧的电缆上测量该标记相对于电缆固定装置的位移。

试验过程中电缆不应有明显的损坏（如外皮上的刻痕、切口或裂缝）。

用规定的最大导线截面的电缆重复本项试验。

10.6 进线孔

凡输入电缆穿过金属件的地方，应配置绝缘套管或开有倒角半径不小于 1.5 mm 的光滑圆孔。

通过目测，检查其合格与否。

10.7 输入回路通/断开关装置

若输入回路装有通/断开关装置（如开关、接触器或断路器）时，则通/断开关装置应能：

a) 通断所有非接地的电源线，并且

b) 清晰地显示线路的通断，并且

c) 规格应是：

——电压：不低于铭牌所示值；

——电流：不低于铭牌所示最大有效输入电流值；

或

d) 适合使用要求。

通过目测，检查其合格与否。对c)是按相关标准进行试验，对d)则是进行下述试验：

试验可以在几个开关装置上进行，但开关装置必须是完全相同的。

焊接电源接入相应于最大输入电流时的额定输入电压，此外，Ⅰ类保护的焊接电源接一个10 A～20 A的熔断器，熔断器装在：

——对于接地电网：供电电网接地端与焊接电源保护接地端之间。

——对于非接地电网：供电电网中性线与焊接电源保护接地端之间。

试验过程中，输入电压不应低于额定值。

过载：焊接电源的输出端按8.3规定的方法短路，然后将开关装置以每分钟6次～10次的频率开关100次，每次至少合闸1 s。

如果开关装置的额定电流值超过额定最大输入电流的两倍，则不需作试验。

耐用性：焊接电源的输出端接约定负载，调节负载使焊接电源输出100%负载持续率时的额定焊接电流。开关装置以每分钟6次～10次的频率开关1 000次，每次至少合闸1 s。

对于额定输入电压不止一种的焊接电源，还应在额定最高输入电压下进行试验。

试验过程中，不应出现电气或机械故障，Ⅰ类保护的焊接电源不应出现保险丝熔断现象。

注：已证明满足本条试验要求的元件，可以用在技术要求等同或较低的其他类似场合。

10.8 输入电缆

焊接电源带有输入电缆时应：

a) 适合使用条件，并满足国家和地方法规；

b) 根据最大有效输入电流 I_{1eff} 确定截面积大小；并且

c) 从外壳的出口处算起至少2 m长。

通过目测、测量和计算检查其合格与否(测量时，用最小峰值因数为3的真有效值表)。

注：测量结果受输入电源阻抗的影响(参见附录G)。

10.9 输入耦合装置(插头)

输入耦合装置作为弧焊电源的一个部件时，其额定电流不应小于：

a) 8.3试验要求的保险丝的额定电流，此时不考虑是否装有输入回路开关；

b) 最大有效输入电流 I_{1eff}；

对于125 V输入电压网络，电流额定值还不应低于a)或b)：

a) 对带有电源开关的设备，额定最大输入电流的70%；

b) 对不带电源开关的设备，在最大调节位置将输出端短路，所测得的输入电流的70%。

另外，耦合装置应能适应工业用途(见IEC 60309-1)。

通过目测、测量和计算，检查其合格与否。

11 输出

11.1 额定空载电压

11.1.1 在触电危险性较大的环境中使用的额定空载电压

额定空载电压不应超过：

a) 直流 113 V 峰值；

b) 交流 68 V 峰值和 48 V 有效值。

对于整流式直流焊接电源的结构，要求在整流器损坏(例如开路、短路或一相有故障)时，空载电压仍不超过上述限值。

这类焊接电源可标以附录 L 中编号为 84 的符号。

按 11.1.5 进行测试及通过故障模拟，检查其合格与否。

11.1.2 在触电危险性不大的环境中使用的额定空载电压

额定空载电压不应超过：

a) 直流 113 V 峰值；

b) 交流 113 V 峰值和 80 V 有效值。

按 11.1.5 进行测试，检查其合格与否。

11.1.3 对操作人员加强保护的机械夹持焊炬情况下使用的额定空载电压

额定空载电压不应超过：

a) 直流 141 V 峰值；

b) 交流 141 V 峰值和 100 V 有效值。

上述数值仅适用于满足下述要求的情况：

a) 焊炬不用手持；

b) 焊接停止时空载电压应能自动切断；
和

c) 防直接接触带电部件应具有：
——最低防护等级 IP2X；或
——有防触电装置(见第 13 章)。

按 11.1.5 进行测量，操作和目测检查其合格与否。

11.1.4 特殊工艺如等离子切割使用的额定空载电压

额定空载电压不应超过 500 V 直流峰值。

按 11.1.5 进行测试，通过操作和目测检验其合格与否，可用 5 kΩ 的固定电阻代替 200 Ω 的固定电阻与 5 kΩ 可变电阻的串联组合。

如果完全满足下述要求，可以使用超过 113 V 直流峰值的额定空载电压。

a) 如果与等离子切割电源配套的割炬从焊接电源拆除或未安装割炬，则安全装置应能防止空载电压的输出；

b) 控制电路(例如：起动开关)切断后的 2 s 内空载电压降至 68 V 峰值以下；

c) 当引导弧和主电弧熄灭而使得电弧电流中断时，喷嘴与工件或地之间的电压不超过 68 V 峰值。

应在使用说明书中给出符合这些要求的条件。

这类电源可标以附录 L 中编号为 84 的符号。

用仪表或示波器并联最小为 5 kΩ 的电阻进行测量，检验其合格与否。

11.1.5 测量

各位置的额定空载电压都不得超过表 13 中 11.1.1～11.1.4 规定的数值。

表 13 允许的额定空载电压值一览表

条款	工作条件	额定空载电压值
11.1.1	触电危险性较大的环境	直流 113 V 峰值 交流 68 V 峰值和 48 V 有效值
11.1.2	触电危险性不大的环境	直流 113 V 峰值 交流 113 V 峰值和 80 V 有效值
11.1.3	对操作人员加强保护的机械夹持焊炬	直流 141 V 峰值 交流 141 V 峰值和 100 V 有效值
11.1.4	等离子切割	直流 500 V 峰值

电子控制的焊接电源应：

a） 保证电路出现任何故障时，输出电压不超过表 13 的规定值；或

b） 装一个保护系统，在 0.3 s 内自动切断输出端的电压，并且不自动复位。

如果空载电压高于相应限值，焊接电源应按第 13 章规定安装防触电装置。

这些限值不适用于可能叠加的引弧和稳弧电压。

通过测试、线路分析和/或故障模拟检查其合格与否。

a） 有效值

用一个真有效值表并联一个 5 kΩ（最大允差±5%）电阻进行测量。

b） 峰值

为了测得具有重现性的峰值，可忽略无危险性的脉冲，而采用图 3 所示线路。

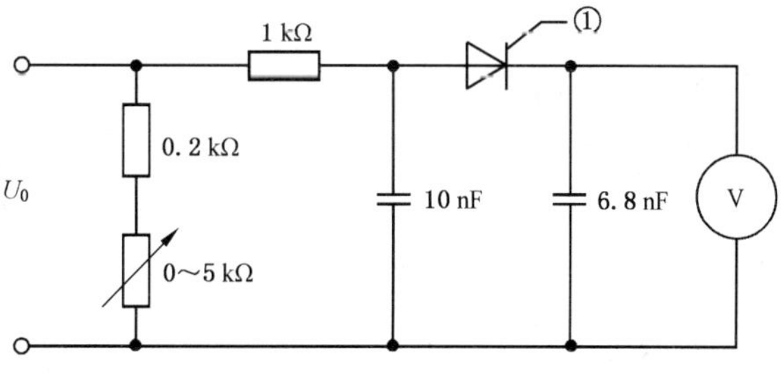

说明：

①——二极管 1N4007 或类似的管子。

图 3 峰值测量

电压表应指示平均值，选用表的量程应尽可能接近实际的空载电压值。电压表的内阻至少 1 MΩ。

测量回路中元件参数值的允差不得超过±5%。

型式检验时，变阻器应在 0～5 kΩ 之间变化，以测得在 200 Ω～5.2 kΩ 负载下的最高峰值电压。用极性转换装置的两种接法进行反复测量。

型式检验中可以确定产生最大电压值时的电阻值及连接方式。这一电阻值和连接极性可以用在例

行检验中。

11.2 型式检验的约定负载电压值

11.2.1 药皮焊条手工电弧焊

$I_2 \leqslant 600$ A：$U_2=(20+0.04I_2)$V；

$I_2>600$ A：$U_2=44$ V。

11.2.2 TIG 焊

$I_2 \leqslant 600$ A：$U_2=(10+0.04I_2)$V；

$I_2>600$ A：$U_2=34$ V。

11.2.3 MIG/MAG 焊和药芯电弧焊

$I_2 \leqslant 600$ A：$U_2=(14+0.05I_2)$V；

$I_2>600$ A：$U_2=44$ V。

11.2.4 埋弧焊

$I_2 \leqslant 600$ A：$U_2=(20+0.04I_2)$V；

$I_2>600$ A：$U_2=44$ V。

11.2.5 等离子切割

$I_2 \leqslant 165$ A：$U_2=(80+0.4I_2)$V；

$165<I_2 \leqslant 500$ A：$U_2=(130+0.1I_2)$V；

$I_2>500$ A：$U_2=180$ V。

对于空气等离子切割，制造商可以规定典型切割条件下的负载电压值。

注：制造商规定的负载电压值应根据等离子工艺的特点来确定，比如：等离子割炬的设计、推荐的等离子气体、切割技术等，这些因素都会影响获得满意工艺时的电压值。

11.2.6 等离子焊接

$I_2 \leqslant 600$ A：$U_2=(25+0.04I_2)$V；

$I_2>600$ A：$U_2=49$ V。

11.2.7 等离子气刨

$I_2 \leqslant 300$ A：$U_2=(100+0.4I_2)$V；

$I_2>300$ A：$U_2=220$ V。

11.2.8 测量

焊接电源应能在整个调节范围内提供符合 11.2.1～11.2.7 要求约定负载电压(U_2)下的约定焊接电流(I_2)。

通过测试检验其合格与否(参见附录 H)。

11.3 调节输出用的机械式开关装置

用于调节或控制焊接电源输出量大小的开关、接触器、断路器或其他控制装置应有符合使用需求的寿命。

通过下述试验检查其合格与否：

将装置安装在一台试验用的焊接电源上，然后使装置在空载条件下，在其整个机械行程范围内来回运行 6 000 次。如果装置是用在输入回路中的话，焊接电源应在最高额定输入电压下运行。试验后装置不应出现电器或机械故障或损坏焊接电源。

注：已通过上述试验验证的部件，可以用在要求等同或较低的其他类似场合。

11.4 输出回路连接

11.4.1 意外接触的防护

焊接电源的输出端不管是否接有焊接电缆都应予以防护，防止人体或金属物件（如车辆、起重吊钩等）的意外接触。

可采取如下防护措施：

a) 耦合装置的任何带电部分凹入进口孔端面。符合 IEC 60974-12 的装置均已达到本条要求；

b) 装有带绞链的盖或防护装置。

通过目测检查其合格与否。

11.4.2 插座的安装

无盖插座安装时，不应将插孔向上倾斜。

注：装有自动闭合装置的插座，其插孔可以向上倾斜。

通过目测检查其合格与否。

11.4.3 出线孔

焊接电缆通过金属件的地方，应开有倒角半径不小于 1.5 mm 的圆形孔。

通过目测检查其合格与否。

11.4.4 三相交流多站式弧焊变压器

用以连接工件的所有焊接电源的输出端，在焊接电源内应有一条公共的内连接线。

同相的焊接电源输出接头应作相同标记。

通过目测检查其合格与否。

11.4.5 标记

专门用于连接工件的接线端或专门用于连接电极的接线端应作出标记。

直流焊接电源应在焊接电源的输出端或极性转换装置上清楚地标明极性。本要求不适用于等离子切割电源。

通过目测检查其合格与否。

11.4.6 等离子切割割炬的连接

割炬与等离子切割电源连接和断开应：

a) 在等离子切割电源内，借助工具、螺钉或耦合装置；

或

b) 在等离子切割电源上，通过耦合装置，该耦合装置为：

1) 设计成避免与不匹配的割炬连接；

或

2） 用工具操作。

当耦合装置断开时，不应存在高于安全(特低)电压的电压。

通过目测和测量检验其合格与否。

11.5 对外部装置供电的电源

焊接电源为外部装置供电时，应选用下述供电方式的一种：

a） 焊接回路；

b） 符合 IEC 61558-2-6 规定的安全隔离变压器，或焊接电源内装的等效装置；

c） 如果外部装置的所有外露导电部件按制造厂的建议与保护接地导体连接以防影响焊接电流(如：通过电流继电器或外壳类的相关金属部件绝缘)。可以用符合 IEC 61558-2-4 的次级额定电压不超过 120 V 有效值的隔离变压器。

外部装置包括送丝机、遥控器、引弧和稳弧装置、焊炬、焊缝追踪装置或与焊接回路相连的其他装置。

通过目测及模拟故障检验其合格与否。

11.6 辅助电源输出

在焊接电源设计成给外部装置供电(这些外部装置并不是焊接回路的组成部分，例如：照明、外部冷却系统或电动工具)的情况下，这些辅助回路和辅助装置应符合使用这些设备的有关标准和规定。

应按 6.3.2 和 6.3.3 将这些供电回路同焊接回路作电气上的隔离和绝缘。

在这类电源的输出端或插座旁应清晰地、永久性地标明可提供的电流、电压、负载持续率(如果负载持续率低于 100%)、交流或直流以及是否接地。

按 6.1.4、6.1.5、6.3.2 和 6.3.3 规定的方法进行试验并按 15.1 的规定摩擦标记，目测其合格与否。

11.7 焊接电缆

如果焊接电源配有焊接电缆，则焊接电缆应符合 IEC 60245-6 的要求。

12 控制回路

与焊接回路无电气连接的控制回路应符合下列有关要求：

a） 控制回路的工作电压不超过 277 V；

b） 用带独立绕组的变压器为控制回路供电；

c） 应有过流保护；

d） 应评估可能降低安全性的单一故障条件；

e） 除安全特低电压外，变压器的次级电路应接地；

f） 成束导体的绝缘应按导体中的最高电压设定；

g） 软件和逻辑电路不应对安全性产生负面影响；

h） 离开外壳的控制回路应用双重绝缘或加强绝缘将其与输入回路隔开。

通过测量和分析检验其合格与否。

注：控制回路的类型：

a） 焊接/切割设备机壳内部的控制回路；

b） 电源与制造商设计的外围设备之间的接口电路；

c） 源与其他辅助设备之间的接口电路；

d) 气体控制台内部的控制回路。

13 防触电装置

13.1 一般要求

防触电装置应能减小由于空载电压超过给定环境中允许的额定空载电压而可能引起的触电危险。实例见 13.2 和 13.3。

防触电装置的要求见表 14。

表 14 防触电装置的要求

未降低的空载电压	降低的空载电压	动作时间 s
11.1.3 和 11.1.2 之间	11.1.1	0.3
11.1.2 和 11.1.1 之间	11.1.1	2

13.2 电压降低装置

当外部焊接回路电阻大于 200 Ω 时，电压降低装置应自动将额定空载电压降至 11.1.1 规定的限值以下，其动作时间见表 14。

这类焊接电源可标以附录 L 中编号为 84 的符号。

注：建议降低的额定空载电压尽可能低。

在焊接电源的输出端跨接一个可变电阻器，调节电阻器，使电阻值逐渐增大并测量电压值和动作时间检验其合格与否。

13.3 交流切换成直流的装置

在外部焊接回路电阻大于 200 Ω 时，该装置应能自动将额定交流空载电压切换成不超过 11.1.1 规定的额定直流空载电压。动作时间见表 14。

这类焊接电源可标以附录 L 中编号为 84 的符号。

按 13.2 检验查其合格与否。

13.4 禁止防触电装置失效

防触电装置的设计应使操作人员在不使用工具的情况下不能让其失效或将其旁路。

通过目测检查其合格与否。

13.5 对防触电装置工作的影响

焊接电源的遥控装置(按制造厂规定)和引弧或稳弧装置不应影响防触电装置的正常功能，即空载电压不能超过规定的限值。

用可能影响防触电装置工作的任何装置重复 13.2 的试验，检查其合格与否。

13.6 正常工作指示

应提供一可靠的装置(如信号灯)指示防触电装置正常工作。一旦电压降低或切换成直流，信号灯就发光。通过 13.1 试验，目测其合格与否。

13.7 安全复位装置

如果防触电装置不能按13.1要求动作，输出端的电压应降低到不超过11.1.1的规定值，并且不能自动复位。

通过模拟的方式让防触电装置失效，测量装置失效后达到安全状态所需时间，检查其合格与否。

14 机械要求

14.1 基本要求

焊接电源的结构和装配应具有在正常使用条件下所需的强度和刚度，保证在最小电气间隙的情况下不出现电击或其他危险。焊接电源应有箱壳，以装入所有带电部件和有危险性的运动部件(如滑轮、皮带、风扇和齿轮等)。下述部件不需完全装入：

a) 输入电缆、控制电缆和焊接电缆；

b) 连接焊接电缆的输出端。

经14.2～14.5试验后，焊接电源应符合本部分要求。试验后，允许结构件或外壳有些变形，但不能增加触电等危险性。

易接近部件应无可能伤人的锐边、粗糙表面或凸出的部分。

经14.2～14.5的试验后，目测检查其合格与否。

14.2 外壳

14.2.1 外壳材料

外壳应采用金属(镁除外)或非金属材料制作。如使用能防止触及带电部件(焊接回路除外)的非金属材料，则应采用IEC 60695-11-10规定的易燃等级为V-1或以上的材料。

通过检验非金属材料的型号规格检查其合格与否。

14.2.2 外壳强度

焊接电源的外壳，包括通气口，应能承受冲击能量为10 Nm的冲击，见附录I。

把手、按钮、调节装置等不用进行摆式冲击锤试验。

否则，外壳用金属板材制作，且最小厚度符合附录J的规定。

按下述的a)项或b)项，检查其合格与否。

a) 用附录I.1规定的摆式冲击锤或附录I.2规定的落锤或等效的装置做冲击试验；

  1) 用一台样品做试验；

  2) 试验过程中焊接电源不供给能量；

  3) 对最易引起带电危险或故障的部位进行试验；

  4) 至少冲击5次；

  5) 冲击应有规律地分布在样品正常使用中最易受冲击的各个部位；

  6) 对外壳上同一个部位的冲击次数不得超过3次。

b) 测量金属外壳的厚度。

14.3 提升装置

14.3.1 机械提升

焊接电源如有机械提升装置(如吊环或凸耳)应能承受静态拉伸力，力的大小根据装配完整的焊接电源的质量用以下方法计算。

a) 当焊接电源的质量低于 150 kg 时，施加的力为电源质量的 10 倍；

b) 当焊接电源的质量等于或超过 150 kg 时，施加的力为电源质量的 4 倍，至少为 15 kN。

如果焊接电源只装有一个提升装置，则该提升装置应设计成在提升过程中如施加一个转矩也不至使其松脱。

通过目测和下述试验检查其合格与否：

焊接电源装上可能要装备的附件（不包括气瓶、单独的拖车、手推车及轮式底架）。对内燃机驱动的焊接电源，应是装配完整准备运行的状态。将焊接电源牢固地固定在其基础上，按制造厂的推荐，将提升装置系上链条或钢索，然后施加一个向上的力，持续时间为 10 s。

如果焊接电源配有两个以上的提升装置，则应保证各链条或钢索受力均匀且链条或钢索与垂直方向的夹角不超过 15°。

14.3.2 手动提升

焊接电源如有手动提升装置（如手柄、绳索）应能承受静态拉力，力的大小根据装配完整的焊接电源的质量用以下方法计算。

施加质量 4 倍或至少 600 N 的力。

通过目测和下述试验检查其合格与否：

焊接电源装上可能要装备的附件（不包括气瓶、单独的拖车、手推车及轮式底架）。将焊接电源牢固地固定在其基础上，按制造厂的推荐，将手柄或绳索系上链条或钢索，然后施加一个向上的力，持续时间为 10 s。

14.4 跌落

装配完整的焊接电源应能经受跌落试验。为此，焊接电源应装备全部有关的附件（不包括气瓶、单独的拖车、手推车及轮式底架，除非它们是标准件并永久地固定在焊接电源上）。

跌落试验的高度规定如下：

a) 质量低于或等于 25 kg 的应经受 250^{+10}_{0} mm 的跌落；

b) 质量超过 25 kg 的应经受 100^{+10}_{0} mm 的跌落。

焊接电源将从上述规定的高度，跌落至硬的刚性面上，跌落三次，检查其合格与否。每次跌落应撞到焊接电源不同的底边上。

对发动机驱动的焊接电源，应在装配完整并准备使用的状态下进行试验。

14.5 倾斜稳定

焊接电源以其最不稳定的位置放置在一平台上，然后向上倾斜 10°不得倾倒。焊接电源配上气瓶、送丝装置、冷却装置等制造厂按型号规定的附件后可能会对稳定性有影响，应加以考虑。

如果制造厂规定的其他辅助装置不能满足本条款的要求，那么应在说明书中给出安装方法或其他必要措施。

通过下述试验，检查其合格与否：

将焊接电源放置在一平台上，然后倾斜。

15 铭牌

15.1 基本要求

每台焊接电源上都应可靠地安装或印制标记清晰且不易擦掉的铭牌。

注：铭牌的用途是向用户说明焊接电源的电气特性，以便于比较及正确地选择焊接电源。

用浸过水的布摩擦铭牌 15 s，再用浸过汽油的布摩擦 15 s，目测其合格与否。

经上述试验后，标记仍应清晰可辨，且铭牌应不易移动也无卷曲。

15.2 说明

铭牌应划分为包含信息和数据的若干区域：

a) 标志；

b) 焊接输出的全部数据；

c) 能量输入；

d) 辅助电源的输出(如有的话，见 11.6)。

数据资料的排列和顺序应按照图 4 所示的原则(实例参见附录 K)进行。

铭牌大小不作规定，可自行选择。

允许将上述各个部分相互分开，并固定在与操作者更接近或方便的位置。

对用于几种焊接工艺的焊接电源或旋转式焊接电源，可以用一块组合铭牌，也可用几块单独的铭牌。

注：需要时，可给出附加信息，而其他有用资料，如绝缘等级、污染等级或功率因数可列在制造厂提供的产品使用说明书中(见 17.1)。

a) 标志

<table>
<tr><td colspan="2">1)</td></tr>
<tr><td>2)</td><td>3)</td></tr>
<tr><td>4) 可选的</td><td>5)</td></tr>
</table>

b) 焊接输出

<table>
<tr><td rowspan="2">6)</td><td rowspan="2">8)</td><td colspan="4">10)</td></tr>
<tr><td>11)</td><td>11a)</td><td>11b)</td><td>11c)</td></tr>
<tr><td rowspan="2">7)</td><td rowspan="2">9)</td><td>12)</td><td>12a)</td><td>12b)</td><td>12c)</td></tr>
<tr><td>13)</td><td>13a)</td><td>13b)</td><td>13c)</td></tr>
</table>

c) 能量输入

<table>
<tr><td rowspan="2">14)</td><td>15)或 18)</td><td>16)</td><td>17)</td></tr>
<tr><td>或 19)</td><td>或 20) 若有</td><td>或 21) 若有</td></tr>
<tr><td colspan="2">22) 可选的</td><td colspan="2">23) 若有</td></tr>
</table>

d) 辅助电源输出(若有)

24)	25)	26)	27)

图 4 铭牌组成原则

15.3 内容

下述解释对应于图 4 所示的方框编号。

a) 标志

1) 制造厂、销售商或进口商的名称和地址以及如有必要可选商标和原产国名；

2) 由制造厂提供的型号(标记)；

3） 设计序号及制造信息(如顺序号)；

4） 焊接电源符号(可选的)，例如：

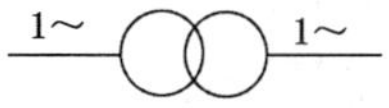

单相变压器

(单)三相变压器-整流器

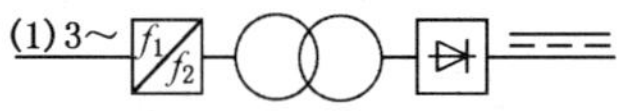

(单)三相静止式变频器-变压器-整流器

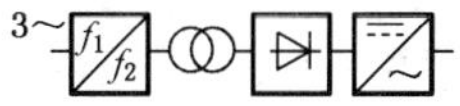

交流和直流逆变电源

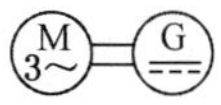

三相电动机-直流发电机

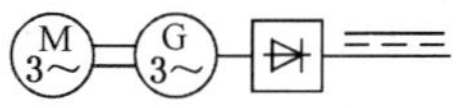

三相电动机-发电机-整流器

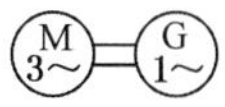

三相旋转式变频器

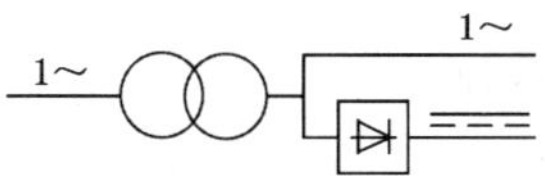

单相交、直流两用电源

内燃机驱动交流发电机

内燃机驱动发电机-整流器

5） 引用本部分以证实焊接电源符合其要求。

b） 焊接输出

6） 焊接工艺符号，例如：

药皮焊条手工电弧焊

TIG 焊

MIG/MAG 焊(包括药芯焊丝)

药芯自保护电弧焊

埋弧焊

等离子切割

等离子气刨

等离子焊接

7） S 符合在触电危险性大的环境下进行焊接操作的焊接电源符号。

注 1：建议将此符号以适当尺寸标在焊接电源的正面。

8） 焊接电流符号，例如：

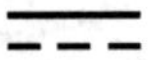 直流电流

 交流电流，并附注额定频率 Hz，如：～50 Hz

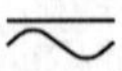 交、直流两用，并附注额定频率 Hz

9） U_0…V 额定空载电压

——直流电用峰值；

——交流电用有效值。

注 2：如果焊接电源装有防触电装置，系指防触电装置动作之前测得的电压值。

如果有几档空载电压可调，应列出额定最小和最大空载电压所给出的范围。

此外，应给出以下数据：

——U_r…V 装有电压降低装置时，降低的额定空载电压；

——U_s…V 装有交流切换成直流的装置时，切换了的额定空载电压。

10） …A/…V 至 …A/…V 输出范围，额定最小和最大焊接电流及其相应的约定负载电压。

11） X 负载持续率符号。

12） I_2 额定焊接电流符号。

13） U_2 约定负载电压符号。

11a)、11b)、11c) …% 环境温度为 40 ℃条件下的负载持续率值。

12a)、12b)、12c) …A 额定焊接电流值。

13a)、13b)、13c) …V 约定负载电压值。

这些方框构成一个三档对应值的表格：

——…% 额定最大焊接电流时的负载持续率；

——60% 负载持续率；

和

——100% 负载持续率(适用时)。

如果对应于额定最大焊接电流的负载持续率是 60%或 100%，就不需要 a)栏。

如果对应于额定最大焊接电流的负载持续率是 100%，就不需要 b)栏。

c） 能量输入

14） 能量输入符号，例如：

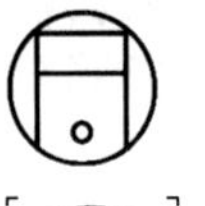 交流供电电源相数(如 1 或 3)及额定频率(如 50 Hz 或 60 Hz)的符号

 内燃机

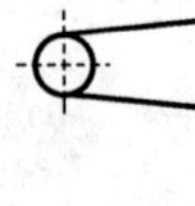 电动机

 皮带驱动

框号	由电网供电的焊接电源		框号	机械驱动的焊接电源	
15	U_1…V	额定输入电压	18	n…$\min^{-1}$	额定负载转速
16	I_{1max}…A	额定最大输入电流	19	n_0…$\min^{-1}$	额定空载转速
17	I_{1eff}…A	最大有效值输入电流	20	n_i…$\min^{-1}$	额定空转转速(如有的话)
编号 15)至 17)由对应值形成表格			21	P_{1max}…kW	最大功耗(如有的话)

22) IP… 防护等级,如 IP21 或 IP23。

23) □ Ⅱ类保护符号(如适用的话)。

通过目测和核对全部数据资料,检查其合格与否。

15.4 允差

制造商应通过器件和加工精度控制,使铭牌值满足下列允差。

a) U_0 按 11.1 测量,额定空载电压(V)±5%,但不得超过表 13 的限值;

b) I_{2min} 额定最小焊接电流(A);

U_{2min} 最小约定负载电压(V);

b)的数值不能大于铭牌规定的数据。

c) I_{2max} 额定最大焊接电流(A);

U_{2max} 最大约定负载电压(V)。

c)的数值不能小于铭牌规定的数据。

d) n_0 额定空载转速($\min^{-1}$)±5%;

e) P_{1max} 最大功耗(kW)$^{+10}_{0}$%。

f) I_{1max} 额定最大输入电流(A)±10%。

在约定焊接条件下通过测量检查其合格与否(见 3.17)。

15.5 旋转方向

如有必要,应在旋转式焊接电源上标出旋转方向。

通过目测检查其合格与否。

16 输出调节

16.1 调节形式

如焊接电源具有调节装置用以对输出电流、输出电压或对两者同时调节,则调节方式可以是连续的、有级的或混合的方式。

采用分档连续调节时,各档之间应无空档。

通过测量检查其合格与否。

16.2 调节装置的标记

焊接电源在各档的输出值应清晰而不易磨损地在调节装置上标出或用数字显示。

如果焊接电源的给定值或调节值不是数字式读出的话,则:

a) 刻度盘或调节装置面板上的设定值指示应考虑到约定负载电压与约定负载电流的关系。

b) 有级调节的每一位置或无级调节的每一主要刻度应清晰地标出:

1) 可调参数的数值指示或不可能指示时;则

2） 用数码标示。

在2)的情况下，在装置面板上或使用说明书中指明每一调节位置的调节参数标称值。

c） 具有多范围调节的情况下，应给出每一范围下的最小值和最大值。

d） 设计用于多种焊接工艺的焊接电源，各种工艺的约定负载电压不同，应分别用独立的控制刻度盘标示。若不行，则用b)中给出的数码标记。

e） 如果焊接电源设计有几种额定输入电压，在同一控制位置，焊接参数的数值是不同的，所以应安装独立的刻度指示或独立的数码系列标记。

通过目测，检查其合格与否。

16.3 电流或电压的控制指示

具有电压或电流控制时，输出标定的单位应是伏特、安培，或自选的参考刻度。

电压或电流的指示精度应：

a） 最大设定值的25%与100%之间时：真值的±10%；

b） 低于最大设定值的25%时：最大设定值的±2.5%。

如果产品上装有电流表或电压表，则电流表和电压表应是具有适当阻尼的2.5级表。

通过测量和目视，检查其合格与否。

17 使用说明书和标识

17.1 说明书

每台焊接电源应带含有下列信息(如果有的话)的说明书：

a） 概述；

b） 焊接电源及各种附件的重量，正确的提升方法(如用升降叉车或吊车)以及对气瓶、送丝装置等的防护；

c） 各种指示标记和图示符号说明；

d） 输入电源的选择和连接的有关信息，如输入电缆的规格、连接装置或附加插头，包括熔断器和/或断路器额定容量，见6.1.1的警示；

e） 正确使用焊接电源的有关说明(如冷却要求、安装、控制装置、指示器、熔断器型号等)；

f） 焊接能力、静外特性(下降和/或平特性)、负载持续率限制和有关的热保护说明；

g） 所提供的防护等级的使用限制说明(如焊接电源不适宜在雨中或雪中使用)；

h） 对操作者和工作区域的人员人身防护的要点(如触电、焊接烟尘、气体、电弧辐射、加热的金属、火花以及噪声)；

i） 焊接和切割时应特别关注的工作条件(如触电危险性较大的环境、易燃环境、易燃物、封闭的容器、高处焊接等)；

j） 焊接电源维护须知，如部分或全套试验的周期建议和其他操作建议(如清洁)；

k） 有关的线路图和基本备件清单，对一些特殊工艺(如等离子切割)见11.1.4；

l） 对照明灯和电动工具等的额定电压供电的电路说明；

m） 如果焊接电源放置在倾斜的平面上，应注意防止其倾倒；

n） 禁止将焊接电源作管道解冻之用；

o） 应标注与等离子切割电源配套使用的等离子割炬的型号；

p） 压力、流量、等离子气体的类型、有关的冷却气体或冷却液体的信息；

q） 输出电流的调节档或调节范围与相应的等离子气体的调节作为一组数据；

r） 根据CISPR11要求确定设备的电磁兼容分类；

s) 如果发热试验已在室温下完成，则应通过模拟的方法来确认环境温度 40 ℃条件下的负载持续率。

可以给出绝缘等级、污染等级、效率(参见附录 M)等其他有用的信息。

通过阅读使用说明书，检查其合格与否。

17.2 标识

每台焊接电源都应在前面板或其附近或靠近"通/断开关"处作清晰的、不易磨损的组合标识："危险！请阅读使用说明书"(见下图)。

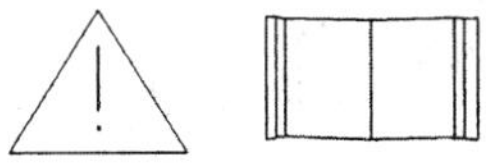

此标识也应标注在割炬与等离子切割电源的连接端子附近，提醒操作者在选择和连接割炬前应先阅读使用说明书。

也可用下列等效的文字标注：

警示：使用本机前请阅读使用说明书。

其他的附加标识，参见附录 L。

注：电源上的提醒标签可以只有文字，或文字和标识，或只有标识。当只用标识时，建议参照 ISO 17846。

按 15.1 进行耐久性试验和目测，检查合格与否。

附 录 A
（资料性附录）
供电系统的标称电压

表 A.1 供电系统的标称电压

标称电压中，线对中性点电压（交流或直流） V	当前世界上采用的标称电压			
	三相四线制 （中性点接地） 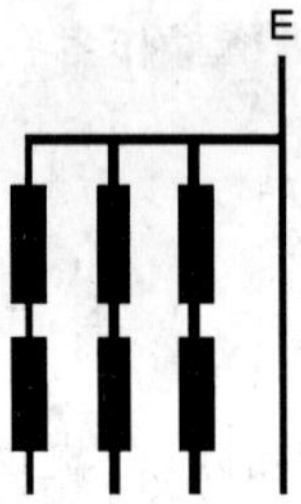 V	三相三线制 （不接地）  V	单相双线制 （交流或直流）  V	单相三线制 （交流或直流）  V
50	—	—	12.5;24;25;30;42;48	30～60
100	66/115	66	60	—
150	120/208/127/220	115;120;127	110;120	110～220 120～240
300	220/380;230/400; 240/415;260/440; 277/480	220;230;240;260; 277;347;380;400; 415;440;480	220	220～440
600	347/600;380/660; 400/690;417/720; 480/830	500;577;600	480	480～960
1 000	—	660;690;720; 830;1 000	1 000	—

注 1：本表数据取自 GB/T 16935.1—2008。

注 2：在第 2 栏和第 5 栏中，低值是线对中性点电压，高值是线对线间的电压。

注 3：在第 3 栏和第 4 栏中的数值均为线对线间的电压。

注 4：“E”指“接地”。

附 录 B
（资料性附录）
介电强度组合试验的实例

两台高压变压器应按正确相位串联。

公共端接在外露导电部件上（参见图 B.1）。

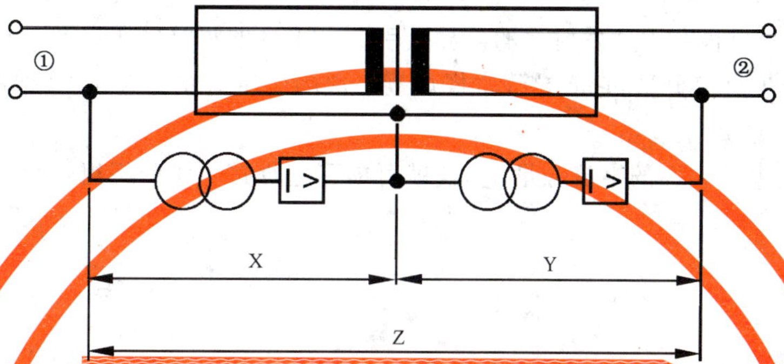

说明：

I >——电流传感触发装置；

①——输入回路；

②——焊接回路；

X——输入回路对外露导电部件；

Y——焊接回路对外露导电部件；

Z——输入回路对焊接回路。

图 B.1 组合式高压变压器

附 录 C
（规范性附录）
交流 TIG 焊焊接电源的不平衡负载

C.1 简述

在交流 TIG 焊中，电极与工件发射率的差异会引起不平衡的焊接电压以及焊接电流相对应的不平衡。这种不平衡会产生直流分量，它能导致常规焊接电源的变压器发生饱和，这种饱和可能引起输入电流的异常增大，从而发生严重过热。

图 C.1 表示焊接电流存在的直流分量 I_2，这就可能引起焊接电源的绕组过热。

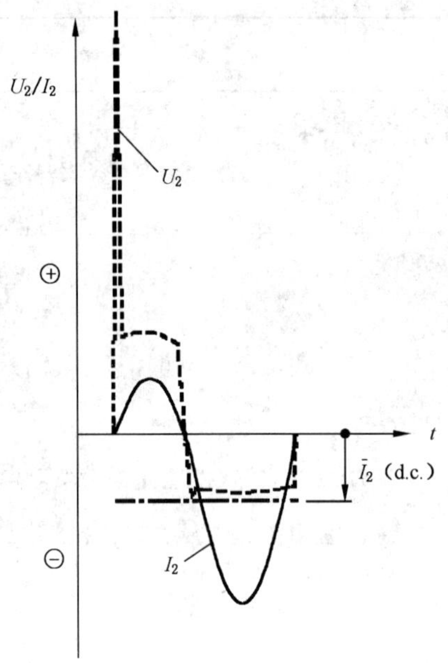

说明：

U_2——焊接电压；

I_2——焊接电流；

$\bar{I}_2$——焊接电流的算术平均值。

图 C.1 交流 TIG 焊接时的电压及电流

C.2 不平衡负载

为模拟发热试验所需的焊接电流，需采用具有不完全整流特性的约定负载。因此，当电极极性为负时的半周电压应比电极为正时的半周电压低(12±1)V(见图 C.2)。

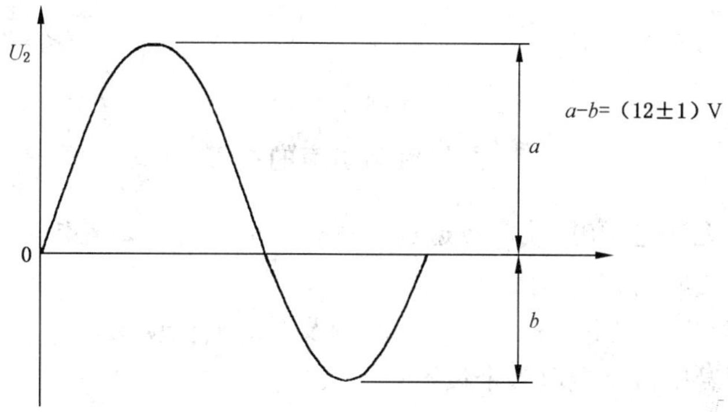

说明：

a——当电极为负时的峰值电压；

b——当电极为正时的峰值电压。

图 C.2　交流 TIG 焊时的不平衡电压

半周焊接电压的差值取决于在两个方向流经不平衡负载的直流测试电流，并且由所测得的直流负载电压确定。

带平衡控制的焊接电源通过约定负载测试，其平衡控制调到能产生最大不平衡的位置，但也不应大于 12 V。

C.3　不平衡负载实例

负载的整流特性通过图 C.3 的二极管电路获得。所需的正负半周电压的差值通过若干串联的二极管调节而得。

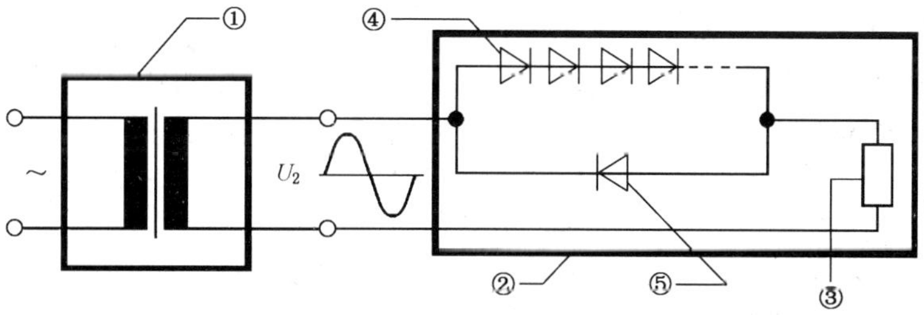

说明：

①——变压器；

②——不平衡负载；

③——约定负载；

④——串联二极管；

⑤——单个二极管。

图 C.3　带不平衡负载的交流焊接电源

附 录 D
（资料性附录）
关机时刻温度的推算

当关机时刻的温度无法记录时，就需要通过推算来获取此温度。具体方法如下：

a） 记录关机瞬间的时间；

b） 从关机时刻起，逐次记下关机后的每一时刻及对应的温度值；

c） 对每一推算的温度值至少取 4 个读数；

d） 用对数/线性坐标纸绘制图表。温度读数标在对数坐标上，关机后时间标在线性坐标上。将各点连线反方向延伸到 $t=0$，就可外推出关机时刻的温度值。

替代法：也可用数学回归分析代替图解法。若选定线性回归，则利用温度的对数值与关机后时间的线性读数值，用回归分析法推算到 $t=0$，取反对数求得 $t=0$ 时的实际温度。

附 录 E
(规范性附录)
输入回路接线端的结构

E.1 接线端的尺寸

接线端的尺寸应根据最大有效值输入电流 I_{1eff} 而定,且能连接横截面积为表 E.1 中所列的柔性导线,下列数值根据 60 ℃的导线温度而定。

表 E.1 适用于输入回路接线端的导线尺寸范围

最大有效值输入电流 A	导体横截面积范围 mm^2
10	1.5~2.5
16	1.5~4
25	2.5~6
35	4~10
50	6~16
63	10~25
80	16~35
100	25~50
125	35~70
160	50~95
200	70~120
250	95~150
315	120~240
400	150~300

允许用制造厂在使用说明书中指定型号及尺寸的导线替代。

通过计算及测试,检查其合格与否。

E.2 接线端之间的间隔

接线端应如下设置:

输入接线端之间的间隔不应低于表 E.2 中的规定值,接线板中的隔层或多绞线的卡紧装置(如压接式接线柱)应防止导线束或接线片与相邻接线端上的导线束及接线片相碰,并使之保持一定间隔。

表 E.2 输入回路接线端之间的间隔

电压范围有效值 V	带电部件间的最小间隔 mm	
	带隔板	不带隔板
≤150	6.3	12.5
151～300		
301～600	9.5	25
601～1 000		

当隔板挡住输入导线的绝缘层，从而避免了多绞导线之间电气间隙降低时，可采纳表1规定的电气间隙。

按照 GB/T 16935.1—2008 测定间隔来检查其合格与否。

E.3 接线端的连接

接线端须通过螺丝、螺帽或其他相当的方式来连接。接线端的螺丝和螺帽不能用于紧固其他零件或连接其他导线。

通过目测，检查其合格与否。

E.4 接线端的结构

导线或其接线片应夹在金属件之间，当夹件拧紧后不能松脱。因转动而可能使间隔减少的带电零件不应靠其配合面之间的摩擦来紧固。可采用适当的锁紧垫圈。用其他方式紧固的导线或母线不需要用锁紧垫圈。

普通的或电镀的铁或钢均不能用作载流零件。

通过目测以及用规定的截面积最大和最小导线的临时连接来检查其合格与否。

E.5 接线端的安装

接线端应可靠地固定，当夹紧装置拧紧或松开时，接线端不会随之松动。如果单靠摩擦力来阻止接线端在支撑面上转动和移动，则因此而引起的接线端之间的间隔不会低于表 E.2 规定的值。当接线端相向或朝极性相反的未绝缘零件或朝接地的金属件旋转 30°时，若其间的间隔不会小于规定值，则接线端不需防止其转动。

通过目测以及用夹紧装置反复 10 次拧紧并松开规定的最大截面的导线来检查其合格与否，再用规定的最小截面的导线重复试验。

附 录 F
（资料性附录）
与非国际单位的对照

表 F.1 mm^2 与美国线规（AWG）对照表

mm^2	AWG
1.5	15
2.5	13
4	11
6	9
10	7
16	5
25	3
35	1
50	1/0
70	2/0
95	3/0
120	250 MCM
150	350 MCM
240	600 MCM
300	700 MCM

表 F.2 kW 与马力（hp）的对照表

kW	hp
1	1.34

附　录　G
（资料性附录）
输入电流真有效值的测量与供电电源适应性

输入电流(I_2)的峰值和有效值实际上受供电电源阻抗(R_s)的影响。为有效地进行测试，供电电源阻抗应小于等于焊接电源输入阻抗的4%，见式(G.1)。

$$R_s \leqslant 0.04\frac{U_1}{I_1}(\Omega) \qquad \text{(G.1)}$$

式中：

R_s——供电电源阻抗，单位为欧姆(Ω)；

U_1——额定输入电压，单位为伏特(V)；

I_1——额定输入电流，单位为安培(A)。

为确定供电电源阻抗，须设置约定负载，它能使输入电压比空载时降低1%以上。

注1：如果这种约定负载的额定电压低于电源电压，可用变压器进行调节。

注2：关断电源电压自动稳压器。

供电电源阻抗由式(G.2)计算：

$$R_1 = \frac{U_{1空载} - U_{1负载}}{I_{1负载} - I_{1空载}} \qquad \text{(G.2)}$$

例：供电电源：$U_{1空载}=230\ \text{V}$，$I_{1空载}=1\ \text{A}$。

$U_{1负载}=227\ \text{V}$，$I_{1负载}=31\ \text{A}$。

$$R_1 = \frac{230-227}{31-1} = 0.1(\Omega)$$

焊接电源：$U_1=230\ \text{V}$，$I_{1max}=31\ \text{A}$。

由此可知，式(G.1)的条件得以满足：

$R_s=0.1 \leqslant 0.04\times\frac{230}{31}=0.3(\Omega)$。

附 录 H
（资料性附录）
静特性曲线的绘制

H.1 简介

对于焊接电源一个已设定的输出，通过改变连接到焊接电源输出端的约定负载电阻，即可得到一组约定焊接电流(I_2)和相关的约定负载电压值(U_2)。通过在横坐标上标出焊接电流值、纵坐标上标出负载电压值的坐标图，即可得到静特性曲线。

通过工作点的正切算出特性的斜率。

H.2 方法

应保证测得足够的值来绘制光滑的曲线，在所有情况下，都应记录下空载电压以及相对于铭牌上标志的每一负载持续率的额定值，对于下降特性的焊接电源，应记录短路电流。

如果焊接电源有分档开关，应测出每一控制位置的数据。如果焊接电源有几种输入电压，则应在每一种输入电压下重复测量。

对每一点，都应记下：输入电压(U_1)，输入电流(I_1)，输入功率(P_1)。

对于无反馈回路（如：简单的变压器）的焊接电源，如果所测的输入电压(U_1')与额定输入电压(U_1)不同，U_2 和 I_2 的值就应该乘以修正因子(U_1/U_1')，功率 P_1 的值就应该乘以$(U_1/U_1')^2$。

H.3 结果分析

所得的一系列焊接电源静态特性曲线可以用以判断是否符合本部分的相关要求。如工作点斜率大于等于 7 V/100 A，则为下降静特性。

附 录 I
（规范性附录）
10 Nm 冲击试验法

I.1 摆式冲击锤

将焊接电源的一面紧靠竖直的刚性面，正对相反的一面实施冲击。

摆角 θ(见图 I.1)的调整应考虑到摆锤和摆臂能对受试物提供所需的冲击能量。

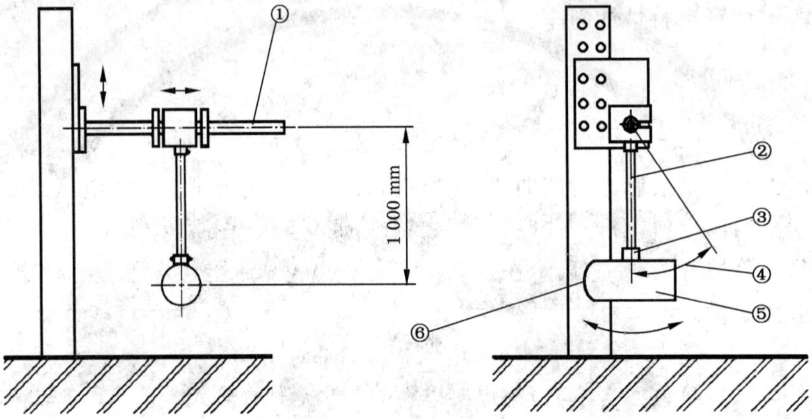

说明：

①——支撑轴(偏斜不大于 1.5 mm 以上)；

②——钢管摆臂(其重量可忽略)；

③——锤箍(重量 100 g)；

④——摆角 θ；

⑤——摆锤(重量 2 500 g)；

⑥——半径 50 mm±2 mm。

图 I.1 试验装置

I.2 自由落体

将焊接电源放在刚性的水平面上，自由下落重物的质量及自由下落高度见表 I.1。

表 I.1 自由下落重物的质量及下落高度

质量/kg	0.50	0.75	1.00	1.25	1.50	1.75	2.00
高度/m	2.04	1.36	1.02	0.82	0.68	0.58	0.51

附 录 J
（规范性附录）
外壳金属板材的厚度

外壳金属板材的最小厚度应为：

a) 钢板按表J.1；

b) 铝板、黄铜或铜板按表J.2。

确定厚度值的依据是物体放置在一块指定大小的金属外壳表面中心所产生的翘曲而决定的。

如果某种外壳与相同大小，其厚度达到要求的外壳的翘曲一样，则这种外壳的厚度可低于表J.1和表J.2所给的数据。

表J.1 钢质金属外壳的最小厚度

无涂层钢的最小厚度[a] mm	无骨架[b]		有骨架[c]	
	最大宽度 mm	最大长度 mm	最大宽度 mm	最大长度 mm
0.50	105 125	不限制 150	160 175	不限制 210
0.65	155 180	不限制 225	245 255	不限制 320
0.80	205 230	不限制 300	305 330	不限制 410
1.00	320 360	不限制 460	500 535	不限制 635
1.35	460 510	不限制 635	690 740	不限制 915
1.50	560 635	不限制 790	840 890	不限制 1 095
1.70	635 740	不限制 915	995 1 045	不限制 1 295
2.00	840 890	不限制 1 200	1 295 1 375	不限制 1 680
2.35	1 070 1 200	不限制 1 500	1 630 1 730	不限制 2 135
2.70	1 325 1 525	不限制 1 880	2 035 2 135	不限制 2 620

表 J.1（续）

无涂层钢的最小厚度[a] mm	无骨架[b]		有骨架[c]	
	最大宽度 mm	最大长度 mm	最大宽度 mm	最大长度 mm
3.00	1 600 1 860	不限制 2 290	2 470 2 620	不限制 3 230

[a] 1) 不锈钢的最小厚度为上述数值的 80%。

2) 镀锌钢板的厚度应考虑其镀层厚度(通常为 0.05 mm～0.1 mm 之间)进行修正。

[b] 可看作无骨架结构的实例：

1) 单面镶边的单层板；

2) 起波纹或肋纹的单层板；

3) 未与骨架作紧固连接的外壳表面，如用弹簧夹或插销连接的外壳表面；

4) 不带边框的外壳表面。

[c] 这两栏适用于外壳通过下述任一方式加固的情况：

1) 一种结构上带凹槽、弯度或折成稳固性断面的骨架，其厚度至少为金属外壳厚度，并牢固地与外壳相连；

2) 具有与角钢板[符合 1)]相同抗扭转稳定性，且能阻燃的非金属骨架；

3) 外壳的各边被折弯 90°，形成最小宽度为 10 mm 的加强边。

表 J.2 铝、黄铜或铜外壳的最小厚度

金属板的最小厚度 mm	无骨架[a]		有骨架[b]	
	最大宽度 mm	最大长度 mm	最大宽度 mm	最大长度 mm
0.55	80 90	不限制 110	180 220	不限制 245
0.70	105 130	不限制 155	260 270	不限制 345
0.90	155 165	不限制 205	360 385	不限制 460
1.10	205 245	不限制 295	485 535	不限制 640
1.45	305 360	不限制 410	715 765	不限制 940
1.90	460 510	不限制 635	1 070 1 145	不限制 1 400
2.40	635 740	不限制 915	1 525 1 630	不限制 1 985

表 J.2（续）

金属板的最小厚度 mm	无骨架[a]		有骨架[b]	
	最大宽度 mm	最大长度 mm	最大宽度 mm	最大长度 mm
3.10	940 1 070	不限制 1 350	2 210 2 365	不限制 2 900
3.85	1 325 1 525	不限制 1 880	3 125 3 305	不限制 4 065

[a] 可看作无骨架结构的实例：

1） 带单面镶边的单层板；
2） 起波纹或肋纹的单层板；
3） 未与骨架紧固连接的外壳表面，如用弹簧夹或插销连接的外壳表面；
4） 不带边框的外壳表面。

[b] 这两栏适用于外壳通过下述任一方式加固的情况：

1） 一种结构上带凹槽、弯角或折成稳固性断面的骨架，其厚度至少为金属外壳厚度，并牢固地与外壳相连；
2） 具有与角钢板（符合 a）相同抗扭转稳定性，且能阻燃的非金属骨架；
3） 外壳的各边被折弯 90°，形成最小宽度为 10 mm 的加强边。

附 录 K
（资料性附录）
铭牌的示例

图 K.1 为单相变压器的铭牌示例。

a） 标志

1）生产厂商 地址　　　　　商标	
2）型号	3）出厂号
4） 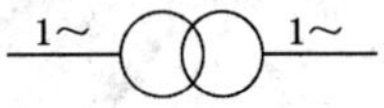	5）GB 15579.1

b） 焊接输出

6） 	8） ~50 Hz	10）15 A/20.6 V~160 A/27 V			
		11）X	11a）35%	11b）60%	11c）100%
7） S	9） U_0=48 V	12）I_2	12a）160 A	12b）130 A	12c）100 A
		13）U_2	13a）26 V	13b）25 V	13c）24 V

c） 能量输入

14） 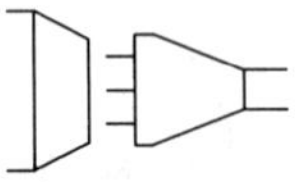 1　～50 Hz	15）U_1=220 V	16）I_{1max}=37 A	17）I_{1eff}=22 A
22）　IP23	23） 		

图 K.1 单相变压器

图 K.2 为三相旋转式变频器的铭牌示例。

a) 标志

<table>
<tr><td colspan="2">1) 生产厂商
地址 商标</td></tr>
<tr><td>2) 型号</td><td>3) 出厂号</td></tr>
<tr><td>4) 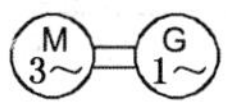</td><td>5) GB 15579.1</td></tr>
</table>

b) 焊接输出

<table>
<tr><td rowspan="2">6) </td><td rowspan="2">8) ~450 Hz</td><td colspan="4">10) 60 A/22.4 V~500 A/40 V</td></tr>
<tr><td>11) X</td><td>11a) 35%</td><td>11b) 60%</td><td>11c) 100%</td></tr>
<tr><td rowspan="2">7)</td><td rowspan="2">9) U_0=78 V</td><td>12) I_2</td><td>12a) 500 A</td><td>12b) 400 A</td><td>12c) 320 A</td></tr>
<tr><td>13) U_2</td><td>13a) 40 V</td><td>13b) 36 V</td><td>13c) 33 V</td></tr>
</table>

c) 能量输入

<table>
<tr><td rowspan="2">14) 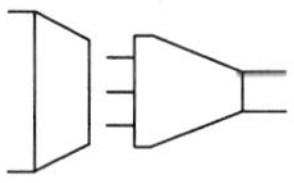
3 ~50 Hz</td><td colspan="3">18) n=2 800 min^{-1}</td></tr>
<tr><td>15) U_1=380 V</td><td>16) I_{1max}=68 A</td><td>17) I_{1eff}=40 A</td></tr>
<tr><td>22) IP23</td><td colspan="2">23)</td><td></td></tr>
</table>

图 K.2 三相旋转式变频器

图 K.3 为分离式铭牌:单/三相变压器-整流器的铭牌示例。

经销商铭牌

a） 标志

1）生产厂商 地址　　　　商标	
2）型号	3）出厂号

生产厂商铭牌

a） 标志

4） 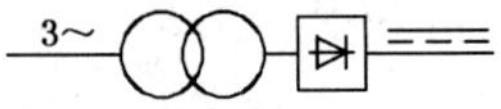	5）GB 15579.1

b） 焊接输出

<table>
<tr><td rowspan="2">6） </td><td rowspan="2">8） </td><td colspan="4">10）20 A/20.8 V～250 A/30 V</td></tr>
<tr><td>11）X</td><td>11a）35%</td><td>11b）60%</td><td>11c）100%</td></tr>
<tr><td rowspan="2">7） S</td><td rowspan="2">9）
$U_0=105$ V</td><td>12）I_2</td><td>12a）250 A</td><td>12b）200 A</td><td>12c）160 A</td></tr>
<tr><td>13）U_2</td><td>13a）30 V</td><td>13b）28 V</td><td>13c）27 V</td></tr>
</table>

c） 能量输入

<table>
<tr><td>14） 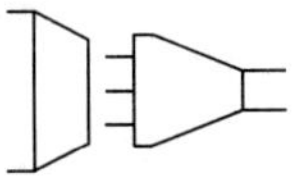
1(3)　～50 Hz</td><td>15）$U_1=220$ V
$U_1=380$ V</td><td>16）$I_{1max}=57$ A
$I_{1max}=34$ A</td><td>17）$I_{1eff}=34$ A
$I_{1eff}=20$ A</td></tr>
<tr><td>22）　IP23</td><td>23） </td><td colspan="2"></td></tr>
</table>

图 K.3　分离式铭牌:单/三相变压器-整流器

图 K.4 为内燃机-发电机-整流器的铭牌示例。

a) 标志

1) 生产厂商 地址　　　　商标	
2) 型号	3) 出厂号
4)	5) GB 15579.1

b) 焊接输出

6)	8)	10) 40 A/21.6 V～400 A/36 V			
		11) X	11a) 35%	11b) 60%	11c) 100%
7) S	9) U_0=110 V	12) I_2	12a) 400 A	12b) 320 A	12c) 255 A
		13) U_2	13a) 36 V	13b) 33 V	13c) 30 V

c) 能量输入

14) 3～50 Hz	18) $n=3\ 150\ \text{min}^{-1}$		
	19) $n_0=3\ 300\ \text{min}^{-1}$	20) $n_i=980\ \text{min}^{-1}$	21) $P_{1max}=34$ kW
22) IP23	23)		

图 K.4　内燃机-发电机-整流器

附 录 L
（资料性附录）
弧焊设备的图示符号

L.1 概述

本附录中的符号并不完全是国际标准中的符号，而是焊接工业中实际用到的符号。IEC/TC 26 技术委员会和 3C 分技术委员会已决定将这些符号加入到 IEC 60417 中。当这项工作完成时，本附录将做相应的调整。

本附录包含了弧焊设备和类似工艺的图解符号，以识别控制、显示、连接、功能及工艺选择。

本符号用于弧焊和类似工艺设备的面板、铭牌和其他文件。

本附录不包括在使用设备时提醒操作人员潜在危险的符号。

注 1：安全符号见 GB/T 2893.1。

注 2：安装说明见 IEC 60974-9 和 GB/T 19678。

L.2 符号的运用

L.2.1 概述

符号应置于设备上以指导使用和操作。控制面板的示例参见 L.5。

L.2.2 符号的选择

L.3 中的符号可单独使用也可组合使用。组合使用的示例参见 L.4。

L.2.3 符号的规格

在使用符号时，可能会需要增大或减少其原始大小到合适的大小。对组合型符号，或当符号尺寸减小时，应保证符号清晰可读。在选择符号的尺寸时应考虑到光线、操作者距离和操作条件等因素。

建议符号最小尺寸为 6 mm×6 mm。

L.2.4 颜色的使用

一般情况下，图示符号用白字黑底或黑字白底，以便辨认。

对于符号，其与背景的鲜明对比是最重要的。如果符号是清晰可读的，则不强制选择颜色。注意某些特定的颜色，比如：红、橙、黄色通常作为安全警示颜色。

L.3 符号

本附录给出了符号及其编号、功能、运用和来源。

L.3.1 字母符号

表 L.1 给出的是字母符号。

表 L.1　字母符号

功能,关键字,状态	字母	单位
电流	I	A
约定焊接电流	I_2	A
约定焊接电压	U_2	V
直径	ϕ	mm
负载持续率	X	%
频率	f	Hz
功率	P	W
功耗	P_1	W
额定空载电流	I_0	A
额定空载电压	U_0	V
额定输入电流	I_1	A
额定输入电压	U_1	V
转速	n	min^{-1}
温度(变化)	T	℃(K)
时间	t	s,min,h
电压	U	V
额定峰值电压	U_p	V
效率	η	%

L.3.2　图示符号

L.3.2.1　开关或控制符号

序号	来源	符号	功能,关键字,状态	应用
1	GB/T 5465.2—2008		可变性(可调性)	标识量的连续增加或减少 注：该符号可用弧线。

L.3.2.2　开关或控制位置的指示符号

序号	来源	符号	功能,关键字,状态	应用
2	GB/T 5465.2—2008		通(电源)	表示已接通电源,必须标在电源开关或开关的位置,以及与安全有关的地方

序号	来源	符号	功能,关键字,状态	应用
3	GB/T 5465.2—2008	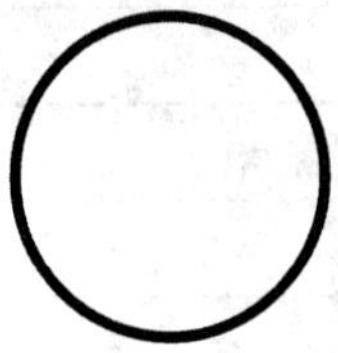	断(电源)	表示已与电源断开,必须标在电源开关或开关的位置,以及与安全有关的地方
4	GB/T 5465.2—2008		双位按扭控制的"按入"状态	表示对应双位按扭控制相应功能的"按入"状态 **注 1**:和功能符号一起使用。
5	GB/T 5465.2—2008	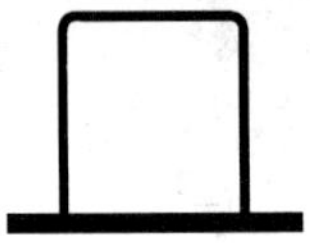	双位按扭控制的"弹出"状态	表示对应双位按扭控制相应功能的"弹出"状态 **注 2**:和功能符号一起使用。
6	GB/T 5465.2—2008		锁定	标识锁定功能或显示锁定状态的控制 **注 3**:和功能符号一起使用。
7	GB/T 5465.2—2008		解锁	标识解锁功能或显示解锁状态的控制 **注 4**:和功能符号一起使用。

L.3.2.3 开关或控制功能的符号

序号	来源	符号	功能,关键字,状态	应用
8			连续焊	用于表示连续焊接
9			断续焊接	用于表示断续焊接
10	ISO 7000-0468 (DB:2004-01)		电弧点焊	用于表示电弧点焊

序号	来源	符号	功能,关键字,状态	应用
11	ISO 7000-0096 (DB:2004-01)		手动控制	用于标识手动控制的开关位置
12			非接触引弧	标识采用不通过接触引燃电弧的TIG焊引弧功能
13			接触引弧	标识采用接触引燃电弧的TIG焊引弧功能
14		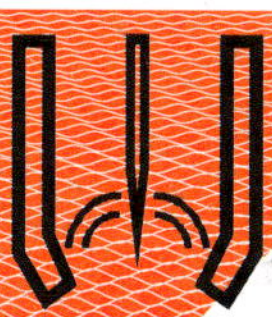	引导弧	标识等离子焊炬中的引导弧
15	ISO 7000-0474 (DB:2004-01)		空气净化	标识通过气体进行空气净化
16	ISO 7000-0823 (DB:2004-01)		送丝驱动	识别送丝装置或送丝驱动控制
17			焊丝回烧控制	识别在焊接结束时焊丝回烧的控制
18	ISO 7000-0004 (DB:2004-01)		连续转动的方向(顺时针)	用于识别连续转动方向
19	ISO 7000-0004 (DB:2004-01)		连续转动的方向(逆时针)	用于识别连续转动方向

L.3.2.4 电气连接符号

序号	来源	符号	功能,关键字,状态	应用
20	GB/T 5465.2—2008	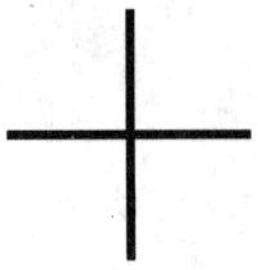	正号,正极	标识使用或产生直流设备的正极
21	GB/T 5465.2—2008		负号,负极	标识使用或产生直流设备的负极
22	GB/T 5465.2—2008	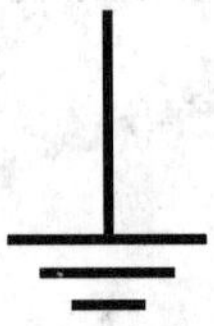	接地	标识接地端子 **注 1**：不用于保护性接地。
23	GB/T 5465.2—2008		保护接地	标识在发生故障时防止电击的与外保护导体相连接的端子,或与保护接地电极相连接的端子
24	GB/T 5465.2—2008	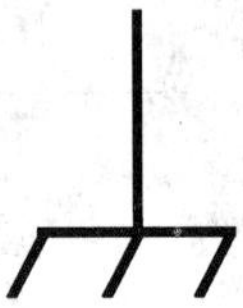	接机壳;接机架	标识连接机壳、机架的端子 **注 2**：不用于保护性接地。
25	GB/T 5465.2—2008	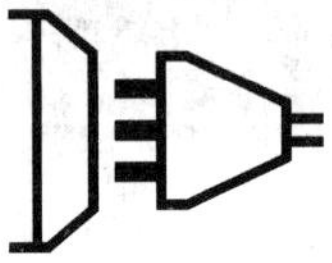	电气装置的供电型式	用于装置或设备。例如:用于弧焊设备 标识三极插头插座类型的电源
26	ISO 7000-0453 (DB:2004-01)		工件的连接	标识工件的连接
27	ISO 7000-0483 (DB:2004-01)	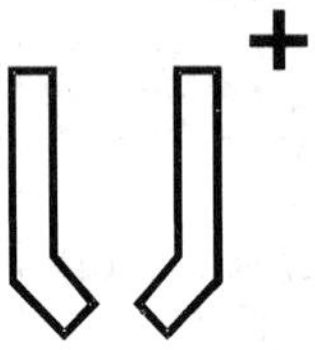	等离子焊炬的喷嘴连接(与电源正接)	标识等离子焊炬的喷嘴与电源正极连接
28	ISO 7000-0482 (DB:2004-01)	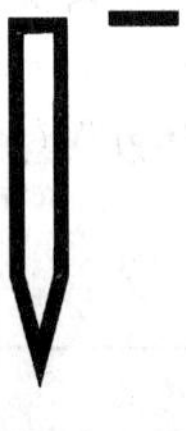	等离子焊炬的电极连接(与电源负极连接)	标识等离子焊炬的电极与电源的负极连接

L.3.2.5 流体连接与控制的符号

序号	来源	符号	功能,关键字,状态	应用
29			空气流动	标识空气的流动
30	ISO 7000-0576 (DB:2004-01)		液体	液体,比如:冷却液
31	IEC 60974-8 附录 C		气源	标识气体的输入连接或控制
32	ISO 7000-0481 (DB:2004-01)		等离子保护气体	标识等离子保护气体的连接或控制
33	ISO 7000-0480 (DB:2004-01)		等离子气体	标识等离子气体的连接或控制
34			空气压力	标识空气压力的控制

L.3.2.6 辅助装置连接或功能符号

序号	来源	符号	功能,关键字,状态	应用
35	GB/T 5465.2—2008	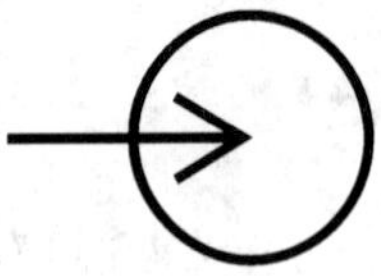	输入	在需要区别输入和输出的场合标识输入端
36	GB/T 5465.2—2008	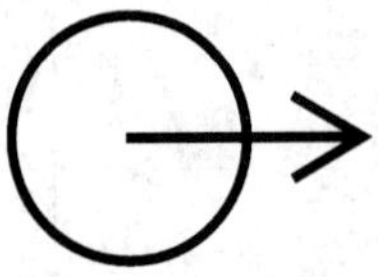	输出	在需要区别输入和输出的场合标识输出端
37	ISO 7000-0093 (DB:2004-01)		遥控	标识遥控的连接端或功能
38			脚动控制	标识脚动控制装置的连接端或脚控功能
39			仪表盘	标识仪表盘功能或仪表盘控制
40		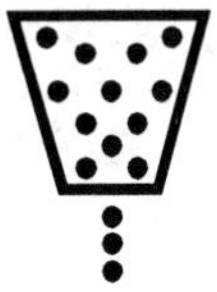	漏斗(粉末,熔剂)	标识装熔剂(粉末)的漏斗
41	ISO 7000-0027 (DB:2004-01)		冷却	标识冷却装置的连接端子或控制
42	ISO 7000-0089 (DB:2004-01)		排风扇	标识排风扇
43			空气过滤器	标识空气过滤器

L.3.2.7 焊接电流/电压控制符号

序号	来源	符号	功能,关键字,状态	应用
44			脉冲谷值	标识脉冲谷值的控制 **注 1**:选用表 L.1 中的一个字母标识所控制的某个参数。
45			脉冲峰值	标识脉冲峰值的控制 **注 2**:选用表 L.1 中的一个字母标识所控制的某个参数。
46			热启动	标识在焊接开始时,增加能量的控制或功能 **注 3**:选用表 L.1 中的一个字母标识所控制的某个参数。
47			上升斜率(增加)	标识调节某参数量值增加的控制或功能 **注 4**:选用表 L.1 中的一个字母标识所控制的某个参数。
48			下降斜率(减少)	标识调节某参数量值减少的控制或功能 **注 5**:选用表 L.1 中的一个字母标识所控制的某个参数。

L.3.2.8 焊炬类型的符号

序号	来源	符号	功能,关键字,状态	应用
49		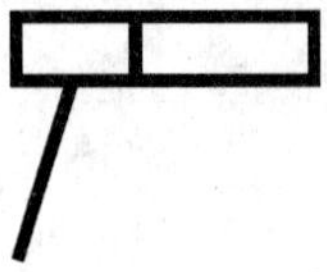	手工金属电弧焊焊钳	表示电焊钳
50		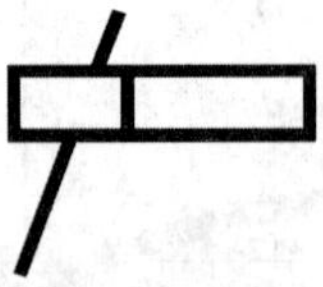	碳弧气刨枪	表示碳弧气刨枪
51		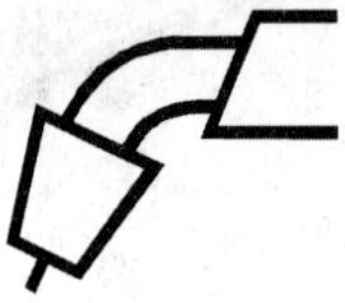	MIG/MAG 焊炬	表示 MIG/MAG 焊炬
52		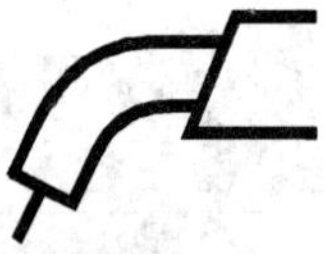	自保护药芯电弧焊焊炬	表示无气体保护的自保护药芯电弧焊焊炬
53			TIG 焊炬	表示 TIG 焊炬
54			等离子焊炬(割炬或枪)	表示用于焊接,切割或气刨的等离子焊炬(割炬或枪)
55		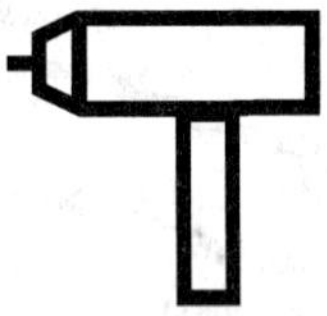	自送丝焊枪	表示内部带有送丝装置的焊枪
56			带焊丝盘的自送丝焊枪	表示内部带有送丝装置和焊丝盘的焊枪
57			埋弧焊焊料漏斗	表示埋弧焊的焊料漏斗

L.3.2.9 工艺的符号

序号	来源	符号	功能,关键字,状态	应用
58		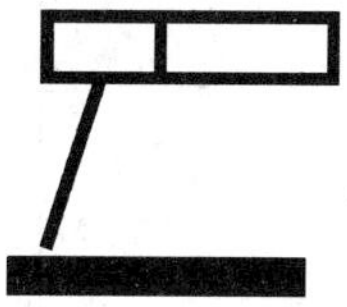	MMA 焊(手工金属电弧焊)	表示 MMA 焊接(手工金属电弧焊)
59			碳弧气刨	表示碳弧气刨
60			MIG/MAG 焊	表示 MIG/MAG 焊接
61		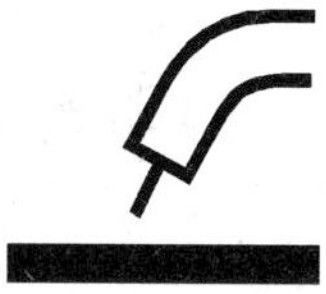	自保护药芯电弧焊	表示自保护药芯电弧焊接
62			TIG 焊	表示 TIG 焊接
63	ISO 7000-0478 (DB:2004-01)		等离子焊	表示等离子焊接
64	ISO 7000-0479 (DB:2004-01)		等离子切割	表示等离子切割
65			等离子气刨	表示等离子气刨
66		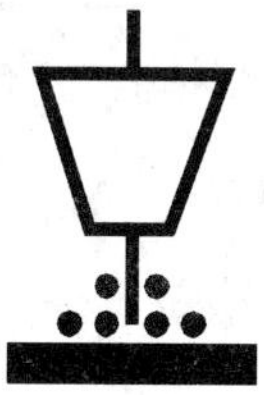	埋弧焊接	表示埋弧焊接

L.3.2.10　焊接特性控制符号

序号	来源	符号	功能,关键字,状态	应用
67	ISO 7000-0455 (DB:2004-01)		平特性	表示恒压特性
68	ISO 7000-0454 (DB:2004-01)	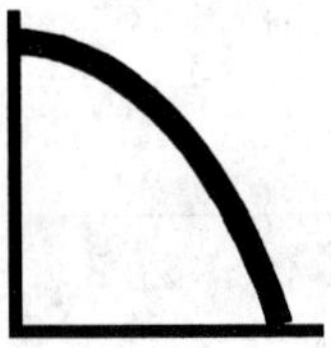	下降特性	表示电流下降特性
69		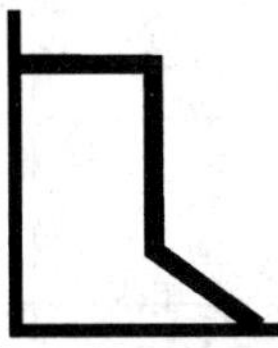	电弧力	具有当电弧电压低时,增加电流的控制或功能
70		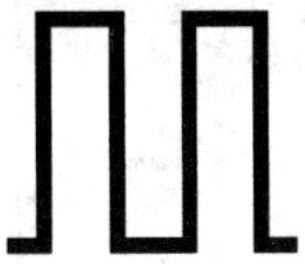	脉冲	表示脉冲值
71			可变电感	表示可变电感的控制调节
72			高值电感或电感	表示电感或与其他电感符号一起使用,高值电感
73			中值电感	表示中值电感的连接、功能或控制
74			低值电感	表示低值电感的连接、功能或控制

L.3.2.11 电源类型符号

序号	来源	符号	功能,关键字,状态	应用
75	GB/T 5465.2—2008		直流电	标志在只适用于直流电的设备的铭牌上,用于标识直流电的端子
76	GB/T 5465.2—2008		交流电	标志在只适用于交流电的设备的铭牌上,用于标识交流电的端子 **注**:符号可与数字一起使用表示相数。
77	GB/T 5465.2—2008		交直流两用	标志在交、直流两用的设备的铭牌上,用于标识相应的端子
78	GB/T 5465.2—2008		变压器	表示变压器
79	ISO 7000-1153 (DB:2004-01)		发电机	表示发电机
80	ISO 7000-0796 (DB:2004-01)	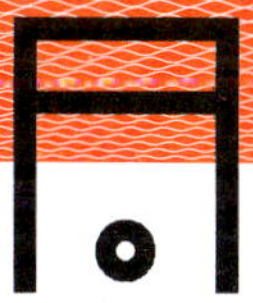	引擎	表示引擎
81	ISO 7000-0147 (DB:2004-01)		电动机	表示电动机
82			变频器	表示频率变换功能
83	GB/T 5465.2—2008		直流/交流变换器	标识直流/交流变换器及相应的端子和控制

L.3.2.12 保护器件和防护等级符号

序号	来源	符号	功能,关键字,状态	应用
84			适用于在触电危险性较大的环境中焊接	表示可在触电危险性较大的环境中进行焊接的焊接电源
85	GB/T 5465.2—2008		Ⅱ类设备	标识能满足Ⅱ类设备安全要求的设备
86	GB/T 5465.2—2008	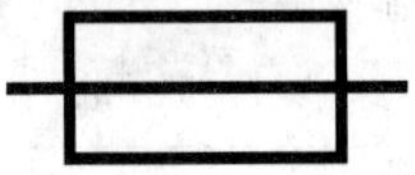	熔断器	标识熔断器盒及其位置

L.3.2.13 警示性符号

序号	来源	符号	功能,关键字,状态	应用
87	GB/T 5465.2—2008		危险电压	表示危险电压引起的危险
88	ISO 7000-0228 (DB:2004-01)		干扰	表示在正确操作情况下可能产生的干扰
89	ISO 7000-0434A (DB:2004-01)		警告	提醒操作者注意危险
90			阅读使用说明书	表示操作者应阅读使用说明书
91			温度显示	表示温度指示,例如温度过高,警示灯亮

L.4 符号组合示例

本条给出了在弧焊电源和相关工艺设备上使用的组合符号的示例。

符　　号	功能,关键字,状态	应　　用
 GB/T 5465.2—2008	通/断(按-按)	标识与电源接通或断开。必须标在电源开关或电源开关的位置,以及与安全有关的地方。“接通”或“断开”的每个位置都是稳定位置
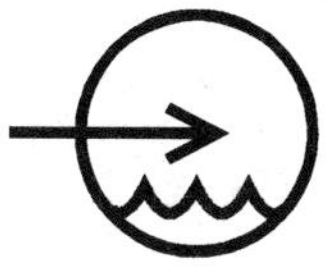	液体流入	表示液体的流入
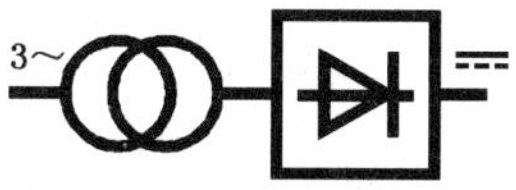	三相变压器—整流器	标识在铭牌上的焊接电源符号
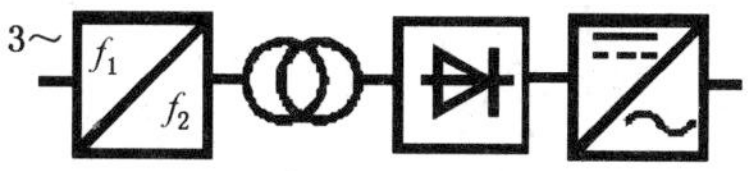	交流/直流逆变电源	标识在铭牌上的焊接电源符号
	缓慢送丝启动	表示焊接开始时,向工件缓慢送丝
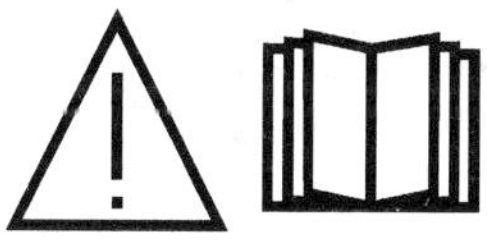	警告! 阅读使用说明书	表示存在危险,应阅读使用说明书
 ISO 7000-0544(DB:2004-01)	冷却水	
	可调性和断开位置	标识一个量的连续增加或减少,以及断开位置控制
 ISO 7000-469(DB:2004-01)	MIG/MAG 点焊	表示 MIG/MAG 点焊
	上升时间	表示上升时间的控制

L.5 控制面板的示例

本条给出了弧焊电源和相关工艺设备的控制面板的示例(参见图 L.1～图 L.8)。

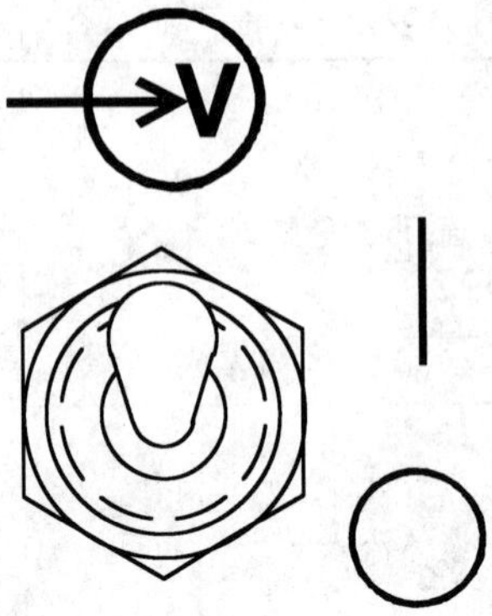

图 L.1 输入电压电源开关

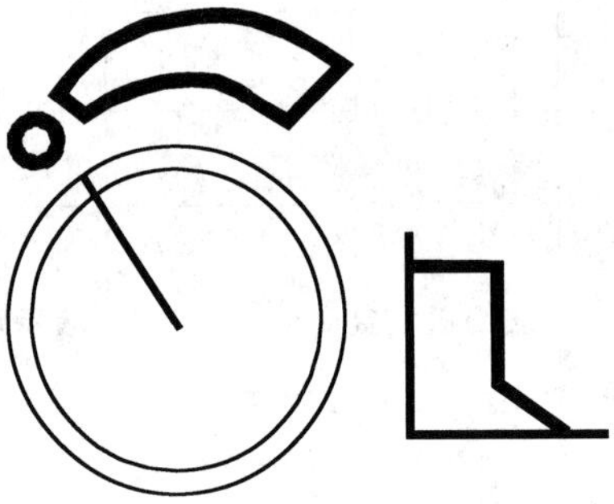

图 L.2 电弧力控制电位器

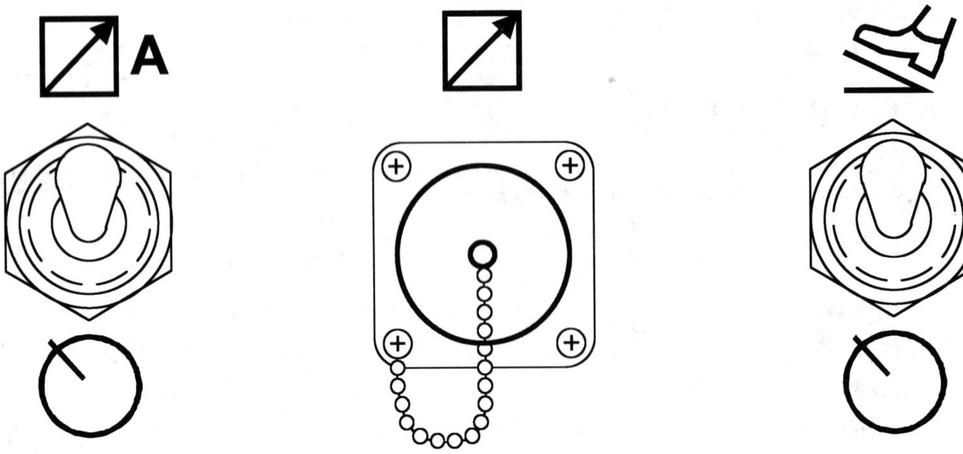

图 L.3 遥控插座和选择器开关

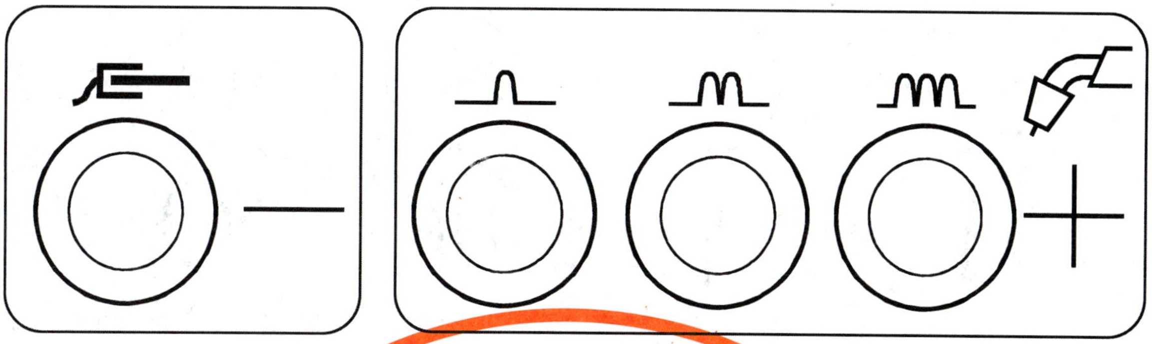

图 L.4 MIG/MAG 焊的电感选择器的端口

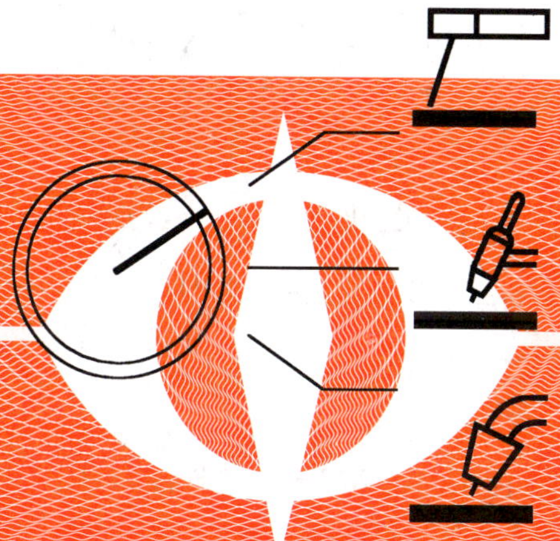

图 L.5 工艺选择开关(MMA 焊、TIG 焊、MIG 焊)

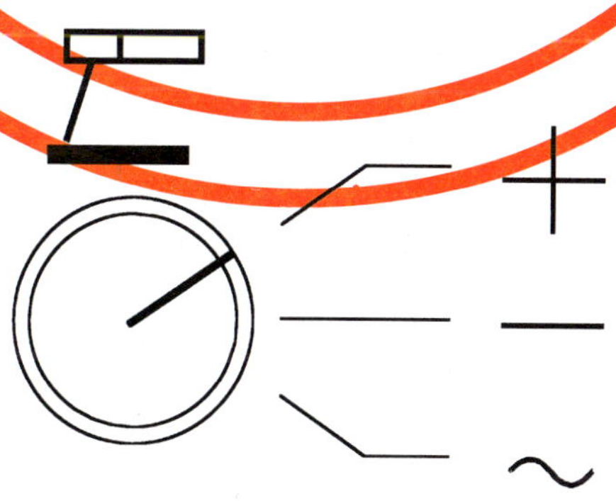

图 L.6 交流/直流两用设备的选择开关

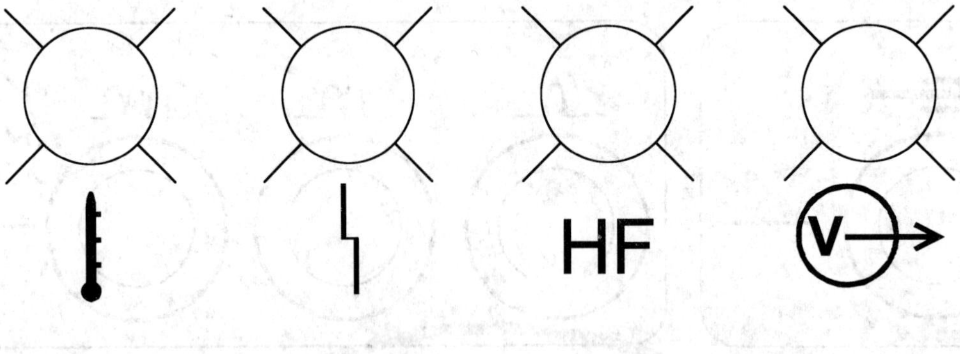

图 L.7 面板指示灯(过热、故障、引弧、输出电压)

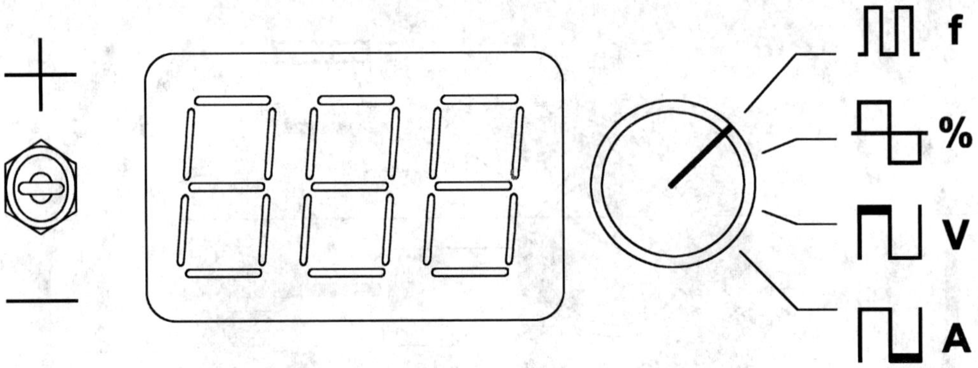

图 L.8 通过数显设置脉冲参数

附 录 M
（资料性附录）
效 率

可以向用户提供有关效率的信息(见17.1)。提供的信息中至少应包括以下内容：

a） 100%负载持续率所对应的额定输出条件下的效率；

b） 待机功率,单位瓦特。

采用下列方法以保证重复性和数据准确性。

a） 量仪器的准确度,包括功率表,应符合第5章的要求；

b） 供电电源应符合附录G的要求；

c） 效率由两位有效数字表示,不用小数位；

d） 任何设备测得的效率不应低于报告值,待机功率不应大于报告值；

e） 效率值取决于输出负载、供电电压(对于带多个输入电压的设备),也可能取决于操作方式,在计算效率时应考虑这些因素；

f） 效率应在下列条件下测量：

- 约定焊接状态(见3.17)；
- 热平衡状态(见3.44)；
- 负载持续率低于100%时,在加载时间的中点；
- 辅助设备处于空载状态(见11.5和11.6)；

g） 待机功率应在以下条件下测量：

- 热平衡状态；
- 辅助设备断开或关闭；
- 设备开关进入低能模式后(如有的话)。

效率的计算公式： $\eta=\frac{U_2 I_2}{P_1}$

注：该值在0～1之间,可用百分数表示。

附 录 N
（规范性附录）
初级泄漏电流测量

测量初级泄漏电流时，采用符合图2的测量网络，按图N.1～图N.4所示，并用合适的测量设备进行测量。

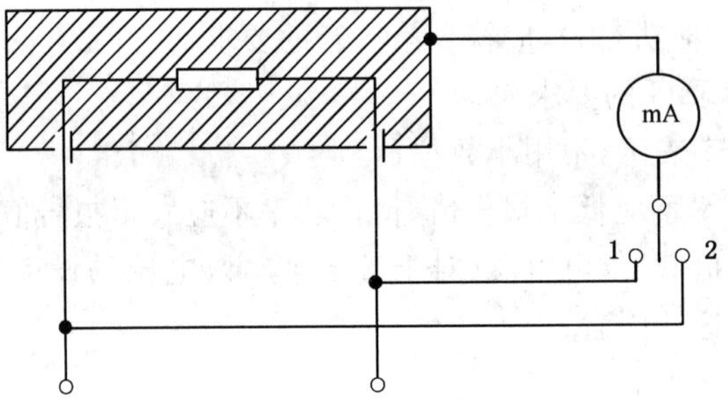

图 N.1 在工作温度下非Ⅱ类单相保护设备的初级泄漏电流测试图

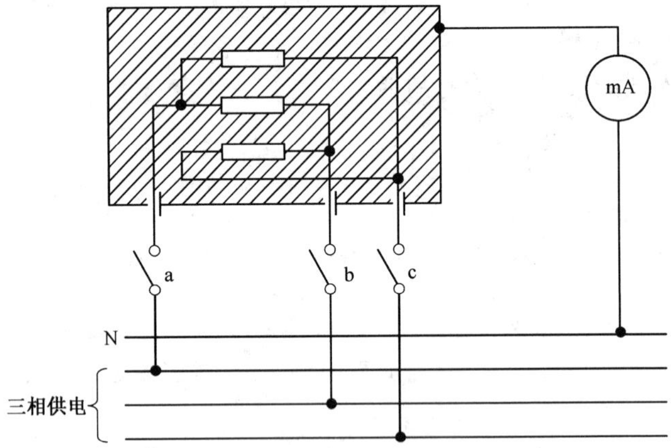

图 N.2 在工作温度下非Ⅱ类三相保护设备的初级泄漏电流测试图

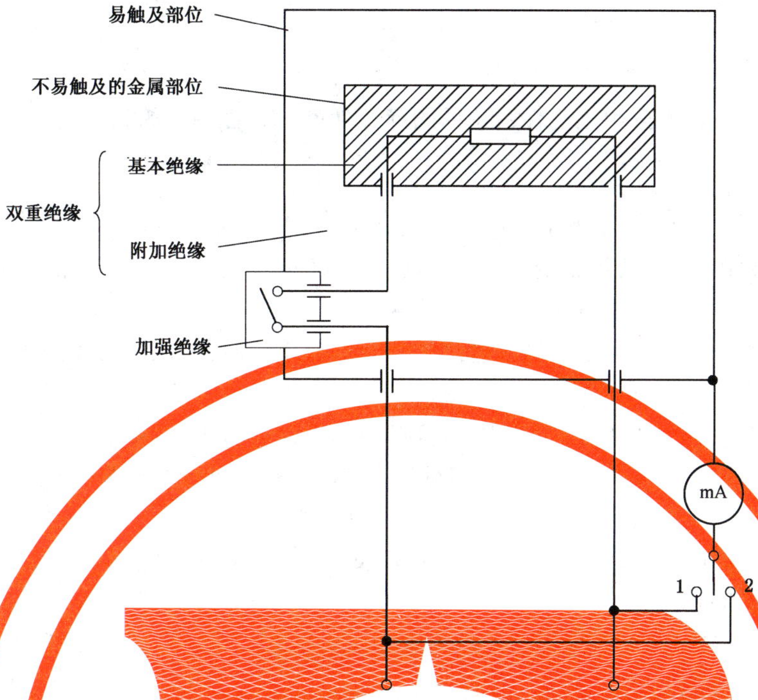

图 N.3 在工作温度下Ⅱ类单相保护设备的初级泄漏电流测试图

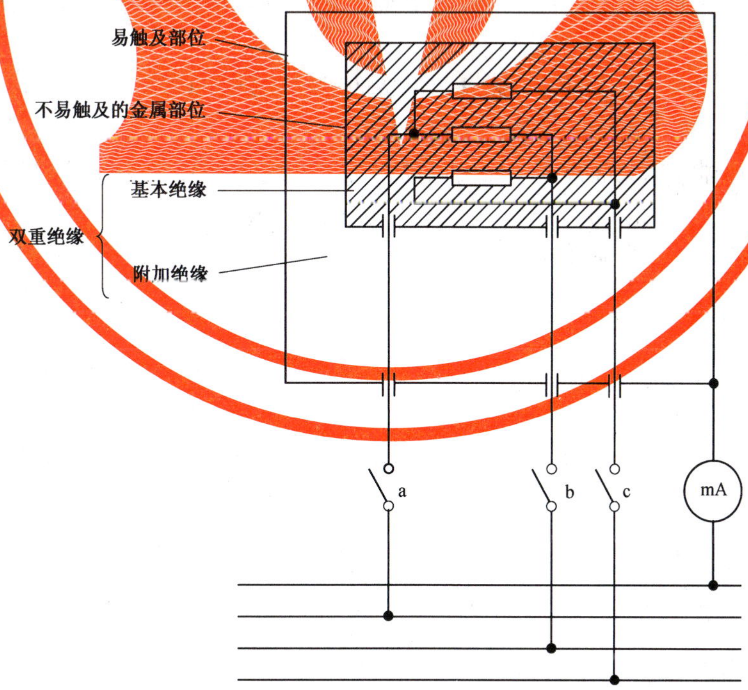

图 N.4 在工作温度下Ⅱ类三相保护设备的初级泄漏电流测试图

附 录 NA
（资料性附录）
与本部分中规范性引用的国际文件有一致性关系的我国文件

GB/T 156—2007 标准电压(IEC 60038:2002,MOD)

GB/T 2900.83—2008 电工术语 电的和磁的器件(IEC 60050-151:2001,IDT)

GB/T 4026—2010 人机界面标志标识的基本和安全规则 设备端子和导体终端的标识(IEC 60445:2006,IDT)

GB/T 4207—2012 固体绝缘材料耐电痕化指数和相比电痕化指数的测定方法(IEC 60112:2009,IDT)

GB 4208—2008 外壳防护等级(IP 代码)(IEC 60529:2001,IDT)

GB 4824—2004 工业、科学和医疗(ISM)射频设备 电磁骚扰特性 限值和测量方法(CISPR 11:2003,MOD)

GB/T 5013.6—2008 额定电压 450/750 V 及以下橡皮绝缘电缆 第 6 部分:电焊机电缆(IEC 60245-6:1994,IDT)

GB/T 5169.16—2008 电工电子产品着火危险试验 第 16 部分:试验火焰 50 W 水平与垂直火焰试验方法(IEC 60695-11-10:2003,IDT)

GB/T 11918—2001 工业用插头插座和耦合器 第 1 部分:通用要求(idt IEC 60309-1:1999)

GB 15579.7—2013 弧焊设备 第 7 部分:焊炬(枪)(IEC 60974-7:2005,IDT)

GB 15579.12—2012 弧焊设备 第 12 部分:焊接电缆耦合装置(IEC 60974-12:2005,MOD)

GB/T 16935.3—2005 低压系统内设备的绝缘配合 第 3 部分:利用涂层、罐封和模压进行防污保护(IEC 60664-3:2003,IDT)

GB/T 17045—2008 电击防护 装置和设备的通用部分(IEC 61140:2001,IDT)

GB 19212.5—2011 电源电压为 1 100 V 及以下的变压器、电抗器、电源装置和类似产品的安全 第 5 部分:隔离变压器和内装隔离变压器的电源装置的特殊要求和试验(IEC 61558-2-4:2009,IDT)

GB 19212.7—2012 电源电压为 1 100 V 及以下的变压器、电抗器、电源装置和类似产品的安全 第 7 部分:安全隔离变压器和内装安全隔离变压器的电源装置的特殊要求和试验(IEC 61558-2-6:2009,IDT)

参 考 文 献

［1］ GB/T 2893.1 图形符号 安全色和安全标志 第1部分:工作场所和公共区域中安全标志的设计原则(GB/T 2893.1—2004,ISO 3864-1:2002,MOD)

［2］ GB 5226.1 机械电气安全 机械电气设备 第1部分:通用技术条件(GB 5226.1—2008,IEC 60204-1:2005,IDT)

［3］ GB/T 11021 电气绝缘 耐热性分级(GB/T 11021—2007,IEC 60085:2004,IDT)

［4］ GB/T 17211 干式电力变压器负载导则(GB/T 17211—1998,IEC 60905:1987,EQV)

［5］ GB/T 19678 说明书的编制 构成、内容和表示方法(GB/T 19678—2005,IEC 62079:2001,IDT)

［6］ ISO 7000 Graphical symbols for use on equipment-Index and synopsis

［7］ ISO 17846 Welding and allied processes—Health and safety—Wordless precautionary labels for equipment and consumables used in arc welding and cutting

［8］ IEC 60974-9 Arc welding equipment—Part 9:Installation and use

ICS 25.160.30
J 64

中华人民共和国国家标准

GB 15579.5—2013/IEC 60974-5:2007
代替 GB/T 15579.5—2005

弧焊设备　第5部分:送丝装置

Arc welding equipment—Part 5: Wire feeders

(IEC 60974-5:2007,IDT)

2013-11-12 发布　　2014-08-07 实施

中华人民共和国国家质量监督检验检疫总局
中国国家标准化管理委员会　发布

前　言

本部分的第3章“术语和定义”为推荐性的，其余为强制性的。

GB 15579《弧焊设备》涉及的范围为电弧焊机及其辅机具，预计结构是分为13个部分，分别是：

——第1部分：焊接电源；

——第2部分：冷却系统；

——第3部分：引弧和稳弧装置；

——第4部分：使用期间的检查和试验；

——第5部分：送丝装置；

——第6部分：限制负载的手工金属弧焊电源；

——第7部分：焊炬(枪)；

——第8部分：等离子切割系统的气路装置；

——第9部分：安装和使用；

——第10部分：电磁兼容(EMC)要求；

——第11部分：电焊钳；

——第12部分：焊接电缆耦合装置；

——第13部分：焊接夹钳。

本部分为GB 15579的第5部分。

本部分按照GB/T 1.1—2009给出的规则起草。

本部分代替GB/T 15579.5—2005《弧焊设备安全要求　第5部分：送丝装置》。本部分与GB/T 15579.5—2005相比主要变化如下：

——对适用范围进行了修订(见第1章)；

——增加了组件的符合性要求(见5.3)；

——修改了外壳防护等级的要求(见6.2.1和表1)；

——增加了辅助电源输出要求(见6.8)；

——对热性能试验方法进行了修改(见第9章)；

——增加了倾斜稳定性要求(见10.5)；

——给出了独立式送丝装置的铭牌编制原则和示例(见11.2和参见附录B)；

——增加了冷却液和保护性气体在进出口处的标识要求(见11.3)；

——修改了使用说明书的有关要求(见13.1)。

本部分使用翻译法等同采用IEC 60974-5:2007《弧焊设备　第5部分：送丝装置》。

与本部分中规范性引用的国际文件有一致性对应关系的我国文件如下：

——GB/T 2900.73—2008　电工术语　接地与电击防护(eqv IEC 60050-195:1998)；

——GB 4208—2008　外壳防护等级(IP代码)(IEC 60529:2001,IDT)；

——GB 15579.7—2013　弧焊设备　第7部分：焊炬(枪)(IEC 60974-7:2005,IDT)；

——GB 15579.10—2008　弧焊设备　第10部分：电磁兼容性(EMC)要求(IEC 60974-10:2007,IDT)。

本部分由中国电器工业协会提出。

本部分由全国电焊机标准化技术委员会(SAC/TC 70)归口。

本部分起草单位：南通振康焊接机电有限公司、南京市顶瑞电机有限公司、上海沪工焊接集团股份有限公司、浙江肯得机电股份有限公司、深圳市瑞凌实业股份有限公司、成都熊谷加世电器有限公司、深圳华意隆电气股份有限公司、杭州凯尔达电焊机有限公司、成都三方电气有限公司、成都电气检验所。

本部分主要起草人：汤子康、时久祥、舒振宇、朱宣辉、邱光、肖介光、吴月涛、褚华、邢军、潘颖。

本部分所代替标准的历次版本发布情况为：

——GB/T 15579.5—2005。

弧焊设备　第5部分:送丝装置

1　范围

GB 15579 的本部分规定了弧焊和类似工艺所用送丝装置的安全要求和性能要求。

送丝装置与焊接电源之间可以是分体式的,也可以是一体式的。

送丝装置可与手工焊炬或机械导向的焊炬配套使用。

本部分不适用于 IEC 60974-7 中带焊丝盘的焊炬。

本部分不适用于 IEC 60974-6 中供非专业人士使用的送丝装置。

注 1:典型的类似工艺如电弧切割和喷涂。

注 2:本部分不包括电磁兼容性(EMC)要求。

2　规范性引用文件

下列文件对于本文件的应用是必不可少的。凡是注日期的引用文件,仅注日期的版本适用于本文件。凡是不注日期的引用文件,其最新版本(包括所有的修改单)适用于本文件。

GB 15579.1—2013　弧焊设备　第1部分:焊接电源(IEC 60974-1:2005,IDT)

IEC 60050-195　国际电工术语　第195部分:接地与电击防护[International Electrotechnical Vocabulary (IEV)—Part 195: Earthing and protection against electric shock]

IEC 60529　外壳防护等级(IP代码)[Degrees of protection provided by enclosures (IP Code)]

IEC 60974-7　弧焊设备　第7部分:焊炬(枪)(Arc welding equipment—Part 7: Torches)

IEC 60974-10　弧焊设备　第10部分:电磁兼容性(EMC)要求[Arc welding equipment—Part 10: Electromagnetic compatibility(EMC) requirements]

3　术语和定义

GB 15579.1—2013、IEC 60050-195 和 IEC 60974-7 界定的以及下列术语和定义适用于本文件。

3.1

挤压区域　crushing zone

人体可能受到挤压伤害的部位。

注:两个运动的部件相向运动或某个运动的部件朝一个固定的部件运动时可能导致挤压危险。

3.2

送丝轮　drive rolls

压紧焊丝并将机械力传送至焊丝的滚轮。

3.3

焊丝　filler wire

盘绕的填充金属丝。

3.4

焊丝的供给　filler wire supply

焊丝的起源处,通过它将焊丝送至传送机构中。

3.5

送丝管 liner

输送焊丝的管道,可作为电缆软管的组成部分。

3.6

最大负载 maximum load

送丝装置在额定速度调节范围内,达到额定输入电流所施加的机械负载。

3.7

额定送丝速度范围 rated speed range

制造商规定的每种规格焊丝的送丝速度范围。

3.8

额定输入电流 rated supply current

$\boldsymbol{I}_1$

送丝装置在最大负载时的输入电流有效值。

3.9

熔化极 wire electrode

传输焊接电流的实芯或管状焊丝。

3.10

送丝控制 wire-feed control

用于控制送丝速度、操作程序和其他必要条件的电子或机械或机电配合的部件。

注:送丝控制部分可以置于送丝装置内部,也可以单独放置。

3.11

送丝装置 wire feeder

将焊丝输送至电弧或熔池,并能进行送丝控制的装置。该装置可带或不带送丝电源。

4 环境条件

按 GB 15579.1—2013 的相关要求。

5 试验

5.1 试验条件

按 GB 15579.1—2013 的 5.1 相关要求。

5.2 测试仪器

按 GB 15579.1—2013 的 5.2 相关要求。

5.3 组件的符合性

按 GB 15579.1—2013 的 5.3 相关要求。

5.4 型式试验

所有的型式检验都应在同一台送丝装置上进行。

下列型式检验应按如下的顺序进行:

a) 一般目测检验(见 GB 15579.1—2013 的 3.7);

b) 绝缘电阻(见 GB 15579.1—2013 的 6.1.4)(初步检验);
c) 外壳(见 GB 15579.1—2013 的 14.2);
d) 提升装置(见 10.3);
e) 跌落试验(见 10.4);
f) 外壳防护(见 6.2.1);
g) 绝缘电阻(见 GB 15579.1—2013 的 6.1.4);
h) 介电强度(见 GB 15579.1—2013 的 6.1.5);
i) 一般目测检验(见 GB 15579.1—2013 的 3.7)。

本部分中上述未提及的其他检验可按任何方便的顺序进行。

5.5 例行检验

每台送丝装置都应依次通过下述例行检验:
a) 一般目测检验(见 GB 15579.1—2013 的 3.7);
b) 保护性导体的连通性(见 GB 15579.1—2013 的 10.4.2)(如果有);
c) 介电强度(见 GB 15579.1—2013 的 6.1.5);
d) 一般目测检验(见 GB 15579.1—2013 的 3.7)。

6 防触电保护

6.1 绝缘

按 GB 15579.1—2013 的 6.1 相关要求。

6.2 正常使用中的防触电保护(直接接触)

6.2.1 外壳防护

送丝装置的最低防护等级应符合表 1 的规定。

表 1 最低防护等级

试验部位	室内使用	室外使用
电机和控制回路的电压≤SELV	IP2X	IP23S
电机和控制回路的电压>SELV	IP21S	IP23S
和手工焊炬(枪)一起使用的送丝装置中潜在带电部分(例如:焊丝、焊丝盘、送丝轮)	IPXX	IPX3
和机械导向焊炬(枪)一起使用的送丝装置中潜在带电部分(例如:焊丝、焊丝盘、送丝轮)	IPXX	IPXX
注:见 10.8。		

防护等级为 IP23S 的送丝装置可在户外存放,但不应在雨雪中无遮蔽的地方使用。
外壳应能充足排水,残留的水不应影响设备的正常运行或降低安全性能。
按 IEC 60529 检查合格与否。
试验时,应将焊丝送入驱动系统中,且连接好所有外部接线。
如果本项试验后立即进行的介电强度试验符合 GB 15579.1—2013 中 6.2.1 规定的要求,则认为送丝装置达到防水等级。

如果送丝装置具有防水结构，则本项试验后焊丝上应无水的痕迹。

6.2.2 电容器

按 GB 15579.1—2013 的 6.2.2 相关要求。

6.2.3 输入电容器的自动放电

按 GB 15579.1—2013 的 6.2.3 相关要求。

6.3 发生事故时的防触电保护（非直接接触）

6.3.1 输入回路和焊接回路的隔离

按 GB 15579.1—2013 的 6.3.2 相关要求。

注：只需在加强绝缘或双重绝缘中选择一种。

6.3.2 焊接回路与机架之间的绝缘

焊接时有可能带电的部分（如：填充丝、焊丝盘、送丝轮）应与送丝装置的机架或其他采用基本绝缘的构件绝缘（见 GB 15579.1—2013 的表 1 和表 2）。

按 GB 15579.1—2013 的 6.1 要求检查其合格与否。

6.3.3 内部导体及其连接

按 GB 15579.1—2013 的 6.3.4 相关要求。

6.4 额定输入电压

额定输入电压应由符合 GB 15579.1—2013 中 11.5 要求的焊接电源供给或由满足 6.5 要求的电源供给。

6.5 保护措施

如果送丝装置的额定输入电压由焊接回路供给或为安全特低电压（SELV），则不要求外露导电部件与保护性导体相连。

如果送丝装置的额定输入电压高于 SELV，则外露导电部件应与保护性导体相连。保护性导体的接线端应通过螺钉或其他紧固件固定在送丝装置的机架或外壳上，螺钉或紧固件在使用过程中不需要拆卸。不需要用焊接的方式紧固保护性导体接线端。

不能将焊接回路和与之相连的导电部件连接到保护性导体上。

当采用保护性导体时，应防止由于泄漏电流而造成的损坏。例如，可在保护性导体回路中设置检测泄漏电流的装置以在发生故障时切断焊接回路，或采取对有关金属部件绝缘的方法，如通过外壳绝缘。

通过目测和模拟下列故障检查其合格与否：

a） 施加不超过保护性导体所规定的额定电流值的电流；

b） 保护性导体中通以最大额定焊接电流而不损坏。

6.6 输入回路的过流保护

内部线路应采用诸如熔断器、断路器之类的过流保护装置加以保护。

如果送丝装置是与专用焊接电源配套使用的，则过流保护装置可以放置在焊接电源内部。

通过目测检查其合格与否。

6.7 电缆固定装置

如果送丝装置的输入电压比安全特低电压(SELV)高,且不是由焊接回路供电的,则其输入电缆的固定装置应满足 GB 15579.1—2013 中 10.5 的要求。

6.8 辅助电源输出

按 GB 15579.1—2013 的 11.6 相关要求。

6.9 进线孔

按 GB 15579.1—2013 的 10.6 相关要求。

6.10 控制回路

按 GB 15579.1—2013 的第 12 章相关要求。

6.11 吊运装置的绝缘

如果焊接过程中送丝装置需要悬挂起来,则悬挂装置应与送丝装置的外壳电气绝缘。

使用说明书中应给出警示性的说明,以告知使用者当采用支撑物方式支撑送丝装置而不是悬挂送丝装置时,送丝装置的外壳和支撑物之间应绝缘。

通过目测检查其合格与否。

7 冷却系统

液体冷却的送丝装置应能在送丝装置进口处压力为 0.5 MPa、温度为 70 ℃的情况下正常运行,无泄漏现象。

施加 0.75 MPa 的力、持续 30 s,通过测量和目测检查其合格与否。

8 保护气

如果保护气通过送丝装置,则在气阀关闭、进气压力为 0.5 MPa 的情况下,送丝装置应能正常运行,无泄漏现象。若有多个气阀,则应分别进行测试。

堵住出气口,在进气口处施加 0.75 MPa 的压力,持续 30 s,通过目测检查其合格与否。

9 热性能要求

如果采用手工焊炬,送丝装置应能在 60% 负载持续率下(6 min 通,4 min 断)运行而不超过各部件的额定温度。

如果送丝装置与焊接电源处于同一个机箱内,则送丝装置应能在焊接电源所规定的最大负载持续率和相应的额定最大焊接电流下正常工作。

如果采用机械导向的焊炬,送丝装置应能在 100% 负载持续率下运行而不超过各部件的额定温度。

对于液体冷却的送丝装置,试验应在制造商推荐的最小冷却流量、最高冷却液温度的情况下进行。

此外,在上述负载持续率所对应的 6 min 通电期间,送丝装置按 4 s 通、2 s 断进行循环操作,也应满足上述要求。

送丝装置内的带电部件应能承受额定焊接电流而不会出现下列情况：

a） 超过带电部件规定的温升限值；

b） 超过 GB 15579.1—2013 表 7 规定的表面温度。

按 GB 15579.1—2013 的 7.2 要求，对送丝装置施加制造商规定的最大负载，通过测量检查其合格与否。

10 机械要求

10.1 送丝装置

送丝装置的结构和装配应具有在正常使用条件下所需的强度和刚度，保证在最小电气间隙的情况下不出现电击或其他危险，并应对运动部件（如皮带、滑轮、风扇和齿轮等）加以防护。

经 10.1～10.4 试验后，送丝装置应符合本部分要求。试验后，允许结构件或外壳有些变形，但不能增加触电等危险性。

易接近部件应无可能伤人的锐边、粗糙表面或凸出的部分。

经 10.1～10.7 的试验后，目测检查其合格与否。

10.2 外壳

按 GB 15579.1—2013 的 14.2 相关要求。

10.3 提升装置

按 GB 15579.1—2013 的 14.3 相关要求。

将送丝装置装上其设计规定的最大重量的焊丝盘，不包括其他附件，检查其合格与否。

10.4 跌落

按 GB 15579.1—2013 的 14.4 相关要求。

将送丝装置装上其设计规定的最大重量的焊丝盘，不包括其他附件，检查其合格与否。

如果送丝装置是固定式的，如永久性地固定在机械设备上，则不做此项试验。

10.5 倾斜稳定性

按 GB 15579.1—2013 的 14.5 相关要求。

10.6 焊丝的供给

10.6.1 焊丝支撑架

焊丝的支撑架应具足够的强度和刚性以支撑制造商推荐使用的装有最大重量的焊丝盘。

通过目测和 10.4 试验检查其合格与否。

10.6.2 焊丝盘止动装置

焊丝盘的止动装置应设计成在正常转动、起动和停止期间不会造成松动或焊丝盘脱离其安装位置的现象。

通过目测和下列试验检查其合格与否。

送丝装置装上制造商推荐的装有最大重量焊丝的焊丝盘后，将送丝装置放置在与水平面成 15°角的平面上，以便在焊丝盘止动装置上产生最大负载。送丝装置在最高送丝速度下不断地起动和停止 100 次。止动装置应无松动现象。

10.6.3 焊丝溢出

在正常转动、起动和停止过程中，应采用能防止焊丝从焊丝盘中溢出的装置。该装置的最小电气间隙应符合 GB 15579.1—2013 的表 1 要求。

通过 10.7 试验检查其合格与否。

10.7 送丝

送丝装置应具有通过焊炬输送焊丝的能力。焊炬应符合制造商的规定。在下述试验条件下测定最大负载。

用制造商规定的焊丝及焊丝盘的型号和规格，通过下列试验检查其合格与否。

在下列条件下，分别在最小和最大控制档测量送丝速度(用转速表测量或测量单位时间内输送焊丝的长度)。

a) 从送丝装置的起始处，将电缆软管组件绕一个半径为 0.3 m 的圈。如果电缆软管组件比较长，绕一圈后的剩余部分应拉直。

b) 按 10.6.3 的要求调节焊丝溢出装置。

c) 所有部件，如矫直器、导丝嘴、套管等，应处于正常焊接时的位置。

如果在最小控制档下测得的送丝速度小于或等于额定最小送丝速度，而在最大控制档下测得的送丝速度等于或大于额定最大送丝速度，则认为此项试验合格。

10.8 机械危险性的防护

送丝装置应有以下防护：

a) 防止在操作过程中意外触及运动部件(如送丝轮、齿轮)。

注：触及一个运动部件不一定会产生危险。

示例 1：

送丝装置的齿轮的防护可以通过其设计、或将其凹入进口孔的端面、或采用带铰链的盖板、或防护板来实现。

b) 在以下情况下防止人体部位受到挤压。

1) 将焊丝导入送丝装置时。

示例 2：

通过下述方法进行防护：

——低速导送焊丝；

——接通开关时，轻轻推进焊丝(手动控制)；

——送丝装置的机械结构设计成可以在不起动驱动电机的情况下将焊丝导入驱动系统。

2) 焊丝盘的操作。

示例 3：

为焊丝盘设计一个不影响送丝装置运行的外壳可达到防护的目的。

在送丝装置的机架和焊丝盘之间，为避免未全封闭的焊丝盘对手指造成伤害而采取的保护措施包括：

——机架和焊丝盘之间的最大距离不应超过 6 mm；

——或者机架和焊丝盘之间的距离大于或等于 30 mm；

——加装遮挡装置，如折转的挡板(机架和焊丝盘之间的距离小于 30 mm 时)。

通过目测检查其合格与否。

11 铭牌

11.1 概述

对于独立式送丝装置，每台都应固定安装或印制一块标记清晰且不易擦掉的铭牌。

通过目测和 GB 15579.1—2013 中 15.1 规定的摩擦试验检查其合格与否。

11.2 说明

铭牌应分为两部分：

a) 独立式送丝装置的标志；

b) 独立式送丝装置的能量输入。

数据的排列和顺序应遵循图1(实例参见附录B)的原则。

铭牌的尺寸没有规定，可以自由选择。

注：需要时，可以在一个特定铭牌上给出附加信息。其他有用信息可列在制造商提供的技术文献中(见第13章)。

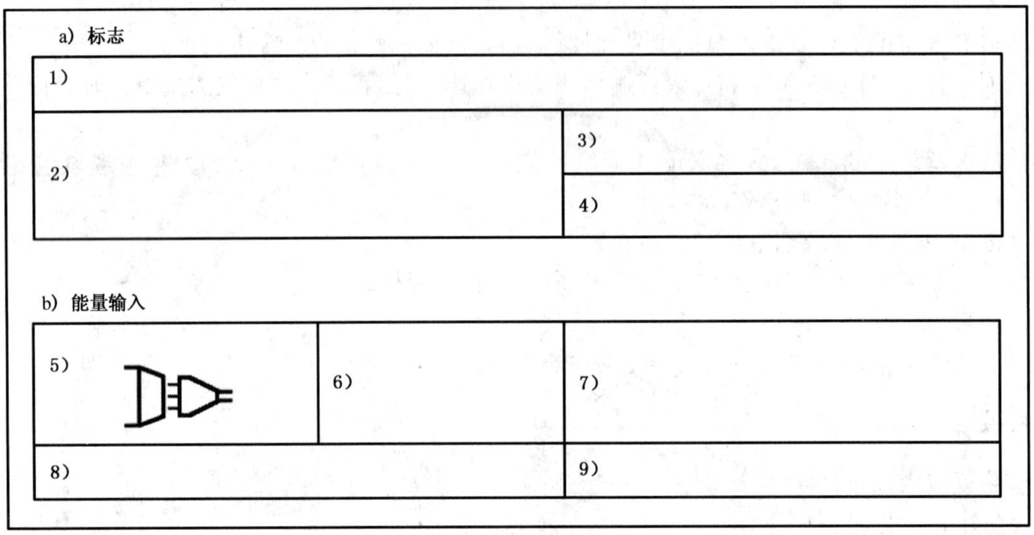

图1 独立式送丝装置的铭牌编制原则

11.3 内容

a) 标志

编号1) 制造商的名称和地址，经销商、进口商的名称和地址(若要求)，商标和原产国名。

编号2) 制造商给定的型号。

编号3) 设计序号及制造日期(如：顺序号)。

编号4) 本标准号，以证实送丝装置符合要求。

b) 能量输入

编号5)  输入电源符号，参见6.4。

编号6) U_1 额定输入电压和频率。

编号7) I_1 最大负载时的额定输入电流。

编号8) IP 电机和控制回路的防护等级。

编号9) I_2 100%或60%负载持续率所对应的额定焊接电流。只有当送丝装置为焊接回路的组成部分时适用。

12 送丝速度的指示

如果送丝装置装有送丝速度指示装置，则速度的单位应采用m/min或in/min，指示精度应为：

a) 最大档的 25%和 100%之间时:真值的±10%;

b) 最大档的 25%以下时:最大档的±2.5%。

负载、输入电压和温升变化所引起的最大送丝速度变化率应按附录 A 给出的方法进行测量。

按 10.7 的规定,在送丝装置的整个调节范围内,通过测量和计算检查其合格与否。

13 使用说明书及标识

13.1 使用说明书

每台送丝装置都应附有包括下列内容(适用时)的使用说明书。

a) 总的说明;

b) 搬运的正确方法;

c) 指示、标记和图示符号的说明;

d) 与焊接电源的有关要求,如控制电源、控制信号、静态特性和连接方式;

e) 焊丝盘的规格和型号;

f) 焊丝的最大直径、最小直径、最大重量和最大负载;

g) 额定送丝速度范围;

h) 气体的最大压力,如 0.5 MPa(5bar);

i) 送丝装置的正确使用方法,如焊丝规格、焊丝类型、驱动滚轮和焊枪要求;

j) 焊接能力、负载限制和有关的热保护说明;

k) 所提供的防护等级的使用限制说明;

l) 送丝装置的维护保养,例如,做部分或完整试验的周期及其他操作(如清洁);

m) 有关的线路图和常用的备件清单;

n) 如果送丝装置放置在倾斜的平面上,应采取的防倾翻措施;

o) 有关机械危险的基本注意事项,如在导丝或更换焊丝盘时不能带手套;

p) IEC 60974-10 中电磁兼容要求的分类(只针对独立式送丝装置)。

可以给出绝缘等级、污染等级及与计算机控制系统的连接方式等其他说明。

通过阅读使用说明书检查其合格与否。

13.2 标识

冷却液和保护性气体的进出口处应标注以下清晰且不易擦掉的符号:

a) 冷却液的进口

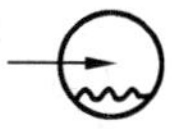

也可以使用颜色代码代替。

b) 冷却液的出口

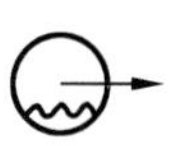

也可以使用颜色代码代替。

c) 气体的进气口

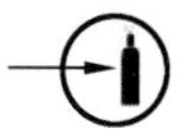

d) 气体的出气口

附　录　A
（规范性附录）
送丝速度变化率的测定

A.1　负载变化所引起的送丝速度变化率

在额定送丝速度档，当负载从其最大值的50%变化至最大值时，送丝速度的变化率应通过下式进行计算：

$$r_1=\frac{v_{11}-v_{12}}{v_{12}}\times 100\%$$

式中：

r_1——负载变化所引起的送丝速度变化率，%；

v_{11}——50%最大负载时的送丝速度，单位为米每分(m/min)；

v_{12}——最大负载时的送丝速度，单位为米每分(m/min)。

在做本项试验之前，送丝装置至少应在50%最大负载下运行0.5 h。

取 r_1 的最大值。

A.2　输入电压变化所引起的送丝速度变化率

在额定送丝速度档，当输入电压在其额定值的±10%之间变化时，送丝速度的变化率应通过下式进行计算：

$$r_u=\frac{v_{u_1}-v_{u_2}}{v_{u_2}}\times 100\%$$

式中：

r_u——输入电压变化所引起的送丝速度变化率，%；

v_{u_1}——±10%额定输入电压时的送丝速度，单位为米每分(m/min)；

v_{u_2}——额定输入电压时的送丝速度，单位为米每分(m/min)。

在做本项试验之前，送丝装置至少应在50%最大负载下运行0.5 h。

取 r_u 的最大值。

A.3　温度变化所引起的送丝速度变化率

在额定送丝速度档、最大负载下，当送丝装置的温度由室温升至工作温度时，送丝速度的变化率应通过下式进行计算：

$$r_t=\frac{r_{t_1}-r_{t_2}}{r_{t_2}}\times 100\%$$

式中：

r_t——温度变化所引起的送丝速度变化率，%；

r_{t_1}——送丝装置在室温时的送丝速度，单位为米每分(m/min)；

r_{t_2}——送丝装置在工作温度下的送丝速度，单位为米每分(m/min)。

环境温度(室温)的允差应控制在±5 ℃之间。

取 r_t 的最大值。

附　录　B
（资料性附录）
独立式送丝装置的铭牌示例

a) 标志

1) 制造商　　　　　　　　商标 地址	
2) 型号	3) 出厂号
	4) GB 15579.5

b) 能量输入

5) 	6) U_1=42 V/1~50 Hz	7) I_1=2 A
8)	IP23S	9) I_2=500 A（60%）/400 A（100%）

ICS 25.160.30
J 64

中华人民共和国国家标准

GB 15579.7—2013/IEC 60974-7:2005
代替 GB/T 15579.7—2005

弧焊设备　第7部分:焊炬(枪)

Arc welding equipment—Part 7:Torches

(IEC 60974-7:2005,IDT)

2013-11-12 发布　　2014-08-07 实施

中华人民共和国国家质量监督检验检疫总局
中国国家标准化管理委员会　发布

前　言

本部分的第3章“术语和定义”为推荐性的，其余为强制性的。

GB 15579《弧焊设备》涉及的范围为电弧焊机及其辅机机具，预计结构是分为13个部分，分别是：

——第1部分：焊接电源；
——第2部分：冷却系统；
——第3部分：引弧和稳弧装置；
——第4部分：使用期间的检查和试验；
——第5部分：送丝装置；
——第6部分：限制负载的手工金属弧焊电源；
——第7部分：焊炬(枪)；
——第8部分：等离子切割系统的气路装置；
——第9部分：安装和使用；
——第10部分：电磁兼容(EMC)要求；
——第11部分：电焊钳；
——第12部分：焊接电缆耦合装置；
——第13部分：焊接夹钳。

本部分为GB 15579的第7部分。

本部分依据GB/T 1.1—2009给出的规则起草。

本部分代替GB/T 15579.7—2005《弧焊设备安全要求　第7部分：焊炬(枪)》。本部分与GB/T 15579.7—2005相比，主要变化如下：

——在范围中增加了注释(见第1章)；
——更新了引用标准(见第2章)；
——增加绝缘电阻的初步检查[见6.2b)]；
——增加了TIG焊和等离子弧割炬的额定引弧电压和/或稳弧电压限值[见7.1、7.3和13 c)]；
——给出了测量等离子弧割炬的额定引弧电压和/或稳弧电压值的方法(见7.3)；
——根据GB 15579.1，修改了等离子弧割炬的附加要求(见7.4.2)；
——修改了液体冷却式焊炬(枪)的发热试验要求[见8.3和13e)]；
——修改了发热试验过程中气体流量的允差(见表2、表3、表4和表6)；
——增加了耐焊接飞溅物试验时加热棒的温度要求(见第10章)；
——增加了易触及部件的有关要求(见11.2)；
——修改了使用说明书的有关要求[见第13章e)和第13章h)]。

本部分使用翻译法等同采用IEC 60974-7:2005《弧焊设备　第7部分：焊炬(枪)》。

与本部分中规范性引用的国际文件有一致性对应关系的我国文件如下：

——GB/T 2900.83—2008　电工术语　电的和磁的器件(IEC 60050-151:2001,IDT)；
——GB 4208—2008　外壳防护等级(IP代码)(IEC 60529:2001,IDT)；
——GB/T 16935.1—2008　低压系统内设备的绝缘配合　第1部分：原理、要求和试验(IEC 60664-1:2007,IDT)。

本部分由中国电器工业协会提出。

本部分由全国电焊机标准化技术委员会(SAC/TC 70)归口。

本部分起草单位:济南诺斯焊接辅具有限公司、成都熊谷加世电器有限公司、任丘市新华焊接设备有限公司、上海沪工焊接集团股份有限公司、深圳市瑞凌实业股份有限公司、深圳华意隆电气股份有限公司、浙江肯得机电股份有限公司、杭州凯尔达电焊机有限公司、任丘松源焊枪制造有限公司、成都三方电气有限公司、成都电气检验所、上海根舍电气制造有限公司。

本部分主要起草人:毛宇、肖介光、边国录、舒振宇、邱光、吴月涛、朱宣辉、褚华、颜世光、潘颖、邢军、武剑超。

本部分所代替标准的历次版本发布情况为:

——GB/T 15579.7—2005。

弧焊设备　第7部分:焊炬(枪)

1　范围

GB 15579 的本部分规定了弧焊和类似工艺使用的焊炬(枪)的安全要求和结构要求。

焊炬(枪)包括焊炬(枪)的主体、电缆软管组件和其他有关部件。

本部分不适用于手工电弧焊使用的电焊钳和空气电弧气刨/切割使用的割炬。

注：本部分的术语"焊炬"和"焊枪"是可以互换的。为方便起见,以下都称为"焊炬(枪)"。

2　规范性引用文件

下列文件对于本文件的应用是必不可少的。凡是注日期的引用文件,仅注日期的版本适用于本文件。凡是不注日期的引用文件,其最新版本(包括所有的修改单)适用于本文件。

GB 15579.1—2013　弧焊设备　第1部分:焊接电源(IEC 60974-1:2005,IDT)

IEC 60050(151)　国际电工名词术语　第151章:电的和磁的器件(International Electrotechnical Vocabulary (IEV)—Part 151: Electrical and magnetic devices)

IEC 60050(851)　国际电工名词术语　第851章:电焊(International Electrotechnical Vocabulary (IEV)—Chapter 851: Electric welding)

IEC 60529　外壳防护等级(IP代码)[Degrees of protection provided by enclosures (IP Code)]

IEC 60664-1　低压系统内设备的绝缘配合　第1部分:原理、要求和试验(Insulation coordination for equipment within low-voltage systems—Part 1:Principles, requirements and tests)

IEC 60974-2　弧焊设备　第2部分:液体冷却系统(Arc welding equipment—Part 2:Liquid cooling systems)

3　术语和定义

IEC 60050(151)、GB 15579.1—2013、IEC 60664-1 和 IEC 60050(851)界定的以及下列术语和定义适用于本文件。

注：其他的相关术语参见附录A。

3.1

焊炬　torch

在弧焊、切割或类似工艺过程中,能提供维持电弧所需电流、气体、冷却液、焊丝等必要条件的装置。

3.2

焊枪　gun

一种手柄与焊炬(枪)主体基本垂直的焊炬。

3.3

焊炬(枪)主体　torch body

焊炬(枪)中用于连接其他零部件和电缆软管组件的主体部件。

3.4

手柄　handle

设计用于操作人员手持的部分。

3.5

气体喷嘴　gas nozzle

装在焊炬(枪)前端的出口处用于引导保护气体以保护电弧和熔池的部件。

3.6

不熔化极　non-consumable electrode

本身不提供填充金属的弧焊电极。

3.7

熔化极　wire electrode

传输焊接电流的实芯或管状焊丝。

3.8

导电嘴　contact tip

装在焊炬(枪)前端的可更换的金属部件,用于传递焊接电流及引导焊丝。

3.9

电缆软管组件　cable-hose assembly

将所有输入要素传输至焊炬(枪)主体的柔性组件,由电缆、软管及连接件组成。

3.10

手工焊炬(枪)　manual torch

由操作人员手持并手动导向的焊炬(枪)。

3.11

机械导向焊炬(枪)　mechanically guided torch

由机械装置夹持并导向的焊炬(枪)。

3.12

气冷式焊炬(枪)　air-cooled torch

由周围空气冷却,适当部位由保护气体冷却的焊炬(枪)。

3.13

液体冷却式焊炬(枪)　liquid-cooled torch

通过冷却液进行冷却的焊炬(枪)。

3.14

电动式焊炬(枪)　motorized torch

自带电机以带动焊丝运动的焊炬(枪)。

3.15

带焊丝盘的焊炬(枪)　spool-on torch

装有焊丝盘的电动式焊炬(枪)。

3.16

引弧和稳弧电压　arc striking and stabilizing voltage

为引弧或维弧需要而在焊接回路中叠加的电压。

3.17

填充金属　filler metal

焊接或类似工艺过程中所需填加的金属材料。

[IEV 851-04-24]

3.18

焊丝　filler wire

实芯或管状的填充金属丝,可以是焊接回路的组成部分。

3.19

等离子弧喷嘴 plasma tip

具有压缩孔以压缩等离子气流的部件。

3.20

一般外观检查 visual inspection

用肉眼观察来证实产品不存在与有关标准明显不符合的缺陷。

3.21

等离子弧切割系统 plasma cutting system

等离子切割或气刨所需的由电源、割炬及相关的安全装置所构成的完整系统。

3.22

等离子弧切割电源 plasma cutting power source

提供电流和电压以及保护气体和冷却液,并具有适合于等离子弧切割或气刨所需特性的设备。

注:等离子弧切割电源也可为其他设备和辅机提供辅助电源、冷却液及气体等。

4 环境条件

焊炬(枪)应能在下列环境条件下正常工作:

a) 周围环境空气温度范围:

——在焊接期间:-10 ℃~+40 ℃;

——在运输和存储过程中:-25 ℃~+55 ℃。

b) 空气相对湿度:20 ℃时不超过90%。

注:制造商和用户之间可以商定不同的环境条件,如:高湿度、异常的腐蚀性烟雾、蒸汽、过量的水蒸气、异常振动或抖动、过量的灰尘、恶劣的气候条件、海岸或船甲板的非正常条件、虫害侵扰和易发霉的环境。

5 分类

5.1 通则

焊炬(枪)按下述原则分类:

a) 按工艺方法进行分类,见5.2;

b) 按导向方式进行分类,见5.3;

c) 按冷却方式进行分类,见5.4;

d) 按等离子弧焊接工艺中的引弧方式进行分类,见5.5。

5.2 工艺方法

焊炬(枪)应能用于下述工艺:

a) MIG/MAG焊(包括CO_2焊);

b) 自保护药芯焊丝电弧焊;

c) TIG焊;

d) 等离子弧焊接;

e) 埋弧焊;

f) 等离子弧切割/气刨。

5.3 导向方式

焊炬(枪)的导向方式有:

a) 手工；

b) 机械。

5.4 冷却方式

焊炬(枪)的冷却方式有：

a) 通过空气或保护气体冷却,见3.12；

b) 通过冷却液进行冷却,见3.13。

5.5 等离子弧工艺中的引弧方式

引弧方式有：

a) 通过施加引弧电压引弧；

b) 通过引导弧来引弧；

c) 接触引弧。

6 试验条件

6.1 通则

所有试验应在新的、装配完整并已装上电缆软管组件的焊炬(枪)上进行。

所有试验应在10 ℃～40 ℃的环境温度下进行。

测量仪器的精度或准确度要求：

a) 电气测量仪表:0.5级(满量程的±0.5%)。绝缘电阻和介电强度测量时例外,对于测量绝缘电阻和介电强度的仪器的精度没有规定,但测量时应考虑精度问题；

b) 温度计:±2K。

6.2 型式检验

下面给出的所有型式检验应在同一把焊炬(枪)上按以下顺序进行。

a) 一般目测检验；

b) 未经湿热处理的绝缘电阻(初步检查),见7.2；

c) 耐冲击,见11.1；

d) 耐焊接飞溅物,见第10章；

e) 防直接接触,见7.4；

f) 绝缘电阻,见7.2；

g) 介电强度,见7.3；

h) 一般目测检验。

发热试验可以在另外一把焊炬(枪)上按8.3进行,随后按第9章进行密封性试验。本部分中上述未提及的其他试验可按任何方便的顺序进行。

6.3 例行检验

每把焊炬(枪)都应依次通过下述例行检验。

a) 一般目测检验；

b) 制造商规定的功能性试验,例如:冷却液或气体的密封性、焊炬(枪)的触发功能。

7 防触电保护

7.1 电压的额定限值

焊炬(枪)的额定限值应符合表 1 的规定。此外,TIG 焊炬(枪)还应有引弧和稳弧电压的额定限值。

表 1 焊炬(枪)电压的额定限值

分　类	电压额定限值峰值 V	绝缘电阻 MΩ	介电强度有效值 V	防护等级(按 IEC 60529)		
				喷嘴出口	手柄	其他部分
手工操作的焊炬(枪),等离子弧切割除外	113	1	1 000	IP0X	IP3X	IP3X
机械夹持的焊炬(枪),等离子弧切割除外	141	1	1 000	IP0X	不适用	IP2X
手工操作的等离子弧割炬	500	2.5	2 100	等离子喷嘴,见 7.4.2	IP4X	IP3X
机械夹持的等离子弧割炬	500	2.5	2 100	IP0X	不适用	IP2X

7.2 绝缘电阻

新的焊炬(枪)经湿热处理后,其绝缘电阻不应低于表 1 的规定值。

通过下述试验检查其合格与否:

a) 湿热处理

湿热箱的温度 t 应在 20 ℃~30 ℃之间,相对湿度在 91%~95%之间。

先使装配了电缆软管组件的焊炬(枪)[液体冷却式焊炬(枪)不通冷却液]的温度达到 t℃~$(t+4)$℃,然后在湿热箱内放置 48 h。

b) 绝缘电阻测量

湿热处理后,立即将焊炬(枪)擦干,并用金属箔包裹在焊炬(枪)手柄和距离电缆软管组件端头 1 m 处的绝缘体的外表面上。

在下列部位施加 500 V 的直流电压,测量绝缘电阻:

——所有回路与金属箔之间,以及

——焊炬(枪)中,焊丝与必须和其隔离的回路之间。

测量值稳定后读取读数。

7.3 介电强度

焊炬(枪)的绝缘部分应能承受表 1 规定的试验电压而无闪络或击穿现象。

对于手工操作的等离子弧割炬的手柄和切割回路之间,应能承受有效值为 3 750 V 的试验电压。

试验用的交流电压频率为 50 Hz 或 60 Hz,波形为近似正弦波,峰值不超过表 1 中电压有效值的 1.45 倍。也可用数值为交流有效值 1.4 倍的直流电压进行试验。

如果焊炬(枪)与叠加有引弧和/或稳弧电压的焊接电源配套使用,则焊炬(枪)的绝缘应能承受高频脉冲电压试验,脉冲电压的脉宽为 0.2 μs~8 μs,频率 50 Hz~300 Hz,电压值比额定引弧电压和/或稳弧电压高20%。也可用频率为50 Hz或60 Hz的近似正弦波的交流试验电压进行试验。

通过下列方法测量等离子弧割炬的额定引弧电压和/或稳弧电压：

a) 根据制造商的建议，用适当的耗材和气体在单一故障情况下操作期望与其构成安全系统的电源[见第13章中的m)项]；

b) 在割炬的末端测量引弧电压和/或稳弧电压；

c) 从电源测得的电压最高值即额定引弧电压和/或稳弧电压。

通过下列试验检查其合格与否。

液体冷却式焊炬(枪)应在不通冷却液的情况下进行试验。

用金属箔将手柄裹紧。整个电缆及其软管组件同一个导电体的表面接触，例如：将电缆及其软管组件缠绕在一个圆柱形的金属上或一个平的金属表面上。金属箔与该导电体的表面有电气接触。

注：在对等离子弧割炬进行介电强度试验时，电极和等离子喷嘴应电气连接。

试验电压满值的持续时间为60s，施加试验电压的部位为：

a) 导电体的表面与各隔离的回路之间；

b) 所有相互隔离的回路之间。

试验电压应缓慢地升至满值。

过载断路的最大值设定在100 mA。高压变压器断路前应能提供规定的电压。过流检测断路装置的动作应视为介电强度试验不合格。

如果焊炬(枪)与叠加有引弧和/或稳弧电压的焊接电源配套使用，则焊炬(枪)应能承受高频电压试验。高频电压的满值时间应持续2 s，施加高频电压的部位为电极与：

a) 导电体的表面；

b) 其他隔离的回路。

试验过程中不应出现闪络或击穿现象。不使电压降低的任何放电可以忽略不计。

7.4 正常使用中的防触电保护(直接接触)

7.4.1 防护等级要求

焊炬(枪)应达到表1中的防护等级要求。焊炬(枪)不应在雨雪或类似天气条件下使用。

按IEC 60529的要求进行试验以检查其合格与否。

7.4.2 等离子弧割炬的附加要求

等离子弧割炬与其配套的切割电源应构成一个安全系统。

焊接/切割回路的带电部分与控制回路应能按表1规定防止直接接触。

等离子弧喷嘴由于技术上的需要不能防止直接接触，在正常使用和单一故障条件下，若满足下列要求，可视作已经进行了有效的防护：

a) 无电弧时：

等离子弧喷嘴与工件和/或地之间的电压不高于GB 15579.1—2013中11.1.1的规定值；或

切割电源按GB 15579.1—2013的要求装有防触电装置；

和

b) 对于手工操作系统，有电弧时：

将焊炬(枪)垂直于平面放置，按IEC 60529的要求，试指不能触及到等离子弧喷嘴；或

等离子弧喷嘴与工件和/或地之间的直流电压值在任何情况下不超过GB 15579.1—2013中11.1.1的规定值。

注：造成非正常情况的故障举例：绝缘体缺失导致电极与等离子喷嘴接触，电极与等离子喷嘴之间的导电材料相接触造成等离子喷嘴与电极黏连，错用部件、部件松动、电极磨损、部件插接错误、过载或错误的气体流量。

按 IEC 60529 中 IP2X 用铰接试指检验其合格与否。

电源按 GB 15579.1—2013 要求进行试验。

8 热额定性能

8.1 通则

焊炬(枪)的额定电流的负载持续率最小为 100%、60%或 35%。

8.2 温升

焊炬(枪)手柄的手持部位的外表面任何一处的温升不应超过 30K。

电缆软管组件的外表面任何一处的温升不应超过 40K。

试验后,焊炬(枪)的安全性和操作性不应降低。

通过 8.3 的温升试验检查其合格与否。

8.3 发热试验

8.3.1 准则

焊炬(枪)通以额定负载持续率所对应的额定电流,见 8.1。

对于直流电应通以直流平均值,并且按 8.3.2 和 8.3.3 选择极性。

在最热点测量温度:

a) 手柄部分,通常是指焊工手持部位;和

b) 电缆软管组件。

测温装置、手柄、电缆软管组件应避免受气流和辐射的影响。

焊炬(枪)的夹紧装置不应对试验结果有明显的影响,如散热因素。

液体冷却式焊炬(枪)应连续通冷却液。冷却液的流量和冷却功率(见 IEC 60974-2 中的定义)应是制造商规定[见第 13 章 e)]的最小值。

发热试验应进行到温度上升的速率不超过 2 K/h 时为止,试验时间应不少于 30 min。

工作周期应为 10 min。

如果焊炬(枪)的负载持续率为 100%,则环境温度和焊炬(枪)的温度测量应在发热试验的最后 10 min 进行。对于其他负载持续率,温度的测量应在发热试验的最后循环周期中负载时间一半的时候进行。

测量环境温度时,测温装置放置在距离焊炬(枪)2m、高度与焊炬(枪)相同处,并且要防止气流和辐射热的影响。

8.3.2 惰性气体保护焊/活性气体保护焊(MIG/MAG 焊)焊炬(枪)和自保护药芯电弧焊焊炬(枪)

根据焊接工艺选择金属管的直径和长度,例如选择一根直径 400 mm、长度为 500 mm 的管,将其水平地夹紧在旋转装置上,管内通冷却水。

焊炬(枪)放置在垂直于管子轴线的平面上,其手柄位于较冷的一端,焊丝与垂直方向呈 $15_{-15}^{\ 0}$°(见图 B.1)。

焊炬(枪)平行于管子中心线移动以形成焊缝。

a) 以下及表 2 为铝合金的惰性气体保护电弧焊(MIG 焊)的试验条件:

——焊丝:含 3%Mg～5%Mg 的铝;

——电压类型:直流;

——极性：电极接正；

——保护气体：Ar；

——管子材质：铝合金；

——负载电压和焊接速度：调节至电弧稳定、形成连续焊缝。

表 2　铝合金惰性气体保护电弧焊(MIG 焊)的试验参数值

焊接电流 A	焊丝直径 mm	导电嘴与金属管的间距 (±20%) mm	最大气体流量 L/min
≤150	0.8	10	10
151～200	1	15	12
201～300	1.2	18	15
301～350	1.6	22	18
351～500	2	26	20
＞500	2.4	28	20

b)　以下及表 3 为低碳钢的活性气体保护电弧焊(MAG 焊)的试验条件：

——焊丝：镀铜的(低碳)钢；

——电压类型：直流；

——极性：电极接正；

——保护气体：Ar/CO_2 混合气体(15% CO_2～25% CO_2)；

——管子材质：低碳钢；

——负载电压和焊接速度：调节至电弧稳定、形成连续焊缝。

如果使用说明书规定的 CO_2 保护气体为其他数值时，则应使用这种气体按表 3 给出的试验条件进行试验。

表 3　低碳钢活性气体保护电弧焊(MAG 焊)的试验参数值

焊接电流 A	焊丝直径 mm	导电嘴与金属管的间距 (±20%) mm	最大气体流量 L/min
≤150	0.8	10	10
151～250	1	15	13
251～350	1.2	18	15
351～500	1.6	22	20
＞500	2	26	25

c)　以下及表 4 为药芯焊丝的活性气体保护电弧焊(MAG 焊)的试验条件：

——焊丝：钛型；

——电压类型：直流；

——极性：电极接正；

——保护气体：Ar/CO_2 混合气体(15% CO_2～25% CO_2)；

——管子材质：低碳钢；

——负载电压和焊接速度：调节至电弧稳定、形成连续焊缝。

表 4 药芯焊丝活性气体保护电弧焊(MAG 焊)的试验参数值

焊接电流 A	焊丝直径 mm	导电嘴与金属管的间距 (±20%) mm	最大气体流量 L/min
251～350	1.2～1.4	25	15
351～500	1.6～2	30	18
>500	2.4	35	20

d) 以下及表 5 为低碳钢的自保护药芯焊丝电弧焊的试验条件：

——焊丝：1 型：是设计用于全位置焊接、含有速凝熔剂的一种焊丝；

2 型：是设计用于高熔敷率平焊和船型位置焊的一种焊丝；

——电压类型：直流；

——极性：1 型焊丝：接负；

2 型焊丝：接正；

——管子材质：低碳钢；

——负载电压和焊接速度：调节至电弧稳定、形成连续焊缝。

表 5 低碳钢自保护药芯焊丝电弧焊的试验参数值

焊接电流 A	焊丝类型	焊丝直径 mm	导电嘴与金属管的间距 (±20%) mm
≤250	1	≤1.2	20
251～350	2	1.6～2.0	50
351～500	2	2.4～3.0	50
>500	2	≥3.2	60

8.3.3 钨极惰性气体保护焊(TIG 焊)和等离子弧焊焊炬(枪)

试验时应使用一个有水冷或无水冷的铜块(参见附录 C)，焊炬(枪)放置的位置应垂直于铜块上的水平面(见图 B.2 和图 B.3)。

对于等离子弧焊炬(枪)，所用保护气体和气体流量应按制造商使用说明书的规定。

试验装置应按图 A.5 配置。

焊炬(枪)的标称交流焊接电流值规定为标称直流焊接电流值的 70%。

a) 以下及表 6 为钨极惰性气体保护电弧焊(TIG 焊)的试验条件：

——电极类型：钨合金；

——电极直径：按制造商推荐的最大试验电流所对应的电极直径；

——电压类型：直流；

——极性：电极接负；

——保护气体：Ar；

——负载电压：调节至电弧稳定、形成连续焊缝。

表 6 钨极惰性气体保护电弧焊(TIG 焊)的试验参数值

焊接电流 A	最大气体流量 L/min	气体喷嘴与铜块的间距 (±1 mm) mm	电极与铜块的间距 (±1 mm) mm
≤150	7	8	3
151～250	9	10	5
251～350	11	10	5
351～500	13	10	5
>500	15	10	5

b) 以下及表 7 为等离子弧焊的试验条件：

——电压类型：直流；

——极性：电极接负；

——保护气体和气体流量：按制造商规定。

表 7 等离子弧焊的试验参数值

焊接电流 A	等离子弧喷嘴与铜块的间距 (±1 mm) mm
≤30	3
31～50	3
51～100	3
101～150	4
151～200	6
201～250	8
251～280	8
>280	10

8.3.4 等离子弧割炬

等离子弧割炬应在下列条件下进行试验：

a) 以额定焊接电流和相应的额定负载持续率进行试验，见 8.1；

b) 气体类型和额定气体流量按制造商规定；

和

c) 按制造商规定的等离子弧喷嘴与工件之间的距离，在下述的试验中选择一项进行试验：

1) 附录 D 给出的带有孔的铜块或类似的铜块(适用于 75 A 及以下的割炬)：

割炬放置的位置应垂直于铜块的上水平面，并对准孔；

2） 附录E给出的带有槽的铜棒或类似的铜棒（适用于200 A及以下的割炬）：

割炬放置的位置应垂直于铜棒的上水平面，沿中心往复行走约500 mm；

3） 切割（适用于所有切割电流）：

割炬放置的位置垂直于制造商规定的额定电流所对应的最大厚度的低碳钢板或低碳钢管。

切割速度应保证足以将切割件切透。允许用电弧弧柱接近切口宽度的方式进行切割。

负载持续率低于100%的割炬，每次停止切割后都要重新引弧切割，所有割缝都应在钢板的边缘引弧；

4） 等效于1）、2）或3）的其他方法。

9 冷却系统的压力

液体冷却式焊炬（枪）的冷却系统应能在温度至少为70 ℃的情况下承受最低为0.5 MPa的压力而无泄漏现象。

按8.3进行发热试验后，立即通过测量和目视检查其合格与否。

10 耐焊接飞溅物

手柄和电缆软管组件（不包括耦合装置）的绝缘应能承受热颗粒和正常数量的焊接飞溅物的影响而不致燃烧或出现不安全的因素。

本要求不适用于在最终安装后有防护的机械导向的焊炬（枪）。

用图1所示装置检查其合格与否。

单位为毫米

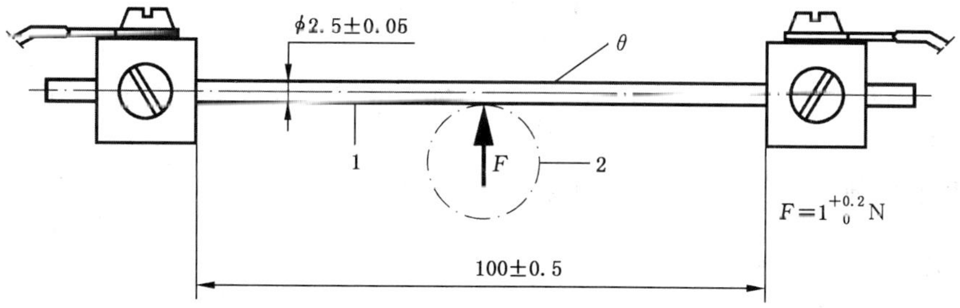

说明：

1——18/8 CrNi钢；

2——焊炬（枪）手柄；

θ——试验温度。

图1 耐焊接飞溅物试验装置

将加热棒通以大约23 A的电流，使其达到250^{+5}_{0} ℃的热稳定状态（θ温度）。试验过程中，加热棒的温度保持恒定。用温度计或热电偶测量温度。而后将处于水平位置的加热棒置于绝缘层的最薄弱点（例如：绝缘厚度最薄处和最接近带电体处），持续2 min。加热棒不应穿透绝缘层和触及带电体。在焊炬（枪）的手柄处，加热棒应置于绝缘层的最薄处和内部导体离手柄表面的最近处。用电火花或小火试着点燃接触部位逸出的气体。如果气体是可燃的，在移开加热棒后，燃烧应立即停止。

试验后，手柄和电缆软管组件应满足第7章的要求。

11 机械防护

11.1 耐冲击

本条款不适用于带焊丝盘的、机械导向的和电动式焊炬(枪)。

焊炬(枪)应有足够的机械强度,能保证在按要求使用的情况下不出现影响安全和操作性能的损伤。

陶瓷喷嘴之类的易碎性部件,如果损坏后会殃及操作性能但不影响安全性,可在试验后更换。

通过下述冲击试验和目测检查其合格与否。

在焊炬(枪)所带电缆软管组件的 3 m 处,将电缆软管组件固定在 0.8 m 高的工作台上,如图 2 所示。焊炬(枪)手柄的高度为 1 m。

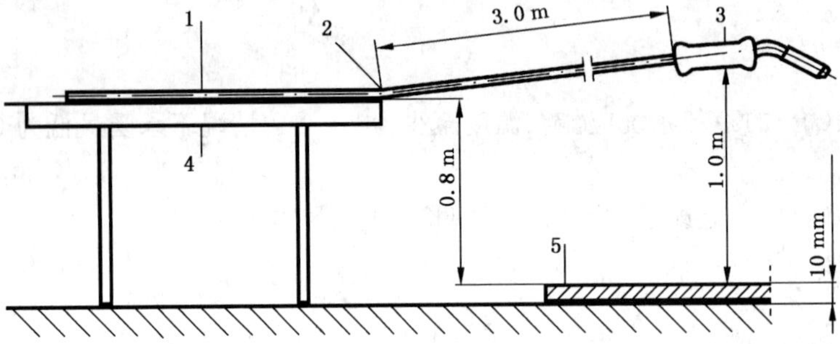

说明:

1——电缆软管组件;

2——固定位置;

3——焊炬(枪)手柄;

4——工作台;

5——钢板。

图 2 冲击试验装置

焊炬(枪)手柄在无初速度的情况下释放作自由落体至硬性的物体上,如钢板。试验重复 10 次,焊炬(枪)以不同的部位着落。

试验后,手柄和电缆软管组件应满足第 7 章的要求,并能正常工作。

11.2 易触及部件

易触及部件不应有尖锐边缘、粗糙表面或突出部分,以免造成伤害。

目测检查其合格与否。

12 标记

焊炬(枪)上应清晰并永久性地标出以下信息:

a) 制造商、销售商、进口商名称或注册商标;

b) 制造商给定的型号;

c) 本标准号,以确认该焊炬(枪)符合本标准要求。

例如:制造商—型号—标准号

XXX—YYY—GB 15579.7

通过目测和进行 GB 15579.1—2013 第 15 章的摩擦试验检查其合格与否。

13 使用说明书

每把焊炬(枪)均应附有一份使用说明书,其内容至少包含以下信息(如适用):

a) 焊接方法,见5.2;

b) 导向方式,见5.3;

c) 电压额定值,包括引弧电压和稳弧电压[仅适用于TIG焊炬(枪)],见7.1;

d) 性能数据关系(例如以表格形式):

   1) 额定电流与相应的负载持续率,见8.1;

   2) 保护气体的类型(如氩气、二氧化碳气体或它们的混合气体);
   或
   等离子弧割炬所用的气体类型、额定流量和/或工作压力;

   3) 电缆软管组件的长度;

   4) 电极的类型和直径范围;
   或
   等离子弧割炬所用的导电嘴、喷嘴和电极类型;

e) 冷却型式,见5.4;
   对于液体冷却的焊炬(枪):

   1) 最小流量,L/min;

   2) 最小和最大进口压力,MPa;

   3) IEC 60974-2中的最小冷却功率;

f) 焊炬(枪)内电气控制的额定值;

g) 焊炬(枪)的连接要求;

h) 焊炬(枪)安全操作(包括环境条件)的基本要求说明;

i) 本标准号,以确认该焊炬(枪)符合本标准要求;

j) 需要外部防护措施条件(例如:触电危险性较大的环境、有易燃物的环境、高空作业、有气流的环境、有噪声的环境、密封的容器等)。

和等离子弧割炬的附加信息:

k) 进口处的最大和最小气压;

l) 有关等离子弧割炬安全操作的基本信息和联锁装置、安全装置的功能,例如,以表格形式列出等离子弧切割系统中主要构件的结构、型号、序列号等。表中列出的每个构件都应给出防护要求(包括安全装置的兼容性和/或保护回路、空载电压、引弧电压、割炬与切割电源的安全连接方式);

m) 等离子弧切割电源的类型,其应与割炬构成安全系统。

通过阅读使用说明书,检查其合格与否。

附　录　A
（资料性附录）
附加术语

下述术语(见表A.1)和图形(见图A.1～图A.7和图B.1～图B.3)虽未在标准正文内出现,列出有助于理解焊炬(枪)的结构与设计。

表A.1　术语列表

附录A和附录B的图中编号	术　语
1	气体喷嘴
2	绝缘体
3	导电嘴
4	带或不带气体分流器的导电嘴连接器
5	鹅颈
6	焊炬(枪)主体
7	手柄
8	电缆软管组件
9	主体外壳
10	手罩
11	气体透镜过滤器
12	气体透镜
13	电极夹座
14	隔热连接器
15	电极夹头
16	电极
17	电极帽(短)
18	电极帽(长)
19	等离子弧喷嘴
20	气体分流器
21	气体扩散室
22	流量计
23	温度计
24	进气压力
25	冷却液
26	保护气体
27	等离子气
28	送丝装置
29	焊炬(枪)
30	调节装置
31	金属管
32	铜块

注:序号29～32所示部件见附录B中的图。

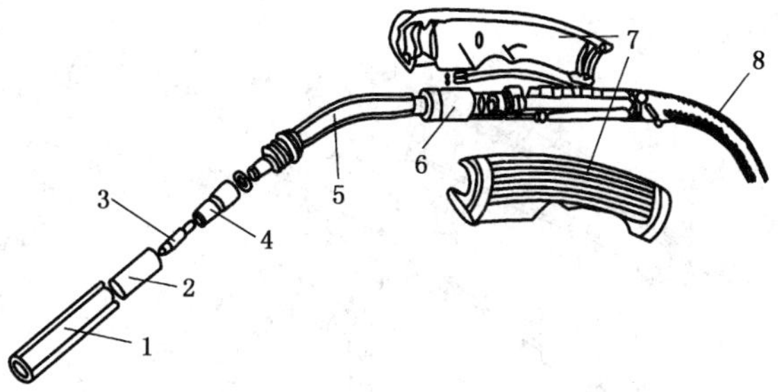

图 A.1　MIG/MAG 焊和自保护药芯焊丝电弧焊用焊炬(枪)

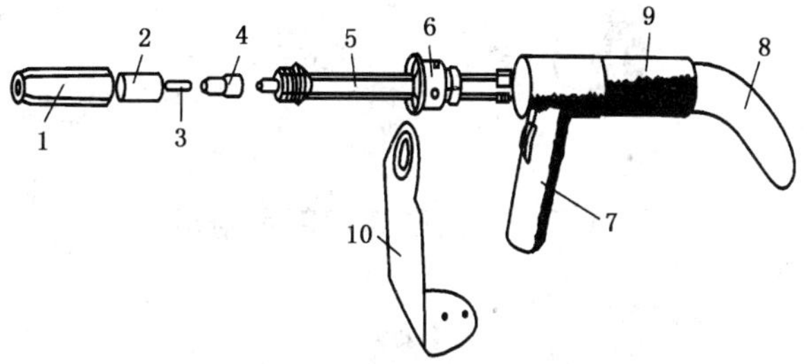

图 A.2　MIG/MAG 焊和自保护药芯焊丝电弧焊用焊枪

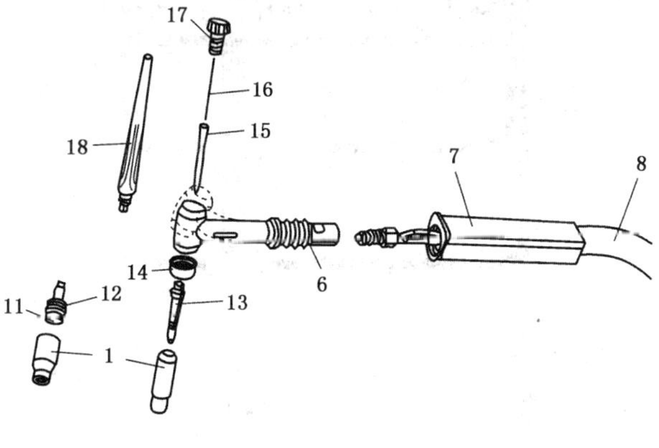

图 A.3　TIG 焊用焊炬(枪)

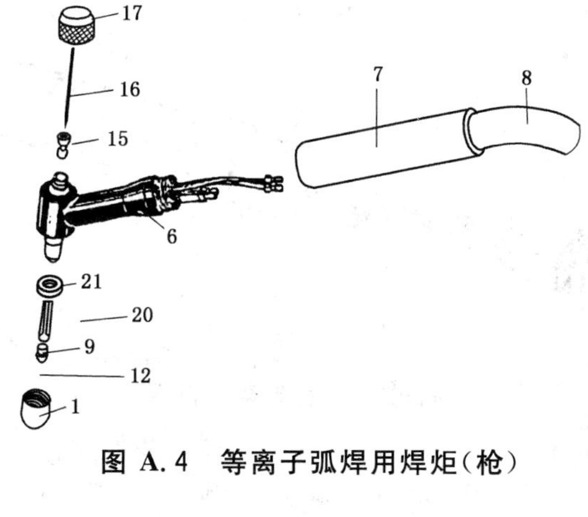

图 A.4　等离子弧焊用焊炬(枪)

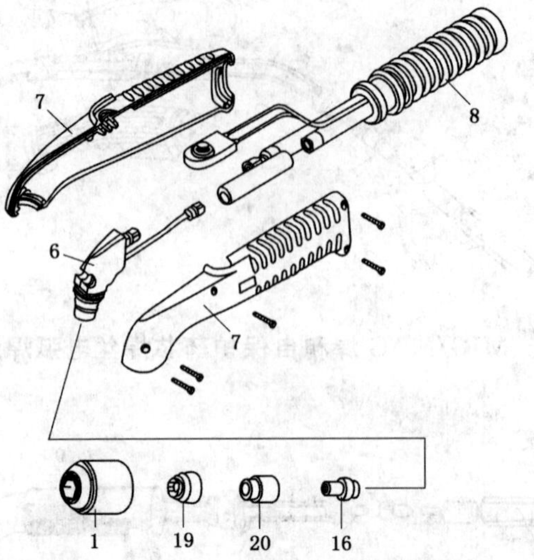

图 A.5　等离子弧切割用割炬

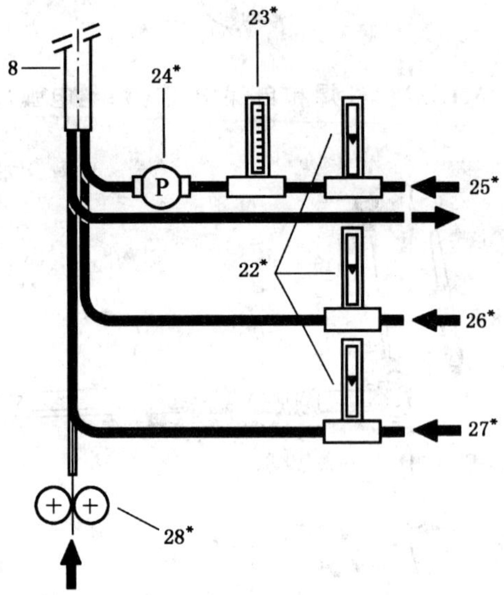

* 如果需要。

图 A.6　输入装置

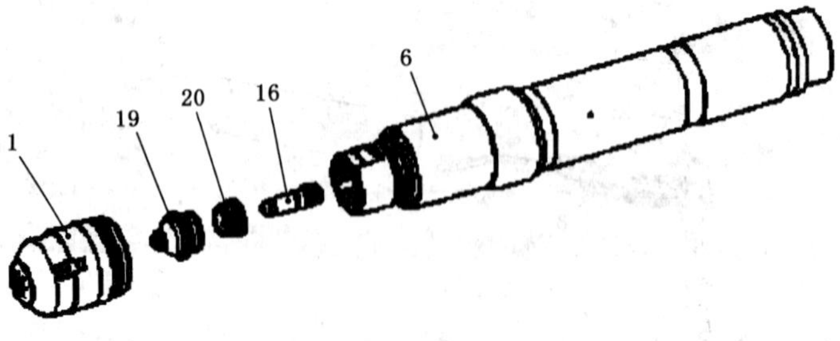

图 A.7　机械导向的等离子弧焊炬(枪)

注：表 A.1 给出了编号的含义。

附 录 B
（规范性附录）
发热试验时焊炬（枪）放置的位置

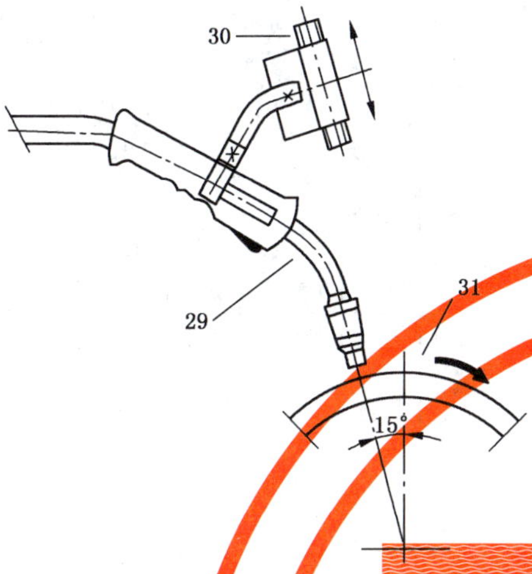

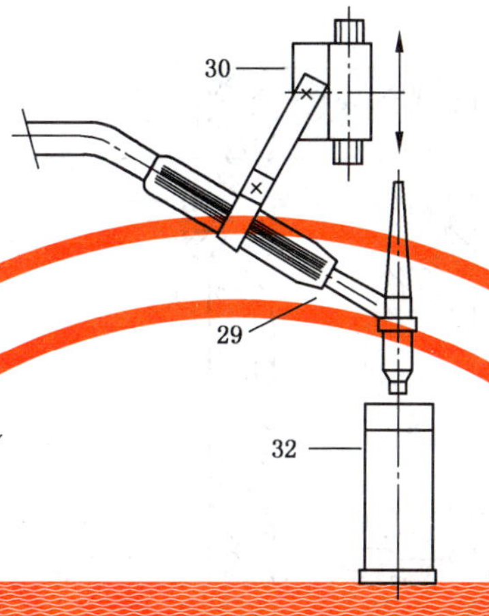

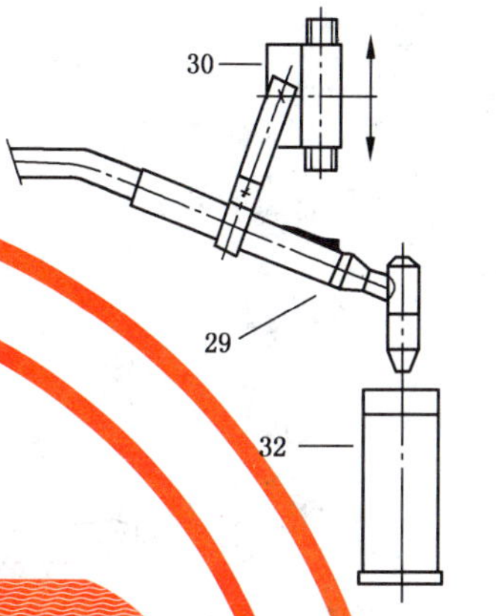

注：表 A.1 给出了编号的含义。

图 B.1 MIG/MAG 焊炬（枪）

图 B.2 TIG 焊炬（枪）

图 B.3 等离子弧焊焊炬（枪）

附 录 C
（资料性附录）
水冷铜块

单位为毫米

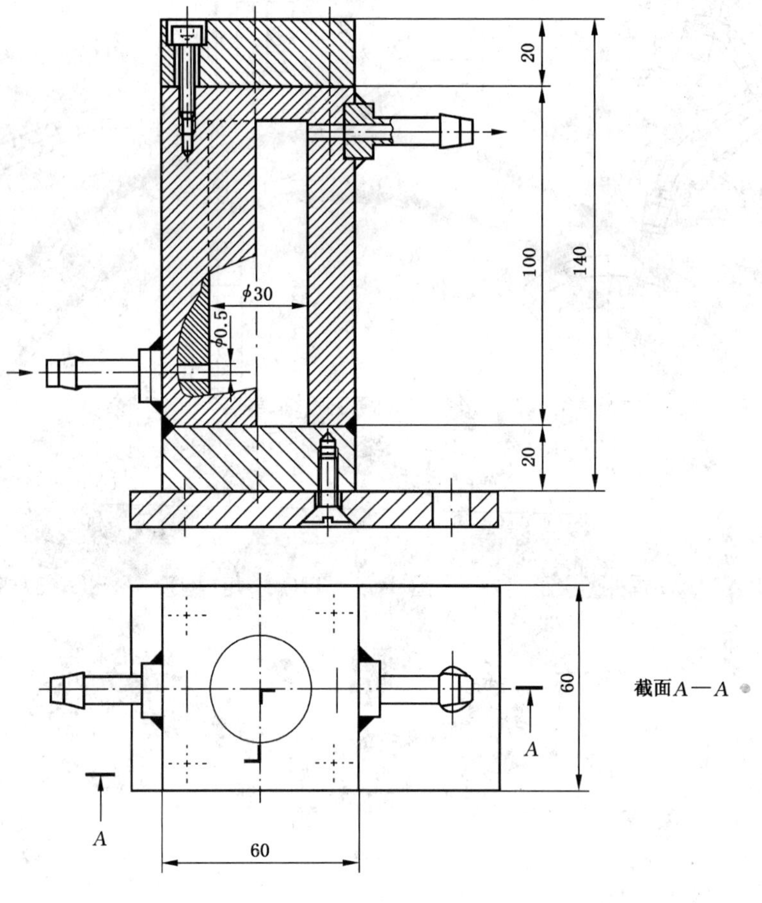

图 C.1 水冷铜块示例

附　录　D
（资料性附录）
带孔的铜块

单位为毫米

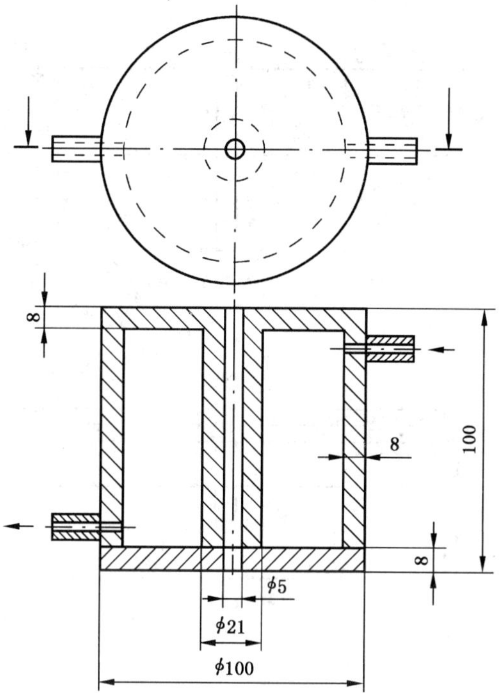

图 D.1　带孔的水冷铜块示例

附 录 E
（资料性附录）
带槽的铜棒

单位为毫米

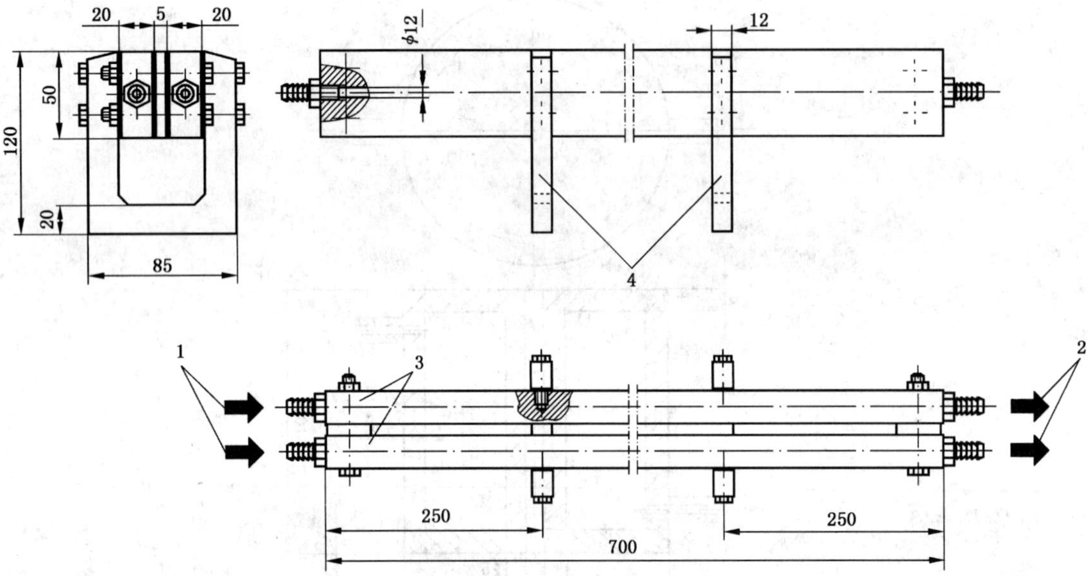

说明：

1——进水口；

2——出水口；

3——铜棒；

4——支撑架。

图 E.1 带槽的水冷铜棒示例

ICS 73.040
D 20

GB

中华人民共和国国家标准

GB/T 15588—2013
代替 GB/T 15588—2001

烟煤显微组分分类

Classification of macerals for bituminous coal

2013-12-17 发布 2014-05-01 实施

中华人民共和国国家质量监督检验检疫总局
中国国家标准化管理委员会 发布

前　言

本标准按照 GB/T 1.1—2009 给出的规则起草。

本标准代替 GB/T 15588—2001《烟煤显微组分分类》。与 GB/T 15588—2001 相比，主要变化如下：

——将“粗粒体”分为“粗粒体 1”和“粗粒体 2”两个显微亚组分。

本标准由中国煤炭工业协会提出。

本标准由全国煤炭标准化技术委员会(SAC/TC 42)归口。

本标准起草单位：中煤科工集团西安研究院。

本标准主要起草人：张群、肖文钊、陈佩元、窦廷焕、罗俊文。

本标准所代替标准的历次版本发布情况为：

——GB/T 15588—1995、GB/T 15588—2001。

烟煤显微组分分类

1 范围

本标准规定了烟煤显微组分的分类、名称和代号，并给出了烟煤显微组分的特征描述。

本标准适用于烟煤的资源评价、加工利用和成因研究等方面的生产、科研及教学工作。煤化程度与烟煤接近的褐煤和无烟煤可参照使用。

2 规范性引用文件

下列文件对于本文件的应用是必不可少的。凡是注日期的引用文件，仅注日期的版本适用于本文件。凡是不注日期的引用文件，其最新版本(包括所有的修改单)适用于本文件。

GB/T 6948 煤的镜质体反射率显微镜测定方法(GB/T 6948—2008，ISO 7404-5:1994，MOD)

GB/T 12937 煤岩术语(GB/T 12937—2008，ISO 7404-1:1994，MOD)

3 分类原则

采用成因与工艺性质相结合的原则，以显微镜油浸反射光下的特征为主，结合透射光和荧光特征进行分类。

首先根据煤中有机成分的颜色、反射力、突起、形态、结构特征，划分出显微组分组；再根据细胞结构保存程度、形态、大小以及光性特征的差别，将显微组分组进一步划分为显微组分和显微亚组分。

4 分类方案

烟煤显微组分分类方案见表1。其中包括3个显微组分组、20个显微组分、14个显微亚组分。其特征描述见附录A。

表1 烟煤显微组分分类

显微组分组(Maceral Group)	代号(Symbol)	显微组分(Maceral)	代号(Symbol)	显微亚组分(Submaceral)	代号(Symbol)
镜质组(Vitrinite)	V	结构镜质体(Telinite)	T	结构镜质体1(Telinite 1) 结构镜质体2(Telinite 2)	T1 T2
		无结构镜质体(Collinite)	C	均质镜质体(Telocollinite) 基质镜质体(Desmocollinite) 团块镜质体(Corpocollinite) 胶质镜质体(Gelocollinite)	TC DC CC GC
		碎屑镜质体(Vitrodetrinite)	VD	—	—

表 1（续）

显微组分组 (Maceral Group)	代号 (Symbol)	显微组分 (Maceral)	代号 (Symbol)	显微亚组分 (Submaceral)	代号 (Symbol)
惰质组 (Inertinite)	I	丝质体(Fusinite)	F	火焚丝质体(Pyrofusinite) 氧化丝质体(Oxyfusinite)	PF OF
		半丝质体(Semifusinite)	Sf	—	—
		真菌体(Funginite)	Fu	—	—
		分泌体(Secretinite)	Se	—	—
		粗粒体(Macrinite)	Ma	粗粒体 1(Macrinite 1) 粗粒体 2(Macrinite 2)	Ma1 Ma2
		微粒体(Micrinite)	Mi	—	—
		碎屑惰质体 (Inertodetrinite)	ID	—	—
壳质组 (Exinite)	E	孢粉体(Sporinite)	Sp	大孢子体(Macrosporinite) 小孢子体(Microsporinite)	MaS MiS
		角质体(Cutinite)	Cu	—	—
		树脂体(Resinite)	Re	—	—
		木栓质体(Suberinite)	Sub	—	—
		树皮体(Barkinite)	Ba	—	—
		沥青质体(Bituminite)	Bt	—	—
		渗出沥青体 (Exsudatinite)	Ex	—	—
		荧光体(Fluorinite)	Fl	—	—
		藻类体(Alginite)	Alg	结构藻类体(Telalginite) 层状藻类体(Lamalginite)	TA LA
		碎屑类脂体 (Liptodetrinite)	LD	—	—

烟煤中常见矿物及其鉴定特征见附录 B。

附　录　A
（资料性附录）
烟煤显微组分特征描述

A.1　镜质组

A.1.1　镜质组特征

镜质组是由成煤植物的木质纤维组织，经腐植化作用和凝胶化作用而形成的显微组分组。

在低煤化烟煤中，镜质组在油浸反射光下呈深灰色，无突起。随煤化程度增加，反射力增大，反射色变浅，可由深灰色变为灰白色；正交偏光下光学各向异性明显增强。镜质组的透光色为橙色-橙红色，随煤化程度增加，透光色变深，可由橙红色变为棕色，直至不透明；

镜质组有时具弱荧光性。

根据细胞结构保存程度及形态、大小等特征，镜质组可分为3个显微组分和若干个显微亚组分。

A.1.2　结构镜质体

显微镜下显示植物细胞结构的镜质体（指细胞壁部分）。根据细胞结构保存的完好程度，结构镜质体又可分为如下两个显微亚组分：

a）结构镜质体1，细胞结构保存完好的结构镜质体。细胞壁未膨胀或微膨胀，细胞腔清晰可见，细胞排列规则。细胞腔中空，或为矿物和其他显微组分充填；

b）结构镜质体2，细胞壁强烈膨胀，细胞腔完全变形或几乎消失，但可见细胞结构残迹，细胞腔闭合后常呈线条状结构。由树叶形成的结构镜质体2，常具角质体镶边，有时显示团块状结构。

A.1.3　无结构镜质体

显微镜下不显示植物细胞结构的镜质体。根据其形态，无结构镜质体又可分为如下4个亚组分：

a）均质镜质体，在垂直层理切面中呈宽窄不等的条带状或透镜状，均一、纯净，常见垂直层理方向的裂纹。低阶烟煤中有时可见不清晰隐结构，经氧化腐蚀，可见清晰的细胞结构。该显微组分为镜质体反射率测定对象；

b）基质镜质体，没有固定形态，胶结其他显微组分或共生矿物。均匀基质镜质体显示均一结构，颜色均匀；不均匀基质镜质体为大小不一、形态各异、颜色略有深浅变化的团块状或斑点状集合体。在低、中阶煤中，与均质镜质体相比，反射率略低，透光色略浅。该显微组分亦为反射率测定对象；

c）团块镜质体，多呈圆形、椭圆形、纺锤形、轮廓清晰的均质块体。常充填细胞腔，其大小与细胞腔一致；也可单独出现，最大者可达300 μm。油浸反射光下与均质镜质体反射色接近或略浅，呈深灰色或浅灰色，透射光下为红色-红褐色；

d）胶质镜质体，均一纯净，无确定形态，常充填在细胞腔、裂隙及真菌体和孢粉体的空腔中。镜下其他光性特征与均质镜质体相似。

A.1.4　碎屑镜质体

粒径小于10 μm的镜质体碎屑，多呈粒状或不规则状，偶见棱角状，常被基质镜质体胶结。

A.2 惰质组

A.2.1 惰质组特征

惰质组主要由成煤植物的木质纤维组织受丝炭化作用转化形成的显微组分组，少数惰质体来源于真菌遗体，或是在热演化过程中次生。油浸反射光下呈灰白色-亮白色或亮黄白色，反射力强，中高突起。透射光下呈棕黑色-黑色，微透明或不透明。一般不发荧光。惰质组在煤化作用过程中的光性变化不及镜质体明显。根据细胞结构和形态特征等，惰质组可分为7个显微组分。

A.2.2 丝质体

油浸反光下为亮白色或亮黄色，中-高突起，具细胞结构，呈条带状、透镜状或不规则状。常见细胞结构保存完好，甚至可见清晰的年轮及分节的管胞。细胞腔一般中空或被矿物、有机质充填。根据成因和反射色不同丝质体可分为如下两个亚组分：

a) 火焚丝质体，植物或泥炭在泥炭沼泽发生火灾时，受高温碳化热解作用转变形成的丝质体。火焚丝质体的细胞结构清晰，细胞壁薄，反射率和突起很高，油浸反光下为亮黄白色。

b) 氧化丝质体，与火焚丝质体相比，细胞结构保存较差，反射率和突起稍低，油浸反光下为亮白色或白色。

A.2.3 半丝质体

油浸反光下为灰白色，中突起，呈条带状、透镜状或不规则状，具细胞结构，有的呈现较清晰的、排列规则的木质细胞结构，有的细胞壁膨胀或仅显示细胞腔的残迹。

A.2.4 真菌体

来源于真菌菌孢子、菌丝、菌核和密丝组织。油浸反射光下呈现灰白色、亮白色或亮黄白色，中-高突起，显示真菌的形态和结构特征。来源于真菌菌孢的真菌体，外形呈椭圆形、纺锤形，内部显示单细胞腔、双细胞腔或多细胞腔结构。形成于真菌核的真菌体，外形呈近圆形，内部显示蜂窝状或网状的多细胞结构。

A.2.5 分泌体

由树脂、丹宁等分泌物经丝炭化作用形成，因而常被称为氧化树脂体，但它也可能起源于腐植凝胶。油浸反射光下为灰白色、白色至亮黄白色，中高突起。形态多呈圆形、椭圆形或不规则形状，大小不一，轮廓清晰。一般致密、均匀。根据结构不同可分为无孔洞、有孔洞和具裂隙的3种。无孔洞的多为较小的浑圆状，表面光滑，轮廓清晰。有孔洞的往往具有大小相近的圆形小孔。第三种则呈现出方向大约一致或不一致的氧化裂纹。

A.2.6 粗粒体

粗粒体油浸反光下为灰白色、白色、淡黄白色，中-高突起。有的完全均一，有的隐约可见残余的细胞结构。通常为不规则的浑圆状单体或不定形基质。一般大于30 μm。粗粒体可分为如下两个亚组分：

a) 粗粒体1，在油浸反光镜下为灰白色，具有一定外形棱廓的粗粒体；

b) 粗粒体2，在油浸反光镜下为亮白色或亮黄白色，呈无定形基质状的粗粒体。

A.2.7 微粒体

油浸反光下呈白灰色-灰白色至黄白色的细小圆形或似圆形的颗粒，粒径一般在 1 μm 以下。常聚集成小条带、小透镜状或细分散在无结构镜质体中。也常充填于结构镜质体的胞腔内或呈不定形基质状出现。反射力明显高于镜质体，微突起或无突起。主要为煤化作用过程中的次生显微组分。

A.2.8 碎屑惰质体

为惰质组的碎屑成分，粒径小于 30 μm，形态极不规则。

A.3 壳质组

A.3.1 壳质组特征

壳质组主要来源于高等植物的繁殖器官、保护组织、分泌物和菌藻类，以及与这些物质相关的降解物，也称为类脂组(Liptinite)。

从低阶烟煤到中阶烟煤，壳质组在油浸反射光下呈灰黑色到深灰色，反射率比煤中其他显微组分都低，突起由中高突起降到微突起；在透射光下呈柠檬黄色-黄色-桔黄色-红色，大多轮廓清楚，外形特征明显；随煤化程度增高，壳质组反射率等光学特征比共生的镜质组变化快，中阶烟煤的壳质组颜色和突起与镜质组趋于一致；高阶烟煤的壳质组反射率比镜质组还要高，常具强烈的光学各向异性。

壳质组具有明显的荧光性。从低阶烟煤到中阶烟煤，类脂组在蓝光激发下发绿黄色-亮黄色-橙黄色-褐色荧光，随煤化程度增高，荧光强度减弱，当镜质体反射率大于 1.30%左右时，荧光趋于消失。

A.3.2 孢粉体

孢粉体是由成煤植物的繁殖器官大孢子、小孢子和花粉形成的，分为 2 个显微亚组分。由大孢子形成的孢粉体称为大孢子体。由于小孢子和花粉在煤垂直层理切片中非常相似，很难区分，故将小孢子和花粉形成的孢粉体统称为小孢子体。孢子体可分为如下两个亚组分：

a) 大孢子体，长轴一般大于 100 μm。最大可达 5 000 μm～10 000 μm。在垂直层理的煤片中，常呈封闭的扁环状。常有大的褶曲，转折处呈钝圆形。大孢子体的内缘平滑，外缘一般平整光滑，有时可见瘤状、刺状等纹饰；
b) 小孢子体，长轴小于 100 μm。在垂直层理的煤片中，多呈扁环状蠕虫状、细短的线条状或似三角形状。外缘一般平整光滑，有时可见刺状纹饰。常呈分散状单个个体出现，有时可见小孢子体密集堆集。

A.3.3 角质体

来源于植物的叶和嫩枝、果实表皮的角质层。显微镜下角质体呈厚度不等的细长条带。外缘平滑，而内缘大多呈锯齿状，叶的角质体保存完好时，为上下两片锯齿相对，且末端褶曲处呈尖角状。一般顺层理分布，有时密集呈薄层状。角质体可以镶边的形式与镜质体伴生。根据厚度，可将角质体分为厚壁角质体和薄壁角质体两种。

A.3.4 树脂体

来源于植物的树脂以及树胶、脂肪和蜡质分泌物。树质体主要呈细胞充填物出现，有时也呈分散状或层状出现，在垂直层理的煤片中，树脂体常呈圆形、卵形、纺锤形等，或呈小杆状。

油浸反射色深于孢粉体和角质体，多为深灰色，有时可见带红色色调的内反射现象。一般不显示突起。在透射光下，树脂体多呈淡黄色、柠檬黄色，也呈橙红色。

A.3.5 木栓质体

来源于植物的木栓组织的栓质化细胞壁。细胞腔有时中空，有时为团块状镜质体充填。常显示叠瓦状构造。栓质化细胞壁在油浸反射光下呈均一的深灰色，低突起到微突起，在低阶烟煤中可发较弱的荧光。

A.3.6 树皮体

可能来源于植物茎和根的皮层组织，细胞壁和细胞腔的充填物皆栓质化。

在油浸反射光下呈灰黑色至深灰色，低突起或微突起。树皮体有多种保存形态，常为多层状、有时为多层环状或单层状等。在纵切面上，由扁平长方形细胞叠瓦状排列而成，呈轮廓清晰的块状。水平切面上呈不规则的多边形。透射光下呈柠檬黄、金黄、橙红及红色。具有明显的亮绿黄色、亮黄色至黄褐色荧光，各层细胞的荧光强度不同，荧光色差异较大。

A.3.7 沥青质体

沥青质体是藻类、浮游生物、细菌等强烈降解的产物。油浸反射光下呈棕黑色或灰黑色。没有一定的形态和结构，分布在其他显微组分之间。也见有充填于细小裂隙中或呈微细条带状出现。微突起或无突起，反射率较低，具荧光性，呈褐色。

A.3.8 渗出沥青体

渗出沥青体是各种类脂体及富氢的镜质体，在煤化作用的沥青化阶段渗出的次生物质。呈楔形或沿一定方向延伸，充填于裂隙或孔隙中，并常与母体相连，其光性特征与母体基本一致或略有差别。透射光下呈金黄色或橙黄色；蓝光激发下荧光色变化较大，多为亮黄色或暗黄色，多与母体的荧光性相似。

A.3.9 荧光体

由植物分泌的油脂等转化而成的具强荧光的类脂体。在蓝光激发下发很强的亮黄色或亮绿色荧光。荧光体常呈单体或成群的粒状、油滴状及小透镜状，主要分布于叶肉组织间隙或细胞腔内。油浸反射光下为灰黑色或黑灰色，微突起，透射光下为柠檬黄色或黄色。

A.3.10 藻类体

藻类体是由低等植物藻类形成的显微组分，它是腐泥煤的主要组分。根据结构和形态特征藻类体分为如下两个亚组分：

a) 结构藻类体，普通反射光下为灰色，结构和形态清晰，低-中突起。油浸反射光下呈灰黑色或黑色，反射率很低。透射光下色调不均一，多呈柠檬黄色、橙黄色。蓝光激发下发强荧光，结构更加清晰，随煤化程度增高，荧光色由柠檬黄色变化为橙黄色至红褐色。煤中常见的是由皮拉藻形成的结构藻类体，呈不规则的椭圆形和纺锤形等形状。在垂直层理切片中，表面呈斑点状、海绵状，边缘呈放射状、似菊花状的群体细胞结构特征。由轮奇藻形成的结构藻类体较少见，水平切面为中空的环带，边缘呈齿状，在垂直切面上中空部分压实后呈线性；

b） 层状藻类体，细胞结构和形态保存不好，在垂直层理的切面中呈纹层状、线条状。油浸反射光下呈灰黑色至暗灰色。蓝光激发下荧光色为黄色，桔黄色至褐色。

A.3.11 碎屑壳质体

粒径小于 3 μm 的碎屑状类脂体，常成群出现，在油浸反射光下呈深灰色，在蓝光激发下发亮黄色荧光。

附　录　B
（资料性附录）
烟煤中常见矿物及其鉴定特征

B.1　矿物种类

反射光下能辨认的常见矿物，按成分分为5类，见表B.1。

表B.1　煤中常见矿物种类

种类	代号	常见矿物
粘土类	CM	黏土矿物
硫化物类	SM	黄铁矿、白铁矿
碳酸盐类	CaM	方解石、菱铁矿
氧化硅类	SiM	石英
其他矿物类	OM	金红石、长石、石膏

B.2　反射光下鉴定特征

B.2.1　粘土类

粘土矿物是煤中最主要的矿物，一般可占煤中矿物总量的70%左右。普通反射光下为暗灰色、土灰色，油浸反射光下为灰黑色、黑色，低突起或微突起，表面不光滑，常呈微粒状、团块状、透镜状、薄层状产出，或充填于细胞腔中。

B.2.2　硫化物类

煤中常见的硫化物矿物主要是黄铁矿，其次是白铁矿等。黄铁矿在普通反射光下为黄白色，油浸反射光下为亮黄白色，突起很高，表面平整，有时不易磨光呈蜂窝状。常呈结核状、浸染状或莓粒状集合体产出，或充填于裂隙和细胞腔中。黄铁矿为均质，在正交偏光下全消光，而白铁矿具有强非均质性，偏光色为黄-绿-紫色，双反射显著。常呈放射状、同心圆状集合体。

B.2.3　碳酸盐类

煤中常见的碳酸盐类矿物主要有方解石和菱铁矿。

方解石在普通反射光下为灰色，低突起，油浸反射光下为灰棕色，表面平整光滑，强非均质性，偏光色为浅灰-暗灰色，内反射显乳白色-棕色，双反射显著。多呈脉状充填裂隙或胞腔中，常见双晶纹及菱形解理纹。菱铁矿的突起比方解石高，常呈结核状、球粒状集合体产出，有时呈脉状。其他特征与方解石相似。

B.2.4　氧化硅类

煤中氧化硅类矿物以石英为主。普通反射光下为深灰色，有时呈浅紫灰色，油浸反射光下为黑色。一般表面平整，由于磨损硬度大，突起很高，周围常有暗色环。呈棱角状、半棱角状碎屑为主。自生石英呈自形晶或半自形晶，也有充填细胞腔的，热液石英多呈脉状充填在显微组分的裂隙中。

B.2.5 其他矿物类

其他矿物类特征描述从略。

ICS 73.040
D 26

中华人民共和国国家标准

GB/T 15589—2013
代替 GB/T 15589—1995

显微煤岩类型分类

Classification of microlithotype

2013-12-17 发布　　　　2014-05-01 实施

中华人民共和国国家质量监督检验检疫总局
中国国家标准化管理委员会　发布

前　言

本标准根据 GB/T 1.1—2009 给出的规则起草。

本标准代替 GB/T 15589—1995《显微煤岩类型分类》。与 GB/T 15589—1995 相比，无技术变化。

本标准由中国煤炭工业协会提出。

本标准由全国煤炭标准化技术委员会(SAC/TC 42)归口。

本标准起草单位：中煤科工集团西安研究院、中国矿业大学(北京)。

本标准主要起草人：肖文钊、张秀仪、金奎励、潘治贵。

本标准所代替标准的历次版本发布情况为：

——GB/T 15589—1995。

显微煤岩类型分类

1 范围

本标准规定了显微煤岩类型的分类原则，显微煤岩类型、显微矿化类型和显微矿质类型的分类。

本标准适用于烟煤和低变质程度的无烟煤。

2 规范性引用文件

下列文件对于本文件的应用是必不可少的。凡是注日期的引用文件，仅注日期的版本适用于本文件。凡是不注日期的引用文件，其最新版本(包括所有的修改单)适用于本文件。

GB/T 15588 烟煤显微组分分类

3 分类原则

显微煤岩类型是显微组分的自然共生组合，其最小厚度为 50 μm 或最小覆盖面积为 50 μm×50 μm，以其中的显微组分组(或显微组分)出现的数量(体积分数)等于或大于5%确定。它可包含小于20%的矿物(如黏土、石英、碳酸盐)或小于5%的硫化物矿物。如果矿物含量超过上述数量，则按显微组分与矿物的比例不同分别称为显微矿化类型或显微矿质类型。

4 显微煤岩类型分类

显微煤岩类型的划分见表1。

表1 显微煤岩类型分类

显微煤岩类型	显微组分组的体积分数
单组分组类型	
微镜煤	镜质体>95%
微壳煤	壳质体>95%
微惰煤	惰质体>95%
双组分组类型	
微亮煤	(镜质体+壳质体)>95%
微暗煤	(惰质体+壳质体)>95%
微镜惰煤	(镜质体+惰质体)>95%
三组分组类型	
微三合煤	(镜质体+壳质体+惰质体)>95%
注1：双组分组类型和三组分组类型中，其中任一显微组分组的体积分数大于或等于5%。 注2：根据需要可将各种显微煤岩类型按显微组分及其含量进一步划分为若干亚类型。	

5 显微矿化类型分类

显微矿化类型的分类见表 2。

表 2 显微矿化类型分类

显微矿化类型	矿物种类	煤中矿物的体积分数，φ/%
微泥质煤	黏土	$20 \leqslant \varphi < 60$
微硅质煤	石英	$20 \leqslant \varphi < 60$
微碳酸盐质煤	碳酸盐	$20 \leqslant \varphi < 60$
微硫化物质煤	硫化物	$5 \leqslant \varphi < 20$
微复矿质煤	两种或两种以上矿物	$20 \leqslant \varphi < 60$（不含硫化物） $5 < \varphi < 45$（含硫化物为 5） $10 < \varphi < 30$（含硫化物为 10）

6 显微矿质类型

显微矿质类型是煤中矿物体积分数大于或等于表 2 中上限的物质总称。按矿物种类不同分为微泥质型、微硅质型、微碳酸盐质型、微硫化物质型和微复矿质型。

ICS 73.040
D 20

中华人民共和国国家标准

GB/T 15591—2013
代替 GB/T 15591—1995

商品煤混煤类型的判别方法

Judging method for Mixed coal type of commercial coal

2013-12-17 发布　　2014-05-01 实施

中华人民共和国国家质量监督检验检疫总局
中国国家标准化管理委员会　发布

前　言

本标准按照 GB/T 1.1—2009 给出的规则起草。

本标准代替 GB/T 15591—1995《商品煤反射率分布图的判别方法》。与 GB/T 15591—1995 相比，主要变化如下：

——修改了标准名称：由“商品煤反射率分布图的判别方法”改为“商品煤混煤类型的判别方法”；

——修改了“3 镜质体随机反射率测定”，相关内容引用 GB/T 6948—2008；

——删除了原标准中“4 测定结果计算”一章；

——将原标准中“简单混煤”改为“简单无凹口混煤”、“复杂混煤”改为“复杂无凹口混煤”；

——在第 5 章中增加了 3 个注；

——删除了原标准中“7 精密度”一章。

本标准由中国煤炭工业协会提出。

本标准由全国煤炭标准化技术委员会(SAC/TC 42)归口。

本标准起草单位：中煤科工集团西安研究院、中国矿业大学(北京)、煤炭科学研究总院北京煤化工分院。

本标准主要起草人：肖文钊、李小彦、金奎励、白向飞。

本标准所代替标准的历次版本发布情况为：

——GB/T 15591—1995。

商品煤混煤类型的判别方法

1 范围

本标准规定了利用商品煤镜质体随机反射率分布图进行商品煤混煤类型的判别方法。

本标准适用于烟煤和低阶无烟煤，褐煤亦可参考使用。商品煤镜质体最大反射率分布图亦可参照使用。

2 规范性引用文件

下列文件对于本文件的应用是必不可少的。凡是注日期的引用文件，仅注日期的版本适用于本文件。凡是不注日期的引用文件，其最新版本(包括所有的修改单)适用于本文件。

GB/T 6948—2008 煤的镜质体反射率显微镜测定方法(ISO 7404-5:1994,MOD)

3 镜质体随机反射率测定

3.1 按 GB/T 6948—2008 中 8.3.4 测定镜质体随机反射率。

3.2 按 GB/T 6948—2008 中 9.2 规定的方法计算镜质体反射率平均值和标准差。

4 反射率分布图的绘制

以反射率间隔 0.05% 为半阶，分别统计各间隔的测点数，并计算出其分布频率(f)。以频率为纵坐标，随机反射率(R_{ran})为横坐标绘制出反射率分布图。

5 商品煤混煤类型的判别

5.1 判别依据

从镜质体反射率间隔为 0.05% 的频率分布图中统计“凹口数”。

根据镜质体反射率标准差和反射率频率分布图中的凹口数，按表 1 的规定对商品煤的混煤类型进行判别。

注 1：镜质体反射率分布图中峰与峰之间的低谷称为“凹口”；“凹口数”的判断应考虑满足“单一煤层煤”反射率频率呈正态分布的特征。

注 2：对于局部的反射率频率变化，可绘制反射率间隔为 0.10% 的频率分布图，这时仍存在的凹口为有效凹口。

各类型相应的典型反射率分布图参见附录 A。

表 1 商品煤镜质体反射率分布图的类型划分

编码	划分指标		类型
	反射率标准差 s	凹口数/个	
0	$s \leqslant 0.10$	0	单一煤层煤

表 1（续）

编码	划分指标		类型
	反射率标准差 s	凹口数/个	
1	$0.10<s<0.20$	0	简单无凹口混煤
2	$s\geqslant 0.20$	0	复杂无凹口混煤
3	$s>0.10$	1	具 1 个凹口的混煤
4	$s>0.10$	2	具 2 个凹口的混煤
5	$s>0.10$	>2	具 2 个以上凹口的混煤
注：具编码 1 特征的反射率分布图也可能为高阶烟煤、无烟煤的单一煤层煤。			

注 3：本标准所称"混煤"是指由不同煤化程度的煤混合而成，而非 GB/T 3715—2007 中"粒度小于 50 mm 的煤"。

5.2 判别结果的报告内容和格式

商品煤混煤类型判别报告的内容和格式见附录 B。

附 录 A
（资料性附录）
商品煤混煤类型及其典型示例

图 A.1 给出了各种混煤类型的商品煤镜质体反射率频率分布图的典型示例。

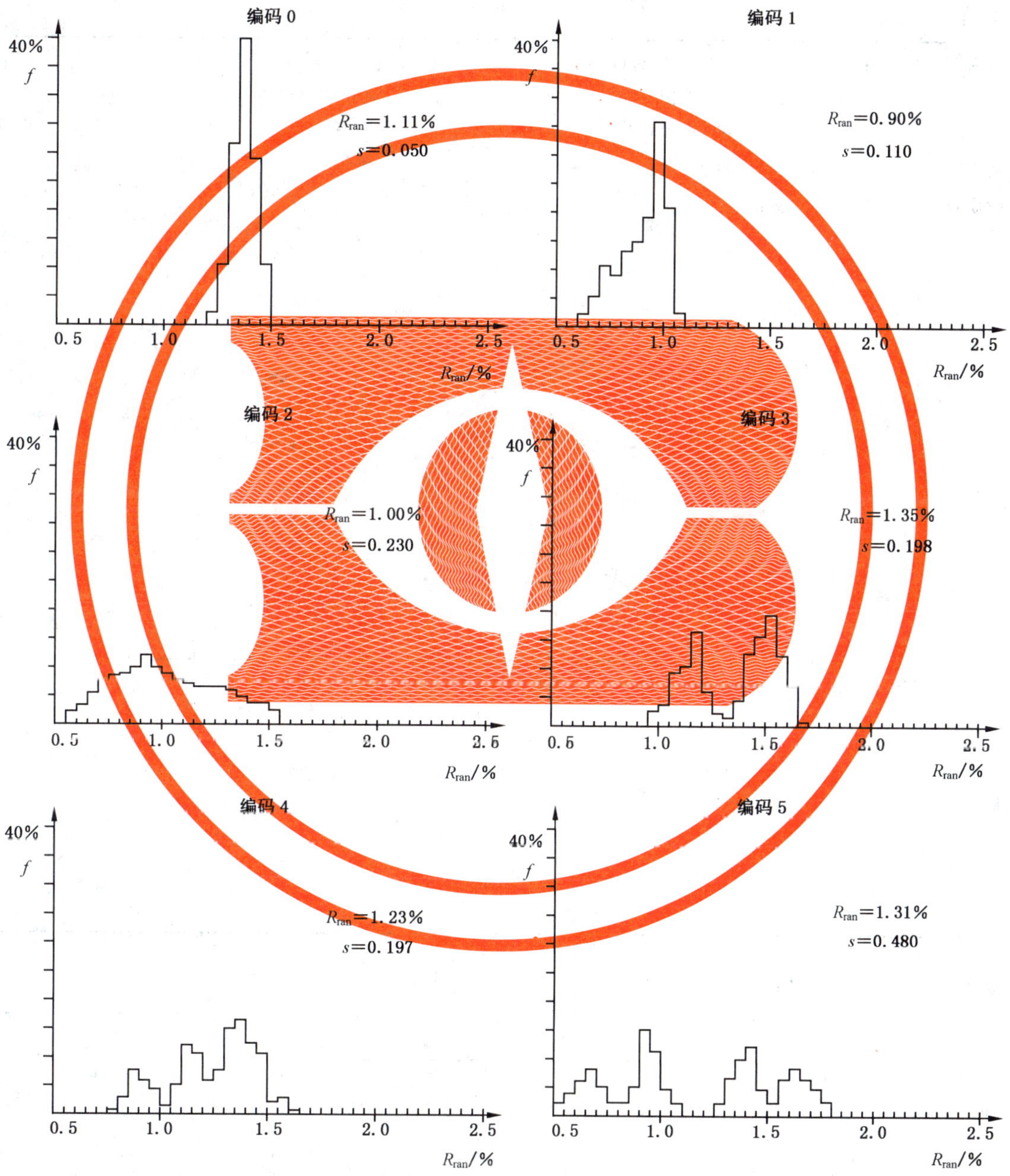

图 A.1 各种混煤类型的商品煤镜质体反射率频率分布图示例

附 录 B
（资料性附录）
商品煤混煤类型判别报告内容

商品煤的混煤类型判别报告应包含下列内容：

实验室样品编号：　　　　　　　　　　来样编号：

送 样 单 位：　　　　　　　　　　　联 系 人：

反射率测定结果：　　　反射率分布区间：　　%　　～　　%

平 均 值：　　%

标 准 差：

测 点 数：

镜质体反射率频率分布图：

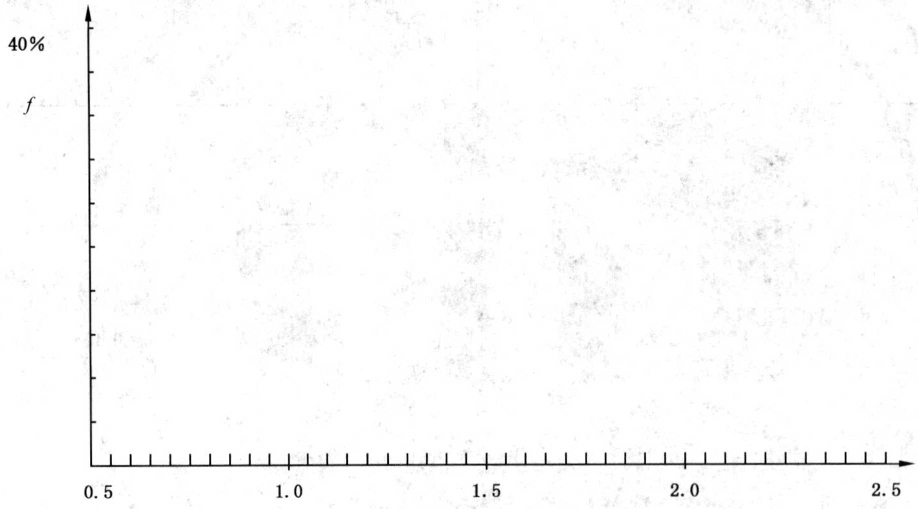

判定结果：　　　编　　码：

混煤类型：

附加说明：

批准：　　　　审 核：　　　　报告人：　　　　日期：

ICS 23.040.60
J 15

中华人民共和国国家标准

GB/T 15601—2013
代替 GB/T 15601—1995

管法兰用金属包覆垫片

Metallic envelope gaskets for pipe flanges

2013-12-17 发布 2014-10-01 实施

中华人民共和国国家质量监督检验检疫总局
中国国家标准化管理委员会 发布

前　言

本标准按照 GB/T 1.1—2009 给出的规则起草。

本标准代替 GB/T 15601—1995《管法兰用金属包覆垫片》，与 GB/T 15601—1995 相比，主要技术变化如下：

——对原表 1 尺寸进行了修改，增加了 PN 2.5、PN 6 和 PN 63 的垫片尺寸；将尺寸范围由 DN 10～DN 900 扩大到 DN 10～DN 4000；

——对原表 2 中压力等级标识进行了修改，由原来的 PN 标识修改为 Class；参照 ASME B16.20—2007《管法兰用金属垫片　环垫、缠绕式垫片和包覆垫片》（英文版）修改了尺寸部分小数点后的数值；

——增加了 Class 标记的大直径钢制管法兰用金属包覆垫片尺寸；

——增加了金属材料和填充材料的品种和最高使用温度；

——修改了包覆层金属材料的拼接接头要求；修改了尺寸偏差；

——修改了压缩率、回弹率和泄漏率的指标值，删除了应力松弛率项目；

——删除了金属材料硬度指标；

——修改了金属材料厚度；

——修改了垫片压缩率、回弹率和密封泄漏率的试验条件、样品规格和指标等。

本标准由中国机械工业联合会提出。

本标准由全国管路附件标准化技术委员会（SAC/TC 237）归口。

本标准主要起草单位：浙江国泰密封材料股份有限公司、中机生产力促进中心、中国能源建设集团广东省电力设计研究院、中国石油工程建设公司华东设计分公司、无锡市舜柯石化通用件有限公司。

本标准主要起草人：吴益民、李俊英、孙李超、黄涛、刘建、章佳红、朱肖平、冯峰。

本标准所代替标准的历次版本发布情况为：

——GB/T 15601—1995。

管法兰用金属包覆垫片

1 范围

本标准规定了管法兰用金属包覆垫片(以下简称垫片)的型式与尺寸、要求、检验方法、检验规则、标记与标志、包装和贮运。

本标准适用于公称压力不大于 PN 63、公称尺寸不大于 DN 4000 和公称压力不大于 Class 600、公称尺寸不大于 DN 1500(NSP 60)的突面管法兰用垫片。

2 规范性引用文件

下列文件对于本文件的应用是必不可少的。凡是注日期的引用文件,仅注日期的版本适用于本文件。凡是不注日期的引用文件,其最新版本(包括所有的修改单)适用于本文件。

GB/T 539 耐油石棉橡胶板
GB/T 700 碳素结构钢
GB/T 2040 铜及铜合金板材
GB/T 2072 镍及镍合金带材
GB/T 2520 冷轧电镀锡钢板及钢带
GB/T 3003 耐火材料 陶瓷纤维及制品
GB/T 3280 不锈钢冷轧钢板和钢带
GB/T 3621 钛及钛合金板材
GB/T 3880.1 一般工业用铝及铝合金板、带材 第1部分:一般要求
GB/T 3985 石棉橡胶板
GB/T 5235 加工镍及镍合金 化学成分和产品形状
GB/T 6983 电磁纯铁
GB/T 12385 管法兰用垫片密封性能试验方法
GB/T 12622 管法兰用垫片压缩率及回弹率试验方法
JB/T 6628 柔性石墨复合增强(板)垫
JB/T 7758.2 柔性石墨板 技术条件
JC/T 69 石棉纸板
JC/T 2052 辊压法无石棉纤维垫片材料
QB/T 3625 聚四氟乙烯板材
YB/T 5354 耐蚀合金冷轧板

3 型式与尺寸

3.1 垫片型式

垫片按结构型式分为平面型(见图 1)、代号为 F 和波纹型(见图 2)、代号为 C 两种。根据客户要求,可以在 C 型垫片的盖面上覆柔性石墨纸或其他非金属材料。

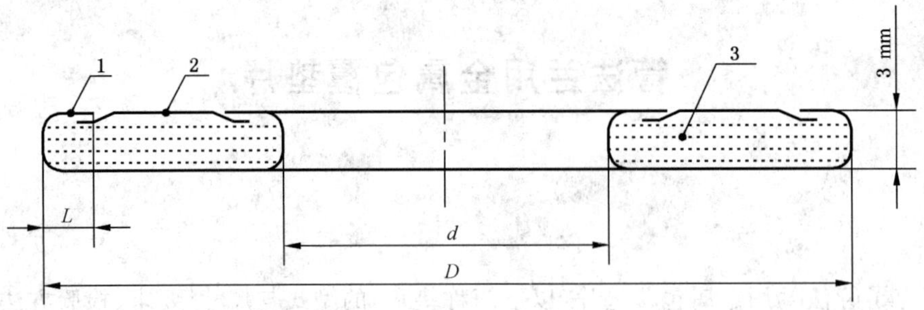

说明：

1——垫片外壳；

2——垫片盖；

3——填充材料。

图 1 平面型(F 型)垫片结构

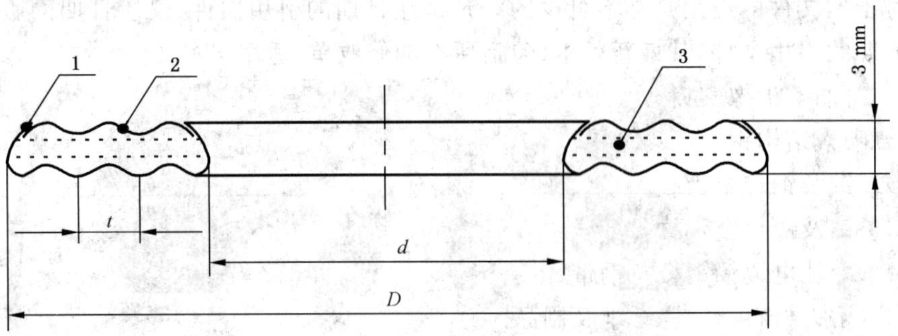

说明：

1——垫片外壳；

2——垫片盖；

3——填充材料。

图 2 波纹型(C 型) 垫片结构

3.2 垫片尺寸

3.2.1 PN 标记的管法兰用垫片的尺寸应符合表 1 的规定。

表 1 PN 标记的管法兰用垫片的尺寸

单位为毫米

公称尺寸 DN	垫片内径 d	垫片外径 D						
		PN 2.5	PN 6	PN 10	PN 16	PN 25	PN 40	PN 63
10	18	39	39	46	46	46	46	56
15	22	44	44	51	51	51	51	61
20	27	54	54	61	61	61	61	72
25	34	64	64	71	71	71	71	82
32	43	76	76	82	82	82	82	88
40	49	86	86	92	92	92	92	103

表 1（续）

单位为毫米

公称尺寸 DN	垫片内径 *d*	垫片外径 *D*						
		PN 2.5	PN 6	PN 10	PN 16	PN 25	PN 40	PN 63
50	61	96	96	107	107	107	107	113
65	77	116	116	127	127	127	127	138
80	89	132	132	142	142	142	142	148
100	115	152	152	162	162	168	168	174
125	141	182	182	192	192	194	194	210
150	169	207	207	218	218	224	224	247
200	220	262	262	273	273	284	290	309
250	273	317	317	328	329	340	352	364
300	324	373	373	378	384	400	417	424
350	377	423	423	438	444	457	474	486
400	426	473	473	489	495	514	546	543
450	480	528	528	539	555	564	571	—
500	530	578	578	594	617	624	628	—
600	630	679	679	695	734	731	747	—
700	727	784	784	810	804	833	—	—
800	826	890	890	917	911	942	—	—
900	924	990	990	1 017	1 011	1 042	—	—
1 000	1 020	1 090	1 090	1 124	1 128	1 154	—	—
1 200	1 222	1 290	1 307	1 341	1 342	1 364		—
1 400	1 422	1 490	1 524	1 548	1 542	1 578	—	—
1 600	1 626	1 700	1 724	1 772	1 764	1 798	—	—
1 800	1 827	1 900	1 931	1 972	1 964	2 000	—	—
2 000	2 028	2 100	2 138	2 182	2 168	2 230	—	—
2 200	2 231	2 307	2 348	2 384	—	—	—	—
2 400	2 434	2 507	2 558	2 594	—	—	—	—
2 600	2 626	2 707	2 762	2 794	—	—	—	—
2 800	2 828	2 924	2 972	3 014	—	—	—	—
3 000	3 028	3 124	3 172	3 228	—	—	—	—
3 200	3 228	3 324	3 382	—	—	—	—	—
3 400	3 428	3 524	3 592	—	—	—	—	—
3 600	3 634	3 734	3 804	—	—	—	—	—
3 800	3 834	3 931	—	—	—	—	—	—
4 000	4 034	4 131	—	—	—	—	—	—

3.2.2 Class 标记的管法兰用垫片的尺寸应符合表 2 的规定。

表 2 Class 标记的管法兰用垫片的尺寸

单位为毫米

公称尺寸		垫片内径 *d*	垫片外径 *D*		
NPS	DN		Class 150	Class 300	Class 600
1/2	15	22.4	44.5	50.8	50.8
3/4	20	28.7	54.1	63.5	63.5
1	25	38.1	63.5	69.9	69.9
1¼	32	47.8	73.2	79.5	79.5
1½	40	54.1	82.6	92.2	92.2
2	50	73.2	101.6	108.0	108.0
2½	65	85.9	120.7	127.0	127.0
3	80	108.0	133.4	146.1	146.1
4	100	131.8	171.5	177.8	190.5
5	125	152.4	193.8	212.9	238.3
6	150	190.5	219.2	247.7	263.7
8	200	238.3	276.4	304.8	317.5
10	250	285.8	336.6	358.9	397.0
12	300	342.9	406.4	419.1	454.2
14	350	374.7	447.8	482.6	489.0
16	400	425.5	511.3	536.7	562.1
18	450	489.0	546.1	593.9	609.6
20	500	533.4	603.3	651.0	679.5
24	600	641.4	714.5	771.7	787.4

3.2.3 Class 标记的大直径管法兰(A 系列)用垫片的尺寸应符合表 3 的规定。

表 3 Class 标记的大直径管法兰(A 系列)用垫片的尺寸

单位为毫米

公称尺寸		垫片内径 *d*	垫片外径 *D*		
NPS	DN		Class 150	Class 300	Class 600
26	650	673.1	771.7	831.9	863.6
28	700	723.9	828.8	895.4	911.4
30	750	774.7	879.6	949.5	968.5
32	800	825.5	936.8	1 003.3	1 019.3
34	850	876.3	987.6	1 054.1	1 070.1
36	900	927.1	1 044.7	1 114.6	1 127.3

表 3（续）

单位为毫米

公称尺寸		垫片内径 d	垫片外径 D		
NPS	DN		Class 150	Class 300	Class 600
38	950	977.9	1 108.2	1 051.1	1 101.9
40	1 000	1 028.7	1 159.0	1 111.3	1 152.7
42	1 050	1 079.5	1 216.2	1 162.1	1 216.2
44	1 100	1 130.3	1 273.3	1 216.2	1 267.0
46	1 150	1 181.1	1 324.1	1 270.0	1 324.1
48	1 200	1 231.9	1 381.3	1 320.8	1 387.6
50	1 250	1 282.7	1 432.1	1 374.9	1 444.8
52	1 300	1 333.5	1 489.2	1 425.7	1 495.6
54	1 350	1 384.3	1 546.4	1 489.2	1 552.7
56	1 400	1 435.1	1 603.5	1 540.0	1 603.5
58	1 450	1 485.9	1 660.7	1 590.8	1 660.7
60	1 500	1 536.7	1 711.5	1 641.6	1 730.5

3.2.4 Class 标记的大直径管法兰(B 系列)用垫片的尺寸应符合表 4 的规定。

表 4 Class 标记的大直径管法兰(B 系列)用垫片的尺寸

单位为毫米

公称尺寸		垫片内径 d	垫片外径 D		
NPS	DN		Class 150	Class 300	Class 600
26	650	673.1	722.4	768.4	762.0
28	700	723.9	773.2	822.5	816.1
30	750	774.7	824.0	882.7	876.3
32	800	825.5	877.8	936.8	930.4
34	850	876.3	931.9	990.6	993.9
36	900	927.1	984.3	1 044.7	1 044.7
38	950	977.9	1 041.4	1 095.5	1 101.9
40	1 000	1 028.7	1 092.2	1 146.3	1 152.7
42	1 050	1 079.5	1 143.0	1 197.1	1 216.2
44	1 100	1 130.3	1 193.8	1 247.9	1 267.0
46	1 150	1 181.1	1 252.5	1 314.5	1 324.1
48	1 200	1 231.9	1 303.3	1 365.3	1 387.6
50	1 250	1 282.7	1 354.1	1 416.1	1 444.8
52	1 300	1 333.5	1 404.9	1 466.9	1 495.6

表 4（续） 单位为毫米

公称尺寸		垫片内径 d	垫片外径 D		
NPS	DN		Class 150	Class 300	Class 600
54	1 350	1 384.3	1 460.5	1 527.3	1 552.7
56	1 400	1 435.1	1 511.3	1 590.8	1 603.5
58	1 450	1 485.9	1 576.3	1 652.5	1 660.7
60	1 500	1 536.7	1 627.1	1 703.3	1 730.5

3.2.5 当公称尺寸不大于 DN 150 时，波纹型（C 型）垫片的波纹节距 t 不大于 4 mm；公称尺寸在 DN 200 及以上时，t 为 3.2 mm～6.4 mm。

3.2.6 除本标准规定的垫片厚度外，可根据用户要求采用其他厚度，但不应影响垫片的使用性能。

4 要求

4.1 材料

4.1.1 垫片常用的包覆层金属材料见表 5。包覆层金属材料的厚度为 0.3 mm～0.5 mm。其执行标准、代号及推荐的最高工作温度应符合表 5 的规定。根据供需双方协商，允许采用表 5 以外的其他材料。

表 5 包覆层金属材料执行标准、代号及推荐的最高工作温度

名称或牌号	标准编号	代号	最高工作温度/℃
铜板	GB/T 2040	Cu	315
钛板	GB/T 3621	Ti2	350
铝板	GB/T 3880.1	Al	400
镀锡钢板（马口铁）	GB/T 2520	St	450
软铁	GB/T 6983	D	450
低碳钢	GB/T 700	CS	450
022Cr17Ni12Mo2	GB/T 3280	316L	450
022Cr18Ni10	GB/T 3280	304L	450
022Cr19Ni13Mo3	GB/T 3280	317L	450
NCu30	GB/T 5235	MON	500
0Cr13	GB/T 3280	410	540
06Cr19Ni10	GB/T 3280	304	600
06Cr18Ni11Ti	GB/T 3280	321	600
NS111	YB/T 5354	IN 800	600
NS334	YB/T 5354	HAST C	980
NS312	YB/T 5354	INC 600	980
NS336	YB/T 5354	INC 625	980

4.1.2 填充材料执行标准、代号及推荐的最高工作温度应符合表6的规定。根据供需双方协商，允许采用表6以外的材料。

警告：根据法律要求，含石棉成分的材料在处理时应采取防范措施，确保其对人体健康不构成危害。

表6 填充材料的执行标准、代号及推荐的最高工作温度

名称	标准编号	代号	最高工作温度/℃
陶瓷纤维板	GB/T 3003	CER	800
石棉纸板	JC/T 69	ASB	400
柔性石墨板	JB/T 7758.2	FG	650[a]
柔性石墨复合增强板	JB/T 6628	ZQB	600
石棉橡胶板	GB/T 3985	XB	300
耐油石棉橡胶板	GB/T 539	NY	300
非石棉纤维橡胶板	JC/T 2052	NAS	有机纤维 200 无机纤维 290
聚四氟乙烯板	QB/T 3625	PTFE	260

[a] 柔性石墨类材料用于氧化介质时最高使用温度为450 ℃。

4.1.3 垫片的最高使用温度应低于包覆层金属材料和填充材料最高使用温度中的较低值。

4.1.4 包覆层金属材料硬度应低于法兰硬度。若两者硬度相近，可在垫片上下表面贴覆与使用介质相适应的软性材料（表6所列填充材料）作为辅助密封，以增加密封可靠性。

4.2 外观质量

4.2.1 填充材料应完全包在金属包壳内。金属包壳表面必须平整、光滑，不允许有裂纹、皱折、锈斑和径向贯通划痕等缺陷。垫片翻边宽度应符合表7的要求，且翻边宽度应均匀和对称。

表7 垫片翻边宽度

单位为毫米

截面宽度	≤25	26～40	≥40
翻边宽度 L	≥3	≥4	≥5

4.2.2 填充材料应采用同一厚度的材料沿圆周方向均匀填充，不宜采用多层填充。如需多层填充，则最多不超过3层；填料材料采用拼接填充时，上下两层的接头应错开，且在整个截面上厚度应均匀一致。

4.3 接头

包覆层金属材料应使用整板制作。若拼接时，其拼接接头处不超过表8的规定，焊接处必须与母材齐平。

表8 包覆层金属材料拼接接头

公称尺寸 DN	600～1 200	1 300～4 000
接头数/个	≤3	≤6

4.4 尺寸偏差

4.4.1 PN 标记的管法兰用垫片的尺寸偏差应符合表 9 的规定。

表 9 PN 标记的管法兰用垫片的尺寸偏差

单位为毫米

公称尺寸 DN	内径 d	外径 D	厚度
10～25	$^{+0.50}_{0}$	$^{0}_{-0.5}$	$^{+0.8}_{0}$
32～700	$^{+1.5}_{0}$	$^{0}_{-1.5}$	
800～2 000	$^{+3.0}_{0}$	$^{0}_{-3.0}$	
>2 000	$^{+4.0}_{0}$	$^{0}_{-4.0}$	

4.4.2 Class 标记的管法兰用垫片的尺寸偏差应符合表 10 的规定。

表 10 Class 标记的管法兰用垫片的尺寸偏差

单位为毫米

公称尺寸		内径 d	外径 D	厚度
DN	NPS			
10～600	1/2～24	$^{+1.5}_{0}$	$^{0}_{-1.5}$	$^{+0.8}_{0}$
650～1 500	26～60	$^{+3.0}_{0}$	$^{0}_{-3.0}$	

4.5 垫片性能

垫片的性能指标应符合表 11 的规定。

表 11 垫片的性能指标

试样规格	低碳钢+石墨			低碳钢+非石棉		
	压缩率/%	回弹率/%	泄漏率/(cm^3/s)	压缩率/%	回弹率/%	泄漏率/(cm^3/s)
DN 80、PN 20,厚 3.0 mm	25～35	≥10	$\leqslant 1.0\times 10^{-2}$	15～25	≥10	$\leqslant 1.0\times 10^{-2}$

5 检验

5.1 检验方法

5.1.1 垫片的外观质量用目视检验。

5.1.2 垫片尺寸用精度为 0.02 mm 的游标卡尺测量,精确到 0.1 mm。公称尺寸 DN≥600 的产品,内、外径尺寸可用精度为 1.0 mm 量尺测量,精确到 1.0 mm。

5.1.3 垫片的直径尺寸以相互垂直的任意两个测量值的算术平均值为测量结果；厚度尺寸以等弧三点测量值的算术平均值为测量结果。

5.1.4 垫片的压缩率、回弹率按表 11 和 GB/T 12622(B 法)的规定进行。

5.1.5 垫片的密封性能试验按表 11 和 GB/T 12385 的规定进行。

5.2 检验规则

5.2.1 垫片应经生产商检验合格后方可交付用户。

5.2.2 检验分为出厂检验和型式检验。垫片出厂检验项目为 4.2(除 4.2.2 外)、4.3 和 4.4；垫片型式检验项目为 4.2(除 4.2.2 外)、4.3、4.4 和 4.5。当出现以下情形之一时，应进行型式检验：

——产品定型时；

——正常生产满一年时；

——生产工艺或产品结构有较大改进时；

——质量监督部门或用户提出要求时。

5.3 抽样及判定规则

5.3.1 垫片的试样应在仓库或生产现场随机抽取。

5.3.2 出厂检验时，同一结构型式、同一材料组合的垫片，以 100 片为一批，每一批任意抽取 5 片(不足 100 片时取 3 片；不足抽样数量需全检)按 5.2.2 规定进行检验。任何一项如有 1 片不符合本标准规定，则取加倍数量的垫片对该项进行复检，如仍有 1 片不符合本标准规定，则该批产品需全检。外观质量应全检。

5.3.3 型式检验时，同一材料组合、同一压力等级的垫片为一批，按表 11 规定的试样规格和材质取 6 片，没有试样规格的应按同一材料，同一工艺制造足够数量的试样，按 5.2.2 规定进行试验。任何一项如有 1 片不符合本标准规定，则取加倍数量的垫片对该项进行复检。如仍有 1 片不符合本标准规定，则判定该批产品为不合格品或型式检验不合格。

6 标记与标志

6.1 标记

6.1.1 垫片应对以下要素进行标记：

a) 产品名称；

b) 垫片类型代号(F 型可省略不写)；

c) 公称尺寸；

d) 公称压力；

e) 包覆层金属材料代号(见表 5)；

f) 填充材料代号(见表 6)；

g) 标准编号。

6.1.2 标记示例：

示例 1：

平面型、公称尺寸 DN 300、公称压力 PN 25、包覆层材料为 06Cr19Ni10，填充材料为柔性石墨的垫片，其标记为：

金属包覆垫片　DN 300-PN 25　304/FG　GB/T 15601

示例 2：

波纹型、DN 80(NPS 3)、Class 150、包覆层材料为 06Cr19Ni10，填充材料为柔性石墨的垫片，其标记为：

金属包覆垫片　C 型　3″(或 DN 80)-CL150　304/ FG　GB/T 15601

6.2 标志

6.2.1 标志应包括以下内容：

a) 生产厂商名称或商标；

b) 标准编号；

c) 垫片类型；

d) 公称尺寸；

e) 公称压力；

f) 垫片包覆层和填充材料代号 。

6.2.2 标志可用记号笔写在产品上，或用标签挂在产品上，且应不易丢失。

7 包装和贮运

7.1 包装

7.1.1 垫片包装应保证其在贮存和运输过程中不致损坏或遗失。

7.1.2 包装箱上应附有装箱单，其上应注明：

a) 产品名称；

b) 制造厂商名称或商标；

c) 产品规格型式；

d) 产品数量；

e) 制造日期。

7.1.3 包装箱内应附有产品合格证，其上应注明：

a) 批号；

b) 产品规格型式；

c) 标准编号；

d) 检验员姓名或代号；

e) 检验日期。

7.2 贮运

7.2.1 垫片应贮存在常温清洁、通风干燥的仓库内，防止日光照晒，避免靠近热源和化学品。

7.2.2 垫片在运输过程中应防止雨淋或受潮，叠装时不致包装箱变形。

ICS 65.160
X 85

中华人民共和国国家标准

GB/T 15699—2013
代替 GB 15699—1995

烟草霜霉病检疫规程

Rules for tobacco blue mold quarantine

2013-11-12 发布　　2014-04-11 实施

中华人民共和国国家质量监督检验检疫总局
中国国家标准化管理委员会　发布

前　言

本标准按照 GB/T 1.1—2009 给出的规则起草。

本标准代替 GB 15699—1995《烟草种子霜霉病检疫规程》，与 GB 15699—1995 相比主要技术变化如下：

——将适用范围扩大为“各种入境烟草种子、种苗和烟叶的霜霉病检疫”(见第 1 章，1995 年版的第 1 章)；

——增加了“规范性引用文件”(见第 2 章)；

——增加了“技术原理”(见第 4 章)；

——增加了“烟叶和种苗”的取样(见 6.1.2 和 6.1.3)；

——增加了“烟叶和种苗”中孢子囊和孢子梗的检验(见 6.2.2 和 6.2.3)；

——增加了“烟叶”中卵孢子的检测(见 6.3.2)；

——删除了附录部分(1995 年版的附录 A、附录 B、附录 C 和附录 D)；

请注意本文件的某些内容可能涉及专利。本文件的发布机构不承担识别这些专利的责任。

本标准由国家烟草专卖局提出。

本标准由全国烟草标准化技术委员会农业分技术委员会(SAC/TC 144/SC 2)归口。

本标准起草单位：中国农业科学院烟草研究所。

本标准主要起草人：冯全福、孔凡玉、封立平、贾兴华、李启新、张成省、陈长法、高连喜。

本标准所代替标准的历次版本发布情况为：

——GB 15699—1995。

烟草霜霉病检疫规程

1 范围

本标准规定了烟草霜霉病检疫的程序和方法。

本标准适用于各种入境烟草种子、种苗和烟叶的霜霉病检疫。

2 规范性引用文件

下列文件对于本文件的应用是必不可少的。凡是注日期的引用文件，仅注日期的版本适用于本文件。凡是不注日期的引用文件，其最新版本(包括所有的修改单)适用于本文件。

GB/T 18086—2000 植物检疫 烟霜霉病菌检疫鉴定方法

3 术语和定义

下列术语和定义适用于本文件。

3.1

检疫 quarantine

为预防危险性烟草病虫害传播蔓延采取的一种措施。

3.2

烟草霜霉病 tobacco blue mold

又名蓝霉病，由烟草霜霉菌(*Peronospora tabacina*)引起，主要为害烟草叶片，亦可系统侵染根、茎维管束，是一种传播迅速具有毁灭性的病害。

注：该病发生于欧洲、美洲、澳洲，目前我国尚无该病发生，因此作为对外检疫对象。病原为 *Peronspora hyoscyami f. sp tabacina* Adam，异名 *Peronspora nicotianae* Speg，*Peronospora tabacina* Adam，属鞭毛菌亚门(Mastigomycotin)，卵菌纲(Oomycetes)，霜霉目(Peronosporales)霜霉科(Peronosporaceae)，霜霉属 (*Peronospora*)。

4 技术原理

4.1 检疫原理

烟草霜霉病菌为专性寄生菌，烟叶被侵染为害后，出现边缘模糊、褪绿的近圆形斑点，后期形成淡褐色可脱落的坏死病斑。在适宜温湿度条件下，叶背面病斑长出淡蓝色霉状物，即烟草霜霉病菌的孢囊梗和孢囊；在一定条件下，病组织内可形成卵孢子。病原菌的寄生专化性及其形态学特征是鉴定烟草霜霉病的依据。

4.2 烟草霜霉病菌的鉴定特征

4.2.1 孢囊和孢囊梗的特征

烟草霜霉病菌的孢囊梗无色，从寄主气孔中伸出，主轴较粗壮，上部呈双叉分枝 3 次～10 次。孢囊梗长 400 μm～750 μm，基部直径 10 μm～12 μm；分枝角度越分越大，末枝呈钝角分叉，叉枝基部略粗并向末端变尖，两叉枝长短略有差异，较长的一枝常弯曲，另一枝较直，末枝长 7 μm～14 μm；孢囊在末枝顶端同步形成，易脱落，无色或淡黄色，柠檬形或倒卵形，无乳头状突起，大小为(17 μm～28 μm)×(13 μm～17 μm)。

4.2.2 卵孢子的特征

烟草霜霉病的卵孢子壁与藏卵器分离。成熟卵孢子呈橘黄至红褐色，球形，直径为 20 μm～60 μm，外胞壁常有瘤状饰纹。

5 仪器与试剂

5.1 显微镜

放大倍数为 100 倍～1 000 倍。

5.2 双目解剖镜

放大倍数为 10 倍～50 倍。

5.3 电子天平

感量为 0.1 g。

5.4 离心机

转速为 1 000 r/min～4 000 r/min。

5.5 不锈钢筛

孔径为 60 μm。

5.6 振荡器

振速为 200 r/min。

5.7 血球计数器

5.8 苯胺蓝

5.9 0.02 mol/L 磷酸缓冲液(pH=7)

5.10 乳酚油

乳酚油的配制：液态苯酚 20 mL、乳酸 20 mL、甘油 40 mL、蒸馏水 20 mL 混合而成。

5.11 10%氢氧化钾溶液

10%氢氧化钾溶液的配制：取氢氧化钾 10.0 g，加水 90 mL 溶解。

6 检疫程序与方法

6.1 取样

6.1.1 种子

根据待检种子总件数按 5%～20%取样。在取样时，按对角线五点、棋盘式或分层取样，每个取样点取样 10 g～20 g，然后混合均匀。

注：旅客携带和国际邮包邮寄的少量烟草种子，取样量视具体情况而定。

6.1.2 烟叶

不同产地、不同等级的烟叶应分别取样，根据货物批量总件数抽取一定数量的样品，500 件以下的抽查 20 件，少于 20 件的全批抽查。在每件中抽取一定数量的带可疑病斑的烟叶作为代表性样品，充分混合后，按缩分法制备出两份样品，每份 1 kg～4 kg。一份为检验样品，另一份为备查样品。按表 1 抽取样品份数。

表 1 进境烟叶检疫抽查表

单位为件

批量总件数	抽查件数
500 以下(含 500)	20
501～1 000	21～30
1 001～3 000	31～40
3 001～5 000	41～50
5001～10 000	51～70
10 001 以上	71～100

6.1.3 种苗

烟草种苗抽样每批按总件数的 5%～20%抽查，每批取样检验 100 株以上，少于 100 株的全检。

6.2 孢子囊和孢囊梗检验

6.2.1 种子

从 6.1.1 制备的烟草种子中随机抽取 5 g，放入三角瓶中，加蒸馏水以完全浸没烟草种子，浸泡 30 min，将三角瓶置于振荡器上振荡 5 min。将上层洗液转移至离心管，以 1 000 r/min 的速度离心 5 min，倾去上清液，每个离心管再加入适量蒸馏水，用手摇晃，使沉淀物重新悬浮在蒸馏水中，取几滴悬浮液涂于载玻片上，每个样品应制备 5 个～10 个载玻片，用显微镜(5.1)在 400 倍～500 倍放大倍数下查看，检查每个载玻片 10 个视野(见图 1)内的枝状孢子囊梗和孢子囊。

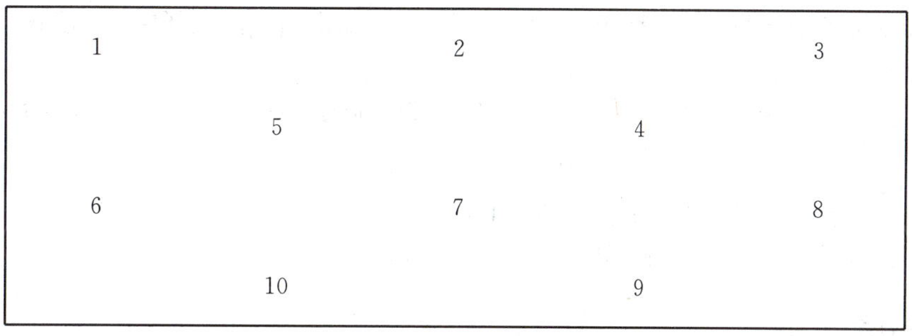

图 1 10 个视野在载玻片上的分布

6.2.2 烟叶

6.2.2.1 病叶检查

从 6.1.2 制备的烟叶样品中随机抽取 1 kg，在光线充足处，逐片检查，迎光透视，可见明显病斑，若发现叶片背面病斑上有密生灰褐色霉层，则用显微镜进一步检验。

6.2.2.2 直接镜检

用解剖针挑取烟叶病斑上的霉状物涂在载玻片上，用显微镜在400倍～500倍放大倍数下检查，观察病原菌的孢子囊梗和孢子囊，记录其形态特征，并测量孢子囊梗的长度和孢子囊的大小，测定数量应在30个以上。

6.2.2.3 洗涤检验

剪下霜霉不明显的可疑病斑，用蒸馏水浸泡30 min，待烟叶软化后，用振荡器振荡5 min，将悬浮液注入离心管，以1 000 r/ min的速度离心5 min，然后倾去上层清液，每个离心管再加入适量蒸馏水，使沉淀物重新悬浮在蒸馏水中，取几滴悬浮液涂于载玻片上，每个样品应制备5个～10个载玻片，用400倍～500倍显微镜观测，每个载玻片查看10个视野(见图1)，检查树枝状孢子囊梗和孢子囊。

6.2.3 种苗检验

检查种苗叶片背面霜霉病症状，用6.2.2.2的方法镜检病原的孢囊梗和孢囊。对可疑烟苗，应作保湿检查：将可疑烟苗叶片展平，放入预制的直径为15 cm～20 cm、铺有3层湿滤纸的培养皿中，加盖后形成小型湿室，置于18 ℃环境中无光照诱发培养12 h～24 h，然后在双目镜下仔细检查新生的烟草霜霉病的孢囊梗和孢囊。

6.3 卵孢子检验

6.3.1 种子

从6.1.1制备的样品中随机抽取5 g烟草种子，置于烧杯中，加入10%氢氧化钾水溶液以完全浸没烟草种子，煮沸15 min～30 min，直至烟草种子透明，加苯胺蓝(5.8)染色后用乳酚油(5.10)作浮载剂，然后用显微镜检查，每个样品应检查10个载玻片。

6.3.2 烟叶

按GB/T 18086—2000附录A执行。

6.3.3 孢子数量统计

用血球计数器统计孢子数量，观察80个小格，计算80小格内平均孢子数量，按式(1)计算每毫升悬浮液中孢子的数量。

$$b = a \times 4\ 000\ 000 \qquad (1)$$

式中：

b ——每毫升悬浮液中孢子的数量，单位为个；

a ——80小格内的平均孢子数量，单位为个。

6.4 种子萌发检验

6.4.1 检验方法

取300 mL的大口径三角瓶4个，每瓶装入培养基80 mL，用封口膜封住瓶口，121 ℃(120 kPa)下灭菌15 min。在无菌操作下，每瓶中撒播烟种子100粒，15 ℃～20 ℃温箱内培养。待种子萌发后，观察烟苗上的霜霉病症状。

检查种子内部病菌时，将种子浸入1%次氯酸钠溶液10 min，然后置于无菌滤纸上，培养检查。

6.4.2 结果统计

按式(2)计算单瓶发病率,按式(3)计算平均发病率。

$$y=\frac{m}{100}\times 100\% \quad \cdots\cdots(2)$$

式中:

y ——单瓶发病率,以百分数表示;

m ——单瓶内发病的烟苗数,单位为株。

$$z=\frac{n}{4\times 100}\times 100\% \quad \cdots\cdots(3)$$

式中:

z ——平均发病率,以百分数表示;

n ——4 瓶内发病的烟苗总数,单位为株。

6.5 隔离试种

6.5.1 检疫圃试种

初检合格,可以进入检疫圃的供检材料,在检疫温室用消毒过的土和盆进行育苗盆栽。

6.5.2 隔离试种结果评定

在温室内对供检材料在整个生育期进行检查,详细登记检查结果并进行评定。

7 检疫检验后的评定及处理

7.1 种子、种苗

7.1.1 判定

经检疫未发现被检对象则认为合格,发现被检对象则认为不合格。

7.1.2 处理

7.1.2.1 合格的烟草种子、种苗的处理

7.1.2.1.1 发放检疫放行通知单

签发检疫放行通知单,或在货运单上加盖检疫放行章。经严格包装,由专人送有资质的单位进行隔离试种检疫。

7.1.2.1.2 国内试种

经隔离试种后未检出被检对象的,交送检人(单位)在国内试种。

7.1.2.2 不合格的烟草种子、种苗的处理

7.1.2.2.1 签发检疫处理通知

签发检疫处理通知单。

7.1.2.2.2 销毁

应在检疫地原地销毁。

7.1.2.2.3 处理后隔离试种

对于少量有价值的种子，可进行热处理后在检疫温室试种。

热处理过程如下：种子在 60 ℃下通风 2 h～3 h，充分干燥后平摊开，厚度小于 2 cm，用干热消毒器在 70 ℃下处理 2 天以上。

干热处理后的种子在检疫温室用无菌土、盆试种，若烟苗未感染霜霉病菌，可将繁殖后的种子交送检人(单位)，在国内试种。

7.2 烟叶

7.2.1 判定

经检疫未发现被检对象则认为合格，发现被检对象则认为不合格。

7.2.2 处理

对于合格烟叶，应签发检疫放行通知单，或在货运单上加盖检疫放行章；对于不合格烟叶，该批烟叶不应入境。

8 发放检疫证书

入境烟草种子、种苗和烟叶没有发现检疫对象时，签发植物检疫证书；经检疫不符合贸易合同规定时，签发检验证书，并制备保存该被检样品和检疫对象的标本，作为索赔依据。

ICS 47.020.05
U 05

中华人民共和国国家标准

GB/T 15748—2013
代替 GB/T 15748—1995

船用金属材料电偶腐蚀试验方法

The method of galvanic corrosion test for metallic ship materials

2013-11-27 发布 2014-05-01 实施

中华人民共和国国家质量监督检验检疫总局
中国国家标准化管理委员会 发布

前　言

本标准按照 GB/T 1.1—2009 给出的规则起草。

本标准代替 GB/T 15748—1995《船用金属材料电偶腐蚀试验方法》，与 GB/T 15748—1995 相比，主要技术变化如下：

——增加了使用范围(见第 1 章)；

——增加了电偶腐蚀测量仪(见第 4 章)；增加了天然海水(见 5.1)；

——增加了不同面积比的试样的放置位置(见 6.2)；

——修改了平行试样的个数(见 3.4，1995 年版的 3.4)；

——修改了封样方式(见 6.1，1995 年版的 6.1)；

——修改了偶对试样在溶液中的浸入位置(见 6.2，1995 年版的 6.2)。

本标准由中国船舶重工集团公司提出。

本标准由全国海洋船舶标准化技术委员会船用材料应用工艺分技术委员会(SAC/TC 12/SC 4)归口。

本标准起草单位：中国船舶重工集团公司第七二五研究所、北京科技大学。

本标准主要起草人：王伟伟、郭为民、侯健、程文华、李晓刚、杜翠薇。

本标准所代替标准的历次版本发布情况为：

——GB/T 15748—1995。

船用金属材料电偶腐蚀试验方法

1 范围

本标准规定了船用金属材料电偶腐蚀试验的试样制备、试验仪器、试验条件、试验步骤及试验结果的评定方法。

本标准适用于实验室条件下两种不同船用金属在人造海水、天然海水或3.5%的氯化钠溶液中电连接状态下电偶腐蚀试验。对于海洋工程和其他工业设备用金属材料电偶腐蚀试验和现场条件下的电偶腐蚀试验也可参照使用。

2 规范性引用文件

下列文件对于本文件的应用是必不可少的。凡是注日期的引用文件，仅注日期的版本适用于本文件。凡是不注日期的引用文件，其最新版本(包括所有的修改单)适用于本文件。

GB/T 1031 产品几何技术规范(GPS) 表面结构 轮廓法 表面粗糙度参数及其数值

GB/T 6384 船舶及海洋工程用金属材料在天然环境中的海水腐蚀试验方法

3 试样及其制备

3.1 试验材料的化学成分及性能、热处理状态应符合相应的产品标准和有关技术文件。

3.2 试样尺寸为100 mm×30 mm×(2～4)mm。因特殊要求，试样也可以为其他尺寸，但同一次试验的试样、尺寸应相同。

3.3 试样用机械加工方法制备，表面粗糙度按照GB/T 1031，*Ra* 最大允许值为3.2 μm。试样表面状态可用机加工方法或者其他方法制备。试样应按照GB/T 6384除净油污并烘干，称重，精确到0.1 mg。

3.4 偶对平行试样至少3个，同时应有3个未偶联的对比试样。

3.5 在试样一端用钢字头打号作为识别标记。

4 试验仪器

试验仪器包括：

a) 零阻电流表、电偶腐蚀测量仪或可接成零阻电路的恒电位仪；

b) 恒温水浴装置；

c) 玻璃烧杯；

d) 饱和甘汞电极。

5 试验条件

5.1 试验溶液为天然海水、人造海水(参见附录A)或者pH 7～pH 8的3.5%氯化钠溶液，其中人造海水和氯化钠溶液由分析纯化学试剂和蒸馏水配制而成，天然海水应在沉淀或过滤后作为试验溶液，应测量天然海水的盐度和pH值。

5.2 试验温度为(35±2)℃。

5.3 试验周期推荐为 15 d。

5.4 试验溶液成分、试验温度和试验周期也可以根据需要协商确定。

6 试验步骤

6.1 试验电偶阴极和阳极面积比应尽量与使用状态一致。也可以通过改变阴极和阳极上涂料涂封区面积来调节阳极/阴极面积比例进行试验。对于管状试样可按实际面积进行试验。导线与试样连接部位应涂封，确保绝缘。一般用环氧腻子涂封，涂封时确保涂层与基体之间没有缝隙。

6.2 将不同金属试样分别配成偶对，每一偶对的两个组元并排垂直放置，不同面积的两个试样水平中心线应在同一高度。

将配好的偶对放入烧杯中，加入试验溶液，置于加热的恒温水浴中，试验溶液与试样面积比不小于 20 mL/cm^2，两试样之间的距离推荐为 30 mm～50 mm，每一组平行样之间的距离是恒定的，按图 1 电连接偶对。对比试样在同样条件下同时进行未偶联状态下的腐蚀试验。

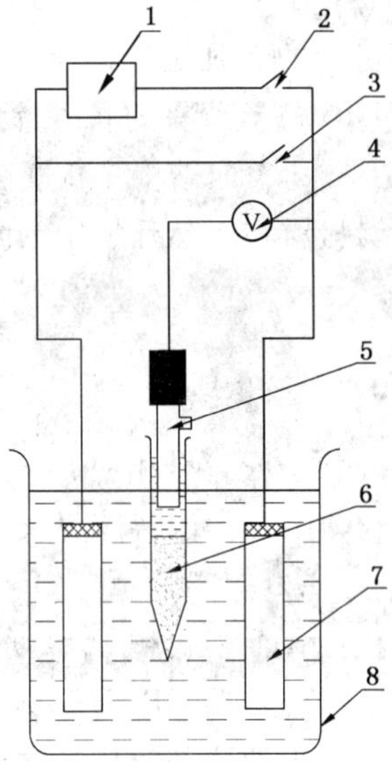

说明：

1——零阻电流表；

2——开关 1；

3——开关 2；

4——万用表；

5——参比电极；

6——盐桥；

7——试样；

8——烧杯。

图 1 偶对配置及电连接

6.3 自试验开始，在历经 1 h、4 h、8 h、24 h 试验后，分别测量偶联试样的电偶电位和电偶电流，同时测量对比试样的腐蚀电位。至 24 h 后，测量次数改为每日上午、下午各一次。试验过程中注意添加蒸馏水，使烧杯内试验溶液液面维持原始高度。

6.4 试验期间，应使偶联试样始终处于电连接状态。为此，试验期间应将图 1 中的开关 2 闭合，开关 1 断开；测量电偶电流时，先闭合开关 1，再断开开关 2；测量结束后，先闭合开关 2，再断开开关 1。

6.5 电偶腐蚀测量也可采用专用的电偶腐蚀测量仪及能满足要求的恒电位仪、或者专用的电化学工作站，可进行连续监测。根据仪器说明书，测量以上参数，电偶电位的测量精确到 1 mV，电偶电流的测量精确到 1 μA。

6.6 试验结束后取出试样，按 GB/T 6384 规定清除腐蚀产物，并除尽涂封层。环氧腻子涂层可用中性脱漆剂浸泡一段时间，直至完全去除，并烘干试样。

6.7 称量试样质量，精确至 0.1 mg。

7 试验结果评定及计算

7.1 将电偶电流测量结果绘制电偶电流-时间曲线，以便了解电偶腐蚀速度的变化过程和某一瞬时的电偶腐蚀速度。

7.2 平均电偶腐蚀速度按公式(1)计算：

$$K_c = \frac{(W_{c0} - W_{c1}) - (W_0 - W_1)}{St} \quad \cdots\cdots(1)$$

式中：

K_c ——电偶平均腐蚀速度的数值，单位为毫米每年(mm/a)；

W_{c0}——阳极组元偶联试样试验前质量的数值，单位为克(g)；

W_{c1}——阳极组元偶联试样试验后质量的数值，单位为克(g)；

W_0 ——阳极组元对比试样试验前质量的数值，单位为克(g)；

W_1 ——阳极组元对比试样试验后质量的数值，单位为克(g)；

S ——阳极组元试样试验表面积的数值，单位为平方米(m^2)；

t ——试验时间，单位为小时(h)。

7.3 电偶腐蚀系数按公式(2)计算：

$$P_c = \frac{K_c}{K} \times 100 \quad \cdots\cdots(2)$$

式中：

P_c ——电偶腐蚀系数；

K ——阳极组元对比试样平均腐蚀速度的数值，单位为毫米每年(mm/a)，按公式(3)计算：

$$K = \frac{W_0 - W_1}{St} \quad \cdots\cdots(3)$$

7.4 肉眼观察，描述腐蚀形貌。

8 试验报告内容

试验报告内容包括：

a) 试验材料牌号、化学成分、热处理状态、表面状态、试样尺寸等；

b) 试验溶液、试验温度、试验周期、偶对组元的工作面积等；

c) 电偶组元的极性和开路电位差、阴极极化和阳极极化、电偶电流及其变化、电偶腐蚀速度和系数、腐蚀形貌等。

附 录 A
（资料性附录）
人造海水的化学组成

人造海水的化学组成见表 A.1。

表 A.1 人造海水化学组成

化合物	浓度 g/L	化合物	浓度 g/L
氯化钠（NaCl）	24.53	碳酸氢钠（$NaHCO_3$）	0.201
氯化镁（$MgCl_2$）	5.20	溴化钾（KBr）	0.101
硫酸钠（Na_2SO_4）	4.09	过二硼酸（H_2BO_3）	0.027
氯化钙（$CaCl_2$）	1.16	氯化锶（$SrCl_2$）	0.025
氯化钾（KCl）	0.695	氟化钠（NaF）	0.003

ICS 31.220.10
L 23

中华人民共和国国家标准

GB/T 15872—2013
代替 GB/T 15872—1995

半导体设备电源接口

Power supply interface for semiconductor equipment

2013-12-17 发布

2014-05-15 实施

中华人民共和国国家质量监督检验检疫总局
中国国家标准化管理委员会 发布

前　言

本标准按照GB/T 1.1—2009给出的规则起草。

本标准代替GB/T 15872—1995《半导体设备电源接口》，与GB/T 15872—1995相比，主要变化如下：

——对标准中的"半导体设备"(semiconductor equipment)这一名称进行界定；

——引用GB/T 11918—2001、GB 2099.1—2008和GB/T 156—2007中的部分术语和定义作为本标准的术语和定义；

——原标准中称插头插座及耦合器为电源接插件，而根据GB 2099.1—2008和GB/T 11918—2001标准规定改称为电器附件；

——GB/T 11918—2001中对电器附件规定了多种额定电压和额定电流优选值，但根据我国目前实际供电电压为单相220 V、50 Hz和三相380 V、50 Hz，为了与GB 2099.1—2008和GB 1002—2008、GB 1003—2008标准一致，确认：

a) 单相电源电路使用的电器附件的额定电压为250 V，三相电源电路使用的电器附件的额定电压为440 V；

b) 家用和类似用途单相插头插座额定电流的优选系列为6 A、10 A和16 A；

c) 家用和类似用途三相插头插座的额定电流的优选系列为16 A、25 A和32 A；

d) 工业用插头插座和耦合器的额定电流优选系列为16 A、32 A、63 A和125 A。

——GB/T 15872—1995中规定设备使用的电源电缆应为橡皮绝缘电缆，GB 2099.1—2008规定家用和类似用途插头插座是符合GB/T 5023—2008规定的聚氯乙烯绝缘电缆和符合GB/T 5013—2008规定的橡皮绝缘电缆并存，而工业用插头插座和耦合器只使用符合GB/T 5013—2008规定的橡皮绝缘电缆。

请注意本文件的某些内容可能涉及专利。本文件的发布机构不承担识别这些专利的责任。

本标准由中华人民共和国工业和信息化部提出。

本标准由全国电子测量仪器标准化技术委员会(SAC/TC 153)归口。

本标准起草单位：中国人民解放军空军雷达学院、工业和信息化部电子工业标准化研究院。

本标准主要起草人：朱忠尼、亓迎川、梅昌义、祁承超、陶雪峰、黄英华、钱砺、曹玲。

本标准所代替标准的历次版本发布情况为：

——GB/T 15872—1995。

半导体设备电源接口

1 范围

本标准规定了半导体设备电源接口的供电类别，选择电器附件、导线和电缆的要求等。

本标准适用于半导体设备的电源接口。

2 规范性引用文件

下列文件对于本文件的应用是必不可少的，凡是注日期的引用文件，仅注日期的版本适用于本文件。凡是不注日期的引用文件，其最新版本(包括所有的修改单)适用于本文件。

GB/T 156—2007 标准电压

GB 1002—2008 家用和类似用途单相插头插座 型式、基本参数和尺寸

GB 1003—2008 家用和类似用途三相插头插座 型式、基本参数和尺寸

GB 2099.1—2008 家用和类似用途插头插座 第1部分：通用要求

GB/T 5013.1—2008 额定电压450/750V及以下橡皮绝缘电缆 第1部分：一般要求

GB/T 5013.4—2008 额定电压450/750V及以下橡皮绝缘电缆 第4部分：软线和软电缆

GB/T 5023.5—2008 额定电压450/750V及以下聚氯乙烯绝缘电缆 第5部分：软电缆(软线)

GB/T 11918—2001 工业用插头插座和耦合器 第1部分：通用要求(idt IEC 60309-1：1999)

GB/T 11919—2001 工业用插头插座和耦合器 第2部分：带插销和插套的电器附件的尺寸互换性要求

3 术语和定义

GB/T 11918—2001、GB 2099.1—2008 和 GB 156—2007 界定的以及下列术语和定义适用于本文件。

注：下述术语和定义中的插头插座、电缆耦合器和器具耦合器，简称电器附件，其用途示于图1。

3.1

半导体设备 semiconductor equipment

设备由半导体功率器件及其他元器件组成而且其输入端电电源为50 Hz的交流电。

3.2

插座 socket-outlet

预定与固定布线安装在一起的或安装在设备里的那部分。

注：插座也可安装在隔离变压器的输出电路里。

3.3

插头 plug

与连接到设备或连接器的一根软电缆成一整体的或预定直接与此软电缆连接的那部分。

3.4

连接器 connector

与连接到电源的一根软电缆成一整体的或预定与该电缆连接的部分。

注：通常，连接器与插座二者触头的排列是一致的。

3.5

电缆耦合器　cable coupler

能随意连接两根软电缆的器件，由连接器和插头两部分组成。

3.6

器具输入插座　appliance inlet

安装在设备里的，或固定到该设备的，或预定固定到该设备的那一部分。

注：通常，器具输入插座与插头二者触头的排列是一致的。

3.7

器具耦合器　appliance coupler

能将软电缆随意连接到设备的器件，由连接器和器具输入插座两部分组成。

3.8

端子　terminal

用以将导线连接到电器附件的导电部件。

3.9

可拆线插头或可拆线移动式插座　rewirable plug or rewirable portable socket-outlet

结构上能更换软缆的电器附件。

3.10

不可拆线的插头或不可拆线的移动式插座　non-rewirable plug or non-rewirable portable socket-outlet

在电器附件生产厂进行连接和组装之后，在结构上与软缆形成一个整体的电器附件。

3.11

供电电压　supply voltage

供电端处相对相或相对中性导体的电压。

3.12

额定电压　rated voltage

生产厂给电器附件规定的电压。

注：如有相应的标准，即指标准中规定的电压。

3.13

额定电流　rated current

生产厂给电器附件规定的电流。

注：如有相应的标准，即指标准中规定的电流。

4　供电类别和电器附件额定电压

供电类别应根据用电设备(器具)的功率和 GB/T 156—2007 规定的我国标准电压来选择。用电设备选择相应供电类别后电器附件的额定电压应符合 GB 2099.1—2008 的规定，具体要求见表 1。

表 1

用电设备(器具)的功率/W	用电设备(器具)的电流/A	供电类别	电器附件的额定电压/V
≤5 000	≤23	220V 单相	250
	≤8	380V 三相	440
>5 000	>8	380V 三相	440

5 电器附件

5.1 电器附件选择原则

a) 应根据用电设备所需的电压、电流、相数及接地要求选择相应用途的电器附件(插头插座、电缆耦合器和器具耦合器),其用途示于图1。

b) 带接地触头的家用和类似用途的电器附件在结构上应能做到:插头插入时,接地插销应先与接地插套连接,然后,载流插销才带电。在拔出插头时,载流插销应在接地插销断开之前断开。

c) 接地端子与易触及金属部件之间的连接应是低电阻连接,电阻不得大于0.05 Ω。

5.1.1 家用和类似用途单相插头插座

家用和类似用途的,交流频率为50 Hz、额定电压为250 V、额定电流不超过16 A的单相插头插座应根据GB 1002—2008选用,插头插座分为两极无接地和两极带接地两种基本形式,其型式、基本参数和尺寸应符合GB 1002—2008中表1～表5和图1～图5的规定。

5.1.2 家用和类似用途三相插头插座

家用和类似用途的,交流频率为50 Hz、额定电压为440 V、额定电流不超过32 A的三相插头和三相固定式或移动式插座应根据GB 1003—2008选用,其型式、基本参数和尺寸应符合GB 1003—2008中表1、表2和图1、图2的规定。

5.1.3 工业用插头插座和耦合器

工业用途的,户内和户外使用的额定电压单相不超过250 V a.c.、三相不超过440 V a.c.和50 Hz a.c.,额定电流不超过125 A的插头插座、电缆耦合器和器具耦合器应按GB/T 11919—2001选用,插头插座分2P+⏚、3P+⏚、3P+N+⏚三种形式,其型式、基本参数和尺寸应符合GB/T 11919—2001标准活页2-I～2-V的规定。

5.2 对端子的要求

5.2.1 可拆线电器附件(包括可拆线固定式插座和可拆线插头或可拆线移动式插座)应装配用螺钉、螺母或等效件进行连接的端子,所用端子应符合GB 2099.1—2008中第12章和GB/T 11918—2001中第11章的规定。

5.2.2 不可拆线电器附件(包括不可拆线的插头或不可拆线的移动式插座)应通过锡焊、熔焊、压接或等效方法进行永久性连接,不得使用螺钉端子或快速连接端子。

5.3 软缆或软线

5.3.1 应根据设备的额定电压和额定电流选择符合GB/T 5013.4—2008的橡皮绝缘电缆或符合GB/T 5023.5—2008要求的聚氯乙烯绝缘电缆。

5.3.2 家用和类似用途插头插座连接用的软缆或软线的横截面积按GB 2099.1—2008中第23章的要求选取。

5.3.3 工业用插头插座和耦合器连接用的软缆或软线的横截面积按GB/T 11918—2001中第23章的要求选取。

5.3.4 软缆或软线的绝缘线芯的颜色色谱应为GB/T 5013.1—2008中4.1规定的如下优先选用的色谱:

a) 两芯电缆:无优先选用色谱;

b) 三芯电缆:绿/黄色、浅蓝色、棕色或是浅蓝色、黑色、棕色;

c) 四芯电缆:绿/黄色、浅蓝色、黑色、棕色,或是浅蓝色、黑色、棕色、黑色或棕色;

d) 五芯电缆:绿/黄色、浅蓝色、黑色、棕色、黑色或棕色,或是浅蓝色、黑色、棕色、黑色或棕色、黑色或棕色。

各种颜色应能清楚地识别并耐擦。

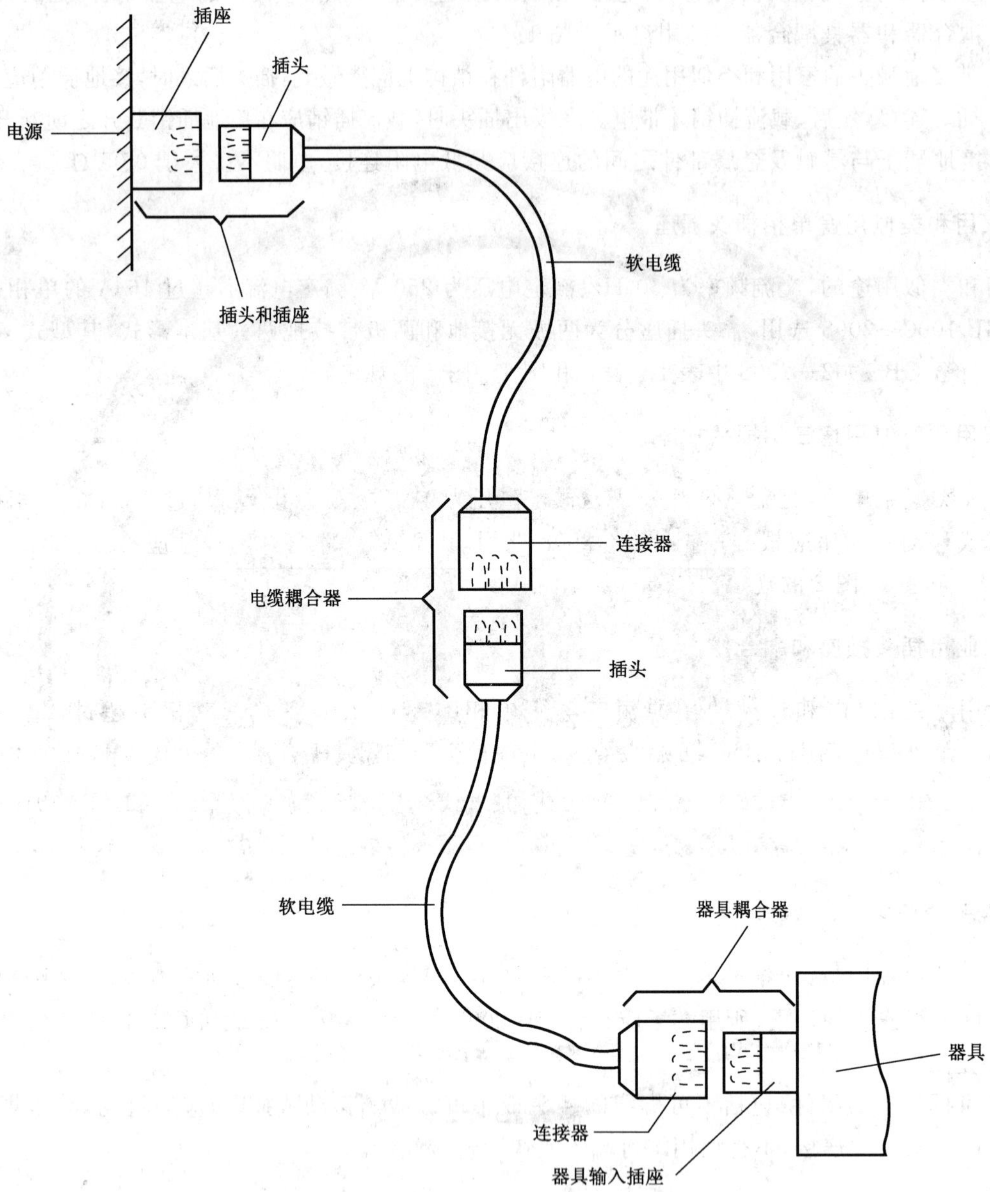

图 1 电器附件用途示意图

ICS 71.040.30
G 62

中华人民共和国国家标准

GB/T 15898—2013
代替 GB/T 15898—1995

化学试剂
六水合硝酸钴(硝酸钴)

Chemical reagent—Cobalt nitrate hexahydrate

2013-12-31 发布　　2014-08-01 实施

中华人民共和国国家质量监督检验检疫总局
中国国家标准化管理委员会　发布

前　言

本标准按照 GB/T 1.1—2009 给出的规则起草。

本标准代替 GB/T 15898—1995《化学试剂　六水合硝酸钴(硝酸钴)》,与 GB/T 15898—1995 相比主要变化如下:

——增加了性状(见第 3 章);

——含量的分析纯规格由“99.0%”调整至“98.5%”(见第 4 章,1995 年版的 3.1);

——氯化物的分析纯规格由“0.005%”提高到“0.002%”,化学纯规格由“0.01%”提高到“0.005%”(见第 4 章,1995 年版的 3.2);

——增加了钠、镁、钾、钙四项规格及测定方法(见第 4 章、5.7、5.8、5.9、5.10);

——锌的分析纯规格由“0.05%”提高到“0.01%”,化学纯规格由“0.1%”提高到“0.05%”(见第 4 章,1995 年版的 3.2);

——取消了硫化铵不沉淀物(1995 年版的 3.2、4.10);

——修改了包装及标志(见第 7 章,1995 年版的第 6 章)。

本标准由中国石油和化学工业联合会提出。

本标准由全国化学标准化技术委员会化学试剂分会(SAC/TC 63/SC 3)归口。

本标准起草单位:南京化学试剂有限公司。

本标准主要起草人:王浩、刘全萍、吴旻。

本标准所代替标准的历次版本发布情况为:

——GB/T 15898—1960、GB/T 15898—1976、GB/T 15898—1995。

化学试剂
六水合硝酸钴(硝酸钴)

警告——本标准规定一些试验过程可能导致危险情况,使用者有责任采取适当的安全和健康措施。

分子式:$Co(NO_3)_2 \cdot 6H_2O$

相对分子质量:291.03(根据2007年国际相对原子质量)

1 范围

本标准规定了化学试剂六水合硝酸钴的性状、规格、试验、检验规则和包装及标志。

本标准适用于化学试剂六水合硝酸钴的检验。

2 规范性引用文件

下列文件对于本文件的应用是必不可少的。凡是注日期的引用文件,仅注日期的版本适用于本文件。凡是不注日期的引用文件,其最新版本(包括所有的修改单)适用于本文件。

GB/T 601 化学试剂 标准滴定溶液的制备

GB/T 602 化学试剂 杂质测定用标准溶液的制备

GB/T 603 化学试剂 试验方法中所用制剂及制品的制备

GB/T 6682 分析实验室用水规格和试验方法

GB/T 9723—2007 化学试剂 火焰原子吸收光谱法通则

GB/T 9729 化学试剂 氯化物测定通用方法

GB/T 9732 化学试剂 铵测定通用方法

GB/T 9738 化学试剂 水不溶物测定通用方法

GB 15258 化学品安全标签编写规定

GB 15346 化学试剂 包装及标志

HG/T 3921 化学试剂 采样及验收规则

3 性状

本试剂为暗红色结晶,有潮解性,易溶于水。

4 规格

六水合硝酸钴的规格见表1。

表 1 六水合硝酸钴的规格

名　　称	分析纯	化学纯
含量 [$Co(NO_3)_2 \cdot 6H_2O$],w/%	≥98.5	≥97.0
水不溶物,w/%	≤0.005	≤0.01
氯化物(Cl),w/%	≤0.002	≤0.005
硫酸盐(SO_4),w/%	≤0.005	≤0.02
铵(NH_4),w/%	≤0.2	—
钠(Na),w/%	≤0.05	≤0.1
镁(Mg),w/%	≤0.005	≤0.01
钾(K),w/%	≤0.01	≤0.02
钙(Ca),w/%	≤0.005	≤0.01
锰(Mn),w/%	≤0.005	≤0.02
铁(Fe),w/%	≤0.000 5	≤0.003
镍(Ni),w/%	≤0.05	≤0.5
铜(Cu),w/%	≤0.002	≤0.01
锌(Zn),w/%	≤0.01	≤0.05

5 试验

5.1 一般规定

本章中除另有规定外,所用标准滴定溶液、标准溶液、制剂及制品,均按 GB/T 601、GB/T 602、GB/T 603 的规定制备,实验用水应符合 GB/T 6682 中三级水规格,样品均按精确至 0.01 g 称量,所用溶液以"%"表示的均为质量分数。

5.2 含量

称取 0.4 g 样品,精确至 0.0001 g,溶于 50 mL 水中,用乙二胺四乙酸二钠标准滴定溶液[c(EDTA)=0.05 mol/L]滴定至终点前约 1 mL 时,加 10 mL 氨-氯化铵缓冲溶液甲(pH≈10)及 0.2 g 紫脲酸铵指示剂,继续滴定至溶液呈紫红色。

六水合硝酸钴的质量分数 w,按式(1)计算:

$$w=\frac{V\times c\times M}{m\times 1\ 000}\times 100\% \quad\cdots\cdots(1)$$

式中:

V——乙二胺四乙酸二钠标准滴定溶液体积的数值,单位为毫升(mL);

c——乙二胺四乙酸二钠标准滴定溶液浓度的准确数值,单位为摩尔每升(mol/L);

M——六水合硝酸钴摩尔质量的数值,单位为克每摩尔(g/mol){$M[Co(NO_3)_2 \cdot 6H_2O]=291.0$};

m——样品质量的数值,单位为克(g)。

5.3 水不溶物

称取 20 g 样品,溶于 200 mL 水中,在水浴上保温 1h 后,按 GB/T 9738 的规定测定。

5.4 氯化物

5.4.1 不含氯化物的六水合硝酸钴溶液的制备

称取2 g样品,溶于适量的水中,加4 mL硝酸溶液(25%)及4 mL硝酸银溶液(17 g/L),稀释至100 mL,摇匀,放置12 h~18 h,过滤。

5.4.2 测定方法

称取0.5 g样品,溶于20 mL水中后,按GB/T 9729的规定测定。溶液所呈浊度不应大于标准比浊溶液。

标准比浊溶液的制备是取25 mL不含氯化物的六水合硝酸钴溶液及含下列数量的氯化物(Cl)标准溶液,与同体积试液同时放置10 min比浊。

分析纯:0.010 mg;化学纯:0.025 mg。

5.5 硫酸盐

5.5.1 不含硫酸盐的六水合硝酸钴溶液的制备

称取1 g样品,溶于10 mL盐酸溶液(20%)中,在水浴上蒸干,残渣溶于20 mL水,加10 mL乙醇(95%),2 mL盐酸溶液(10%),在不断振摇下滴加5 mL氯化钡溶液(250 g/L),稀释至50 mL,摇匀,放置12 h~18 h,过滤。

5.5.2 测定方法

称取1 g样品,溶于10 mL盐酸溶液(20%)中,在水浴上蒸干,残渣溶于50 mL水,取10 mL,加5 mL乙醇(95%),1 mL盐酸溶液(10%),在不断振摇下滴加3 mL氯化钡溶液(250 g/L),稀释至25 mL,摇匀,放置10 min。溶液所呈浊度不应大于标准比浊溶液。

标准比浊溶液的制备是取10 mL不含硫酸盐的六水合硝酸钴溶液及含下列数量的硫酸盐(SO_4)标准溶液,加3 mL乙醇(95%),0.6 mL盐酸溶液(10%),在不断振摇下滴加2 mL氯化钡溶液(250 g/L),稀释至25 mL,摇匀,与同体积试液同时放置10 min比浊。

分析纯:0.01 mg;化学纯:0.04 mg。

5.6 铵

称取0.5 g样品,溶于60 mL无氨的水中,置于支管蒸馏瓶中,沿壁加10mL无氨的氢氧化钠溶液(320 g/L)。加热蒸馏出35 mL,用含1 mL盐酸溶液(5%)的15 mL水吸收,稀释至100 mL。取5 mL,稀释至75 mL,按GB/T 9732的规定测定。溶液所呈黄色不应深于标准比色溶液。

标准比色溶液的制备是取含0.05 mg的铵(NH_4)标准溶液,与样品同时同样处理。

5.7 钠

5.7.1 试剂、材料和仪器

按GB/T 9723—2007中第5章、第6章的规定。

5.7.2 仪器条件

光源:钠空心阴极灯。

波长:589.0 nm。

火焰:乙炔-空气。

5.7.3 测定方法

称取 1 g 样品，溶于水，稀释至 100 mL。取 4 mL(化学纯取 2 mL)，共四份。按 GB/T 9723—2007 中 7.2.2 的规定测定，结果按其 7.2.3 的规定计算。

5.8 镁

5.8.1 试剂、材料和仪器

按 GB/T 9723—2007 中第 5 章、第 6 章的规定。

5.8.2 仪器条件

光源：镁空心阴极灯。
波长：285.2 nm。
火焰：乙炔-空气。

5.8.3 测定方法

称取 5 g 样品，溶于水，稀释至 100 mL。取 4 mL(化学纯取 2 mL)，共四份。按 GB/T 9723—2007 中 7.2.2 的规定测定，结果按其 7.2.3 的规定计算。

5.9 钾

5.9.1 试剂、材料和仪器

按 GB/T 9723—2007 中第 5 章、第 6 章的规定。

5.9.2 仪器条件

光源：钾空心阴极灯。
波长：766.5 nm。
火焰：乙炔-空气。

5.9.3 测定方法

称取 1 g 样品，溶于水，稀释至 100 mL。取 20 mL(化学纯取 10 mL)，共四份。按 GB/T 9723—2007 中 7.2.2 的规定测定，结果按其 7.2.3 的规定计算。

5.10 钙

5.10.1 试剂、材料和仪器

按 GB/T 9723—2007 中第 5 章、第 6 章的规定。

5.10.2 仪器条件

光源：钙空心阴极灯。
波长：422.7 nm。
火焰：乙炔-空气。

5.10.3 测定方法

称取 10 g 样品，溶于水，稀释至 100 mL。取 20 mL(化学纯取 10 mL)，共四份。按 GB/T 9723—

2007 中 7.2.2 的规定测定，结果按其 7.2.3 的规定计算。

5.11 锰

5.11.1 试剂、材料和仪器

按 GB/T 9723—2007 中第 5 章、第 6 章的规定。

5.11.2 仪器条件

光源：锰空心阴极灯。
波长：279.5 nm。
火焰：乙炔-空气。

5.11.3 测定方法

称取 5 g 样品，溶于水，稀释至 100 mL。取 20 mL（化学纯取 5 mL），共四份。按 GB/T 9723—2007 中 7.2.2 的规定测定，结果按其 7.2.3 的规定计算。

5.12 铁

称取 1 g 样品，溶于 10 mL 水中，滴加 1 mL 盐酸溶液（5%）及 2 mL 苯甲酰苯基羟胺溶液（20 g/L），摇匀，用 5 mL 三氯甲烷萃取。有机层所呈黄色不应深于标准比色溶液。

标准比色溶液的制备是取含下列数量的铁（Fe）标准溶液，与样品同时同样处理。

分析纯：0.005 mg；化学纯：0.030 mg。

5.13 镍

5.13.1 试剂、材料和仪器

按 GB/T 9723—2007 中第 5 章、第 6 章的规定。

5.13.2 仪器条件

光源：镍空心阴极灯。
波长：232.0 nm。
火焰：乙炔-空气。

5.13.3 测定方法

称取 2 g 样品，溶于水，稀释至 100 mL。取 20 mL（化学纯取 2 mL），共四份。按 GB/T 9723—2007 中 7.2.2 的规定测定，结果按其 7.2.3 的规定计算。

5.14 铜

5.14.1 试剂、材料和仪器

按 GB/T 9723—2007 中第 5 章、第 6 章的规定。

5.14.2 仪器条件

光源：铜空心阴极灯。
波长：324.7 nm。

火焰:乙炔-空气。

5.14.3 测定方法

称取 20 g 样品,溶于水,稀释至 100 mL。取 20 mL(化学纯取 4 mL),共四份。按 GB/T 9723—2007 中 7.2.2 的规定测定,结果按其 7.2.3 的规定计算。

5.15 锌

5.15.1 试剂、材料和仪器

按 GB/T 9723—2007 中第 5 章、第 6 章的规定。

5.15.2 仪器条件

光源:锌空心阴极灯。
波长:213.9 nm。
火焰:乙炔-空气。

5.15.3 测定方法

称取 1 g 样品,溶于水,稀释至 100 mL。取 10 mL(化学纯取 5 mL),共四份。按 GB/T 9723—2007 中 7.2.2 的规定测定,结果按其 7.2.3 的规定计算。

6 检验规则

按 HG/T 3921 的规定进行采样及验收。

7 包装及标志

按 GB 15346 的规定进行包装、贮存与运输,并给出标志,其中:
包装单位:第 3、4 类。
内包装形式:NB-4、NBY-4、NB-5、NBY-5、NB-7、NB-8、NB-10、NB-11、NB-13、NB-15。
隔离材料:GC-1、GC-2、GC-3。
外包装形式:WB-1、WB-2、WB-3。
标签:符合 GB 15258 的规定,注明"氧化剂"。

ICS 35.240.15
L 64

中华人民共和国国家标准

GB/T 15935—2013
代替 GB/T 15935—1995

信息技术　存折本的磁条

Information technology—Mag netic stripes on savings books

(ISO/IEC 8484:2007,MOD)

2013-12-31 发布　　2014-07-15 实施

中华人民共和国国家质量监督检验检疫总局
中国国家标准化管理委员会　发布

前　言

本标准按照 GB/T 1.1—2009 给出的规则起草。

本标准代替 GB/T 15935—1995《存折本的磁条》。

本标准与 GB/T 15935—1995 相比，主要变化如下：

——术语和定义、准则和测试方法与 GB/T 15120.2 保持一致；

——基准材料从 SRM 3200 变更为 RM7811-2；

——对信号幅度要求进行了扩展(基于 GB/T 15120.2)；

——增加了对未使用的存折本和返回的存折本的分类；

——增加了更完整的对磁通翻转间距变化的要求(基于 GB/T 15120.2)；

——增加了对磁条区域表面轮廓和翘曲的要求；

——基于 GB/T 15120.6 和 RM7811-6，增加了高矫顽力磁条的选择。

注：信号幅度和磁通翻转间距变化的数值取自 GB/T 15120.2 和 GB/T 28177.2，并且基于样品存折在这两种测试设备上的测试表现。

本标准使用重新起草法修改采用 ISO/IEC 8484:2007《信息技术　存折本的磁条》。

本标准与 ISO/IEC 8484:2007 相比，存在如下少量差异：

——在第 3 章中增加了标准中规范性引用的 GB/T 15120.2；

——删除了文本中大部分的英制单位，但对于工业界的习惯用法，某些部分的英制单位仍保留；

——根据目前源标准和二级标准的迁移情况，将源标准(见 4.1)定义为“一套由德国物理技术研究院(PTB)建立，并且目前在美国 Q-Card 保存的基准卡，代表 RM7811-2 指定的 U_R 和 I_R 的数值”；将二级标准(见 4.2)中的“注”改为“二级标准目前可以从美国 Q-Card 订购，地址为：301 Reagan Street, Sunbury, PA17801, USA”。

请注意本文件的某些内容可能涉及专利。本文件的发布机构不承担识别这些专利的责任。

本标准由全国信息技术标准化技术委员会(SAC/TC 28)提出并归口。

本标准起草单位：中国电子技术标准化研究院、云南南天电子信息产业股份有限公司。

本标准主要起草人：金倩、段霞、冯敬、乔申杰、耿力。

本标准所代替标准的历次版本发布情况为：

——GB/T 15935—1995。

引　言

本标准中大部分的磁特性要求都基于GB/T 15120.2《识别卡　记录技术　第2部分:磁条　低矫顽力》。因为大部分存折本都是使用纸质材料,所以一些准则和测试方法也来源于GB/T 28177.2—2011《识别卡　柔性薄卡　第2部分:磁记录技术》。

信息技术　存折本的磁条

1　范围

本标准规定了如第 4 章中定义的在交换中使用的存折本上磁条的特性和位置。通过本标准的要求提供与交换系统的兼容性，从而使带有磁条的存折本可读，并且可被与在交换中使用的读出识别卡相兼容的设备编码。

本标准规定了对存折本上磁条(包括任何保护涂层)的要求、编码技术和字符集。它还规定了存折本封面的特性，如硬度、最小尺寸、表面不规则度、粗糙度以及封面材料和磁条间的相互作用。根据人、机两者因素规定了最低要求。

矫顽力影响到本标准中许多量值的规定但不是其自身的规定。把存折本暴露于磁场之中很可能使已记录的数据被破坏。

本标准定义了存折本应遵循的准则。在本标准中没有考虑使用次数的因素，若需要，则可以根据之前存折本测试的经验。如产品不符合本标准规定的准则，则应在涉及到的各方中进行协商。

ISO/IEC 10373-2 规定了检测存折本符合本标准规定参数的测试步骤。

本标准适用于存折本用磁条的生产和验收。

注：在本标准中用到的国际单位制和/或英制测量体系中的数值可能已经被换算，因而相互间并不完全相等。两种制式都可能被使用，但两者不宜被混杂或再被转换。最初的设计是使用英制测量体系。

2　一致性

如果存折本符合本标准规定的所有必达要求，则其是符合本标准的，另有规定者除外。

3　规范性引用文件

下列文件对于本文件的应用是必不可少的。凡是注日期的引用文件，仅注日期的版本适用于本文件。凡是不注日期的引用文件，其最新版本(包括所有的修改单)适用于本文件。

GB/T 3505　产品几何技术规范(GPS)　表面结构　轮廓法　术语、定义及表面结构参数(GB/T 3505—2009，ISO 4287:1997，IDT)

GB/T 15120.2　识别卡　记录技术　第 2 部分：磁条　低矫顽力(GB/T 15120.2—2012，ISO/IEC 7811-2:2001，MOD)

GB/T 22364　纸和纸板弯曲挺度的测定(GB/T 22364—2008，ISO 2493:1992、ISO 5629:1983，MOD)

ISO/IEC 10373-2　识别卡　测试方法　第 2 部分：带磁条的卡(Identification cards—Test methods—Part 2: Cards with magnetic stripes)

4　术语和定义

下列术语和定义适用于本文件。

4.1

源标准 Primary Standard

一套由德国物理技术研究院(PTB)建立,并且目前在美国 Q-Card 保存的基准卡,代表 RM7811-2 指定的 U_R 和 I_R 的数值。

4.2

二级标准 Secondary standard

RM7811-2 指定的基准卡,它和源标准的关系在与每张卡一起提供的校准证书中说明。

注:二级标准目前可以从美国 Q-Card 订购,地址为:301 Reagan Street, Sunbury, PA17801, USA。

4.3

未编码未使用的存折 unused un-encoded savingsbook

具有预期用途所要求的全部成分,未进行过任何个人化或测试操作,并且被保存在清洁环境中,在 5 ℃～30 ℃的温度和 10%～90%的湿度条件下暴露在日光下的时间不超过 48 h,也未遭受过热力冲击的存折。

4.4

已编码未使用的存折本 unused encoded savingsbook

根据 4.3,为了将来的应用,只是进行了数据编码(例如磁条编码、凸印、电子编码)的存折本。

4.5

返回的存折本 returned savingsbook

在被发放给存折本持有人后为了测试的目的又被返回的已编码未使用的存折本(见 4.4)。

4.6

磁通翻转 flux transition

磁化距离变化率最大的位置。

4.7

基准电流 reference current

$\boldsymbol{I_R}$

在给定测试条件下的最小记录电流幅度,它使得基准卡上在密度为 8 次磁通翻转每毫米(200 次磁通翻转每英寸)的情况下(见图 6),读出的信号幅度为基准信号幅度 U_R 的 80%。

4.8

基准磁通水平 reference flux level

$\boldsymbol{F_R}$

与基准电流 I_R 相对应的测试磁头内的磁通水平。

4.9

测试记录电流 test recording currents

两个记录电流定义如下:

I_{min}=对应于 3.5 倍 F_R 的记录电流;

I_{max}=对应于 5.0 倍 F_R 的记录电流。

4.10

单个信号幅度 individual signal amplitude

$\boldsymbol{U_i}$

单个读出电压信号的基-峰值幅度。

4.11

平均信号幅度 average signal amplitude

$\boldsymbol{U_A}$

一个磁道上,覆盖整个磁条区域的每个信号峰值(U_i)的绝对值相加后的总和,再除以信号峰值的总个数后得到的数值。

4.12

基准信号幅度　reference signal amplitude

U_R

基准卡校正到源标准后得到的平均信号幅度的最大值。

4.13

物理记录密度　physical recording density

记录在一个磁道上的每单位长度内的磁通翻转数量。

4.14

位密度　bit density

单位长度内存储的数据位的数量(单位为 bits/mm 或 bpi)。

4.15

位单元　bit cell

两个时钟磁通翻转间的距离。

4.16

子间距　subinterval

两个时钟磁通翻转间的距离的一半。

4.17

存折本　savingsbook

有边界并是折叠的文件,至少包含一个封面和封底,通常由纸基材料制成,用来确定其持有人与发行者,它可携带需要的数据作为预期用途的输入,从而用于基于其本身的交易。

4.18

正常使用　normal use

对存折本(见 4.17)的使用,包括适用于存折本技术的设备处理和设备处理之间作为个人文件存储。

5　存折本封面的物理特性

在进行测试之前,存折本应被保存在温度为 23 ℃±2 ℃、相对湿度为(50±10)%的环境中至少 24 h。测试应在同样的环境中进行,或者按照 ISO/IEC 10373-2 的规定进行。已编码未使用的存折本应符合以下特性。

一本带磁条的存折本应在以下条件下可以使用:

温度:5 ℃～40 ℃;

相对湿度:20%～80%无冷凝;

最大湿球温度:25 ℃。

警告:存折本的发行者应注意保存在磁条上的信息可能会因为与不洁物质或化学物品接触后受污染而失效。还应注意任何打印或放置在磁条表面的遮盖物不得使磁条功能有所减弱。

5.1　磁条区域翘曲

在与磁条相对的正面均匀施加 2.2 N 的力,导致的整个磁条在刚性平面上的偏离应不超过 0.08 mm。

5.2　表面变形

存折本封底上如图 1 所示区域内的正、反两面均不得有变形、不规则和突起的部分,否则会影响磁头和磁条的接触。

单位为毫米

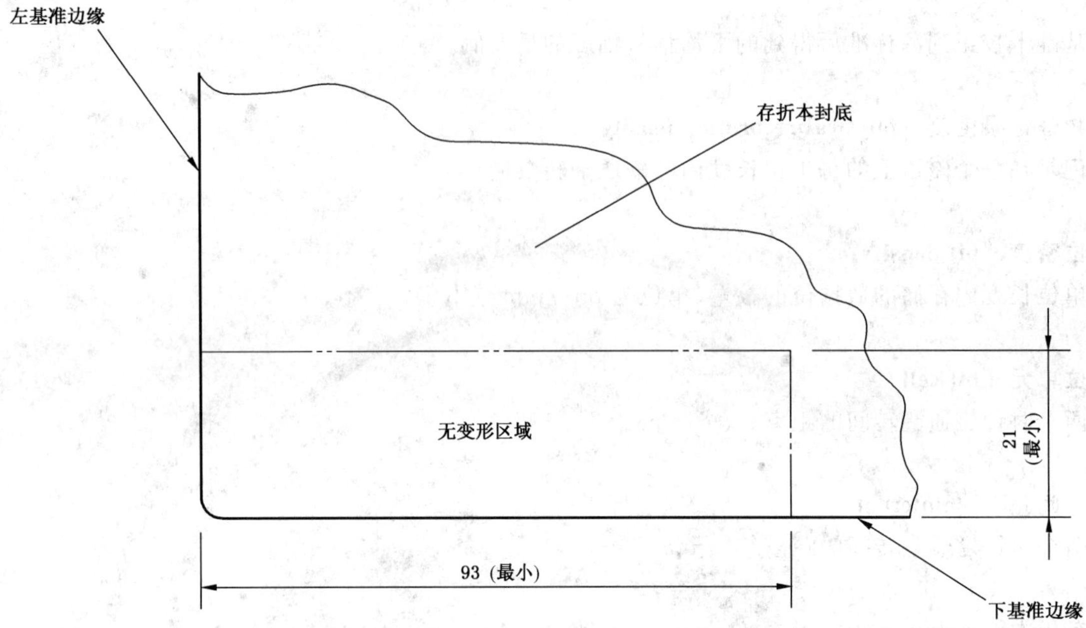

图 1 带磁条的存折本的无变形区域

在存折本封面、封底上的标签或其他附着物应位于无变形区域之外。

注：存折本上其他区域的突起和变形可能会影响存折本在磁条处理设备上的传送，从而导致读写失败。

5.3 硬度

按照 GB/T 22364 中规定的弯矩测试方法，在磁条方向上（平行于下基准边缘）的弯矩力应大于或等于 0.032 N。

注：最初的测试方法是基于现已被废止的 Tappi T489 os-76。根据此测试方法，力臂长 50 mm 速度为 210°/min±20°/min。Tappi 方法的要求是 0.001 6 Nm，转换后即为 0.032 N=1.6 Nmm/0.05 m。

5.4 材料

在磁条被置于存折本封底，封面材料（前面和后面）和磁条之间不得有任何可能导致磁条正常使用故障的反应。

6 磁条的物理特性

6.1 位置

磁条区域应位于如图 2 所示的存折本封底的表面。

如果读/写器被集成在存折本打印机中，磁条应与打印机线平行。在使用独立的读/写器的应用中，最好使磁条平行于存折本的折线而与存折本的使用类型无关，见图 2。

单位为毫米

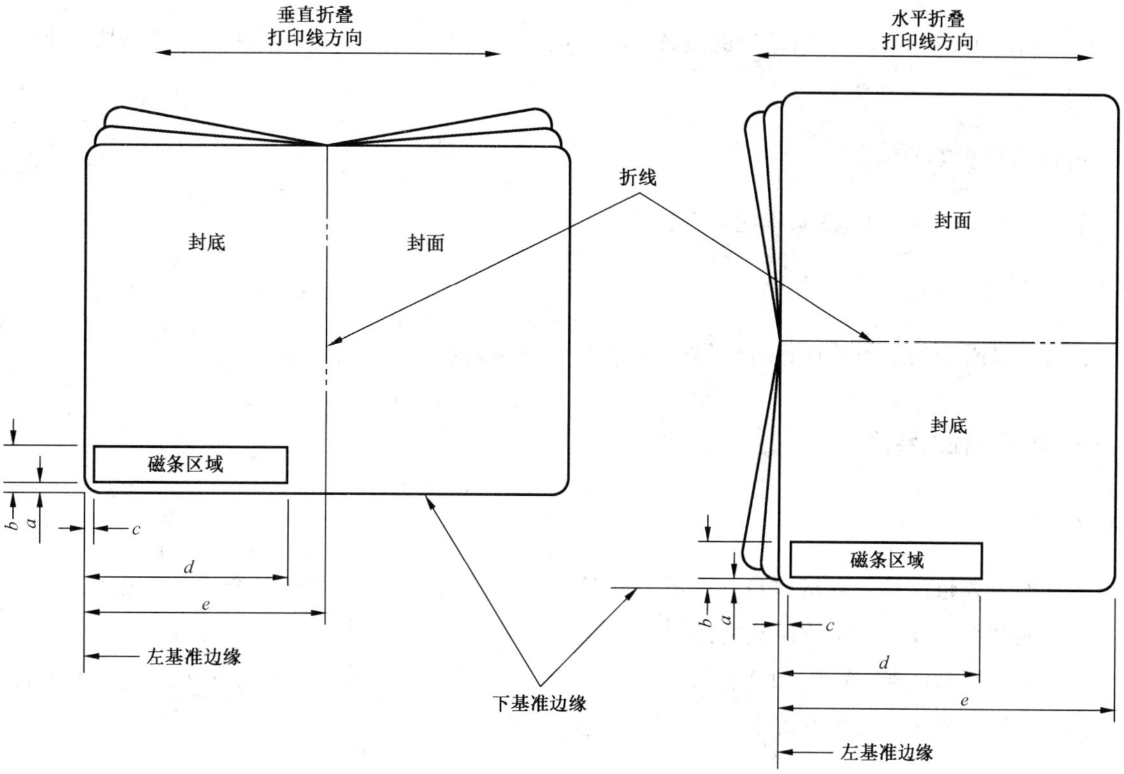

a 最大	*b* 最小	*c* 最大	*d* 最小	*e* 最小
5	19	2.9	90	100

注：此区域基于 GB/T 15120.2 中定义的第 1、第 2 和第 3 磁道的磁条区域。

图 2 存折本磁性材料的位置

6.2 磁条区域的表面轮廓

磁条区域截面轮廓的最大垂直偏差(α)应小于或等于 8 μm，见图 3。

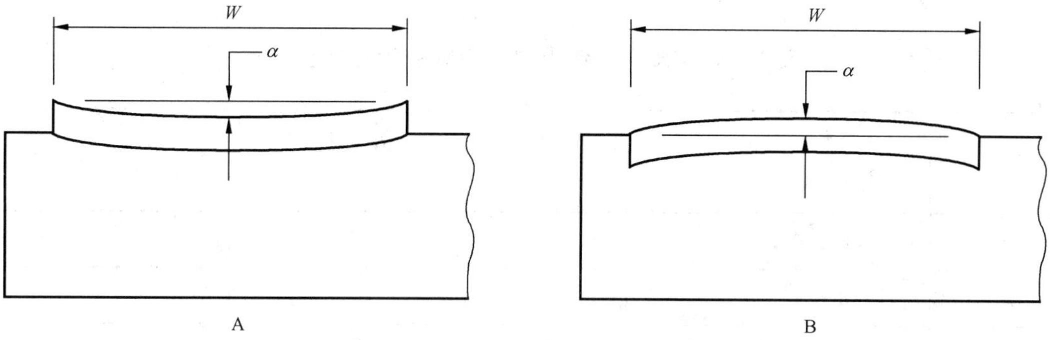

图 3 表面轮廓

6.3 磁条区域的高度

磁条区域相对于相邻存折本表面的垂直偏差(*h*)应小于 0.102 mm。

6.4 表面粗糙度

根据 GB/T 3505—2009 测量到的磁条区域内的平均表面粗糙度(Ra)在纵向和横向都应小于或等于 1.4 μm。

6.5 磁条与存折本的粘合

在正常使用的情况下,磁条不应与存折本分离。

6.6 环境耐性

磁条在暴露于光线和其他正常使用中可能遇到的环境因素时,应能抵抗退化。

7 磁性材料的性能特性

7.1 总则

本章的主要目的是使存折本和处理系统间具有磁的可交换性,不规定磁介质的矫顽力。7.3 中规定的磁介质的性能准则不考虑矫顽力的大小。

本方法使用基准卡,基准卡的磁材料可以溯源到源标准(见第 4 章)。所有使用二级基准卡得到的信号幅度结果应采用随二级基准卡提供的因子进行校正。

7.2 测试和操作环境

信号幅度测量的测试环境温度为 23 ℃±3 ℃,相对湿度为 40% ~ 60%。

在其他相同条件下测试时,存折本在如下操作环境范围内曝露 5 min 后,从密度为 8 ft/mm (200 ftpi)的磁条上测量到的平均信号幅度不能偏离在上述测试环境下其值的 15%以上:

温度:−35 ℃~50 ℃;

相对湿度:5%~95%。

7.3 对磁介质信号幅度的要求

对存折本上记录特性的要求见表 1、图 3 和图 4。

表 1 对未编码未使用的存折本的信号幅度要求

描述	密度 ft/mm(ftpi)	测试记录 电流	信号幅度 结果	要　求
信号幅度	8(200)	I_{min}	U_{A1}	$0.8U_R \leqslant U_{A1} \leqslant 1.3U_R$
信号幅度	8(200)	I_{min}	U_{i1}	$U_{i1} \leqslant 1.36U_R$
信号幅度	8(200)	I_{max}	U_{A2}	$U_{A1} \geqslant U_{A2} \geqslant 0.8U_R$
信号幅度	20(500)	I_{max}	U_{i2}	$U_{i2} \geqslant 0.65U_R$
分辨率	20(500)	I_{max}	U_{A3}	$U_{A3} \geqslant 0.7U_{A2}$
擦除	0	I_{min},直流	U_{A4}	$U_{A4} \leqslant 0.03U_R$

表 1（续）

描述	密度 ft/mm(ftpi)	测试记录电流	信号幅度结果	要　求
额外脉冲	0	I_{min}，直流	U_{i4}	$U_{i4} \leqslant 0.05U_R$
位于 I_{min} 和 I_{max} 之间的饱和曲线的斜率永远不得为正值。				

注：不允许把上面的要求进行算术联合。这些值用于对未编码的存折本的测试，不适用于已编码的存折。

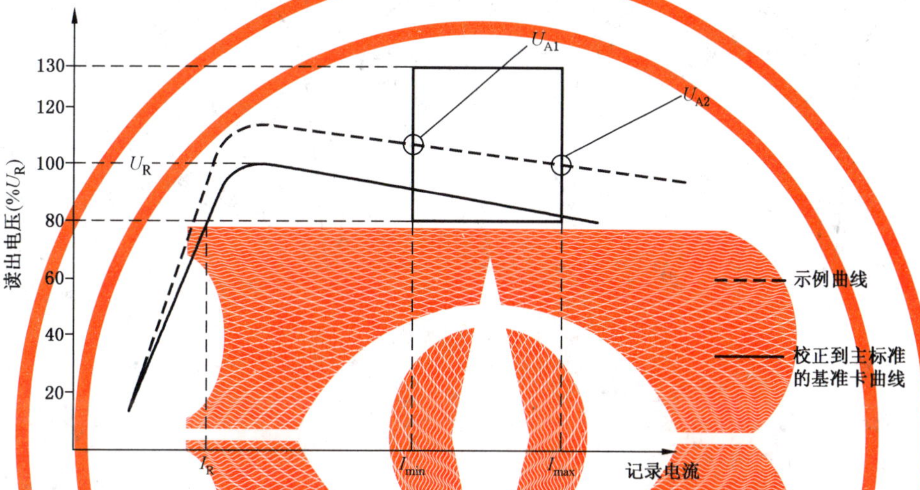

注：此曲线定义了(在卡上的)源标准响应。窗口参数用于定义可在机器读取环境中使用的存折本。上面描述的校正后的基准曲线可能不满足第 7 章中定义的规范。

图 4　密度为 8 ft/mm(200 ftpi)的容差范围的饱和曲线示例

作为选择，可以使用高矫顽力磁条。在此情况下，在附录 A 中给出的性能要求将取代 7.3 中给出的要求。

8　编码技术

每个磁道的编码技术采用的是倍频记录。这种方法允许自时钟数据进行串行记录。编码由数据和时钟翻转一起构成。在两个时钟翻转间出现磁通翻转标记为"1"，而在两个时钟翻转间没有出现磁通翻转则标记为"0"(见图 5 和图 6)。

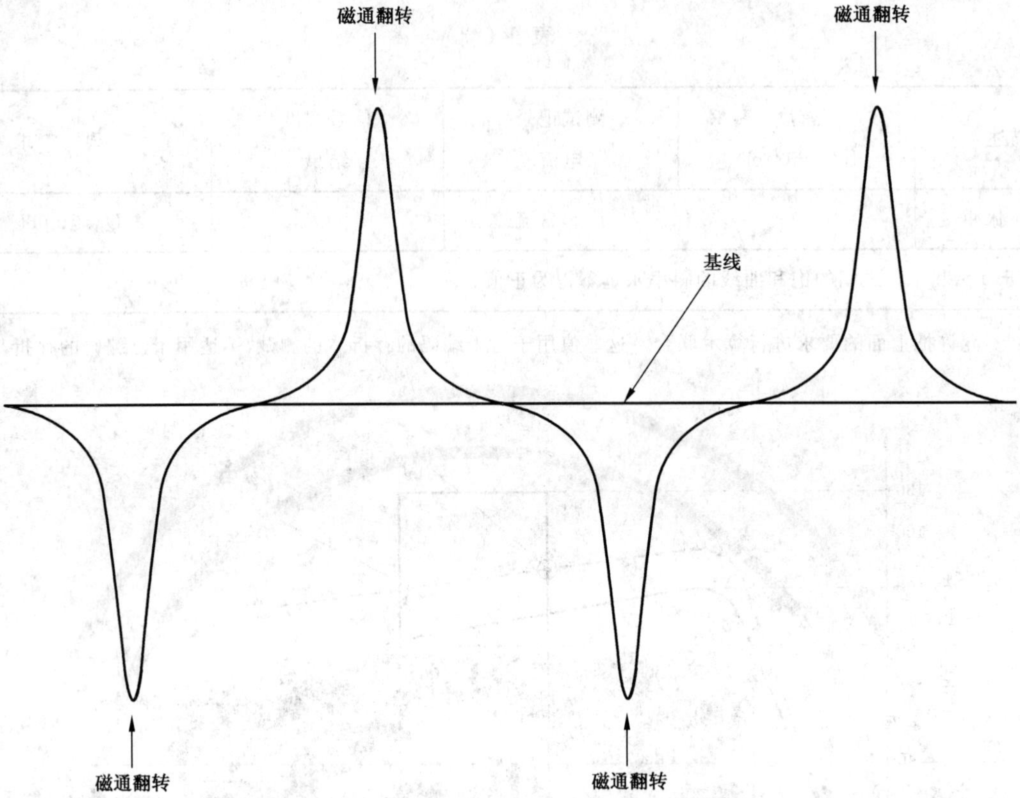

图 5　波形示例

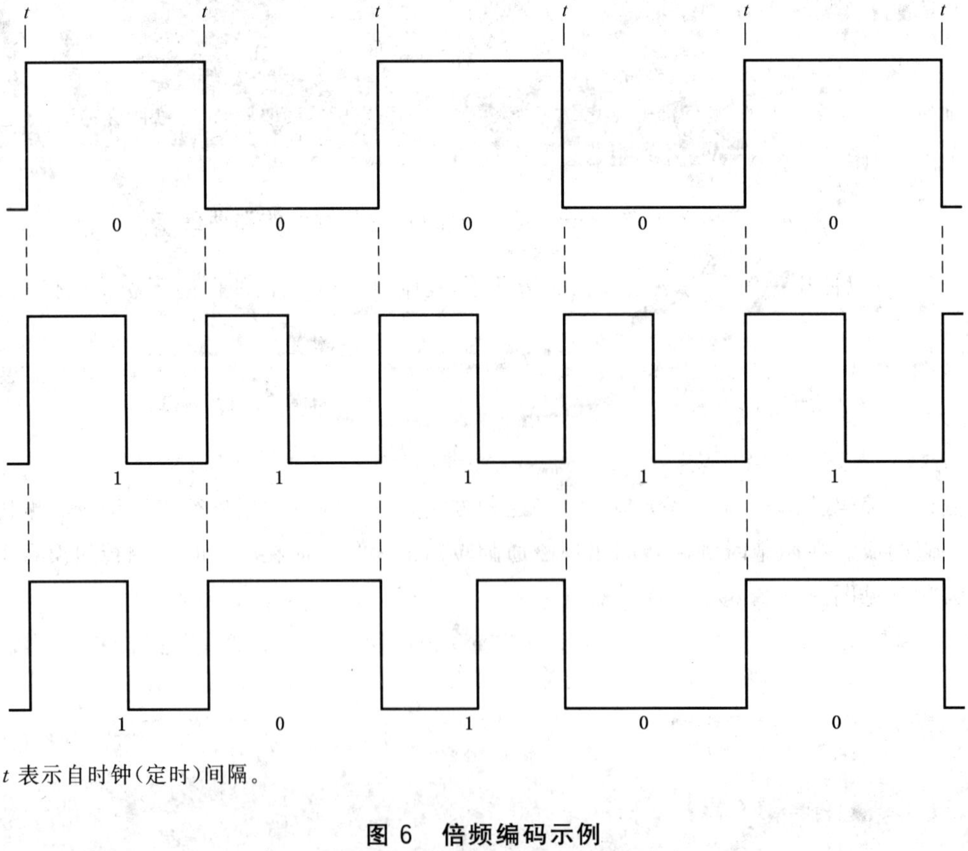

说明：t 表示自时钟(定时)间隔。

图 6　倍频编码示例

数据应按字符的同步序列被记录，而不插入间隙。

注：用小于 I_{min} 的写电流进行记录有可能产生低质量的编码。

9 编码规范

注：记录的格式和布局(即字符和记录的数量、记录的内容、记录间间隙的定义等)应在一个独立应用的标准或规范中规定。

9.1 记录角

记录角应该与最靠近磁条且与磁条平行的卡边缘垂直，容差为±40′。记录角(α)由进行测量的磁头在读出信号幅度最大时磁头缝隙的角度来确定(见图7)。

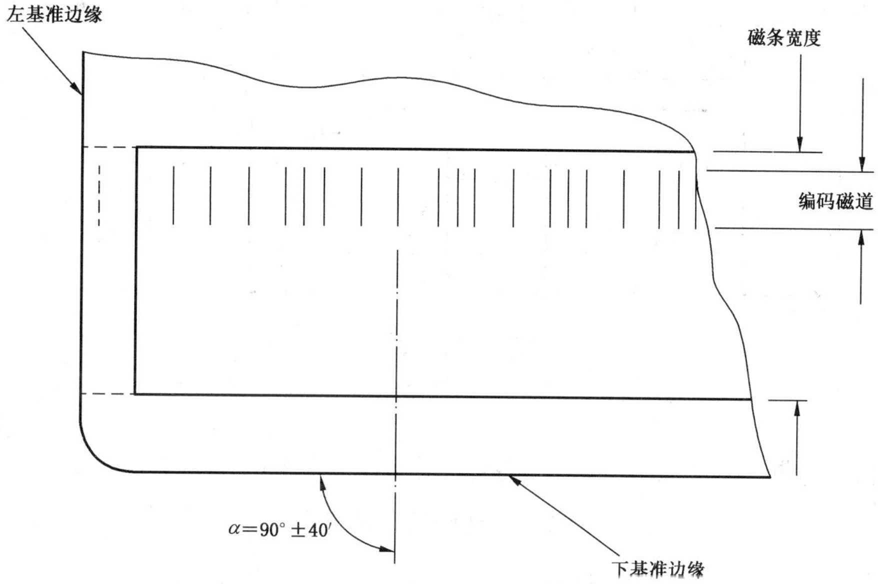

图7 记录角

9.2 标称位密度

标称位密度应为 8.27 bits/mm (210 bpi)。

9.3 磁道的信号幅度要求

磁道上的信号幅度要求如下：

已编码未使用的存折本：$0.64U_R \leqslant U_i \leqslant 1.36U_R$；

返回的存折本：　　　　$0.52U_R \leqslant U_i \leqslant 1.36U_R$。

注：以上要求规定了在以指定位密度编码的磁道位置上交换信号的幅度限制。在表1中规定的信号幅度要求反映了磁介质在规定的记录频率和记录测试电流方面的限制。

9.4 位构成

在磁性区域内每个字符的位构成是最低有效位(2^0)首先被编码，而奇偶校验位最后被编码。

9.5 记录方向

面对磁条，并且磁条位于存折本封底，编码应从左基准边缘开始。

9.6 前导零和后导零

第一个数据位之前和最后一个数据位之后的磁条空间都应该以零编码。从存折本的封底看，从存折本的左基准边缘开始，2.9 mm 以前或 82.17 mm 以后的零不要求满足本规定。

9.7 平均位密度

当沿着与存折本下基准边缘平行的纵向进行测量时，平均位密度应为 8.27 bits/mm (210 bpi)±8%。

9.8 磁通翻转间距变化

已编码未使用的存折本的磁通翻转间距变化见表 2，返回的存折本见表 3，同时参见图 8。

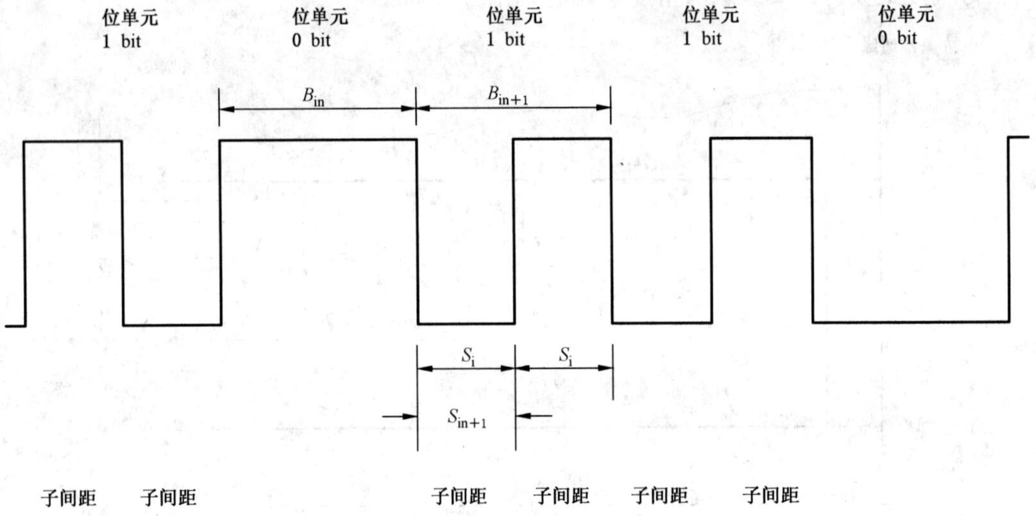

图 8 磁通翻转间距变化

表 2 已编码未使用的存折本的磁通翻转间距变化

术语	描述	要　求	变化
B_a	时钟磁通翻转间的平均长度	111 μm≤B_a≤131 μm	±8%
B_{in}	时钟磁通翻转间的单个长度	109 μm≤B_{in}≤133 μm	±10%
B_{in+1}	相邻位与位间的变化	0.90B_{in}≤B_{in+1}≤1.10B_{in}	±10%
S_{in}	子间距的长度	53 μm≤S_{in}≤68 μm	±12%
S_{in+1}	相邻子间距的长度	0.88B_{in}/2≤S_{in+1}≤1.12B_{in}/2	±12%
B_{in+1} 或 S_{in+1} 是紧邻 B_{in} 的下一个磁通翻转间的距离。			

表 3 返回的存折本的磁通翻转间距变化

术语	描　述	要　求	变化
B_a	时钟磁通翻转间的平均长度	111 μm≤B_a≤131 μm	±8%
B_{in}	时钟磁通翻转间的单个长度	103 μm≤B_{in}≤139 μm	±15%
B_{in+1}	相邻位与位间的变化	0.85B_{in}≤B_{in+1}≤1.15B_{in}	±15%

表 3（续）

术语	描　　述	要　　求	变化
S_{in}	子间距的长度	48.4 μm≤S_{in}≤72.6 μm	±20%
S_{in+1}	相邻子间距的长度	$0.70B_{in}/2 \leqslant S_{in+1} \leqslant 1.30B_{in}/2$	±30%
B_{in+1}或S_{in+1}是紧邻B_{in}的下一个磁通翻转间的距离			
注：本表只对具有正常功能的存折本作出了限定，并不表示对已发行存折本整个有效期内磁通翻转间距的任何保证。			

9.9　编码字符集

编码字符集应为如表 4 所示的 5 位数字码。

：〈〉 这 3 个字符可用于硬件控制，不应作为信息（数据内容）使用。

；＝ ？这 3 个字符的含义如下：

；　　起始符

＝　　域分隔符

？　　结束符

表 4　5 位数字编码字符集

字符	二进制					字符	二进制				
	P	2^3	2^2	2^1	2^0		P	2^3	2^2	2^1	2^0
0	1	0	0	0	0	8	0	1	0	0	0
1	0	0	0	0	1	9	1	1	0	0	1
2	0	0	0	1	0	：	1	1	0	1	0
3	1	0	0	1	1	；	0	1	0	1	1
4	0	0	1	0	0	〈	1	1	1	0	0
5	1	0	1	0	1	＝	0	1	1	0	1
6	1	0	1	1	0	〉	0	1	1	1	0
7	0	0	1	1	1	？	1	1	1	1	1
注：此编码字符集与 GB/T 15120.2 的编码字符集相同。											

9.10　最多字符数

包括数据字符、控制字符、起始符、结束符及纵向冗余校验字符等全部字符数量总和不能超过 108 个。

9.11　覆写

对于每个新的记录，磁条区域的全部长度都应被覆写，并且没有用作数据或控制字符的区域部分应以位“0”进行填充。

10 差错检测

如下所述的两种差错检测技术应被编码。在这两种技术中,前导零和后导零均不作为数据字符进行考虑。

10.1 奇偶校验

每个编码字符都应使用奇偶校验位。奇偶校验位的值定义为每个字符所记录的“1”的总数(包括奇偶校验位在内)应为奇数。

10.2 纵向冗余校验(LRC)

每个数据磁道都应有纵向冗余校验(LRC)字符。LRC 字符应被编码,以便按起始符、数据和结束符的顺序方向读存折本时,LRC 字符紧跟在结束符的后面。LRC 数据的位构成应与数据字符的位构成相同。

LRC 字符应用下列步骤计算:

LRC 字符中每一位(不包括奇偶校验位)的值规定为:它使数据磁道上所有字符相应位位置上的编码为“1”位的总数(包括起始符、数据、结束符和 LRC 字符)为偶数。

LRC 字符的奇偶校验位不是对相应数据磁道的各个校验位的那种校验位,而是仅按 10.1 中描述的对被编码的 LRC 字符使用的奇偶校验位。

11 编码磁道的位置

编码磁道应位于图 9 所示的两条线之间。编码应开始于起始符第一个“1”数据位的中心线,结束于纵向冗余校验码的最后一位的中心线(最后一位是奇偶校验位)。

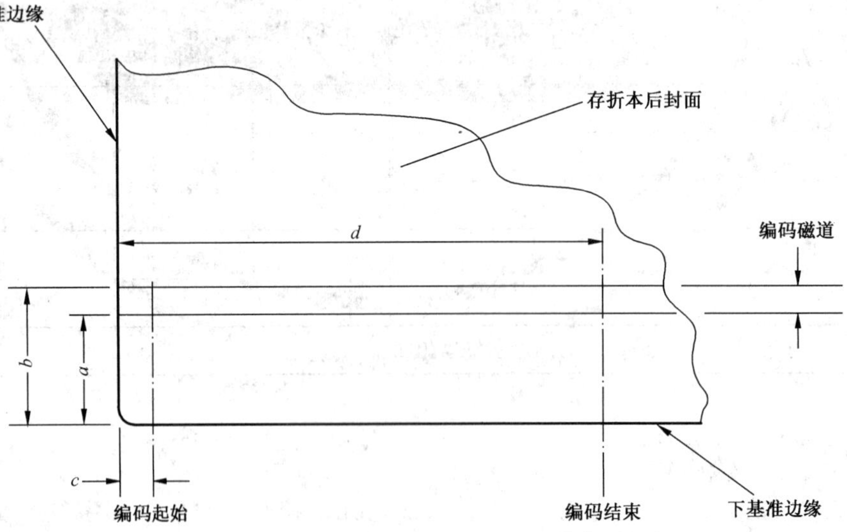

单位为毫米

a	最大 12.5
b	最小 15.3
c	9.5±1.00
d	最大 85

图 9 编码磁道的位置

附 录 A
（规范性附录）
可选高矫顽力磁条

A.1 范围

本附录规定了可选高矫顽力磁条的性能特性，其可能被用于代替本标准规定的磁条。

A.2 规范性引用文件

下列文件对于本附录的应用是必不可少的。凡是注日期的引用文件，仅注日期的版本适用于本附录。凡是不注日期的引用文件，其最新版本（包括所有的修改单）适用于本附录。

GB/T 15120.6 识别卡 记录技术 第6部分：磁条 高矫顽力（GB/T 15120.6—2012，ISO/IEC 7811-6：2008，MOD）

A.3 术语和定义

在第4章中给出的术语和定义适用于本附录。以下在GB/T 15120.6中给出的定义应用于取代以下在第4章中给出的定义：

a） 源标准；

b） 二级标准；

c） 测试记录电流。

在GB/T 15120.6中定义的退磁电流适用于本附录。

A.4 性能特性

在GB/T 15120.6中给出磁性材料性能特性适用于本附录。

ICS 47.020.01
A 29

中华人民共和国国家标准

GB/T 16166—2013
代替 GB/T 16166—1996

滨海电厂海水冷却水系统牺牲阳极阴极保护

Sacrificial anode cathodic protection for seawater cooling system in coastal power station

2013-11-27 发布　　　　2014-05-01 实施

中华人民共和国国家质量监督检验检疫总局
中国国家标准化管理委员会　发布

前言

本标准按照GB/T 1.1—2009给出的规则起草。

本标准代替GB/T 16166—1996《滨海电厂海水冷却水系统牺牲阳极阴极保护》,与GB/T 16166—1996相比主要技术变化如下:

——增加了不锈钢结构物的保护方法(见4.1.6);增加了铁阳极的规格尺寸(见表1);增加了不锈钢、铜及铜合金相对于不同参比电极的电位范围(见表3);

——修改了阳极的驱动电压(见4.3,1996年版的4.3);修改了保护电位(见第3章,1996年版的第3章);修改了试片称重的称量精度(见7.2,1996年版的7.2);修改了牺牲阳极更换的条件(见7.4,1996年版的7.4);修改了阳极安装的技术要求(见6.3,1996年版的6.3);

——删除了冷却器的保护电流密度(见表2,1996年版的表2);

——修改了滨海电厂埋地管网阴极保护,作为规范性附录(见附录A,1996年版的附录A)。

本标准由中国船舶重工集团公司提出。

本标准由全国海洋船标准化技术委员会船用材料应用工艺分技术委员会(SAC/TC 12/SC 4)归口。

本标准起草单位:中国船舶重工集团公司第七二五研究所、青岛双瑞海洋环境工程股份有限公司、中国核电工程有限公司、华东电力设计院、华北电力设计院、沈阳电力机械总厂。

本标准主要起草人:王廷勇、尹萍、汪相辰、常娥、陈凯、许立坤、李贵年、王明韧、李海珠、符滨、曾小超、任军兵。

本标准所代替标准的历次版本发布情况为:

——GB/T 16166—1996。

滨海电厂海水冷却水系统牺牲阳极阴极保护

1 范围

本标准规定了滨海电厂海水冷却水系统在海水和土壤环境中牺牲阳极阴极保护的设计准则、安装、验收、保护效果检测及更换等。

本标准适用于滨海电厂海水冷却水系统牺牲阳极阴极保护。对滨海其他化工厂、河口电厂和高电导率地下水地区的内陆电厂冷却水系统牺牲阳极阴极保护亦可参照使用。

2 规范性引用文件

下列文件对于本文件的应用是必不可少的。凡是注日期的引用文件，仅注日期的版本适用于本文件。凡是不注日期的引用文件，其最新版本(包括所有的修改单)适用于本文件。

GB/T 4948 铝-锌-铟系合金牺牲阳极

GB/T 4950 锌-铝-镉合金牺牲阳极

GB/T 17731 镁合金牺牲阳极

DL/T 5394 电力工程地下金属构筑物防腐技术导则

SY/T 0029 埋地钢质检查片腐蚀速率测试方法

3 保护电位准则

3.1 碳钢、不锈钢、铸铁、铜合金等组成的设备、部件和管道，保护电位范围应达到−0.85 V～−1.10 V(相对于铜/饱和硫酸铜参比电极，下同)。

3.2 钛与钢、铸铁、铜合金等组成的设备，钛表面保护电位不应负于−0.80 V。

3.3 不锈钢制成的设备、部件和管道，保护电位范围应达到−0.35 V～−1.10 V。

3.4 铜及铜合金制成的设备、部件和管道，保护电位范围应达到−0.50 V～−0.65 V。

4 牺牲阳极阴极保护设计

4.1 牺牲阳极材料的选择

4.1.1 阳极应选用符合 GB/T 4948、GB/T 4950、GB/T 17731 等有关规定的材料，或电化学性能优于上述标准规定并通过鉴定的材料。

4.1.2 电阻率为小于 100 Ω·cm 的海水和淡海水介质中，应采用铝合金牺牲阳极。

4.1.3 电阻率为 100 Ω·cm～200 Ω·cm 的淡海水介质中，应采用锌合金牺牲阳极或适宜的铝合金牺牲阳极。

4.1.4 电阻率大于 200 Ω·cm 的冷却水中，应采用镁合金牺牲阳极或适宜的铝合金牺牲阳极。

4.1.5 海水冷凝设备的保护应选用适合高温介质中使用的铝合金牺牲阳极。

4.1.6 在海水中单独使用的不锈钢、钛合金、铜合金及其混合结构物，宜采用铁阳极。

4.2 牺牲阳极规格的确定

阳极的规格应根据设备、部件、管道的结构、检修间隔的时间、需要保护的年限来确定。推荐的铁阳极、铝合金牺牲阳极规格见表1。

表1 不同设备的阳极选型和布置原则

<table>
<tr><th>设备名称</th><th>阳极种类</th><th>常用阳极规格/
mm×mm×mm</th><th>阳极布置原则</th><th>阳极使用寿命[a]/
a</th></tr>
<tr><td rowspan="2">取水头及引水钢管</td><td>铝合金阳极</td><td>(200+280)×150×800</td><td rowspan="2">栅条支撑梁后架及钢管内壁</td><td>15～20</td></tr>
<tr><td>铝合金阳极</td><td>(200+280)×150×1 200</td><td>25～30</td></tr>
<tr><td rowspan="2">粗格栅</td><td>铝合金阳极</td><td>(115+135)×130×500</td><td rowspan="2">低潮位以下的导轨两侧和栅条上均匀分布</td><td>6～8</td></tr>
<tr><td>铁阳极</td><td>85×(80+100)×500</td><td>4～5</td></tr>
<tr><td rowspan="2">细格栅</td><td>铝合金阳极</td><td>(115+135)×130×500</td><td rowspan="2">导轨和栅条的背面</td><td>6～8</td></tr>
<tr><td>铁阳极</td><td>85×(80+100)×500</td><td>4～5</td></tr>
<tr><td rowspan="2">旋转滤网</td><td>铝合金阳极</td><td>80×100×1 000</td><td rowspan="2">平均低潮位以下的导轨和框架</td><td>6～8</td></tr>
<tr><td>铁阳极</td><td>85×(80+100)×500</td><td rowspan="5">4～5</td></tr>
<tr><td>二次滤网</td><td>铝合金阳极</td><td>(115+135)×130×500</td><td>沿钢管内壁圆周方向均布</td></tr>
<tr><td rowspan="2">凝汽器</td><td>铝合金阳极</td><td>500×120×40</td><td rowspan="2">水室均匀分布，钛合金管的凝汽器底、侧、顶板上的阳极安装在距管板大于600 mm处，铜合金管的凝汽器底、侧、顶板上的阳极安装在距管板小于400 mm处</td></tr>
<tr><td>铁阳极</td><td>85×(80+100)×500</td></tr>
<tr><td>收球网</td><td>铝合金阳极</td><td>(115+135)×130×500</td><td>要装在不影响栅网启、闭的筒体上，维修时更换阳极也可装在紧接设备两端母管上</td></tr>
<tr><td rowspan="2">管道</td><td>铝合金阳极</td><td>(115+135)×130×1 000
(115+135)×130×500</td><td rowspan="2">管道内壁均匀布置，阀门处加装一块，入孔处加装一块</td><td>10～12</td></tr>
<tr><td>铝合金阳极</td><td>(200+280)×150×800
(200+280)×150×1 200</td><td>15～20</td></tr>
<tr><td colspan="5">[a] 是介质电阻率为25 Ω·cm～35 Ω·cm范围内的阳极使用寿命。</td></tr>
</table>

4.3 牺牲阳极发生电流量计算

阳极发生电流量按公式(1)计算：

$$I_f = \Delta E / R \quad \cdots\cdots\cdots\cdots (1)$$

式中：

I_f ——每支阳极发生的电流的数值，单位为安培(A)；

ΔE——阳极驱动电位的数值，单位为伏特(V)；锌合金阳极取 $\Delta E = 0.20$ V，铝合金阳极取 $\Delta E = 0.25$ V，镁合金阳极取 $\Delta E = 0.65$ V，铁阳极取 $\Delta E = 0.25$ V；

R ——阳极接水电阻的数值,单位为欧姆(Ω)。阳极接水电阻根据阳极安装方式,平贴阳极按公式(2)计算,支架阳极按公式(3)计算:

$$R=\frac{\rho}{L+B+2H} \qquad \cdots\cdots(2)$$

$$R=\frac{\rho}{2\pi L}\left(\ln\frac{4L}{r}-1\right) \qquad \cdots\cdots(3)$$

式中:

ρ ——海水介质电阻率的数值,单位为欧姆厘米(Ω·cm);

L ——阳极长度的数值,单位为厘米(cm);

B ——阳极宽度的数值,单位为厘米(cm);

H ——阳极高度的数值,单位为厘米(cm);

r ——阳极截面当量半径的数值,单位为厘米(cm);按公式(4)计算:

$$r=C/2\pi \qquad \cdots\cdots(4)$$

式中:

C ——阳极截面周长的数值,单位为厘米(cm)。

4.4 牺牲阳极使用寿命核算

牺牲阳极的使用寿命应符合表1的要求。阳极使用寿命应能达到设备检修间隔时间的整数倍,可按公式(5)计算:

$$Y=\frac{Q\cdot G}{8\,760\,I_m}\times\frac{1}{K} \qquad \cdots\cdots(5)$$

式中:

Y ——阳极设计寿命的数值,单位为年(a);

Q ——阳极实际电容量的数值,单位为安培小时每千克(A·h/kg);锌合金阳极取 $Q=780$ A·h/kg,铝合金阳极取 $Q\geqslant 2\,400$ A·h/kg,镁合金阳极取 $Q=1\,100$ A·h/kg,铁阳极取 $Q\geqslant 900$ A·h/kg;

G ——每支阳极净重的数值,单位为千克(kg);

I_m ——每支阳极平均发生电流的数值,单位为安培(A);按公式(6)计算:

$$I_m=(0.6\sim 0.8)I_f \qquad \cdots\cdots(6)$$

$1/K$ ——阳极利用系数,取值0.85。

4.5 保护面积计算

4.5.1 根据几何尺寸分别计算不同材质、不同表面状态的被保护设备、部件、管道的浸水面积。

4.5.2 凝汽器等管束式冷却设备的管束保护内表面积按公式(7)计算。

$$S=12n\pi D^2 \qquad \cdots\cdots(7)$$

式中:

S ——管束保护内表面积的数值,单位为平方米(m^2);

n ——每个水室中管束的根数;

D ——冷凝管的内径数值,单位为米(m)。

4.6 保护电流密度的选取

保护电流密度按表2选取。

表 2　不同设备、部件、管道的保护电流密度

单位为毫安每平方米

设备名称	材质表面状态						
	钢、铸铁		铜合金	钛合金	不锈钢		钢筋混凝土内钢筋
	涂漆	裸露			涂漆	裸露	
取水头部及引水钢管	40～50	80～100	—	—	—	—	—
粗格栅及细格栅	40～50	80～100	—	—	—	150～200	2～5
旋转滤网	40～50	80～100	—	—	70～80	150～200	2～5
二次滤网	20～30	—	—	—	—	150～200	—
凝汽器	10～30	—	150～200	50～60	—	—	—
收球网	10～30	—	—	—	—	150～200	—
管道	25～35	—	—	—	—	—	—

4.7　保护电流的计算

被保护设备、部件、管道所需要的保护电流按公式(8)计算：

$$I=\frac{\sum i_n \cdot S_n}{1\ 000} \quad \cdots\cdots(8)$$

式中：

I ——保护电流的数值，单位为安培(A)；

i_n ——被保护设备、部件、管道内各种材质及不同表面状态下的保护电流密度的数值，单位为毫安每平方米(mA/m^2)；

S_n——被保护设备、部件、管道内各种材质及不同表面状态浸水面积的数值，单位为平方米(m^2)。

4.8　牺牲阳极数量计算

被保护设备、部件、管道所需用的阳极数量按公式(9)计算：

$$N=I/I_f \quad \cdots\cdots(9)$$

式中：

N——阳极数量。

4.9　牺牲阳极布置

4.9.1　阳极采用均匀、对称布置，阳极安装位置应考虑到电流屏蔽作用。

4.9.2　有关设备、部件、管道用阳极布置见表 1。

5　埋地管网外壁的牺牲阳极阴极保护设计

埋地管网外壁的牺牲阳极阴极保护设计按附录 A 规定。

6　牺牲阳极验收、存放及安装

6.1　验收

阳极质量应按有关标准、订货合同要求验收。

6.2 存放

阳极应存放在库房内，防潮，防水，不应接触酸、碱和盐，工作表面不应沾有油污和油漆。

6.3 安装

6.3.1 按阳极布置图安装阳极，焊接应牢固，螺栓应拧紧，确保电性连接良好。安装方式见图1、图2和图3。

6.3.2 对于平贴安装的阳极，安装前阳极的背面应涂刷涂料，漆膜厚度不小于100 μm。

6.3.3 采用螺栓固定的阳极，需要用涂料对连接处进行防腐处理，同时应保证良好的电性连接，连接电阻不应高于0.01 Ω。

6.3.4 安装前，阳极工作面不应涂装或污染油污。

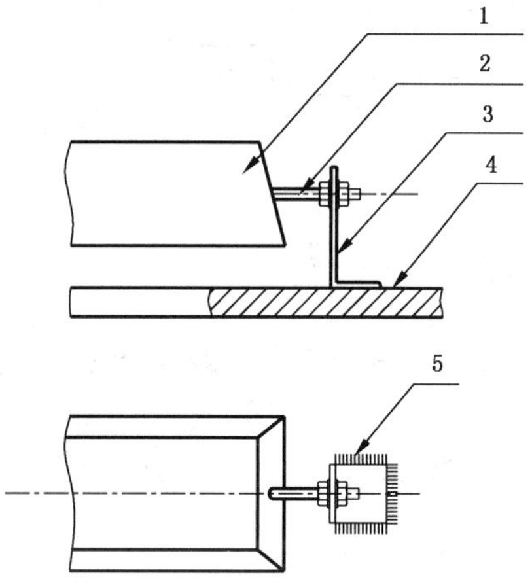

说明：

1——阳极；

2——铁芯；

3——支架；

4——钢板；

5——焊缝。

图1 支架阳极安装示意图

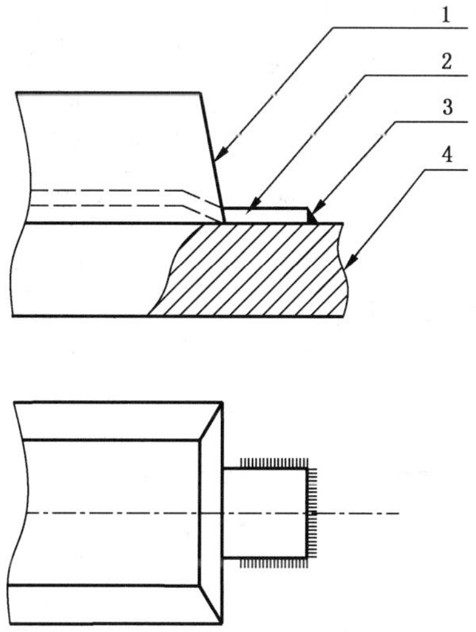

说明：

1——阳极；

2——铁芯；

3——焊缝；

4——钢板。

图2 平贴阳极安装示意图

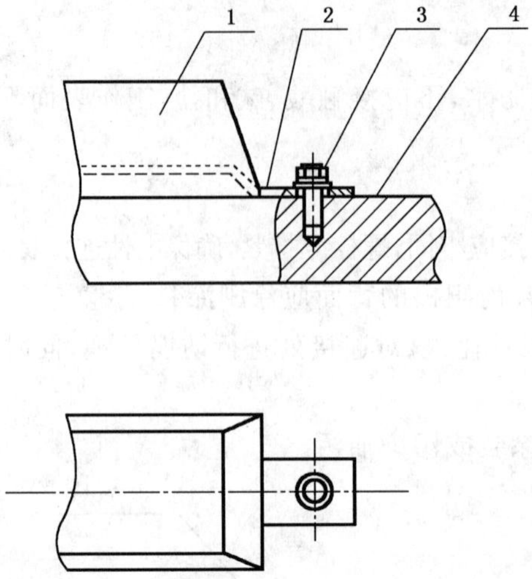

说明：
1——阳极；
2——铁芯；
3——螺栓；
4——钢板。

图 3　平贴式阳极螺栓安装图

7　保护效果检测和牺牲阳极更换

7.1　保护电位测量

7.1.1　粗格栅、旋转滤网、细格栅等敞开式结构可使用便携式铜/饱和硫酸铜参比电极定期测量水下结构的保护电位，电位应符合 3.3 的规定。

7.1.2　管道、凝汽器等设备使用固定式锌参比电极或银/氯化银参比电极，保护电位应符合 3.1 和 3.2 规定。

7.1.3　钢、不锈钢、钛、铜及铜合金相对于三种参比电极的保护电位范围见表 3。

表 3　相对于三种参比电极的保护电位范围

材料种类	保护电位，相对不同类型参比电极/V		
	铜/饱和硫酸铜参比电极	锌参比电极	银/氯化银参比电极
钢	−0.85～−1.10	0.00～+0.25	−0.80～−1.05
不锈钢	−0.35～−1.10	0.00～+0.75	−0.30～−1.05
钛	≥−0.8	≥+0.30	≥−0.75
铜及铜合金	−0.50～−0.65	+0.45～+0.60	−0.45～−0.60

7.2　保护度测量

安装两组与被保护体材质相同的检测试片，两组试片的尺寸和表面状态一致，一组与被保护体电性连接，另一组电性绝缘。检测试片的制作与处理可参照 SY/T 0029 埋地钢质检查片腐蚀速率测试方法。定期测量两组试片的腐蚀失重，称量精度为 0.001 g。按公式(10)计算保护度，保护度应大于 90%。

$$\eta = \frac{Q_C - Q_P}{Q_C} \times 100\% \quad \cdots\cdots\cdots\cdots (10)$$

式中：

η ——保护度，%；

Q_C——绝缘试片的腐蚀失重的数值，单位为克(g)；

Q_P——电性连接试片的腐蚀失重的数值，单位为克(g)。

7.3 停机检查保护效果

检查设备、部件、管道的腐蚀程度，彻底清除阳极表面的腐蚀产物，观察阳极的溶解情况和剩余量。

7.4 牺牲阳极更换

通常在保护期满后全面更换牺牲阳极，如果在使用期间出现以下情况之一时，应及时更换：

a) 阳极剩余量已不足保护下次检修间隔期所需用量时；

b) 阳极使用期间内，表面不溶解且被保护结构电位达不到最小保护电位时；

c) 阳极铁芯明显外露，短期内将会造成阳极体脱落时；

d) 阳极的消耗量超过初始量的70%时。

附 录 A
（规范性附录）
滨海电厂埋地管网阴极保护

A.1 保护范围

电厂埋地金属结构复杂，保护范围包括埋地管道、接地网、铠装动力电缆、钢质桩基和金属储罐罐底等，其中以保护埋地管道及接地网为主。

阴极保护分为牺牲阳极阴极保护和外加电流阴极保护。当被保护结构面积较小、土壤电阻率较低且分布均匀时，埋地管网及接地网宜采用牺牲阳极阴极保护；当被保护结构面积较大、土壤电阻率较高且分布不均匀时，埋地管网、接地网宜采用外加电流阴极保护。外加电流阴极保护相关实施细则可参照DL/T 5394。

A.2 保护电位准则

对管网外壁或接地网在实施阴极保护时，保护电位（相对铜/饱和硫酸铜参比电极，简称CSE参比电极），应达到下列指标之一：

a） 施加阴极保护后，测得的保护电位至少应达到−0.85 V或更负，测量电位时应考虑IR降的影响；
b） 采用断电法测得的极化电位应达到−0.85 V或更负；
c） 施加阴极保护后，通常管道或接地网的保护电位不应负于−1.2 V；
d） 在阴极保护极化形成或衰减时，被保护管道或接地网的阴极极化值不小于100 mV；
e） 存在微生物腐蚀时，保护电位值应达到−0.95 V或更负，测量电位时，应考虑IR降的影响；
f） 在沙漠地区或土壤环境干燥的情况下，土壤电阻率比较高，当土壤电阻率为100 Ω·m～1 000 Ω·m时，阴极保护电位宜达到−0.75 V或更负；当土壤电阻率大于1 000 Ω·m时，阴极保护电位宜达到−0.65 V或更负，测量电位时应考虑IR降的影响。

A.3 牺牲阳极

A.3.1 阳极材料的选择

土壤电阻率不大于10 Ω·m时，采用锌合金牺牲阳极；土壤电阻率大于10 Ω·m时，采用镁合金牺牲阳极。

A.3.2 牺牲阳极填充料

锌合金、镁合金阳极的填充料配方见表A.1。

表 A.1 锌合金、镁合金阳极填充料配方

阳极	填充料成分			
	膨润土	$MgSO_4$	$CaSO_4 \cdot 2H_2O$	$Na_2SO_4 \cdot 10H_2O$
	含量/%			
锌合金阳极	50	—	25	25
镁合金阳极		25		—

A.3.3　牺牲阳极的组装

组装后的阳极见图 A.1。

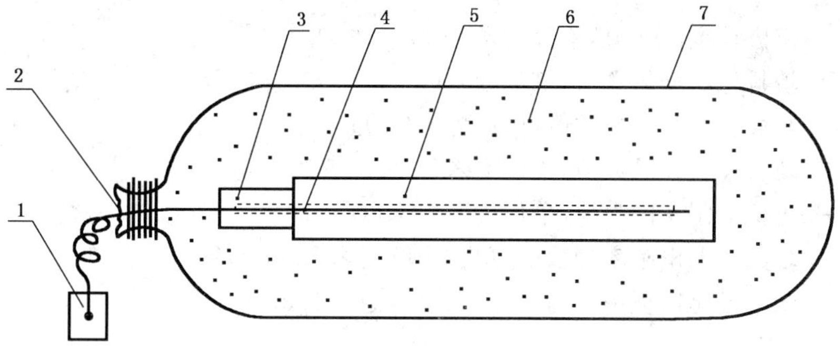

说明：

1——接线片；

2——阳极电缆；

3——密封接头；

4——铁芯；

5——阳极；

6——填充料；

7——布袋。

图 A.1　埋地阳极组装示意图

A.3.4　牺牲阳极选型

根据土壤电阻率和使用年限选择阳极规格型号。常用阳极规格见表 A.2。

表 A.2　常用埋地阳极的规格型号

阳极	型号	规格/ mm×mm×mm	质量/ kg	填充料质量/ kg
锌阳极	ZAC-D1	1 000×(58.5+78.5)×68	33	50
	ZAC-D2	800×(56+74)×64	25	50
镁阳极	MAZ-D1	700×(130+150)×125	22	50
	MAZ-D2	700×(100+120)×105	14	50
	MAZ-D3	700×(75+85)×80	8	30

A.3.5　牺牲阳极发生电流

每支阳极的发生电流按公式(A.1)计算：

$$I_f = \Delta E / R \qquad \text{(A.1)}$$

式中：

I_f ——每支阳极的发生电流的数值，单位为安培(A)；

ΔE——阳极驱动电位的数值，单位为伏特(V)；锌阳极取 $\Delta E=0.25$ V，镁阳极取 $\Delta E=0.65$ V；

R ——阳极接地电阻的数值，单位为欧姆(Ω)；按公式(A.2)计算：

$$R=\frac{\rho}{2\pi L}\left[\ln\frac{2L}{D_1}\left(1+\frac{\frac{L_1}{4t}}{\ln^2\frac{L_1}{D_1}}\right)+\frac{\rho_1}{\rho}\ln\frac{D_1}{D}\right] \quad\cdots\cdots\cdots\cdots(\text{A.2})$$

式中：

L ——阳极长度的数值，单位为米(m)；

L_1——填料包长度的数值，单位为米(m)；

D ——阳极当量直径的数值，单位为米(m)；

D_1——填料包直径的数值，单位为米(m)；

ρ ——土壤电阻率的数值，单位为欧姆米(Ω·m)；

ρ_1 ——填充料的电阻率的数值，单位为欧姆米(Ω·m)；

t ——从地面至阳极中心的埋深的数值，单位为米(m)。

A.3.6 牺牲阳极使用寿命

阳极使用寿命按公式(A.3)计算：

$$Y=\frac{Q\cdot G}{8\ 760\ I_{\mathrm{m}}}\times\frac{1}{K} \quad\cdots\cdots\cdots\cdots(\text{A.3})$$

式中：

Y ——阳极使用寿命的数值，单位为年(a)；

Q ——阳极实际电容量的数值，单位为安培小时每千克(A·h/kg)；

G ——每支阳极质量的数值，单位为千克(kg)；

$1/K$——阳极利用系数，取0.85；

I_{m} ——每支阳极平均发生电流的数值，单位为安培(A)；按公式(A.4)计算：

$$I_{\mathrm{m}}=(0.6\sim0.8)I_{\mathrm{f}} \quad\cdots\cdots\cdots\cdots(\text{A.4})$$

A.3.7 保护电流密度及阳极数量计算

A.3.7.1 加强级涂层保护的新建钢质管道保护电流密度取(2～3)mA/m²。

A.3.7.2 对于碳钢及镀锌碳钢接地网，保护电流密度选择如下：

a) 土壤电阻率在20 Ω·m及以下时，电流密度大于20 mA/m²；

b) 土壤电阻率在(20～50)Ω·m时，电流密度取(10～20)mA/m²；

c) 土壤电阻率在50 Ω·m以上时，电流密度取10 mA/m²。

A.3.7.3 当土壤的氧化还原电位在－200 mV以下的厌氧条件下，易受到硫酸盐还原菌的作用而加速腐蚀，应结合情况增加电流密度。

A.3.7.4 当pH值小于4.5时，土壤的腐蚀性增强，应结合情况增加保护电流密度。

A.3.7.5 在技术经济合理时可采用铜材作为接地体，可以不采用阴极保护。

A.3.7.6 保护面积、保护电流、阳极数量的计算方法同4.5、4.7和4.8。

A.3.8 牺牲阳极的布置、安装

A.3.8.1 阳极一般成对均匀布置，也可在土壤电阻率低的位置相对集中地成组安装。

阳极安装方法见图A.2。

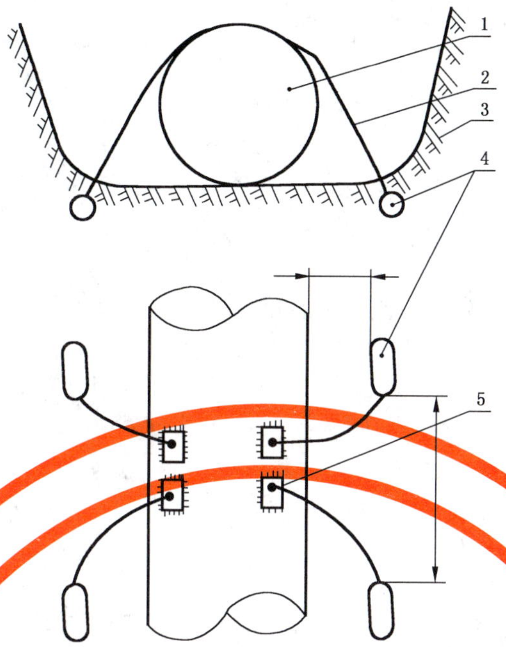

说明：

1——管道；

2——阳极电缆；

3——土壤；

4——阳极；

5——接线片。

图 A.2 阳极布置安装示意图

A.3.8.2 阳极安装注意事项

阳极安装时应注意的事项：

a) 阳极搬动和埋设时，不准提拉阳极电缆，以免密封接头断裂；

b) 阳极焊接片应焊接牢固，焊接处应补做防腐层，且防腐等级不低于原防腐层；

c) 阳极填充料浇水浸透；

d) 阳极填料包周围应回填粘土，不能混有砂、砂石和杂物。

A.4 测试桩和参比电极

A.4.1 为了检测阴极保护参数，应在全厂有代表性的区域设置测试桩和参比电极，测试桩的标志应醒目。

A.4.2 测试桩的埋设要牢固稳定。测试桩可用不锈钢、玻璃钢、混凝土等制作。

A.4.3 采用埋地型参比电极。在牺牲阳极保护系统中，参比电极可检测管道或接地网的保护电位、牺牲阳极的开路电位、工作电位。

ICS 65.160
B 35

中华人民共和国国家标准

GB/T 16448—2013
代替 GB/T 16448—1996

烟草种子　品种命名原则

Tobacco seed—Rule for naming of cultivar

2013-11-12 发布　　2014-04-11 实施

中华人民共和国国家质量监督检验检疫总局
中国国家标准化管理委员会　发布

前　言

本标准按照 GB/T 1.1—2009 给出的规则起草。

本标准代替 GB/T 16448—1996《烟草品种命名原则》，与 GB/T 16448—1996 相比主要技术变化如下：

——删除了规范性引用文件(见 1996 版的第 2 章)；

——修改了术语和定义(见第 2 章，1996 版的第 3 章)；

——品种名称的组成中表示栽培类型的黄花烟词根代码由“N”改为“R”，统一用英文的第一个字母表示。明确了表示育种区域的词缀的英文代码，以避免重复。并增加了烟草雄性不育系品种命名、国外引种命名方法和品种对应的植物学分类归属关系（见第 4 章，1996 版的第 5 章)；

——删除了“品种名称的发表和优先权”(见 1996 版的第 6 章)；

——修改了“品种名称的登记符号”(见第 5 章，1996 版的第 5 章)；

——删除了“烟草品种命名示例”(见 1996 版的第 8 章)。

请注意本文件的某些内容可能涉及专利。本文件的发布机构不承担识别这些专利的责任。

本标准由国家烟草专卖局提出。

本标准由全国烟草标准化技术委员会农业分技术委员会(SAC/TC 144/SC 2)归口。

本标准起草单位：中国烟草总公司青州烟草研究所。

本标准主要起草人：贾兴华、王元英、冯全福、罗成刚、陈志强、刘洪祥、佟道儒、王绍美、刘艳华。

本标准所代替标准的历次版本发布情况为：

——GB/T 16448—1996。

烟草种子　品种命名原则

1　范围

本标准规定了栽培烟草品种的命名原则。

本标准适用于拟提交国家或省级审(认)定和注册登记的烤烟、晒烟、晾烟、白肋烟、香料烟和黄花烟等栽培品种的命名。

2　术语和定义

下列术语和定义适用于本文件。

2.1

新品种　cultivar

经过人工培育的或者对发现的野生植物加以开发,具备新颖性、特异性、一致性和稳定性并有适当命名的植物品种。[《植物新品种保护条例》第2条,中华人民共和国国务院,1997年3月20日发布。]

2.2

定型品种　pure line cultivar

由基因型相同、性状表现整齐一致的纯合个体组成,在有性繁殖的世代交替中,子代能稳定地保持亲代性状的遗传。

2.3

杂交种　hybrids

由基因型相同、性状表现整齐一致的高度杂合个体组成,在有性繁殖的世代交替中,子代不能稳定保持亲代性状的遗传。

2.4

品种名称　fancy name

栽培烟草品种的名称,以区别于植物分类学学名。

2.5

育种者　originator

选育该品种的组织或个体。

2.6

品种命名　naming of cultivar

育种者按特定意义的词素组成对育成烟草品种的冠名。

3　品种的种类

按栽培和调制方法的不同,我国烟草栽培品种分为烤烟、晒烟、晾烟、白肋烟、香料烟和黄花烟六个类型;按品种基因型的纯合或杂合状态,分为定型品种(纯系品种)和杂交种。

4 品种命名

4.1 品种名称的组成

4.1.1 词根

表示栽培烟草类型的词根见表1。

表1 表示栽培烟草类型的词根

词根	品种	英文	代码	植物分类学地位
烟	烤烟	Flue-cured tobacco	F	*Nicotiana tabacum* L. *va*
晒	晒烟	Sun-cured tobacco	S	
晾	晾烟	Air-cured tobacco	A	
白	白肋烟	Burley tobacco	B	
香	香料烟	Turkish/Oriental tobacco	T	
黄	黄花烟	Rustica	R	*Nicotiana rustica* L. *va*

4.1.2 词缀

4.1.2.1 前缀

加在词根前边，包括品种审(认)定机构、审(认)定结果、育种区域、品种基因型等基本词素。

4.1.2.2 后缀

加在词根后边，包括品种序号和特殊性质等词素。

4.2 定型品种的命名

4.2.1 品种名称

品种名称由1个词根和1个～5个词缀组成，词根见表1，词缀见4.2.2、4.2.3和4.2.4。

4.2.2 表示育种区域的前缀

表示育种区域的前缀如下：

——国家级育种单位育成品种的前缀用“中”表示；代码用英文大写字母“C”表示；

——省级及其以下育种单位育成品种的前缀，用所在省、自治区或直辖市公认的简称表示；代码由所在省、自治区或直辖市汉语拼音全称的首写字母及其公认简称的汉语拼音首写字母大写组成，省际区域简称和代码见表2。

表 2 省际区域简称和代码

省(市、自治区)名称	简 称	代码	省(市、自治区)名称	简 称	代码
安徽省	皖	AW	江苏省	苏	JS
北京市	京	BJ	辽宁省	辽	LL
重庆市	渝	CY	澳门	澳	MC
福建省	闽	FM	内蒙古自治区	内蒙古	NM
广西壮族自治区	桂	GG	宁夏回族自治区	宁	NN
甘肃省	陇	GL	青海省	青	QQ
贵州省	黔	GQ	四川省	川	SC
广东省	粤	GY	上海市	沪	SH
湖北省	鄂	HE	山西省	晋	SJ
黑龙江省	黑	HH	陕西省	陕	SS
河北省	冀	HJ	山东省	鲁	SR
香港	港	HK	天津市	津	TJ
海南省	琼	HQ	台湾省	台	TW
湖南省	湘	HX	云南省	云	YY
河南省	豫	HY	西藏自治区	藏	XZ
江西省	赣	JG	新疆维吾尔自治区	新	XX
吉林省	吉	JJ	浙江省	浙	ZZ

4.2.3 表示品种序号的后缀

品种序号用阿拉伯数字表示。

4.2.4 表示雄性不育系品种的后缀

细胞质雄性不育系用后缀“CMS”表示，细胞核雄性不育系用后缀“GMS”表示。

注：CMS是细胞质雄性不育系(cytoplasmic male sterile)的英文缩写，GMS是细胞核雄性不育系(genic male sterile)的英文缩写。

4.2.5 品种名称的英文译名

词根用表1中的“代码”表示，表示育种区域的前缀按4.2.2执行，其他按4.2.3和4.2.4执行。

4.3 杂交种的命名

用后缀“H”表示杂交种，其他词根和词缀的构成按4.2执行。

注：H是杂交种(hybrids)的英文首字母。

4.4 国外引进品种的命名

宜使用引进品种的原名，可在原名后面加译名。

4.5 自由育种人自主命名

可在按 4.2 和 4.3 命名的品种名称后面加异名,异名用圆括号表示。

注:未按 4.2 和 4.3 命名的名称为异名。

5 品种名称的登记符号

品种名称的登记符号及其含义见表 3。

表 3 品种审定或认定定名的登记符号与含义

登记符号	含 义
GS	通过国家级品种审定委员会审定的品种
GR	通过国家级品种审定委员会认定的品种
DS	通过省级品种审委员会审定的品种
DR	通过省级品种审委员会认定的品种
W	未经审定或认定、有种质保存利用价值、非推广的品种

6 品种命名登记应提供的资料

6.1 名称应附有植物学性状、产质性状以及抗病性状的描述,并配有插图。

6.2 载有新品种名称的印刷品或复制品的副本应送交隶属登记机构备案。

参 考 文 献

[1] 中华人民共和国国务院.植物新品种保护条例.1997年3月20日发布。

[2] 烟草种子管理办法、烟草品种审定办法、烟草品种试验管理办法.国烟科〔2006〕819号,2006年11月16日发布施行。

ICS 31.060.30
L 11

中华人民共和国国家标准

GB/T 16467—2013/IEC 60384-19-1:2005
代替 GB/T 16467—1996

电子设备用固定电容器 第 19-1 部分:空白详细规范 表面安装金属化聚乙烯对苯二甲酸酯膜介质直流固定电容器 评定水平 EZ

**Fixed capacitors for use in electronic equipment—
Part 19-1: Blank detail specification—
Fixed metallized polyethylene-terephthalate film dielectric surface mount d.c.capacitors—
Assessment level EZ**

(IEC 60384-19-1:2005,IDT)

2013-12-31 发布　　2014-08-15 实施

中华人民共和国国家质量监督检验检疫总局
中国国家标准化管理委员会　发布

前　言

《电子设备用固定电容器》系列国家标准分为如下若干部分：

——第1部分：总规范(GB/T 2693—2001/IEC 60384-1:1999)；

——第2部分：分规范　金属化聚乙烯对苯二甲酸酯膜介质直流固定电容器(GB/T 7332—2011/IEC 60384-2:2005)；

——第2-1部分：空白详细规范　金属化聚乙烯对苯二甲酸酯膜介质直流固定电容器　评定水平E和EZ(GB/T 7333—2012/IEC 60384-2-1:2005)；

——第3部分：分规范　表面安装 MnO_2 固体电解质钽固定电容器(IEC 60384-3:2007)；

——第3-1部分：空白详细规范　表面安装 MnO_2 固体电解质钽固定电容器　评定水平EZ(IEC 60384-3-1:2007)；

——第4部分：分规范　固体和非固体电解质铝电解电容器(GB/T 5993—2003/IEC 60384-4:1998,第1号修改单:2000)；

——第4-1部分：空白详细规范　非固体电解质铝电解电容器　评定水平EZ(GB/T 5994—2003/IEC 60384-4:2000)；

——第4-2部分：空白详细规范　固体(MnO_2)电解质的铝电解固定电容器　评定水平EZ(IEC 60384-4-2:2007)；

——第6部分：分规范　金属化聚碳酸酯膜介质直流固定电容器(IEC 60384-6:2005)；

——第7部分：分规范　金属箔式聚苯乙烯膜介质直流固定电容器(GB/T 10185—2012)；

——第7-1部分：空白详细规范　金属箔式聚苯乙烯膜介质直流固定电容器　评定水平E(GB/T 10186—2012)；

——第8部分：分规范　1类瓷介固定电容器(GB/T 5966—2011/IEC 60384-8:2005)；

——第8-1部分：空白详细规范　1类瓷介固定电容器　评定水平EZ(GB/T 5967—2011/IEC 60384-8-1:2005)；

——第9部分：分规范　2类瓷介固定电容器(GB/T 5968—2011/IEC 60384-9:2005)；

——第9-1部分：空白详细规范　2类瓷介固定电容器　评定水平EZ(GB/T 5969—2012/IEC 60384-9-1:2005)；

——第11部分：分规范　金属箔式聚乙烯对苯二甲酸乙二醇酯膜介质直流固定电容器(IEC 60384-11:2008)；

——第11-1部分：空白详细规范　金属箔式聚乙烯对苯二甲酸乙二醇酯膜介质直流固定电容器(IEC 60384-11-1:2008)；

——第13部分：分规范　金属箔式聚丙烯膜介质直流固定电容器(IEC 60384-13:2011)；

——第13-1部分：空白详细规范　金属箔式聚丙烯膜介质直流固定电容器　评定水平E和EZ(GB/T 10189—2013/IEC 60384-13-1:2006)；

——第14部分：分规范　抑制电源电磁干扰用固定电容器(GB/T 14472—1998/IEC 60384-14:2005)；

——第14-1部分：空白详细规范　抑制电源电磁干扰用固定电容器　评定水平D(GB/T 14473—1998/IEC 60384-14-1:2005)；

——第15部分：分规范　非固体或固体电解质钽固定电容器(GB/T 7213—2003/IEC 60384-15:1982,第1号修改单:1987,第2号修改单:1992)；

——第 15-1 部分:空白详细规范　固体电解质钽箔固定电容器　评定水平 E(GB/T 12794—1991/IEC 60384-15-1:1984);

——第 15-2 部分:空白详细规范　固体电解质烧结钽固定电容器　评定水平 E(GB/T 12795—1991/IEC 60384-15-2:1984);

——第 15-3 部分:空白详细规范　固体电解质和多孔阳极钽固定电容器　评定水平 E(GB/T 7214—2003/IEC 60384-15-3:1984);

——第 16 部分:分规范　金属化聚丙烯薄膜介质直流固定电容器(GB/T 10190—2012/IEC 60384-16:2005);

——第 16-1 部分:空白详细规范　金属化聚丙烯薄膜介质直流固定电容器　评定水平 E 和 EZ(GB/T 10191—2011/IEC 60384-16-1:2005);

——第 17 部分:分规范　金属化聚丙烯薄膜介质交流和脉冲固定电容器(GB/T 14579—2013/IEC 60384-17:2005);

——第 17-1 部分:空白详细规范　金属化聚丙烯薄膜介质交流和脉冲固定电容器　评定水平 E 和 EZ(GB/T 14580—2013/IEC 60384-17-1:2005);

——第 18 部分:分规范　表面安装固体和非固体电解质铝电解固定电容器(GB/T 17206—1998/IEC 60384-18:1993,第 1 号修改单:1998);

——第 18-1 部分:空白详细规范　表面安装固体(MnO_2)电解质铝固定电容器　评定水平 EZ(GB/T 17207—2012/IEC 60384-18-1:2007);

——第 18-2 部分:空白详细规范　非固体电解质片式铝电解质固定电容器　评定水平 E(GB/T 17208—1998/IEC 60384-18-2:1993);

——第 19 部分:分规范　表面安装金属化聚乙烯对苯二甲酸酯膜介质直流固定电容器(GB/T 15448—2013/IEC 60384-19:2006);

——第 19-1 部分:空白详细规范　表面安装金属化聚乙烯对苯二甲酸酯膜介质直流固定电容器　评定水平 EZ(GB/T 16467—2013/IEC 60384-19-1:2005);

——第 21 部分:分规范　表面安装 1 类多层瓷介固定电容器(GB/T 21041—2007/IEC 60384-21:2004);

——第 21-1 部分:空白详细规范　表面安装 1 类多层瓷介固定电容器(GB/T 21038—2007/IEC 60384-21-1:2004);

——第 22 部分:分规范　表面安装 2 类多层瓷介固定电容器(GB/T 21042—2007/IEC 60384-22:2004);

——第 22-1 部分:空白详细规范　表面安装 2 类多层瓷介固定电容器(GB/T 21040—2007/IEC 60384-22-1:2004)。

本部分为《电子设备用固定电容器》的第 19-1 部分。

本部分按照 GB/T 1.1—2009 给出的规则起草。

本部分代替 GB/T 16467—1996《电子设备用固定电容器　第 19 部分:空白详细规范　金属化聚乙烯对苯二甲酸酯膜介质直流片式固定电容器　评定水平 E》。本部分与 GB/T 16467—1996 相比,主要变化如下:

——增加了引用文件 IEC 60410;

——评定水平 E 变更为评定水平 EZ;

——质量一致性检验中 A2 分组调整为 A0 分组,由 IL=Ⅱ、AQL=1.0%调整为 100%检验;B、C 分组的合格判定数由 1 变更为 0;

——表 4 中 4.6.2 持续时间:“5 s±0.5 s”删除。

本部分使用翻译法等同采用 IEC 60384-19-1:2005《电子设备用固定电容器　第 19-1 部分:空白详

细规范 表面安装金属化聚乙烯对苯二甲酸酯膜介质直流固定电容器》。

与本部分中规范性引用的国际文件有一致性对应关系的我国文件如下：

——GB/T 15448—2013 电子设备用固定电容器：第19部分：分规范 表面安装金属化聚乙烯对苯二甲酸酯膜介质直流固定电容器(IEC 60384-19:2006,IDT)；

——GB/T 2693—2001 电子设备用固定电容器 第1部分：总规范(idt IEC 60384-1:1999)。

本部分由中华人民共和国工业和信息化部提出。

本部分由全国电子设备阻容元件标准化技术委员会(SAC/TC 165)归口。

本部分起草单位：河南华中星科技电子有限公司。

本部分主要起草人：李素兰、樊金河、孟素芬、谷斌、林晋涛、宁小波。

本部分所代替标准的历次版本发布情况为：

——GB/T 16467—1996。

电子设备用固定电容器 第19-1部分:空白详细规范 表面安装金属化聚乙烯对苯二甲酸酯膜介质直流固定电容器 评定水平EZ

引言

空白详细规范

空白详细规范是分规范的一种补充性文件,并包括详细规范的格式、编排和最少内容的要求。不遵守这些要求的详细规范不能认为是符合IEC要求的规范,也不能称作IEC规范。

制订详细规范时应考虑分规范1.4的内容。

首页括号内数字标注的位置上填写下列相应内容:

详细规范的识别

(1) 授权起草本详细规范的组织:IEC或国家标准机构。

(2) IEC和国家标准的详细规范编号、出版日期以及国家体制需要的更多内容。

(3) IEC和国家标准的总规范编号及其版本号。

(4) IEC空白详细规范编号。

电容器的识别:

(5) 该型号电容器的简述。

(6) 典型结构的简述(适用时)。

当电容器不是设计用于印制线路板时,详细规范的这个位置上应该明确地加以说明。

(7) 对互换性有重要影响的主要尺寸的外形图,和(或)引用国家和国际的外形方面的文件。也可在详细规范的附录中给出这种图形。

(8) 应用或应用组别和(或)评定水平。

注:详细规范中采用的评定水平(或几个评定水平)应从分规范中3.5.4中选取。这意味着如果试验的分组不变,几个评定水平可以共用一个空白详细规范。

(9) 重要特性的参考数据,以便在各种类型电容器之间进行比较。

<table>
<tr><td rowspan="2">(1)</td><td>IEC 60384-19-1
QC 302201 (2)</td></tr>
<tr><td rowspan="2">GB/T 16467—2013/IEC 60384-19-1:2006
QC 302201 (4)</td></tr>
<tr><td rowspan="2">电子元器件质量评定程序按：
(3)</td></tr>
<tr><td rowspan="2">表面安装金属化聚苯乙烯对苯二甲酸酯膜介质
直流固定电容器 (5)</td></tr>
<tr><td rowspan="3">外形图：(见表 1)
(第…角示图)
(7)
(在给定的尺寸范围内，允许有其他形状)</td></tr>
<tr><td>(6)</td></tr>
<tr><td>评定水平：EZ (8)</td></tr>
</table>

按本详细规范鉴定合格的元件的有效数据在鉴定合格产品一览表中给出。

(9)

1 一般数据

1.1 推荐的安装方法(应填写)

(见分规范 GB/T IEC 60384-19:2006 中 1.4.2)

1.2 尺寸

见表 1。

表 1 外形尺寸代码尺寸

单位为毫米

外形尺寸代码	尺寸						
	L_1 max	W_1 max	H_1 max	L_2	L_3	L_4 min	…

当没有外形尺寸代码时，表 1 可以省略，且尺寸应在表 2 中给出，并将表 2 变成表 1。

尺寸应按最大尺寸或按标有公差的标称尺寸给出。

1.3 额定值和特性

电容量范围 (见表 2)

标称电容量的允许偏差

额定电压 (见表 2)

类别电压 (适用时) (见表 2)

气候类别

额定温度

最大交流电压(适用时)

最大脉冲负载(适用时)

损耗角正切

绝缘电阻

表 2 与外形尺寸代码有关的电容量和电压值

额定电压				
类别电压[a]				
标称容量 (nF 和/或 μF)	外形尺寸	外形尺寸	外形尺寸	外形尺寸

[a] 如果不同于额定电压。

1.4 规范性引用文件

下列文件对于本文件的应用是必不可少的。凡是注日期的引用文件,仅注日期的版本适用于本文件。凡是不注日期的引用文件,其最新版本(包括所有的修改单)适用于本文件。

IEC 60384-1:1999 电子设备用固定电容器 第1部分:总规范(Fixed capacitors for use in electronic equipment—Part 1:Generic specification)

IEC 60384-19:2006 电子设备用固定电容器 第19部分:分规范 表面安装金属化聚乙烯对苯二甲酸酯膜介质直流固定电容器(Fixed capacitors for use in electronic equipment—Part 19:Sectional specification—Fixed metallized polyethylene-terephthalate film dielectric surface mount d.c.capacitors)

IEC 60410 计数检查抽样方案和程序(Sampling plans and procedures for inspection by attribute)

1.5 标志

电容器和包装的标志应符合 IEC 60384-19:2006 中 1.6 的要求。

注:元件和包装上的标志的细节,应在详细规范中完整地给出。

1.6 订货资料

订购本部分所包括的电容器的订货单,应用一般文字或代码的形式至少列出下列内容:

a) 标称电容量;

b) 标称电容量的允许偏差;

c) 额定直流电压;

d) 详细规范的编号、版本号以及型号;

e) 包装说明。

1.7 放行批证明记录

要求/或不要求。

1.8 附加内容(不作检验用)

1.9 对总规范和(或)分规范中的规定而言,增加或提高的严酷等级或要求。

注:仅当必要时才规定增加或提高要求(见表3)。

表3 其他特性

此表仅用于规定对分规范中规定的增加或严酷等级的提高

2 检验要求

2.1 程序

2.1.1 鉴定批准程序应符合分规范 IEC 60384-19:2006 中 3.4 的要求。

2.1.2 质量一致性检验的试验一览表(表4)包括抽样、周期、严酷等级和要求。检验批的构成包括在 IEC 60384-19:2006 的 3.5.1 中。

表 4 质量一致性检验试验一览表

章条号和试验项目[a]	D 或 ND	试验条件[a]	IL	n	c	性能要求[a]
				c		
A 组检查 (逐批)						
A0 分组	ND			100%[d]		
4.3.2 电容量		频率:1 kHz(对全部电容量)				在规定的允许偏差范围内
4.3.3 损耗角正切		方法:…				按 4.3.3.2
4.3.1 耐电压 (试验 A)		测试点 1a				无永久性击穿或飞弧,允许自愈性击穿
4.3.4 绝缘电阻 (试验 A)		测试点 1a				按 4.3.4.3
A1 分组	ND		S-3	b	0	
4.2 外观检查						按 4.2.2 标志清晰(适用时) 并符合本部分 1.5 的规定
A2 分组	ND		S-3	b	0	
4.2 尺寸[e]						按本部分表 1 的规定
B 组检验(逐批)						
B1 分组			S-3	b	0	
4.7 可焊性	D	不老化: 方法:…				
4.7.2 最后测量		外观检查				按 4.7.2
B2 分组	D		S-3	b	0	
4.14 标志耐溶剂 (适用时)[f]		溶剂:… 溶剂温度:… 方法:1 擦拭材料:脱脂棉 恢复:…				标志清晰

表 4（续）

章条号和试验项目[a]	D 或 ND	试验条件[a]	IL	n	c	性能要求[a]
				c		
C 组检验(周期)	D					
C1 分组	D					
4.6 耐焊接热		方法:…	3	12	0[g]	
4.6.1 初始测量		电容量				
4.6.2 试验条件		持续时间: 如果使用方法 1,浸入和取出的速度为 25 mm/s±2.5 mm/s				
4.6.3 最后测量		恢复:24 h±2 h 外观检查				按 4.6.3 ΔC/C≤:4.6.1 测量值的 3%
4.13 元件耐溶剂(适用时)		电容量 溶剂:… 溶剂温度:… 方法:2 恢复:…				见详细规范
C2 分组	D		3	12	0[g]	
4.5 衬底弯曲试验		电容量(基板处于弯曲状态) 外观检查				ΔC/C≤10% 无可见损伤
C3 分组	D					
4.1 安装[h]		基板材料:…[i]				
4.2.1 外观检查						按详细规范规定
4.3.2 电容量						ΔC/C≤安装前测量值的 2%
4.3.3 损耗角正切		频率:1 kHz(全部电容量)10 kHz(C_R≤1 μF 的电容器)				按 4.3.3(作为 C3.1,C3.3 和 C3.4 分组中最后测量的基准值)
4.3.4 绝缘电阻		(另外,还见 4.3.3.3)				按 4.3.4.3

表 4（续）

章条号和试验项目[a]	D 或 ND	试验条件[a]	样本大小和合格判定数[c] p	n	c	性能要求[a]
C3.1 分组	D		6	27	0[g]	
4.4　剪切试验(附着力)						
4.8　温度快速变化						
4.8.1　初始测量		不要求，见 C3 分组				
4.8.2　试验条件		T_A＝下限类别温度 T_B＝上限类别温度 5 次循环 持续时间：t_1＝30 min				
4.8.3　中间检查		外观检查				
4.9　气候顺序						
4.9.1　初始测量		不要求，见 C3 分组				
4.9.2　干热		温度：上限类别温度 持续时间：16 h				
4.9.3　循环湿热，试验 Db，第一次循环						
4.9.4　寒冷		温度：下限类别温度 持续时间：2 h				
4.9.5　循环湿热，试验 Db，其余循环		从试验箱内取出后 15 min 内施加额定电压 U_R 历时 1 min				
4.9.6　最后测量		外观检查				无可见损伤 标志清晰
		电容量				$\Delta C/C \leqslant$ C3 分组测量值的 5%
		损耗角正切：				与 C3 分组测量值比较，$\tan\delta$ 的增量：
		10 kHz：$C_R \leqslant 1\ \mu F$				1 级：≤0.005 2 级：≤0.008
		1 kHz：$C_R > 1\ \mu F$				1 级：≤0.003 2 级：≤0.005
		绝缘电阻				≥4.3.4.3 值的 50%
C3.2 分组	D		6	15	0[g]	
4.10　稳态湿热						
4.10.1　初始测量		不要求，见 C3 分组				
4.10.2　最后测量		外观检查				无可见损伤
		电容量				$\Delta C/C \leqslant$ C3 分组测量值的 5%
		损耗角正切(1 kHz)				与 C3 分组测量值比较，$\tan\delta$ 的增量： ≤0.005
		绝缘电阻				≥4.3.4.3 值的 50%

表 4（续）

章条号和试验项目[a]	D或ND	试验条件[a]	样本大小和合格判定数[c]			性能要求[a]
			p	n	c	
C3.3 分组			3	15	0[g]	
4.11 耐久性						
4.11.1 初始测量		不要求，见 C3 分组				
4.11.2 试验条件		见 4.11.2，4.11.3 和 4.11.4				
4.11.5 最后测量		外观检查				无可见损伤 标志清晰
		电容量				与 C3 分组测量值比较： 1 级：$\Delta C/C \leqslant 5\%$ 2 级：$\Delta C/C \leqslant 8\%$
		损耗角正切：				与 C3 分组测量值比较 $\tan\delta$ 的增量：
		10 kHz：$C_R \leqslant 1\ \mu F$				1 级：$\leqslant 0.003$ 2 级：$\leqslant 0.005$
		1 kHz：$C_R > 1\ \mu F$				1 级：$\leqslant 0.002$ 2 级：$\leqslant 0.003$
		绝缘电阻				$\geqslant$4.3.4.3 值的 50%
C3.4 分组	D		6	9	0[g]	
4.12 充放电						
4.12.1 初始测量		不要求，见 C3 分组				
4.12.2 试验条件		10 000 循环				
4.12.3 最后测量		电容量				与 C3 分组测量值比较： 1 级：$\Delta C/C \leqslant 3\%$ 2 级：$\Delta C/C \leqslant 5\%$
		损耗角正切：				与 C3 分组测量值比较 $\tan\delta$ 的增量：
		10 kHz：$C_R \leqslant 1\ \mu F$ 的电容器				1 级：$\leqslant 0.003$ 2 级：$\leqslant 0.005$
		1 kHz：$C_R > 1\ \mu F$ 的电容器				1 级：$\leqslant 0.002$ 2 级：$\leqslant 0.003$
		绝缘电阻				$\geqslant$4.3.4.3 值的 50%

[a] 试验项目和性能要求的章条号引自 IEC 60384-19 分规范和本部分的第 1 章。

[b] 试验数量：按 IEC 60410 中表 2a 中的代码字母 IL 直接分配样本大小（一次正常检验抽样方案）。

[c] 表中：p＝周期（按月计）；
n＝样本大小；
c＝合格判定数（允许不合格数）；
D＝破坏性的；
ND＝非破坏性的；
IL＝检查水平。

表 4（续）

章条号和试验项目[a]	D 或 ND	试验条件[a]	样本大小和合格判定数[c]			性能要求[a]
			p	n	c	

[d] 100%试验后，为了用每百万分之几的不合格品数(ppm)来检测产品出厂质量水平，应进行抽样复验。抽样水平由制造厂商决定。计算 ppm 数值时，任何参数值的不合格即判定一个不合格项。若一个样品中有一个或多个不合格项时，即判定该批产品拒收。

[e] 如果制造厂在尺寸测量或其他机械数据测量安装统计过程控制，以防止超过极限，可用生产试验代替该试验。

[f] 这项试验可以将表面安装电容器安装在基板上进行。

[g] 如果有一个不合格品，应对一个新的样本重复所有分组试验，不允许再有不合格品。在重复试验期间产品可以继续放行。

[h] 当样品安装后发现有缺陷时，不计入后面试验的允许不合格品数的计算。用备份样品替代即可。

[i] 当各分组所用的基板材料不同时，详细规范应规定每一分组所用的基板材料。